Automação Industrial
PLC: Programação e Instalação

O GEN | Grupo Editorial Nacional – maior plataforma editorial brasileira no segmento científico, técnico e profissional – publica conteúdos nas áreas de ciências exatas, humanas, jurídicas, da saúde e sociais aplicadas, além de prover serviços direcionados à educação continuada e à preparação para concursos.

As editoras que integram o GEN, das mais respeitadas no mercado editorial, construíram catálogos inigualáveis, com obras decisivas para a formação acadêmica e o aperfeiçoamento de várias gerações de profissionais e estudantes, tendo se tornado sinônimo de qualidade e seriedade.

A missão do GEN e dos núcleos de conteúdo que o compõem é prover a melhor informação científica e distribuí-la de maneira flexível e conveniente, a preços justos, gerando benefícios e servindo a autores, docentes, livreiros, funcionários, colaboradores e acionistas.

Nosso comportamento ético incondicional e nossa responsabilidade social e ambiental são reforçados pela natureza educacional de nossa atividade e dão sustentabilidade ao crescimento contínuo e à rentabilidade do grupo.

Automação Industrial PLC: Programação e Instalação

2ª edição

Francesco Prudente

Professor titular do Laboratório de Eletrotécnica e Automação Industrial no
Istituto di Istruzione Superiore di Stato – IPSIA Marcora – Milano (Itália)

Atendimento ao cliente: (11) 5080-0751 | faleconosco@grupogen.com.br

Direitos exclusivos para a língua portuguesa
Copyright © 2020 by Francesco Prudente
LTC | Livros Técnicos e Científicos Editora Ltda.
Uma editora componente do GEN | Grupo Editorial Nacional
Travessa do Ouvidor, 11
Rio de Janeiro, RJ – CEP 20040-040
www.grupogen.com.br

Capa: Leônidas Leite
Editoração eletrônica: Edel Editoração Eletrônica

CIP-BRASIL. CATALOGAÇÃO NA PUBLICAÇÃO
SINDICATO NACIONAL DOS EDITORES DE LIVROS, RJ

P966a
2. ed.

    Prudente, Francesco
    Automação industrial PLC : programação e instalação / Francesco Prudente. - 2. ed. - Rio de Janeiro : LTC, 2020.
     ; 28 cm.

    Inclui bibliografia e índice
    ISBN 978-85-216-3708-0

    1. Automação industrial. 2. Controladores programáveis. 3. Controle de processo - Processamento de dados. I. Título.

19-62008
                                                CDD: 629.895
                                              CDU: 681.5

Meri Gleice Rodrigues de Souza - Bibliotecária CRB-7/6439

À minha irmã Giulia, com muito
afeto e carinho.

"Comece fazendo o que é necessário, depois o que é possível e, de
repente, você estará fazendo o impossível."

São Francisco de Assis

Agradecimento Especial

À professora Mestre Marla Cristiane Araújo Medeiros, pelas ilustrações e tradução dos originais e apontamentos do autor para o português.

Sem esse suporte, teria sido impossível dotar os leitores de um texto com a clareza necessária à compreensão dos fundamentos e aplicações de Automação Industrial.

F.P.

Prefácio à 2ª Edição

Os livros técnicos devem ser sempre atualizados para acompanhar os rápidos avanços das técnicas e dos dispositivos, notadamente na área de Automação Industrial.

Assim, nesta 2ª edição, inserimos o Capítulo 16 como uma introdução ao novo controlador programável Simatic série S7-1200, da Siemens. O controlador programável S7-1200 vem, de forma gradual, substituindo o controlador da série anterior S7-200. A nova plataforma de programação TIA Portal do controlador S7-1200, com seu sistema operacional Step 7 Basic/Professional, conforme a norma IEC 61131-3, representa uma ferramenta completa para configurar, programar, comunicar e visualizar qualquer projeto de automação, sem custo ulterior no pacote de programação.

O foco do Capítulo 16 consiste em introduzir as novidades do novo controlador S7-1200, em particular no que se refere às mudanças nos sets de instruções em relação ao controlador anterior S7-200.

Foram acrescentadas também noções básicas sobre a instalação do dispositivo e componentes, assim como demais aplicações práticas.

O autor espera manter a atenção e o reconhecimento que vem recebendo por parte de professores, alunos, profissionais do ramo e do público, em geral.

Pela honrosa preferência, sou inteiramente grato.

O Autor

Prefácio à 1ª Edição

Este livro é voltado para os profissionais que trabalham no setor da automação industrial que tencionam aprofundar seus conhecimentos no campo dos Controladores Lógicos Programáveis (PLC). É ainda recomendado para profissionais da indústria, estudantes de cursos técnicos profissionalizantes e universitários.

Esta obra é a continuação do nosso livro anterior *Automação Industrial – PLC: Teoria e Aplicações – Curso Básico*, lançado em 2007.

Naturalmente, para poder seguir este curso, que aborda um conhecimento mais avançado, é necessário, como pré-requisito, um conhecimento de base do uso do Controlador Lógico Programável, do uso do ambiente de programação do Step 7-Micro/WIN 32 Siemens com o PLC S7-200 e familiaridade com o ambiente Windows no PC. É importante lembrar que em nossa primeira obra foram utilizadas técnicas de programação tradicionais usadas na eletromecânica clássica e, na parte final, algumas técnicas mais atuais.

Nesta obra apresentamos aos leitores um novo método para enfrentar os problemas de automação industrial que é completamente diferente da experiência com os clássicos circuitos a relé.

Este curso, que apresenta um grau de dificuldade maior em relação ao primeiro, tem por objetivo fornecer as noções necessárias sobre programação e instalação de um controlador para realizar qualquer projeto de automação industrial com o uso do Controlador Lógico Programável (PLC).

São fornecidas também noções básicas de robótica, acionamento industrial e processamento de sinais analógicos, com exemplos concretos de programação e instalação do equipamento.

A norma IEC 60204-1, relativa aos equipamentos elétricos das máquinas, destaca, no seu Capítulo 11, a instalação do PLC no ambiente industrial.

A obra é organizada em 15 capítulos didaticamente subdivididos em seções de modo a permitir um percurso didático e sistemático, com muitos exemplos concretos e funcionais. Todas as aplicações propostas foram desenvolvidas em laboratório.

Como já assinalamos anteriormente, utilizamos como modelos as CPUs Siemens série SIMATIC S7-200 e o software Step 7-Micro/WIN 32 conforme a norma IEC 61131-3 em ambiente Windows. Naturalmente os conceitos e as técnicas de programação expostos neste texto são válidos para qualquer outro tipo de PLC com poucas modificações.

Este livro possui material suplementar disponibilizado no site do GEN (www.grupogen.com.br), com todas as aplicações apresentadas no livro, completamente testadas e resolvidas com o programa Step 7-Micro/WIN 32 Siemens em ambiente Windows.

Essa novidade permitirá ao leitor uma notável economia de tempo na execução das aplicações.

Agradeço a todos aqueles que cooperaram direta ou indiretamente na realização desta obra, em particular ao senhor Francesco De Rosa, pelos preciosos conselhos e sugestões no campo da editoração eletrônica.

Agradeço particularmente à Siemens, pela autorização na divulgação de tabelas e figuras de diferentes manuais técnicos e do sistema operacional Step 7-Micro/WIN 32.

O Autor

Sumário

CAPÍTULO 10

APLICAÇÕES PRÁTICAS, 100

CAPÍTULO 11

INSTALAÇÃO DO CONTROLADOR LÓGICO PROGRAMÁVEL, 134

CAPÍTULO 12

OPERAÇÕES DE TABELAS, 145

CAPÍTULO 13

INTERRUPT, 165

CAPÍTULO 14

SISTEMAS DE COMANDOS ANALÓGICOS EM AUTOMAÇÃO INDUSTRIAL, 175

CAPÍTULO 15

APLICAÇÕES PRÁTICAS II: COMANDOS ANALÓGICOS COM AS CPUs S7-200, 191

Material
Suplementar

Este livro conta com os seguintes materiais suplementares:

- Projetos executáveis (acesso livre);
- Ilustrações da obra em formato de apresentação (.pdf) (restrito a docentes).

O acesso ao material suplementar é gratuito. Basta que o leitor se cadastre e faça seu *login* em nosso *site* (www.grupogen.com.br), clicando em GEN-IO, no *menu* superior do lado direito.

O acesso ao material suplementar online fica disponível até seis meses após a edição do livro ser retirada do mercado.

Caso haja alguma mudança no sistema ou dificuldade de acesso, entre em contato conosco (gendigital@grupogen.com.br).

1

Variáveis, Sistemas de Numeração e Função de Conversão nos Controladores Lógicos Programáveis

1.0 Introdução

Neste capítulo introduziremos os tipos de variáveis e sistemas de numeração como são utilizados nos modernos PLCs, conforme a norma IEC 61131-3.

Os PLCs têm várias modalidades de representar números e variáveis. Na fase de programação, será necessário escolher a forma de representação que melhor se adapta à demanda do programador.

1.1 Bit, Byte e Word

A informação digital de base é formada de bit, que representa uma célula de memória que é constituída fisicamente de uma chave, que, se é aberta, corresponde a um estado 0 e se é fechada, a um estado 1. Os bits se agrupam em blocos, segundo a Tabela 1.1.

Para esclarecer esse conceito fundamental, daremos alguns exemplos:

1º Exemplo   As Words e double Words são organizadas do seguinte modo (veja Figura 1.1):

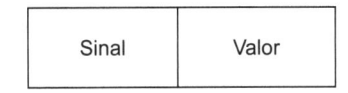

Sinal	Valor

Figura 1.1

Uma *Word* representa um número decimal inteiro com sinal no valor que varia de –32.768 ... +32.767. Essa variável, ainda que fisicamente se trate de uma Word, é chamada de variável do tipo INT, ou seja, número inteiro, em inglês, *integer*.

Tabela 1.1

Sigla	Descrição	Combinação possível	Número decimal representado
Byte	Grupo de 8 bits	$2^8 = 256$	De 0 a 255
Word	Grupo de 16 bits	$2^{16} = 65.536$	De 0 a 65.535
Double Word	Grupo de 32 bits	$2^{32} = 4.294.967.296$	De 0 a 4.294.967.295
Long Word	Grupo de 64 bits	$2^{64} = ...$	...

A *double Word* representa um número decimal com sinal no valor que varia de –2.147.483.648... +2.147.483.647. Essa variável, ainda que fisicamente se trate de uma double Word, é chamada de variável do tipo DINT, ou seja, duplo inteiro, em inglês, *double integer*.

2º Exemplo Uma double Word nos PLCs pode ser utilizada para visualizar número em ponto flutuante segundo o padrão americano IEE-754. Esse modo representa um número incluído entre o valor +3,4028E+38... –3,4028E-38, chamado também de número real, em inglês, *real*.

3º Exemplo O byte representa um número decimal com sinal no valor que varia de –128... +127. O *byte* é muito utilizado para representar caracteres alfanuméricos. No início da era informática, foi criada uma tabela de caracteres ASCII, que exprimia a equivalência de um byte com uma letra ou um símbolo dos teclados.

Por exemplo, se um byte vale 65, significa que representa a letra A. É chamada também de variável do tipo SINT (*short integer*). Veja Tabela 1.2.

Tabela 1.2

Byte (8 bits)	0100 0001
Significado decimal	65
Caractere representado em hexadecimal	"A"

1.1.1 Os tipos de dados-padrão conforme a norma IEC 61131-3

Nas normas IEC 61131-3 encontram-se mais de 20 tipos de dados que podem ser geridos de um controlador programável. São subdivididos nas três categorias apresentadas nas Tabelas 1.3, 1.4 e 1.5.

Tabela 1.3

Data type	Descrição	Range
Bool	Um bit individual do sistema binário	0 (false), 1 (true)
Byte	Grupo binário de 8 bits	De 0 a 255
Word	Grupo binário de 16 bits	De 0 a 65.535
Double Word	Grupo binário de 32 bits	De 0 a 4.294.967.295
Long Word	Grupo binário de 64 bits	...

Tabela 1.4

Data type	Descrição	Range
Sint	Short integer	$-128 - +127$
Usint	Unsigned short integer	$0 - 255$
Int	Integer	$-32.678 - +32.767$
Uint	unsigned integer	$0 - 65.535$
Dint	Double integer	$-2^{31} - +2^{31}(-1)$
Udint	Unsigned double integer	$0 - 2^{32}(-1)$
Lint	Long integer	$-2^{63} - +2^{63}(-1)$
Ulint	Unsigned long integer	$0 - 2^{64}(-1)$
Real	Floating point number	$-10^{-38} - +10^{38}$
Lreal	Long real number	$-10^{-308} - +10^{308}$

Tabela 1.5

Data type	Descrição	Range
Date	Data do calendário	
Date_and_time	Data e hora	
Time	Time (dia e hora)	
Time_of_day	Hora do dia e também data Real Clock Time	
String	Grupo de caractere (texto)	
R_Edge	Borda de subida (rising)	0 (False), 1 (True)
F_Edge	Borda de descida (falling)	idem

1.2 Sistemas de Numeração

Generalidades

Nos sistemas lógicos e em particular nos calculadores digitais e PLC se emprega o sistema de numeração binária e não decimal. Para compreender as regras na qual é baseado esse sistema, começamos do mais simples, que é o sistema de numeração decimal.

Sistema Decimal

O sistema decimal é um sistema com base 10, que prevê 10 dígitos de 0 até 9. É também um sistema posicional, ou seja, baseado na posição do número na cifra. Porque os dígitos de qualquer número possível têm um peso que depende de sua própria posição na cifra. Assim, em um número inteiro, o dígito mais à direita representa a unidade, o sucessivo, as dezenas, depois centenas e assim por diante. As dezenas têm um peso 10 vezes superior ao da unidade, e o peso aumenta sucessivamente sempre de 10 vezes o peso de um dígito para outro.

Veremos um exemplo do seguinte número:

$$1.943 = 1 \times 1.000 + 9 \times 100 + 4 \times 10 + 3 \times 1$$

Como se vê no exemplo, a soma dos dígitos é cada um multiplicado por uma potência de 10 que representa o peso de um dígito.

O exponente da potência cresce segundo a posição do dígito.

Sistema Binário

O sistema binário é também um sistema posicional que emprega somente dois dígitos, 0 e 1, e tem base 2. Para cada posição do dígito 0 e 1, chamado comumente de bit, o peso correspondente será $2^0 = 1$ para o bit menos significativo (LSB, *least significant bit*), $2^1 = 2$ e $2^2 = 4$ e assim continuando até a posição mais significativa.

O bit no lugar mais à esquerda é o bit mais significativo (MSB, *most significant bit*). Faremos um exemplo com o seguinte número binário:

$$0110 = 0 \times 2^3 + 1 \times 2^2 + 1 \times 2^1 + 0 \times 2^0$$
$$= 0 \times 8 + 1 \times 4 + 1 \times 2 + 0 \times 1 = 6$$

1.3 Conversão entre Sistemas Binário e Decimal

Normalmente nos sistemas decimais apresenta-se a necessidade de converter um número binário em decimal e vice-versa. De agora em diante indicaremos os números binários com base 2, assim, $(10011)_2$, e os números decimais com base 10, assim, $(942)_{10}$.

Conversão Binário-Decimal

Para conversão de binário para decimal se opera com o método ilustrado na seção anterior.

Conversão Decimal-Binário

Usa-se normalmente o método da divisão sucessiva para dois. Esse método consiste em dividir por dois os números decimais a converter, obtendo, assim, um quociente e um resto. Este último pode ser 0 ou 1 e constitui o bit menos significativo (LSB) do número binário desejado. O quociente por sua vez é dividido novamente por dois; a operação fornece um novo resto, que ocupará a segunda posição. E assim prossegue até que a divisão chegue a "1 dividido por 2", que fornece um quociente 0 e resto 1.

Esse último resto constitui o bit mais significativo (MSB) do número binário. Vejamos um exemplo.

Converte-se o número decimal $(82)_{10}$ em um número binário segundo o método da divisão sucessiva por dois, mostrado na Figura 1.2.

O número binário procurado é: $(1010010)_2$.

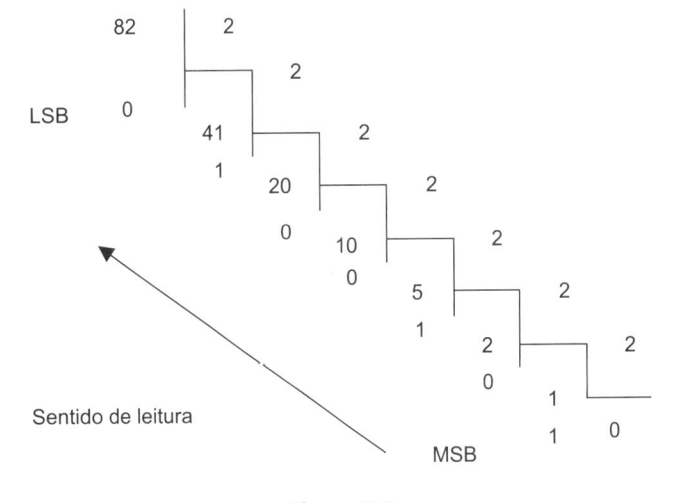

Figura 1.2

1.4 Sistema Hexadecimal

O sistema hexadecimal é um sistema à base 16, e significa que os símbolos são compostos de 16 caracteres alfanuméricos. Muitos sistemas digitais elaboram os dados binários em grupos que são múltiplos de quatro bits, resultando assim o número hexadecimal, muito conveniente de se usar porque cada dígito hexadecimal representa um número binário a 4 bit. Esse sistema de numeração é composto de 10 dígitos numéricos **0, 1, 2, 3, 4, 5, 6, 7, 8, 9** e seis caracteres alfabéticos **A, B, C, D, E, F**, como na Tabela 1.6.

Esse sistema reduz a um quarto o comprimento de um número binário, por isso é um dos sistemas mais utilizados em sistemas digitais.

Tabela 1.6

Decimal	Hexadecimal	Binário
0	0	0000
1	1	0001
2	2	0010
3	3	0011
4	4	0100
5	5	0101
6	6	0110
7	7	0111
8	8	1000
9	9	1001
10	A	1010
11	B	1011
12	C	1100
13	D	1101
14	E	1110
15	F	1111

Conversão de Binário a Hexadecimal

Essa conversão tem um procedimento simples e veloz; basta agrupar os números binários em grupos de quatro bits, substituindo cada grupo com um valor hexadecimal equivalente, como na Tabela 1.6.

Exemplo $(1100101001010111)_2$

```
1100   1010   0101   0111
  C      A      5      7
```

Exemplo $(111111000101101001)_2$

```
0011   1111   0001   0110   1001
  3      F      1      6      9
```

Conversão de Hexadecimal a Binário

Para efetuar a conversão de um número hexadecimal em um número binário é suficiente inverter o procedimento anterior substituindo cada símbolo hexadecimal com os relativos 4 bits. Faremos um exemplo prático.

Exemplo Converter o seguinte número hexadecimal $(CF83)_{16}$ em um número binário.

```
  C     F     8     3
1100  1111  1000  0011
```

$(CF83)_{16} = (1100111110000011)_2$

Exemplo Converter o seguinte número hexadecimal $(D2E8)_{16}$ em um número binário.

```
  D     2     E     8
1101  0010  1110  1000
```

$(D2E8)_{16} = (1101001011101000)_2$

Conversão de Hexadecimal a Decimal

Para efetuar essa conversão é necessário converter um número hexadecimal em binário e depois o resultado é convertido de binário em decimal. Faremos alguns exemplos práticos.

Exemplo Converter o seguinte número hexadecimal $(1C)_{16}$ em um número decimal.

```
  1      C
0001   1100
```

$(1C)_{16} = (00011100)_2 =$
$= 2^4 + 2^3 + 2^2 = 16 + 8 + 4 = (28)_{10}$

Exemplo Converter o seguinte número hexadecimal $(A85)_{16}$ em um número decimal.

```
  A      8      5
1010   1000   0101
```

$= 2^{11} + 2^9 + 2^7 + 2^2 + 2^0$

$(A85)_{16} = 101010000101$

$= 2048 + 512 + 128 + 4 + 1 = (2693)_{10}$

Para efetuar a mesma conversão existe um outro método equivalente, que consiste em multiplicar cada cifra hexadecimal pelo seu peso equivalente e depois efetuar a soma dos produtos. Os pesos de um número hexadecimal são potências crescentes de 16 (da direita para a esquerda). Para um número hexadecimal a quatro cifras os pesos são:

```
 16³    16²   16¹   16⁰
4096    256    16    1
```

Demonstraremos a seguir outro método de conversão.

Exemplo Converter o seguinte número hexadecimal $(015A)_{16}$ em um número decimal.

```
  0      1      5      A
 16³    16²    16¹    16⁰
```

Lembre-se de que $(A)_{16} = (10)_{10}$

$(015A) = 0 \times 16^3 + 1 \times 16^2 + 5 \times 16^1 + 10 \times 16^0$
$= 1 \times 16^2 + 5 \times 16^1 + 10 = (346)_{10}$

Conversão de Decimal a Hexadecimal

Aplica-se o método da divisão sucessiva por 16, que é igual à divisão sucessiva por dois usada na conversão decimal binária. A primeira divisão fornece como resto a cifra hexadecimal menos significativa chamada LSD = *least significant digit*, e a última divisão fornece a cifra mais significativa MSD = *most significant digit*. Vejamos um exemplo.

Exemplo Converter o seguinte número decimal $(43235)_{10}$ em um número hexadecimal. Veja Figura 1.3.

Lembre-se de que $(14)_{10} = (E)_{16}$

$$(10)_{10} = (A)_{16}$$

O número hexadecimal é $(A8E3)_{16}$

$$(43235)_{10} = (A8E3)_{16}$$

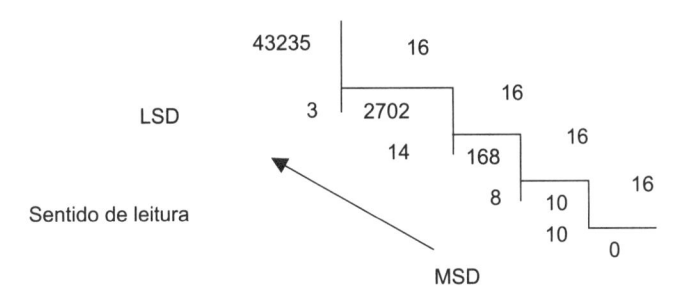

Figura 1.3

1.5 Códigos Digitais

Os códigos digitais permitem exprimir números e letras num formato compreensível ao computador. Existe uma série de códigos digitais, cada um com características e campos de aplicação específicos. Usaremos aquele que no campo dos controladores lógicos programáveis é mais difundido.

1.5.1 Código BCD

O código BCD (*binary coded decimal*) é muito utilizado nos sistemas digitais; ele associa a cada cifra de um número decimal a expressão binária correspondente a 4 bits. Veja Tabela 1.7.

Assim, o número 2093 é expresso como:

Decimal	2	0	9	3
BCD	0010	0000	1001	0011

Esse código é de tipo pesado porque internamente a cada grupo de 4 bits os dígitos têm um peso de $2^3 = 8$, $2^2 = 4$, $2^1 = 2$, $2^0 = 1$.

Além da representação de um número, o código BCD requer um número de bit maior que no sistema binário verdadeiro, chamado ainda binário puro. Seu emprego resulta muito vantajoso quando se deve converter esse número em um valor decimal e visualizar esse valor em um display (visualizador).

Tabela 1.7

Decimal	BCD
0	0000
1	0001
2	0010
3	0011
4	0100
5	0101
6	0110
7	0111
8	1000
9	1001

De fato o código BCD pode representar números decimais do valor 0000 até 9999 mediante um clássico display com diodo Led ou com chaves digitais (*thumbwheel switches*). Geralmente as CPUs dos PLCs funcionam com o sistema binário e não com o sistema BCD ou decimal. Se um PLC recebe um número em formato BCD de chaves digitais (*thumbwheel switches*), tem que converter esse número em um valor binário. Os números em BCD podem ser convertidos em um número binário equivalente ou vice-versa, de binário a BCD. Essa operação é feita por algumas instruções do PLC.

A seguir apresentamos um exemplo de conversão de números em formato BCD.

Exemplo Converter o seguinte número decimal $(1432)_{10}$ de uma chave digital em um número binário (Figura 1.4).

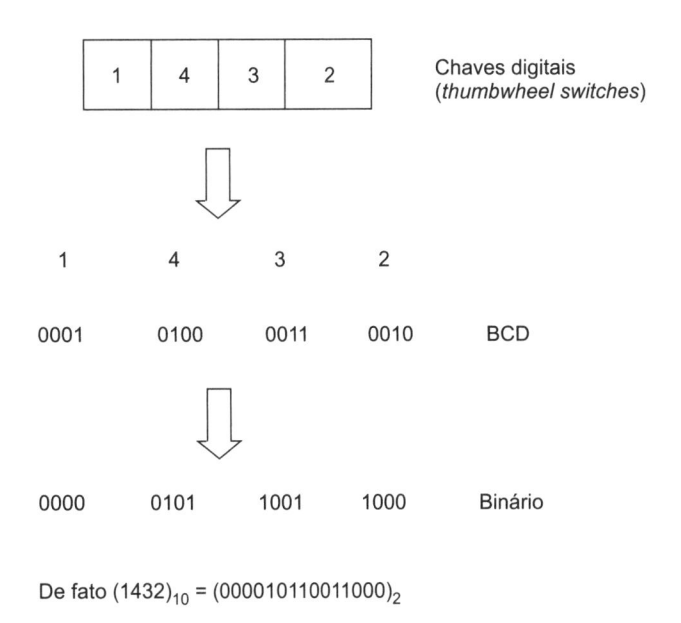

De fato $(1432)_{10} = (000010110011000)_2$

$$2^{10} + 2^8 + 2^7 + 2^4 + 2^3 = (1432)_{10}$$

Figura 1.4

Exemplo Converter o número binário (000001001000 0100)$_2$ em um formato BCD para ser enviado em um display (Figura 1.5).

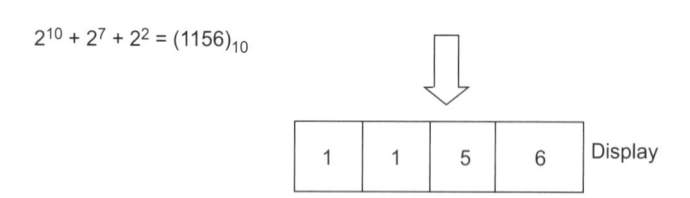

De fato: $(1156)_{10} = (0000010010000100)_2$

$2^{10} + 2^7 + 2^2 = (1156)_{10}$

Figura 1.5

1.5.2 Código Gray

O código Gray é um código leve, no sentido de que não tem valores particulares atribuídos às várias posições ocupadas pelos bits. Esse código apresenta uma particularidade: tem a variação de um só bit na passagem de um dígito para um outro sucessivo. Essa propriedade tem uma importância particular em muitas aplicações, como por exemplo nos encoders de posição.

Lembramos que quanto mais há troca de bit entre números adjacentes tanto mais aumenta proporcionalmente o erro de decodificação.

A seguir apresentamos a Tabela 1.8 com o código Gray de 4 bits.

Tabela 1.8

Decimal	Binário	Gray
0	0000	0000
1	0001	0001
2	0010	0011
3	0011	0010
4	0100	0110
5	0101	0111
6	0110	0101
7	0111	0100
8	1000	1100
9	1001	1101

Notamos na Tabela 1.8 a variação de um único bit entre dígitos sucessivos no código. Exemplo: Na passagem do dígito decimal 3 ao 4, o código Gray comuta de 0010 a 0110, com uma variação de 1 bit, enquanto o código binário comuta de 0011 a 0100 com uma variação de 3 bits.

No código Gray, como vemos, só há uma variação, que se verifica no terceiro bit à esquerda, enquanto os outros bits permanecem inalterados.

1.5.3 Código ASCII

O código do tipo alfanumérico padronizado pelo ASCII (*American Standard Code for Information Interchange*) é um código de padrão americano para a troca de informações. Atualmente é o mais utilizado.

O código ASCII requer 6 ou 7 bits com base no tipo de sistema que se usa. É utilizado no PLC por interfaceamento com teclado, painel operador ou impressora. Nas Tabelas 1.9A, 1.9B, 1.9C é apresentado o código ASCII original em língua inglesa a 7 bits.

Tabela 1.9A

Base 16	Base 10	Base 8	Base 2	ASCII	Descrição
1F	31	037	0011111	US	Unit separator
20	32	040	0100000	SP	Space
21	33	041	0100001	!	Exclamation
22	34	042	0100010	"	Double quote
23	35	043	0100011	#	Number or pound
24	36	044	0100100	$	Dollar sign
25	37	045	0100101	%	Percentage
26	38	046	0100110	&	Ampersand
27	39	047	0100111	'	Apostrophe or single quote
28	40	050	0101000	(	Left parenthesis
29	41	051	0101001	)	Right parenthesis
2A	42	052	0101010	*	Asterisk
2B	43	053	0101011	+	Plus
2C	44	054	0101100	,	Comma
2D	45	055	0101101	⊠	Minus
2E	46	056	0101110	-	Period
2F	47	057	0101111	/	Slash
30	48	060	0110000	0	Zero
31	49	061	0110001	1	One
32	50	062	0110010	2	Two

(*continua*)

Tabela 1.9A *(Continuação)*

Base 16	Base 10	Base 8	Base 2	ASCII	Descrição
33	51	063	0110011	3	Three
34	52	064	0110100	4	Four
35	53	065	0110101	5	Five
36	54	066	0110110	6	Six
37	55	067	0110111	7	Seven
38	56	070	0111000	8	Eight
39	57	071	0111001	9	Nine
3A	58	072	0111010	:	Colon
3B	59	073	0111011	;	Semicolon
3C	60	074	0111100	<	Less than
3D	61	075	0111101	=	Equal
3E	62	076	0111110	>	Greater than

Tabela 1.9B

Base 16	Base 10	Base 8	Base 2	ASCII	Descrição
3F	63	077	0111111	?	Question
40	64	100	1000000	@	At sign
41	65	101	1000001	A	Letter A
42	66	102	1000010	B	Letter B
43	67	103	1000011	C	Letter C
44	68	104	1000100	D	Letter D
45	69	105	1000101	E	Letter E
46	70	106	1000110	F	Letter F
47	71	107	1000111	G	Letter G
48	72	110	1001000	H	Letter H
49	73	111	1001001	I	Letter I
4A	74	112	1001010	J	Letter J
4B	75	113	1001011	K	Letter K
4C	76	114	1001100	L	Letter L
4D	77	115	1001101	M	Letter M
4E	78	116	1001110	N	Letter N
4F	79	117	1001111	O	Letter O
50	80	120	1010000	P	Letter P
51	81	121	1010001	Q	Letter Q
52	82	122	1010010	R	Letter R
53	83	123	1010011	S	Letter S
54	84	124	1010100	T	Letter T

Tabela 1.9B *(Continuação)*

Base 16	Base 10	Base 8	Base 2	ASCII	Descrição
55	85	125	1010101	U	Letter U
56	86	126	1010110	V	Letter V
57	87	127	1010111	W	Letter W
58	88	130	1011000	X	Letter X
59	89	131	1011001	Y	Letter Y
5A	90	132	1011010	Z	Letter Z
5B	91	133	1011011	[	Left bracket
5C	92	134	1011100	\	Back slash
5D	93	135	1011101	]	Right bracket
5E	94	136	1011110	↑	Up arrow

Tabela 1.9C

Base 16	Base 10	Base 8	Base 2	ASCII	Descrição
5F	95	137	1011111	←	Black arrow
60	96	140	1100000	`	Black quote or accent mark
61	97	141	1100001	a	Small letter a
62	98	142	1100010	b	Small letter b
63	99	143	1100011	c	Small letter c
64	100	144	1100100	d	Small letter d
65	101	145	1100101	e	Small letter e
66	102	146	1100110	f	Small letter f
67	103	147	1100111	g	Small letter g
68	104	150	1101000	h	Small letter h
69	105	151	1101001	i	Small letter i
6A	106	152	1101010	j	Small letter j
6B	107	153	1101011	k	Small letter k
6C	108	154	1101100	l	Small letter l
6D	109	155	1101101	m	Small letter m
6E	110	156	1101110	n	Small letter n
6F	111	157	1101111	o	Small letter o
70	112	160	1110000	p	Small letter p
71	113	161	1110001	q	Small letter q
72	114	162	1110010	r	Small letter r
73	115	163	1110011	s	Small letter s
74	116	164	1110100	t	Small letter t
75	117	165	1110101	u	Small letter u
76	118	166	1110110	v	Small letter v

(continua)

(continua)

Tabela 1.9C (*Continuação*)

Base 16	Base 10	Base 8	Base 2	ASCII	Descrição
77	119	167	1110111	w	Small letter w
78	120	170	1111000	x	Small letter x
79	121	171	1111001	y	Small letter y
7A	122	172	1111010	z	Small letter z
7B	123	173	1111011	{	Left brace
7C	124	174	1111100	|	Vertical bar
7D	125	175	1111101	}	Right brace
7E	126	176	1111110	˜	Aproximate or tilde
7F	127	177	1111111	DEL	Delete (rub out)

1.6 Função de Conversão com a CPU S7-200

Antes de introduzir as funções de conversão com o PLC S7-200, temos que lembrar brevemente o conceito de *registro*, dado que esse termo será utilizado muitas vezes no decorrer desta obra. Vimos na primeira obra como os registros são um conjunto de células de memória de 8, 16, 32 bits. Podemos imaginar os nossos registros como uma gaveta de um armário cujo conteúdo é variado. Nos PLCs, os conteúdos são informações, chamados simplesmente dados. Na Figura 1.6 é representado um exemplo de registro de 8 bits.

0	1	0	0	1	0	1	0

Figura 1.6

O conteúdo do registro, ou seja, os bits, pode ser deslocado e manipulado em várias modalidades, no caso do PLC S7-200, um registro de 8 bits tem a sigla B, de 16 bits, a sigla W, e de 32 bits a sigla é D. Na Figura 1.7 representamos uma série de exemplos de registradores de 8, 16 e 32 bits.

Lembramos que as características dos registros do PLC S7-200 são descritas em *Automação industrial – PLC: Teoria e aplicações*, 2. ed., LTC, 2011, do mesmo autor.

1.7 Operação de Conversão com a CPU S7-200

Para conversão dos dados do formato original para outro diferente, a CPU S7-200 dispõe de muitas instruções diferentes. As principais são:

- **ATH**, que converte uma série de caracteres ASCII em um número hexadecimal.
- **HTA**, que converte um número hexadecimal em uma série de caracteres ASCII.
- **SEG**, que ativa uma série de bits para a codificação de um display de sete segmentos.
- **BCD_I**, que converte um número em código BCD em um número inteiro.
- **I_BCD**, que converte um número inteiro em um número em código BCD.
- **TRUNC**, que converte um número real de 32 bits em um número inteiro com sinal de 32 bits.
- **DI_REAL**, que converte um número inteiro com sinal de 32 bits em um número real de 32 bits.
- **I_DI**, que converte um número inteiro em um número inteiro de 32 bits.
- **DI_I**, que converte um número inteiro de 32 bits em um número inteiro.
- **ROUND**, que arredonda o número inteiro e converte um número real em um número inteiro de 32 bits.

Na Tabela 1.10 é ilustrada a sintaxe dos comandos de conversão da CPU S7-200, e na Tabela 1.11 serão indicadas os Merker especiais do registro de estado SMB1 que são influenciados pela operação de conversão TRUNC.

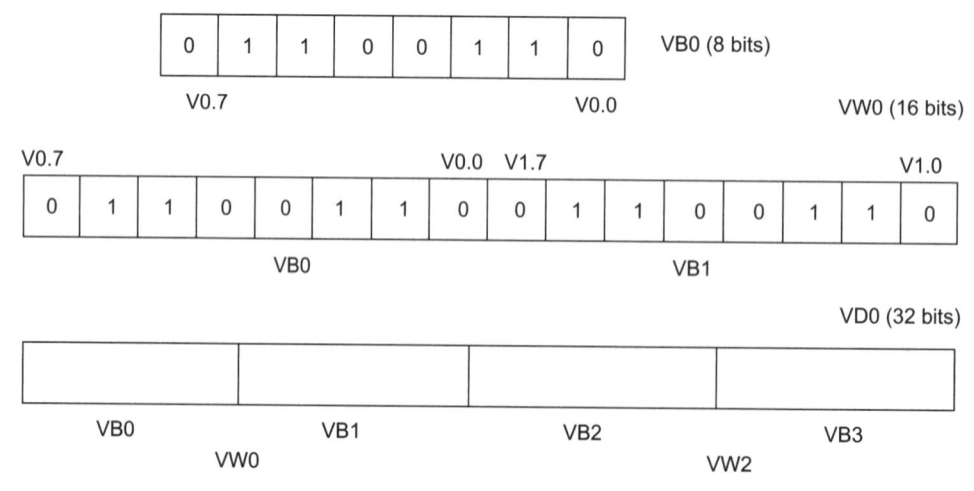

Figura 1.7

Tabela 1.10

KOP	Função
BCD_I EN IN OUT	Operação "converter número BCD em número inteiro" (BCD_I): converte um valor BCD (IN) em um valor de número inteiro (OUT). Se o valor da entrada (IN) contém um número BCD não aceito, é setado o Merker SM1.6. O campo válido para IN vai de 0 a 9999 BCD.
I_BCD EN IN OUT	Operação "converter número inteiro em número BCD" (I_BCD): converte um valor de número inteiro (IN) em um valor BCD (OUT). Se a conversão produz um número BCD maior que 9999, é setado o Merker SM1.6. O campo válido para IN vai de 0 a 9999 número inteiro.
SEG EN IN OUT	Operação "criar configuração por meio de display de 7 segmentos" (SEG): cria uma configuração de bit (OUT) que ilumina os segmentos de um display de 7 segmentos.
ATH EN LEN IN OUT	Operação "converter uma série de caracteres ASCII em número hexadecimal" (ATH): converte uma série de caracteres ASCII de comprimento LEN começando do caractere (IN), em cifras hexadecimais que começam com endereço (OUT). O comprimento máximo da série ASCII é igual a 255 caracteres. Os caracteres ASCII válidos são os valores hexadecimais de 30 a 39 e de 41 a 36. Se um caractere ASCII não é válido, termina a conversão e é setado o Merker especial SM1.7.
ROUND EN IN OUT	Operação "arredonda um número inteiro" (ROUND): converte o valor em número real (IN) em um número inteiro de 32 bits (OUT). Se o dígito depois da vírgula é igual ou maior que 0,5, o número é arredondado por excesso.
HTA EN LEN IN OUT	Operação "converter um número hexadecimal em série de caractere ASCII (HTA)": converte uma série de caracteres ASCII de comprimento LEN começando do caractere IN, em números ASCII (HTA). Converte os números hexadecimais a partir do byte de entrada (IN) em uma série de caracteres ASCII, a partir do endereço (OUT). Os números dos dígitos hexadecimais para converter são especificados pelo comprimento (LEN). O número máximo de números hexadecimais que podem ser convertidos é 255.
DI_R EN IN OUT	Operação "converter um número inteiro a 32 bits em um número real" (DI_R): converte o número inteiro com sinal de 32 bits (IN) em um número real de 32 bits (OUT).
TRUNC EN LEN IN OUT	Operação "converter um número real em um número inteiro de 32 bits: converte um número real a 32 bits (IN) em um número inteiro de 32 bits com sinal (OUT). É convertida somente a parte inteira do número real; a fração é eliminada.

(continua)

Tabela 1.10 (*Continuação*)

KOP	Função
DI_I EN IN OUT	Operação "converter um número inteiro a 32 bits em um número inteiro": converte um número inteiro de 32 bits (IN) em um número inteiro de 16 bits (OUT).
I_DI EN IN OUT	Operação "converter um número inteiro a 16 bits em um número inteiro": converte um número inteiro de 16 bits (IN) em um número inteiro de 32 bits (OUT).

Tabela 1.11

	SM1.0 (zero)	SM1.1 (overflow)	SM1.2 (sinal)	SM1.3 (divisão por 0)
TRUNC	Não	Sim	Não	Não

1.8 Exemplo de Conversão com a CPU S7-200

Nos exemplos a seguir são ilustradas algumas conversões típicas: na Figura 1.8, em linguagem Ladder, na Figura 1.9, conversão de número BCD em um número inteiro (binário), na Figura 1.10, conversão de alguns caracteres ASCII em um número hexadecimal e, por fim, nas Figuras 1.11A e 1.11B, a criação das configurações de bit necessárias a um display de 7 segmentos.

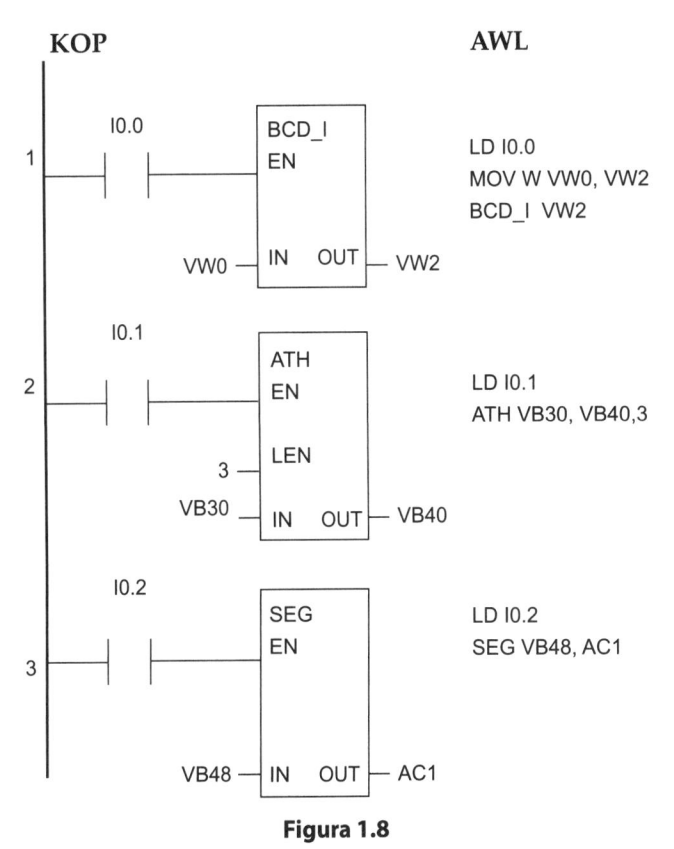

Figura 1.8

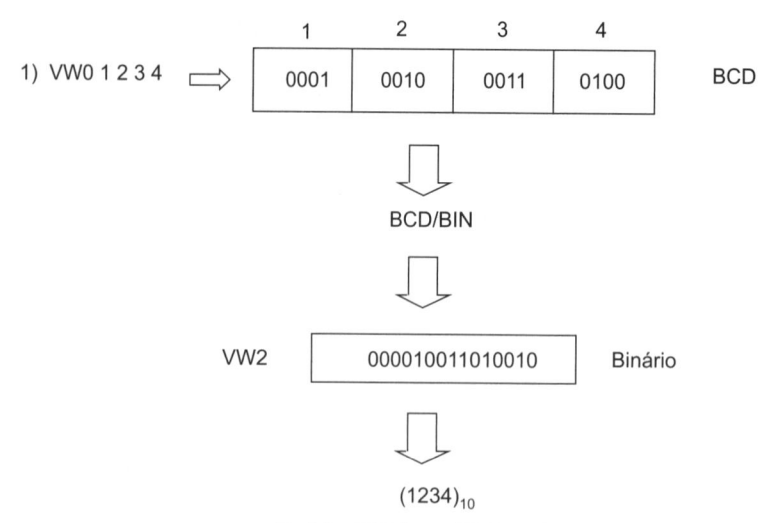

Figura 1.9 Conversão de número BCD em um número inteiro (binário).

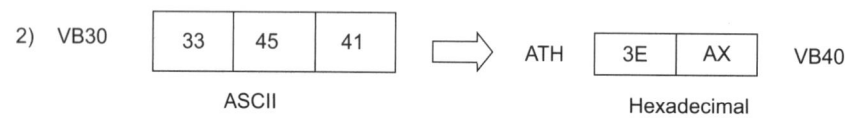

Figura 1.10 Conversão de caractere ASCII em um número hexadecimal.

(IN) LSD	Display	(OUT) −gfe dcba		(IN) LSD	Display	(OUT) −gfe dcba
0		0011 1111		8		0111 1111
1		0000 0110		9		0110 0111
2		0101 1011		A		0111 0111
3		0100 1111		B		0111 1100
4		0110 0110		C		0011 1001
5		0110 1101		D		0101 1110
6		0111 1101		E		0111 1001
7		0000 0111		F		0111 0001

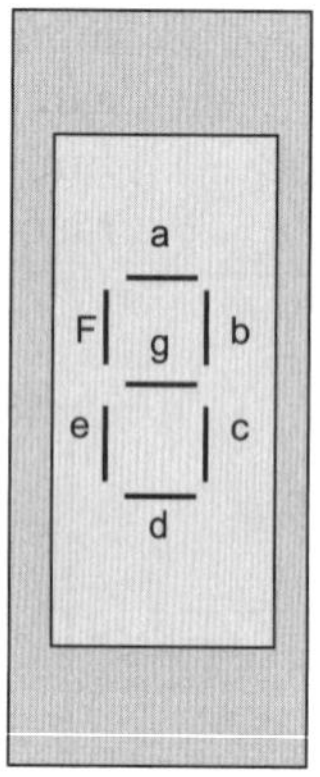

VB48 [05] ⟹ SEG   AC1 [6D]

0 1 1 0   1 1 0 1

6   D

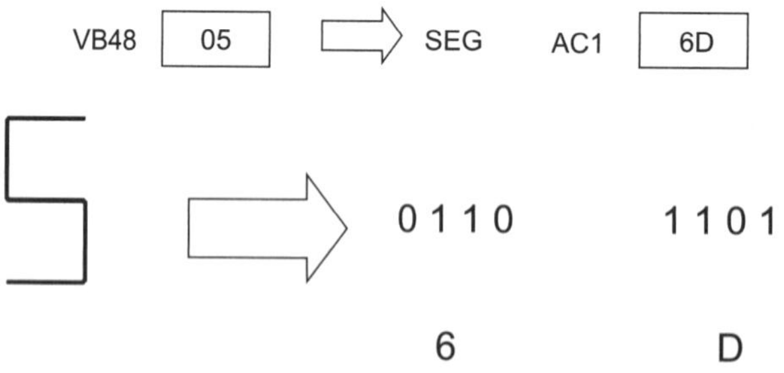

Figuras 1.11A e 1.11B Configurações de bits necessárias a um display de 7 segmentos.

1.9 Conexão de Chaves Digitais e Display do PLC

Muitas vezes se tem a necessidade de ligar as entradas de um PLC a vários sinais numéricos oportunamente codificados. Um dos mais utilizados é o código BCD.

A aplicação típica dos códigos BCD nos PLCs compreende a inserção de dados, como, por exemplo, a contagem de tempo por meio de chaves digitais (*thumbwheel switches*) inseridas nas entradas do PLC. A visualização dos dados por meio de display de 7 segmentos na saída do controlador programável permite, por exemplo, a visualização de tempo, contagem, posição angular ou linear e outros. Veja Figura 1.12.

Observamos que, com a utilização de códigos digitais (BCD, GRAY, ASCII), os controladores programáveis permitem visualizar ou definir tempo e contagem e ainda visualizar mensagens alfanuméricas necessárias ao colóquio entre operador e controlador programável.

Na Figura 1.13 temos um exemplo de esquema elétrico de ligação de um controlador programável do tipo compacto da empresa Omron tipo CPM2A, com chaves digitais em cima nas entradas, display, bobinas e lâmpadas embaixo nas saídas. Notamos que, em paralelo às bobinas, temos grupos RC, que são utilizados como filtros antiperturbações (ruídos) devido à presença de carga de natureza indutiva.

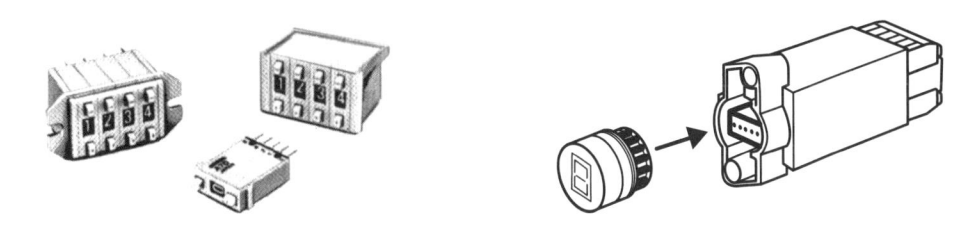

Figura 1.12

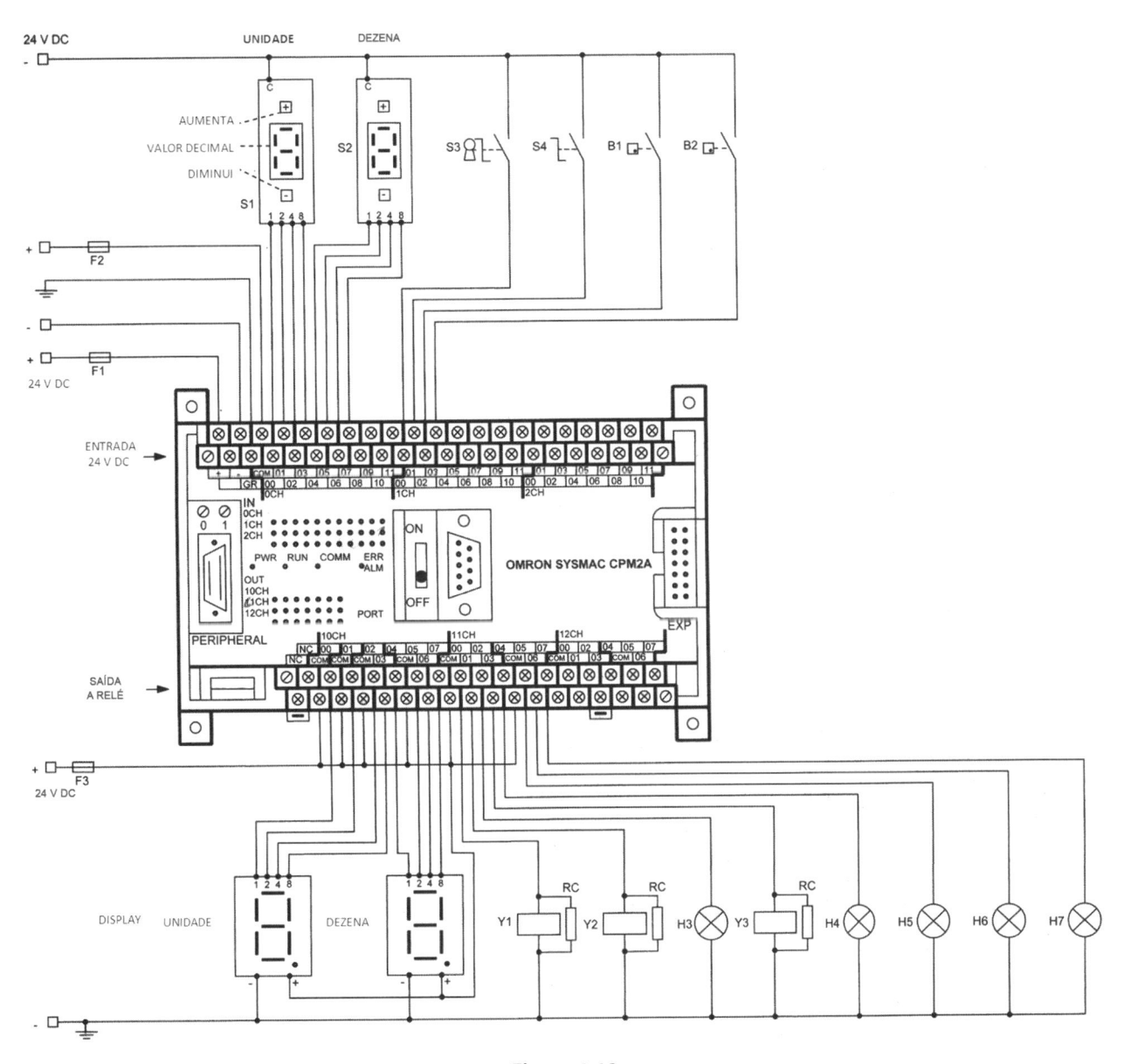

Figura 1.13

1.10 Aplicação: Contagens de Pulsos com Visualização no Display com a CPU S7-200

Os pulsos provenientes de uma entrada (I0.0) da CPU S7-200 devem ser contados. O resultado das contagens deve ser visualizado sobre um display de 7 segmentos. Utilizando uma outra entrada (I0.1), as contagens tornam-se decrescentes. Na Figura 1.14 temos a resolução em linguagem Ladder e AWL dessa aplicação.

O programa descrito a seguir é muito simples.

1. Na primeira linha de programa temos um contador crescente/decrescente no qual se contam os pulsos provenientes das entradas I0.0 (S0) e I0.1 (S1). A entrada I0.0 (S0) conta de maneira crescente, e a entrada I0.1 (S1) conta de forma decrescente. Na entrada I0.2(S2) se reseta tudo em qualquer momento.
2. Na segunda linha de programa temos a conversão I_BCD, ou seja, o valor de contagem atual C0 (CNT) é convertido em um valor expresso em código BCD. Esse valor é armazenado na Word VW0.
3. Nas linhas de programas sucessivas temos os bits da Word VW0, ou seja, V1.0, V1.1, V1.2...V1.7 (VB1), que são enviados nas saídas do PLC. De fato, o byte interessado é aquele menos significativo (VB1) da Word VW0.

Notamos como os bits que vão de V1.0 a V1.3 são aqueles das unidades, e os bits que vão de V1.4 a V1.7 são aqueles das dezenas.

Esquema Ladder e AWL de contagens de pulsos com visualização no display (Figura 1.14)

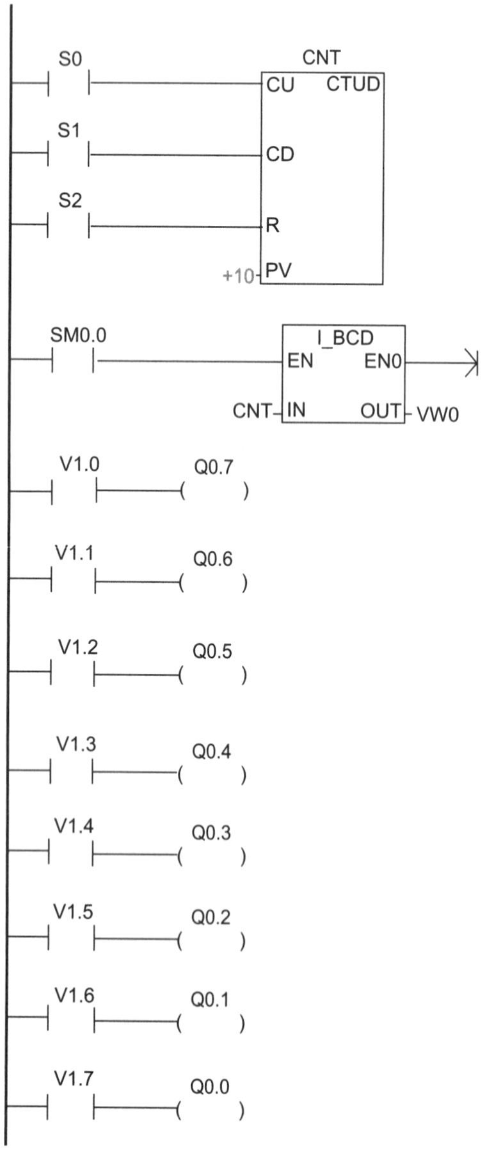

AWL

```
1
LD      S0
LD      S1
LD      S2
CTUD    CNT, +10

2
LD      SM0.0
MOVW    CNT, VW0
IBCD    VW0

LD      V1.0
=       Q0.7

LD      V1.1
=       Q0.6

LD      V1.2
=       Q0.5

LD      V1.3
=       Q0.4

LD      V1.4
=       Q0.3

LD      V1.5
=       Q0.2

LD      V1.6
=       Q0.1

LD      V1.7
=       Q0.0
```

Figura 1.14

Tabela 1.12 Tabela dos Símbolos

Símbolos	Endereço	Comentário
S0	I0.0	Botão contagem para a frente
S1	I0.1	Botão contagem para trás
S2	I0.2	Botão de reset
CNT	C0	Contador crescente/decrescente
	VW0	Word
	Q0.0	Saída display dezena
	Q0.1	Saída display dezena
	Q0.2	Saída display dezena
	Q0.3	Saída display dezena
	Q0.4	Saída display unidade
	Q0.5	Saída display unidade
	Q0.6	Saída display unidade
	Q0.7	Saída display unidade

Na Figura 1.15 é apresentado o valor em código BCD armazenado no byte VB1:

$$0011 \quad 0001$$
$$3 \qquad 1$$

Esse valor 31 é o valor que aparece no display. Naturalmente, sendo os bits V1.0, V1.4, V1.5 do byte VB1 a "1" lógico, as saídas relativas Q0.7, Q0.3, Q0.2 serão energizadas, os bits restantes serão a "0" lógico. Em consequência, as saídas relativas serão desenergizadas.

Os displays de 7 segmentos são pilotados por circuitos integrados específicos que efetuam a conversão dos dígitos (0 até 9) em formato BCD no correspondente formato para a pilotagem do display. Essa placa eletrônica que efetua essa conversão chama-se *driver*. Geralmente o circuito integrado mais utilizado é o CMOS 4511. As operações de visualização podem acontecer mais simplesmente recorrendo-se a um painel operador tipo TD200.

O procedimento empregado com o uso do display e driver poderia parecer tradicional, porém demonstra que, com o emprego de poucas linhas de programa e de poucos componentes hardware, é possível reduzir o custo nas pequenas automações. Poder-se-ia pensar em utilizar as instruções SEG descritas anteriormente para pilotar diretamente o display sem precisar do driver, ou seja, pilotagem efetuada diretamente pelo PLC. Essa solução não é conveniente porque seriam necessárias 7 saídas no lugar de 4. Lembramos que os segmentos do display são 7.

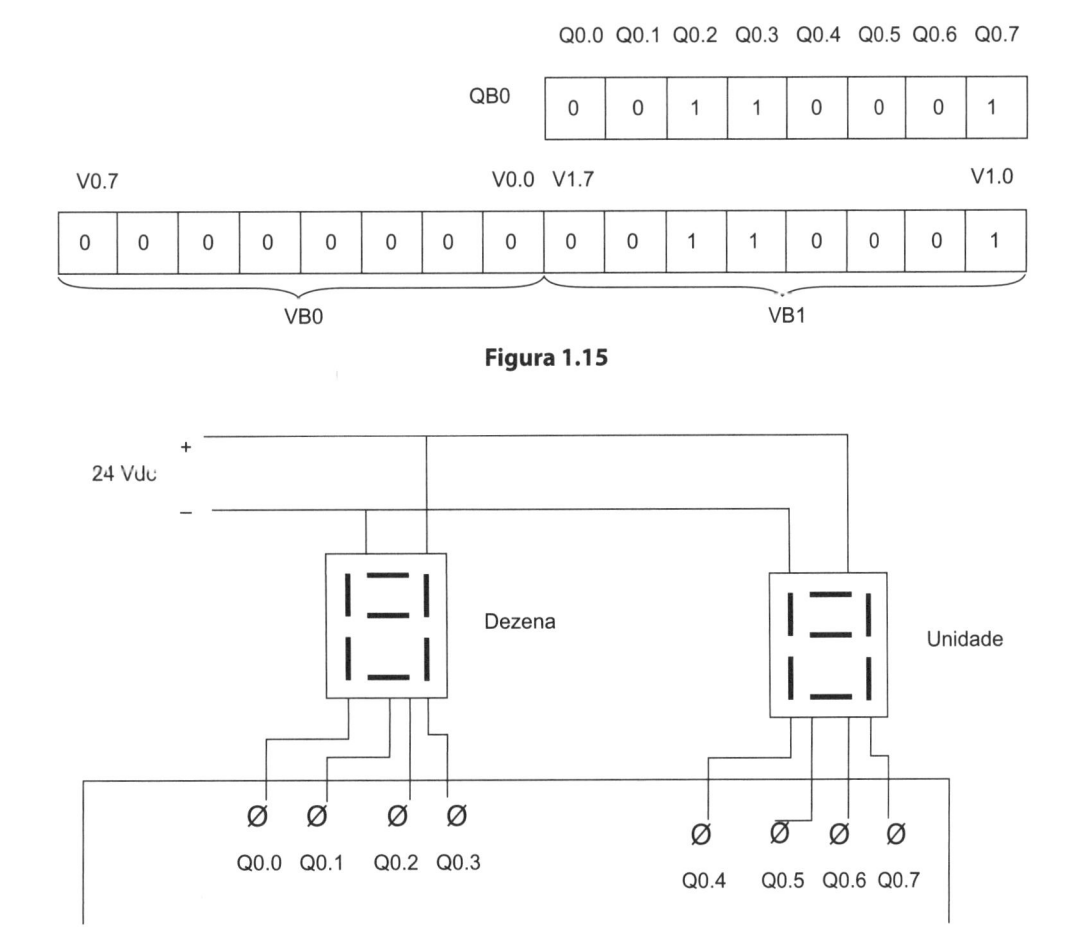

Figura 1.15

Figura 1.16 Cablagem do PLC ao display. Cada unidade de display em código BCD tem 4 saídas.

1.11 Aplicação: Uso das Chaves Digitais na CPU S7-200

Essa aplicação utiliza quatro chaves digitais para introdução de dados numéricos no interior da memória da CPU S7-200. A conversão utiliza o código BCD. As chaves digitais são dotadas, cada uma, de quatro saídas para cada dígito. Nessa aplicação temos quatro dígitos, por isso precisamos de 16 entradas do PLC. Veja Figura 1.17.

Na Figura 1.18 é representado um programa simples que recebe valores de quatro chaves digitais para definir o valor de contagem de um contador crescente.

O programa da Figura 1.18 demonstrado resolve a aplicação. Os dados numéricos definidos por meio das quatro chaves digitais são armazenados no registro das imagens das entradas IW0 (Word a 16 bits). Eles são convertidos do código BCD em número inteiro e armazenados na Word VW0.

O valor armazenado na Word VW0 define o valor de contagem do contator crescente CNT (entrada PV). Um sensor B1 envia um pulso de contagem na entrada do contador CNT, incrementando-o de uma unidade. O contador que atinge o valor armazenado na VW0 (9201) abrirá o contato normalmente fechado CNT, desenergizando assim a saída KM. A entrada S1 reseta a contagem e desenergiza a saída KM em qualquer momento.

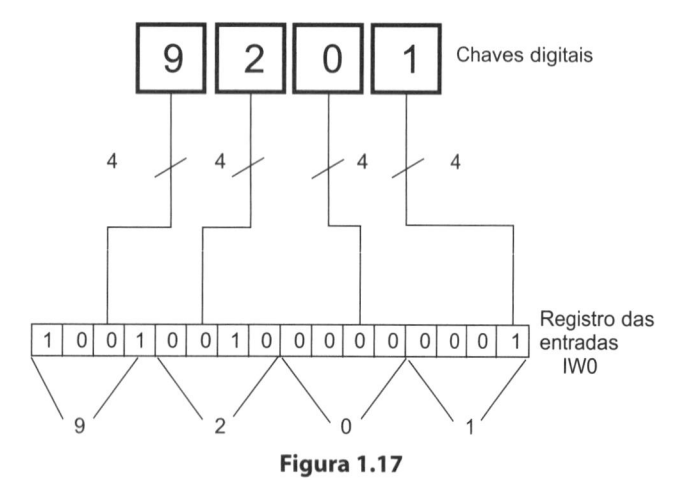

Figura 1.17

Esquema Ladder resolutivo e AWL da Figura 1.17 (Figura 1.18)

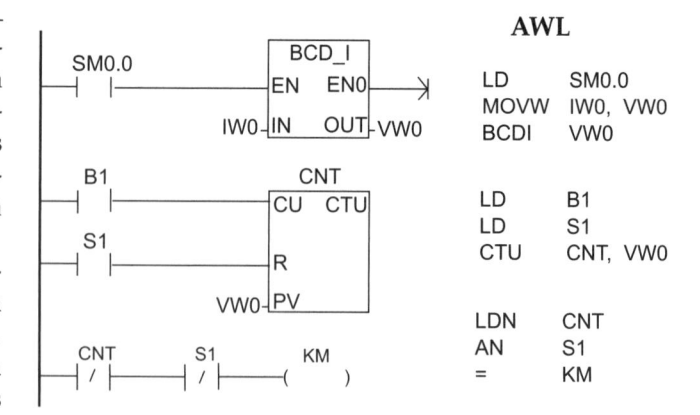

Figura 1.18

Tabela 1.13 Tabela dos Símbolos

Símbolos	Endereço	Comentário
B1	I0.0	Sensor
S1	I0.1	Entrada de reset
KM	Q0.0	Saída
CNT	C0	Contador crescente
	IW0	Registro imagem das entradas de I0.0-I1.7
	VW0	Word

Questões práticas

1. Converta do formato decimal para BCD os seguintes números: 384, 252, 711, 6250.
2. Converta do formato decimal para o formato hexadecimal os seguintes números: 38, 15, 1230, 560.
3. Converta do formato binário ao formato decimal os seguintes números: 11101, 10011, 1110010, 100010.
4. Converta do formato hexadecimal para decimal os seguintes números: 1BC8, 4EF, 2A2, 31C.
5. Indique sucintamente quais são as diferenças e as aplicações dos códigos Gray e ASCII.
6. O que é um código digital?
7. No PLC S7-200, para que servem as instruções ROUND, DI_R?

2 Funções de Transferência dos Dados

2.0 Generalidades

Todos os computadores, inclusive o PLC, permitem transferir o conteúdo de um registro das memórias de um endereço a outro durante a elaboração do programa.

Um controlador programável tem instrução para transferir um registro de cada vez ou vários em uma só operação. Em todos os tipos de transferência, o conteúdo de um registro inicial permanece inalterado. Em cada caso, temos, no final da transferência, uma duplicação do conteúdo do registro de origem em um outro registro de destino. A função de transferência na maioria dos PLCs é chamada MOVE. Essa instrução transfere o conteúdo de um registro de um lugar na memória para outro registro em um lugar diferente. Quando a função MOVE (veja Figura 2.1) é habilitada, o conteúdo do registro especificado como de origem (IN) é copiado num registro de destino (OUT). A função MOVE é semelhante à operação de copiar e colar que normalmente é utilizada para transferência de arquivo.

Na Figura 2.2 vemos um exemplo de como funciona a instrução MOVE.

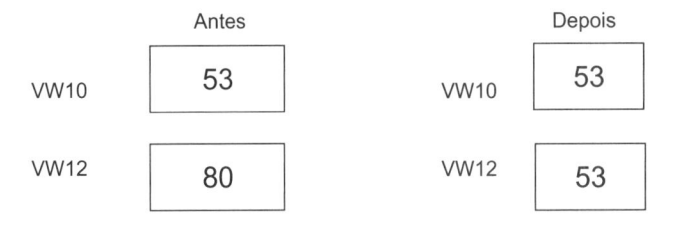

Figura 2.2

O conteúdo da Word VW10 é diferente do da VW12: estamos nos referindo à parte "antes" da Figura 2.2, tão logo se fecha a entrada I0.0 e o conteúdo da Word VW10 se transfere para a Word VW12.

2.1 Função MOVE

Até agora usamos valores numéricos ou dados constantes. Em automação, é preciso, muitas vezes, modificar um valor numérico ou um dado muito rapidamente, dependendo do ciclo de trabalho que se está executando. Nesse caso, a instrução MOVE torna-se fundamental.

Na Figura 2.3 temos como exemplo a troca de um valor de preset de um timer. Somente um dos dois intervalos de tempo – 10 ou 7 segundos – é transferido ao temporizador. Esses dois intervalos de tempo, com base no estado lógico das duas entradas I0.0 e I0.1, definem o valor de contagem do timer.

De fato, fechando a entrada I0.0, o valor de 10 segundos passa a ser transferido na Word VW14, e então o timer conta 10 segundos (na verdade o preset do timer TON com atraso na ligação e a Word VW14); do contrário, habilitando a entrada I0.1, o valor de 7 segundos é então registrado na mesma Word VW14 e o timer parte com uma contagem de 7 segundos. Com essa modalidade, será sempre possível mudar o valor de um tempo sem a necessidade de modificar o programa.

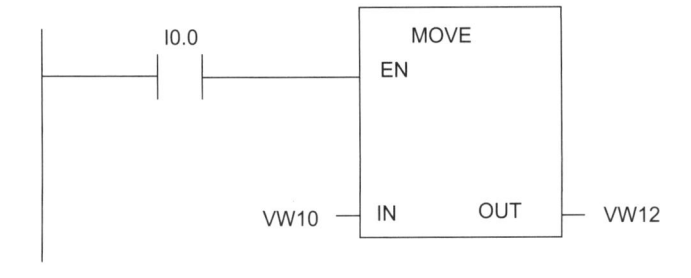

VW10 = Word de origem

VW12 = Word de destino

Figura 2.1

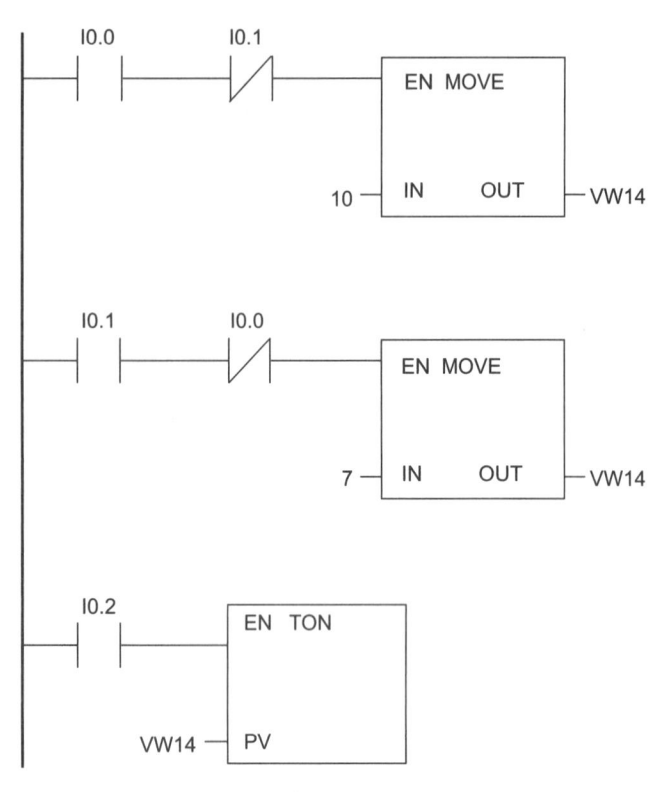

Figura 2.3

2.2 Operação de Transferência de Blocos de Dados

Muitas vezes é necessário transferir mais de um registro por vez. Os PLCs modernos têm uma instrução para transferir em uma só vez mais registros simultaneamente. Essa operação é chamada de BLOCK TRANSFER, ou seja, transferência de blocos de registros.

Na Figura 2.4 é apresentado um exemplo de BLOCK TRANSFER; na linguagem SIMATIC, chama-se BLOCK MOVE.

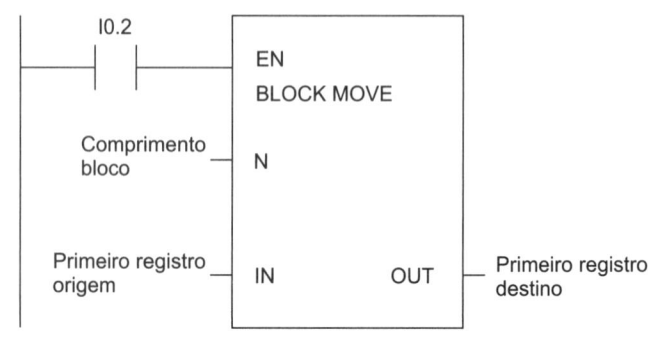

Figura 2.4

A modificação de um registro pode simplesmente acontecer também por meio de chaves digitais ou com um simples painel operador.

Na Tabela 2.1 é apresentado um resumo das operações de transferência de byte, Word e double Word disponível com a CPU S7-200.

Na Figura 2.4 vê-se como a função BLOCK MOVE precisa de alguns parâmetros para ser definida. É necessário especificar o registro inicial do bloco de dados (primeiro registro origem) e o número total dos registros que sucessivamente devem ser transferidos N e o endereço do primeiro registro de destino.

2.2.1 Operação de BLOCK TRANSFER com a CPU S7-200

Daremos agora um exemplo de como se define essa função com o controlador programável S7-200. Veja Figura 2.5

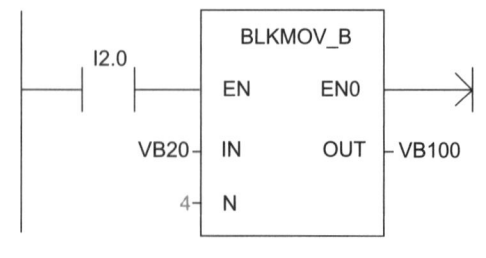

Figura 2.5

sendo:

VB20 = byte inicial do registro de origem
VB100 = byte inicial do registro de destino
N = 4 número total dos bytes sucessivos que devem ser transferidos

Tabela 2.1

KOP	Função
MOV_B EN IN OUT	O boxe "transfere byte" (MOV_B) transfere o byte de entrada (IN) no byte de saída (OUT). O byte de entrada permanece inalterado.
MOV_W EN IN OUT	O boxe "transfere Word" (MOV_W) transfere a Word de entrada (IN) para a Word de saída (OUT). A Word de entrada permanece inalterada.
MOV_DW EN IN OUT	O boxe "transfere double Word" (MOV_DW) transfere a double Word de entrada (IN) para a double Word de saída (OUT). A double Word de entrada permanece inalterada.
MOV_R EN IN OUT	O boxe "transfere número real" (MOV_R) transfere a double Word real de entrada a 32 bits (IN) para a double Word de saída (OUT). A double Word real de entrada permanece inalterada.

Nesse exemplo, fechando a entrada I2.0 da Figura 2.5 se habilita a função de BLOCK TRANSFER, em formato byte. Com referência à Figura 2.6, se vê como são transferidos os blocos de dados 1 origem (VB20 até VB23) no bloco de dados de destino 2 (VB100 até VB103) simultaneamente.

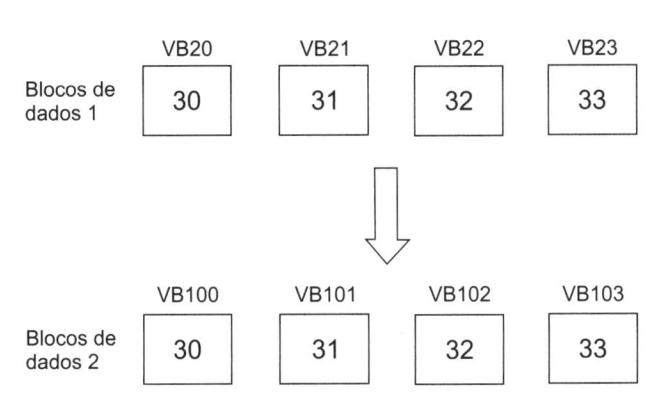

Figura 2.6

2.2.2 Operação de transferência de um dado a vários registros

Existe uma instrução para transferir o conteúdo de um só registro em um bloco de registros em forma sequencial de tal forma que todos os registros do bloco contenham o mesmo valor do registro de origem. Em geral essa instrução é usada para zerar o valor de mais registros simultaneamente. Na Figura 2.7 representamos a função dessa operação. Na maioria dos PLCs essa instrução é chamada *FILL*.

Na Figura 2.7 pode-se ver como age a instrução FILL. O conteúdo da Word VW100 é simultaneamente transferido para as Words VW200, VW202, VW204 e VW206.

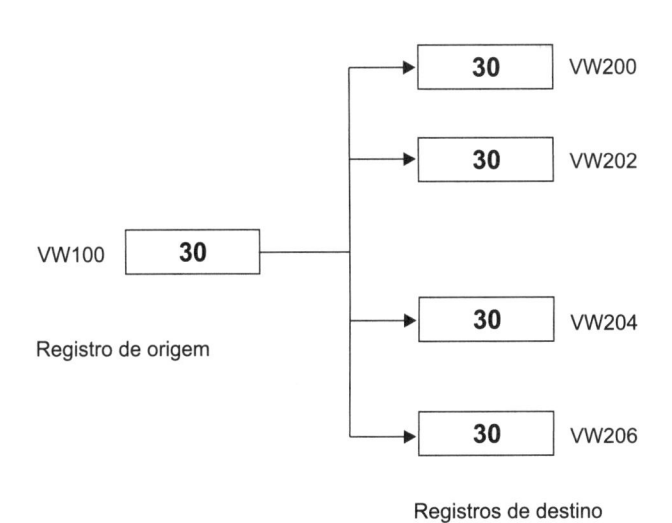

Registros de destino

Figura 2.7

A instrução FILL geralmente se define com três parâmetros: o registro de origem, o número de registros de destino, o endereço do registro inicial de destino. Isso está representado na Figura 2.8

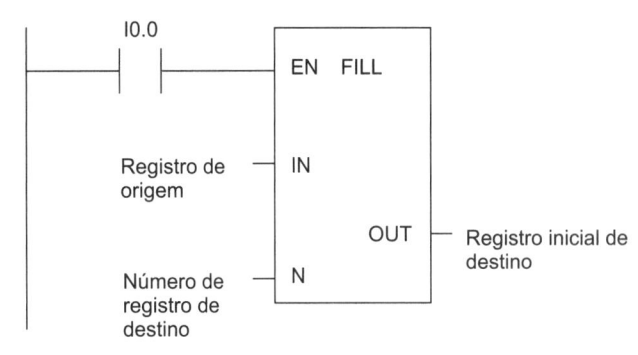

Figura 2.8

2.2.3 Operação FILL com a CPU S7-200

Daremos agora um exemplo de como se define essa função com o controlador programável S7-200. Veja Figura 2.9.

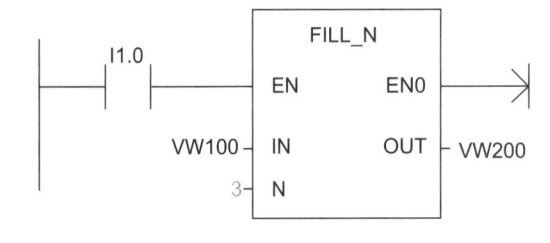

Figura 2.9

Na Figura 2.10 está representada a ação dessa função relativa à Figura 2.9.

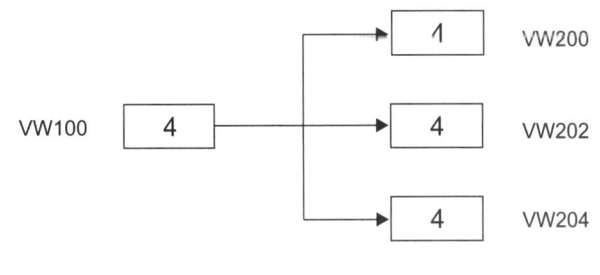

Figura 2.10

Na Figura 2.10 vemos tanto a Word VW100 quanto o registro de origem. Três são as Words de destino N = 3, e VW200 é a Word inicial de destino.

Nota: Quando se utilizam de forma consecutiva registros de tipo Word, a mudança numérica é de dois em dois, como representado na Figura 2.10. Nos registros consecutivos de tipo byte, a mudança numérica é de um em um; exemplo:VB100, VB101, VB102, nos registros consecutivos de tipo double Word, a mudança numérica é de quatro em quatro; exemplo: VD100, VD104, VD108.

2.2.4 Resumo das instruções de transferência de blocos de registros com a CPU S7-200

Tabela 2.2

KOP	Função
BLKMOV_B EN IN N OUT	O boxe "transfere bloco de byte" (BLKMOV_B) transfere o número de byte estabelecido (N) na entrada que se inicia em (IN) para os blocos de dados de saída que se iniciam em OUT. O campo de N vai de 1 até 255.
BLKMOV_W EN IN N OUT	O boxe "transfere bloco de Word" (BLKMOV_W) transfere o número de Word estabelecido (N) na entrada que se inicia em (IN) para os blocos de dados de saída que se iniciam em OUT. O campo de N vai de 1 até 255.
FILL_N EN IN N OUT	O boxe define "a memória com configuração de Word" (FILL_N) ocupa a memória, iniciando-se na Word de saída (OUT), com a configuração de Word de entrada (IN) consecutiva especificada por N. O campo de N vai de 1 até 255.

2.3 Aplicação: Definir o Valor de Contagem de um Contador por Meio de Chaves

Esta aplicação define dois valores de contagem de um contador crescente CNT por meio dos fechamentos de duas chaves S0, S1 inseridas num quadro elétrico no corpo da máquina. O funcionamento se baseia em dois itens:

- se se pressiona S0, se ativa a contagem ao valor 3, depois se energiza a saída K1;
- se se pressiona S1, se ativa a mesma contagem no valor de 5, depois se energiza a mesma saída K1.

Por meio da chave S2 se reseta o contador CNT a qualquer momento.

Tabela 2.3 Tabela dos Símbolos

Símbolo	Endereço	Comentário
S0	I0.0	Chave ativa o contador a 3
S1	I0.1	Chave ativa o contador a 5
K1	Q0.0	Saída
CNT	C0	Contador
	VW0	Word a 16 bits
S2	I0.2	Chave de reset

O programa da Figura 2.11 prevê a utilização da Word VW0 para armazenar os dois valores de contagem 3 e 5 com base no estado lógico das chaves S0 e S1.

Esquema Ladder e AWL de contagem de um contador por meio de chaves (Figura 2.11)

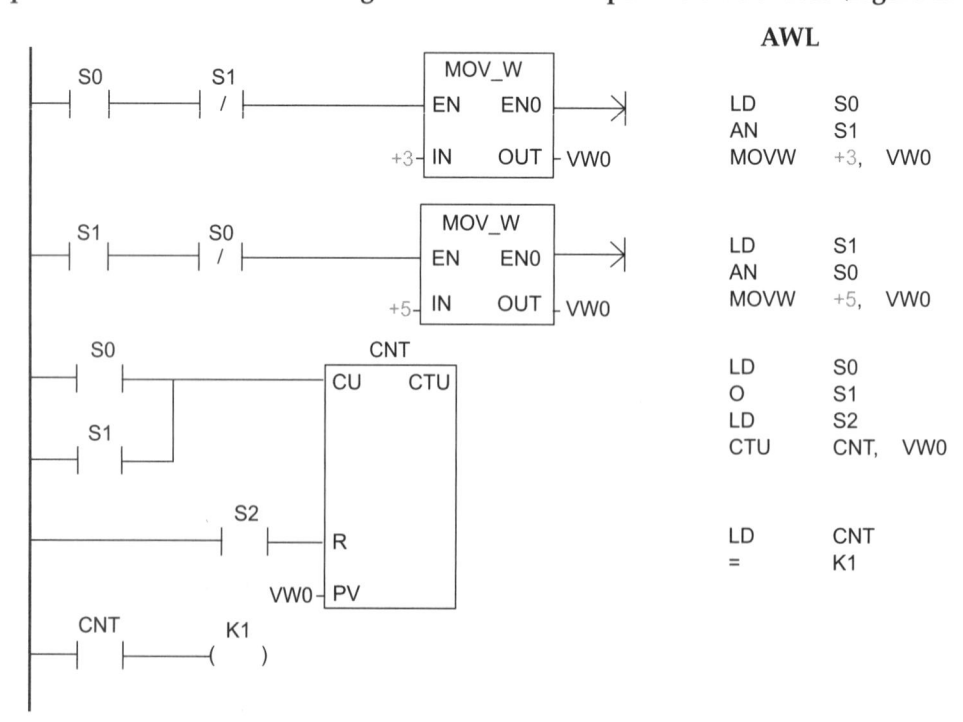

Figura 2.11

De fato, fechando-se a chave S0 se armazena na Word VW0 o valor 3; fechando-se a chave S1 se armazena na mesma Word VW0 o valor 5. A cada pulso enviado ao contador CNT na entrada CU por meio das chaves S0, S1, o contador CNT aumenta em uma unidade. Ao se pressionar a chave S0, o preset PV do contador será 3; ao se pressionar S1 será 5. Como consequência, com a chave S0, a saída K1 se energiza depois de três contagens; com a chave S1, a saída K1 se energiza depois de cinco contagens.

2.4 Aplicação: Conversão de um Número Inteiro de 8 Bits em um Número Inteiro de 16 Bits

Com frequência, na programação dos controladores lógicos ocorre se converter um número inteiro de 8 bits (byte) em um número inteiro de 16 bits (Word); em suma, deve-se converter um dado em formato byte em um dado em formato Word.

Lembramos que a expressão número inteiro de 8 bits significa que o seu campo númerico com sinal vai de –128 até +127; de 16 bits, vai de –32.768 até +32.768.

Isso ocorre frequentemente quando se utilizam instruções que aceitam somente parâmetros em formato Word.

O programa simples da Figura 2.12 resolve essa conversão.

Esquema Ladder e AWL de conversão de um número inteiro de 8 bits em um número inteiro de 16 bits (Figura 2.12)

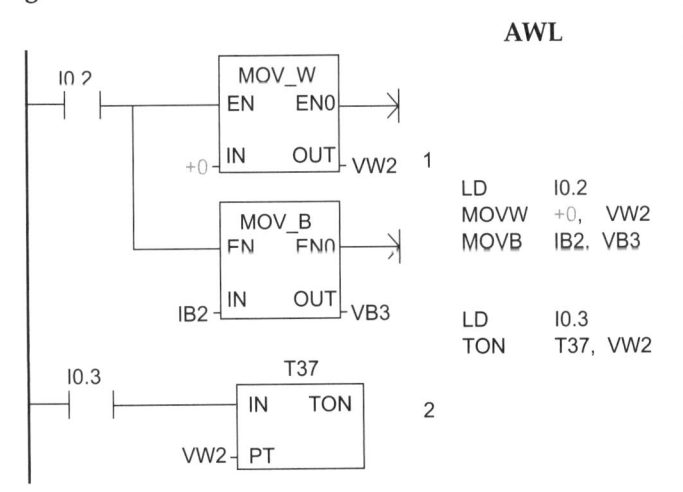

Figura 2.12

1. Na primeira linha de programa se zera a Word VW2 e se carrega o valor de entrada IB2 em formato byte no byte menos significativo da Word VW2, ou seja, o byte VB3.

2. Na segunda linha de programa com a Word VW2 se pode carregar o valor de preset (PT) do timer TON em formato Word. Se em IB2 for armazenado, por exemplo, o valor 50, o timer TON conta até 5 segundos.

Tabela 2.4 Tabela dos Símbolos

Símbolos	Endereço	Comentário
	I0.2	Chave 1
	I0.3	Chave 2
	T37	Temporizador TON
	VW2	Word de 16 bits
	IB2	Byte de 8 bits
	VB3	Byte menos significativo de VW2

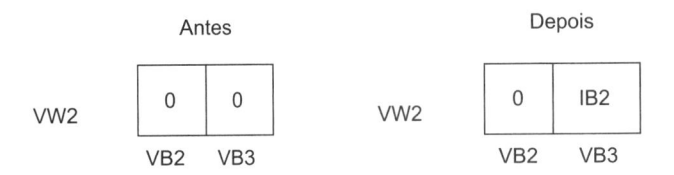

Figura 2.13

Esse programa simples ilustra o que já foi dito, ou seja, uma simples instrução de temporização aceita como próprio valor de preset PT somente valor em formato Word (16 bits).

Questões práticas

1. Um temporizador é utilizado com três diferentes valores de tempo. Os três valores de tempo são 5, 10 e 15 segundos. Os valores de tempo selecionados dependem de três chaves S1, S2, S3. Pressionando-se S1, se habilita o timer a 5 segundos; pressionando-se S2, se habilita o timer a 10 segundos; e pressionando-se S3, se habilita o timer a 15 segundos. Realize o programa utilizando um só temporizador.

2. Explique em poucas palavras a função da instrução FILL.

3. A instrução MOVE é utilizada quando:

   a. é preciso transferir um dado em mais registros simultaneamente.

   b. é preciso transferir blocos inteiros de dados.

   c. é preciso transferir o conteúdo de um registro de origem em um de destino.

Operações de Comparação

3.0 Generalidades

Os PLCs têm diversas funções que permitem comparar dois números para determinar quais dos dois é o maior. Em geral são comparados valores de contagem de timer ou de números.

Recorrendo à função de comparação, é possível resolver muitos problemas de automação industrial.

Alguns controladores programáveis têm geralmente duas funções de comparação: as funções "maior a" e "igual a". Para se obter outras funções de comparação (diferente, menor de, maior de, menor ou igual a), é necessário combinar as duas funções de base. Alguns tipos de controladores programáveis têm todas as seis funções de confronto. Isso simplifica muito a programação. Na Tabela 3.1 estão ilustradas as seis funções de confronto. As primeiras duas são função de base.

Tabela 3.1

	Função	Equação
1	Igual a	Y=X
2	Maior ou igual	Y>=X
3	Diferente de	Y<>X
4	Menor de	Y<X
5	Maior de	Y>X
6	Menor ou igual	Y<=X

3.1 Como se Apresenta uma Função de Comparação

É possível comparar dois números por vez. Os dois números comparados recebem o nome de operando 1 e operando 2.

Um operando pode ser um valor constante e outro operando, um valor variável, ou podem ambos ser variáveis. Quando a função é habilitada, a comparação é executada. Se o êxito da comparação for positivo, a saída da operação de comparação é ativada (ON); ao contrário, se o êxito é negativo, a saída permanece desativada (OFF). Podemos resumir dizendo que o êxito da comparação negativo equivale, na linguagem Ladder, a uma chave normalmente aberta; ao contrário, se o êxito da comparação é positivo, equivale, na linguagem Ladder, a uma chave normalmente aberta que se fecha. Nas Figuras 3.1A e 3.1B estão representados dois modos gráficos para representar as funções de confronto.

a. Tipo contato

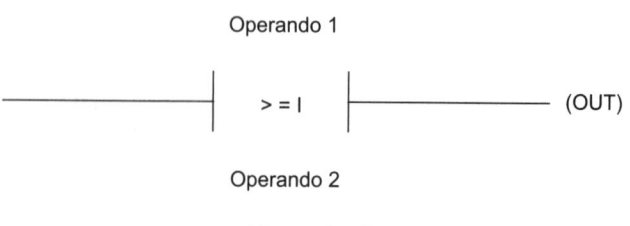

Figura 3.1A

b. Tipo boxe

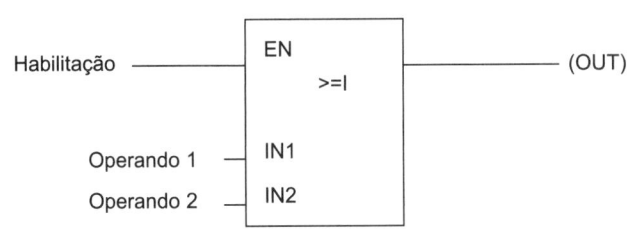

Figura 3.1B

O tipo a é utilizado por exemplo no PLC Siemens S7-200, e o tipo b é utilizado nos PLCs Siemens S7-300/400. Naturalmente, os contatos de comparação, independentemente da localização no programa, podem ser utilizados em série ou em paralelo a outros elementos para implementação da lógica do controle.

Todos os exemplos a seguir utilizam a CPU S7-200, conforme a norma IEC 61131-3, e se baseiam no monitoramento do *valor atual de um contador*.

Lembramos que, além de monitorar se o contador atingiu o valor de preset PV, é possível se ter acesso ao valor atual de cada contador utilizando as funções de comparação.

3.2 Construção da Operação "Menor de" para Ativar uma Saída

O presente exemplo mostra como se pode utilizar uma função de comparação para ativar uma saída. Veja o esquema Ladder, AWL e o fluxograma da Figura 3.2.

Como se pode ver na Figura 3.2, no esquema Ladder, a entrada I0.0 "funcionante como chave" ativa o Merker M0.1. Cada vez que se ativa a entrada I0.1, o contador decrescente C1 decrementa o próprio valor de uma unidade, partindo do valor de preset PV = 10.

Lembramos que a entrada I0.2 cada vez que é ativada, carrega o valor de preset PV = 10. Antes se deve ativar a entrada I0.2 e o contador C1 é carregado com o valor de preset 10; depois se pode ativar a entrada I0.1, e o contador C1 decrementa o próprio valor partindo de 10 até chegar ao valor 5.

Notamos que a função de comparação "menor de" é um contato que se fecha quando C1 < 5 e se abre quando C1 >= 5. Portanto, se C1 < 5, se energiza a saída Q0.0; se C1 >= 5, se desenergiza a saída Q0.0.

3.3 Construção da Operação "Maior ou Igual" para Desativar uma Saída

O presente exemplo mostra como se pode utilizar uma função de comparação para desativar uma saída. Veja o esquema Ladder, AWL e o fluxograma da Figura 3.3.

Como se vê no esquema Ladder da Figura 3.3, a entrada I0.0 ativa o Merker M0.1, a entrada I0.1 ativa o contador crescente C1 para contagem para a frente, e a entrada I0.2 reseta as contagens em qualquer momento. Notamos que a função de comparação "maior ou igual" é um contato que se fecha quando C1 >= 3 e se abre quando C1 < 3. Portanto, se C1 >= 3, se desenergiza a saída Q0.0. Se, portanto C1 < 3, se energiza a saída Q0.0.

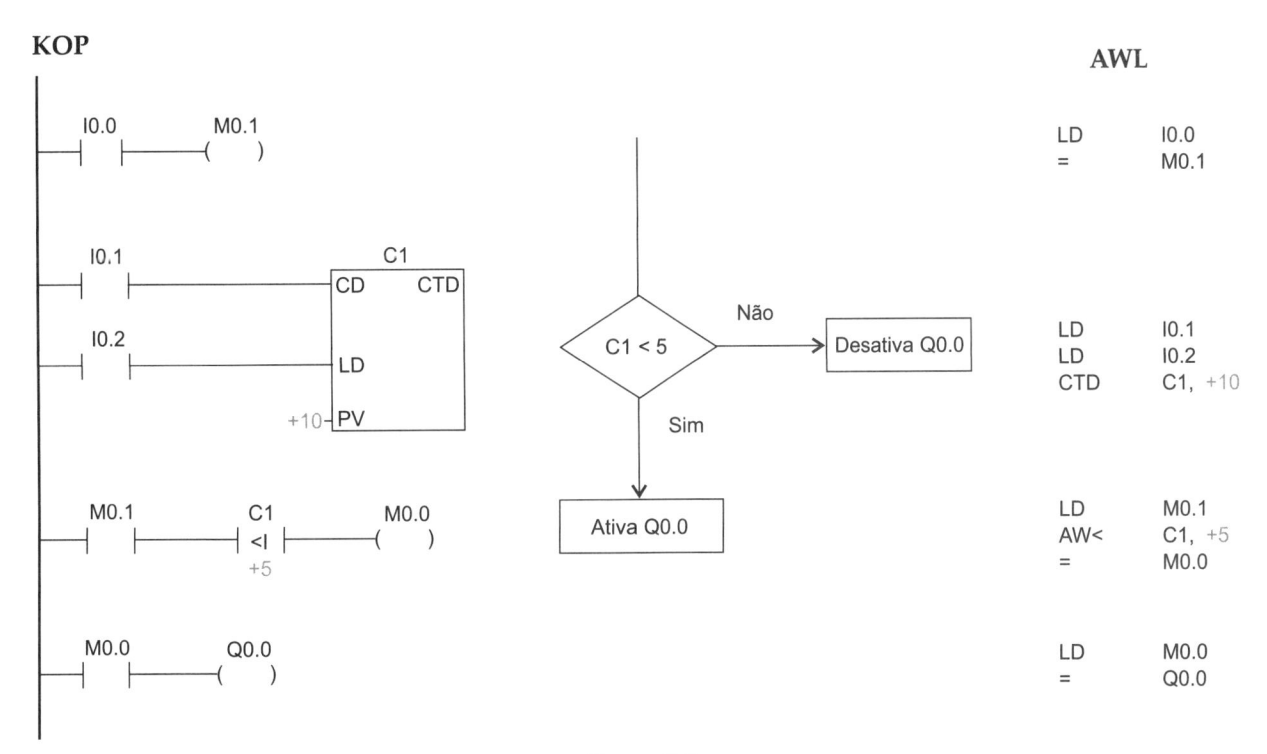

Figura 3.2

KOP

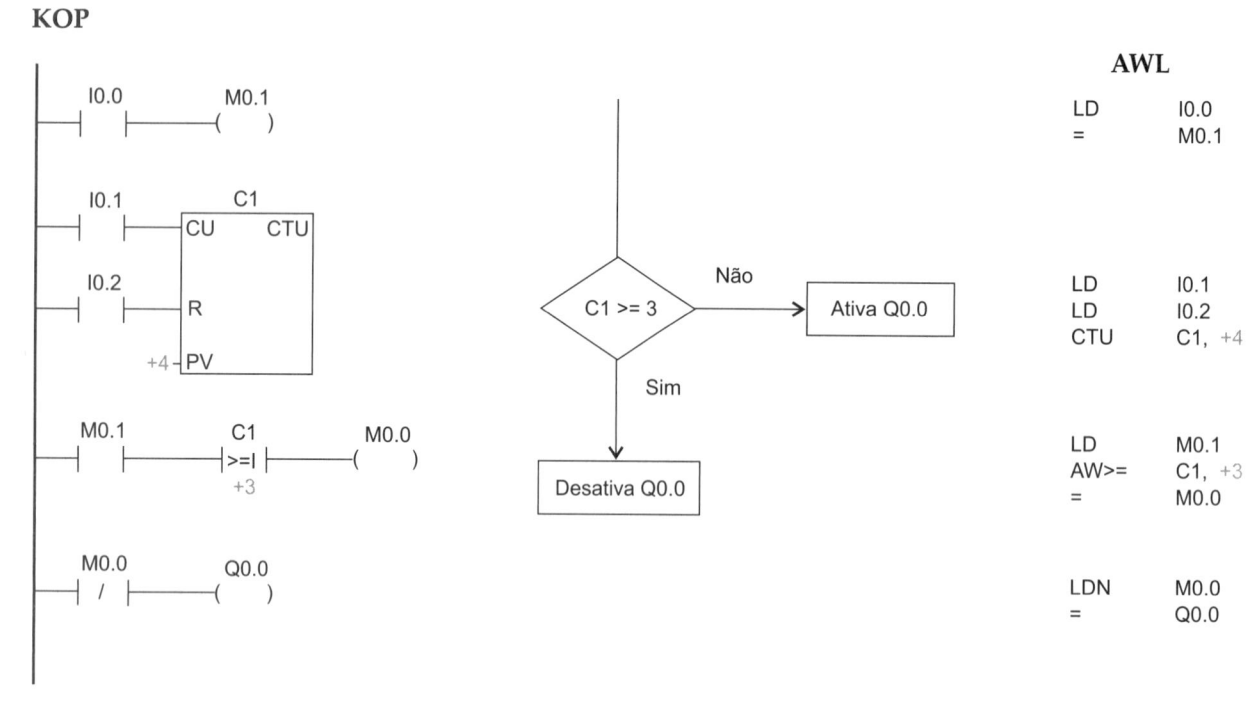

Figura 3.3

3.4 Construção da Operação "de Igualdade" para Desativar uma Saída

Este exemplo mostra como se pode utilizar uma função de comparação para desativar uma saída. Veja o esquema Ladder, AWL e o fluxograma da Figura 3.4.

Como se vê no esquema Ladder da Figura 3.4, a entrada I0.0 ativa o Merker M0.1, a entrada I0.1 ativa o contador crescente C1 para contagem para a frente, e a entrada I0.2 reseta as contagens em qualquer momento.

Notamos que a função de comparação "igualdade" é um contato que se fecha quando C1 = 3 e se abre quando C1 ◇ 3. Portanto, se C1 = 3, se desenergiza a saída Q0.0. Se, portanto, C1 ◇ 3, se energiza a saída Q0.0.

KOP

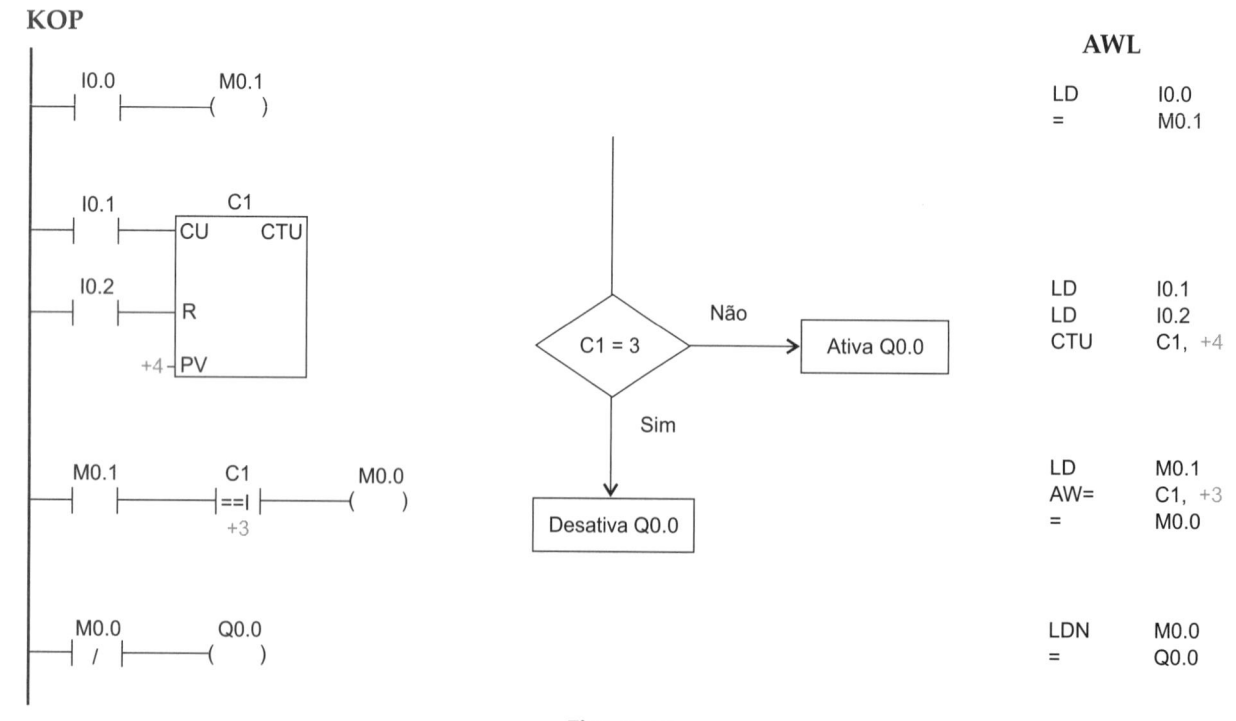

Figura 3.4

3.5 Controle de uma Série de Valores de Range Definido

Vemos no esquema Ladder da Figura 3.5 o controle de uma contagem de uma série de peças ou caixas entre um valor preestabelecido. Se o número de peças ou caixas é incluído entre 5 e 10, se ativa o Merker M0.2 e a saída Q0.0 se energiza com lampejo por meio do Merker especial SM0.5. Notamos no mesmo esquema como os contatos de comparação "maior ou igual" e "menor ou igual" são ligados em série com o Merker M0.2. Estes representam dois contatos em série que se energizam simultaneamente apenas quando as contagens das peças são incluídas entre 5 e 10, ativando assim o Merker M0.2 e, em consequência, a saída Q0.0 com lampejo.

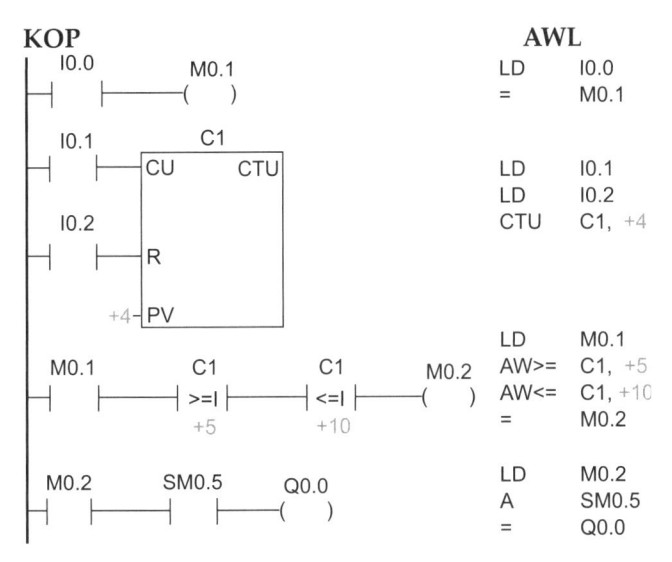

Figura 3.5

3.6 Resumo das Operações de Comparação com a CPU S7-200

Na Tabela 3.2 temos um resumo das principais operações de comparação com a CPU S7-200. A linguagem Ladder utiliza os contatos de comparação para executar comparação entre bytes, Word, double Word e números reais.

Tabela 3.2

KOP	Função
N1 = = B N2	O contato para a "comparação de byte igual" é fechado se o valor byte armazenado no endereço N1 é igual ao valor byte armazenado no endereço N2.
N1 = = I N2	O contato para a "comparação de números inteiros iguais" é fechado se o valor de Word inteira com sinal, armazenado no endereço N1, é igual ao valor de Word inteira com sinal armazenado no endereço N2.

(continua)

Tabela 3.2 (*continuação*)

KOP	Função
N1 = = D N2	O contato para a "comparação igual de double número inteiro" é fechado se o valor de double Word inteira com sinal armazenado no endereço N1 é igual ao valor de double Word inteira com sinal armazenado no endereço N2.
N1 = = R N2	O contato para a "comparação igual de número real" é fechado se o valor de número real armazenado no endereço N1 é igual ao valor de número real armazenado no endereço N2.
N1 > = B N2	O contato para a "comparação de byte maior ou igual" é fechado se o valor byte armazenado no endereço N1 é maior ou igual ao valor byte armazenado no endereço N2.
N1 > = I N2	O contato para a "comparação de números inteiros maiores ou iguais" é fechado se o valor de Word inteira com sinal armazenado no endereço N1 é igual ao valor de Word inteira com sinal armazenado no endereço N2.
N1 > = D N2	O contato para a "comparação maior ou igual de double número inteiro" é fechado se o valor de double Word inteira com sinal armazenado no endereço N1 é maior ou igual ao valor de double Word inteira com sinal armazenado no endereço N2.
N1 > = R N2	O contato para a "comparação maior ou igual de número real" é fechado se o valor de número real armazenado no endereço N1 é maior ou igual ao valor de número real armazenado no endereço N2.
N1 < = B N2	O contato para a "comparação de byte menor ou igual" é fechado se o valor byte armazenado no endereço N1 é menor ou igual ao valor byte armazenado no endereço N2.
N1 < = I N2	O contato para a "comparação de números inteiros menores ou iguais" é fechado se o valor de Word inteira com sinal armazenado no endereço N1 é menor ou igual ao valor de Word inteira com sinal armazenado no endereço N2.
N1 < = D N2	O contato para a "comparação menor ou igual de double número inteiro" é fechado se o valor de double Word inteira com sinal armazenado no endereço N1 é menor ou igual ao valor de double Word inteira com sinal armazenado no endereço N2.
N1 < = R N2	O contato para a "comparação menor ou igual de número real" é fechado se o valor de número real armazenado no endereço N1 é menor ou igual ao valor de número real armazenado no endereço N2.
NOT	O contato "NOT" modifica o estado do sinal. Ou seja se o fluxo de corrente atinge o contato NOT, este é bloqueado; se o fluxo não atinge o contato NOT, este gera um fluxo de corrente. O funcionamento é igual a uma porta lógica NOT.

As operações de comparação de bytes são sem sinal. As operações de comparação de números inteiros são com sinal. As operações de comparação de double Word são com sinal. As operações de comparação de números reais são com sinal. Para linguagem KOP e FUP, quando a comparação é verdadeira, a operação de comparação ativa o contato (KOP) ou a saída (FUP).

Para a linguagem AWL, quando a comparação é verdadeira, a operação de comparação carrega o valor 1 no valor superior do Stack.

Um exemplo de como é empregada a operação NOT está na Figura 3.6.

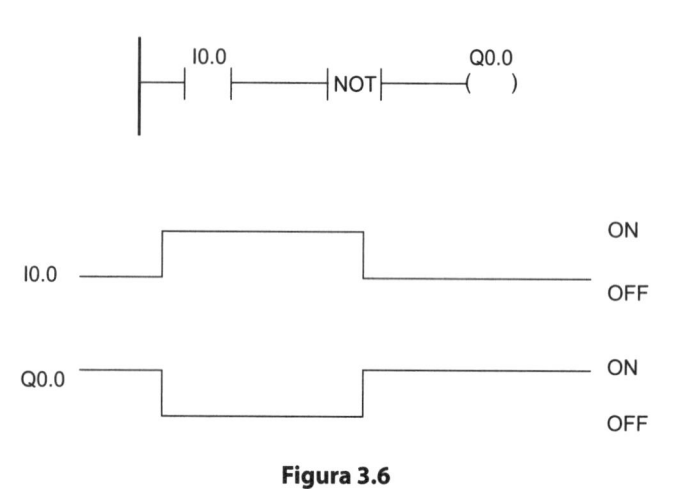

Figura 3.6

3.7 Aplicação: Chave Programável Acionada por um Contador com a CPU S7-200

O conceito básico que está por trás de uma chave programável acionada por um contador é o de habilitar/desabilitar certas saídas em diferentes pontos do ciclo de uma máquina industrial. Utilizando um ou mais contadores, esse tipo de controle pode ser facilmente realizável. A seguinte aplicação ilustra essa operação.

O contador habilita ciclicamente duas diferentes saídas segundo os próprios valores de preset. A Figura 3.7

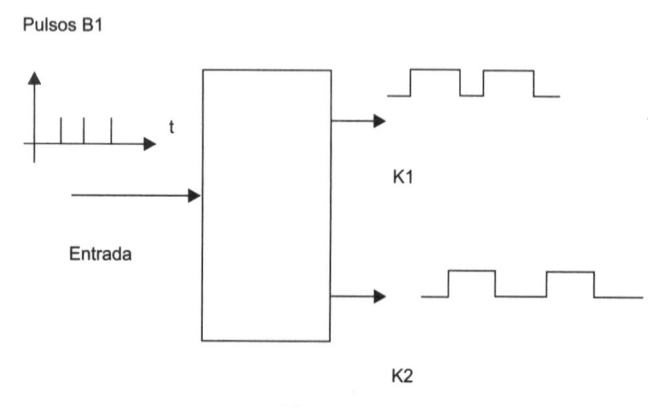

Figura 3.7

ilustra um bloco lógico no qual na entrada são mostrados os pulsos elétricos provenientes de um transdutor B1; nas duas saídas, K1, K2, são representados os sinais digitais correspondentes à ativação do contador (veja Figura 3.8).

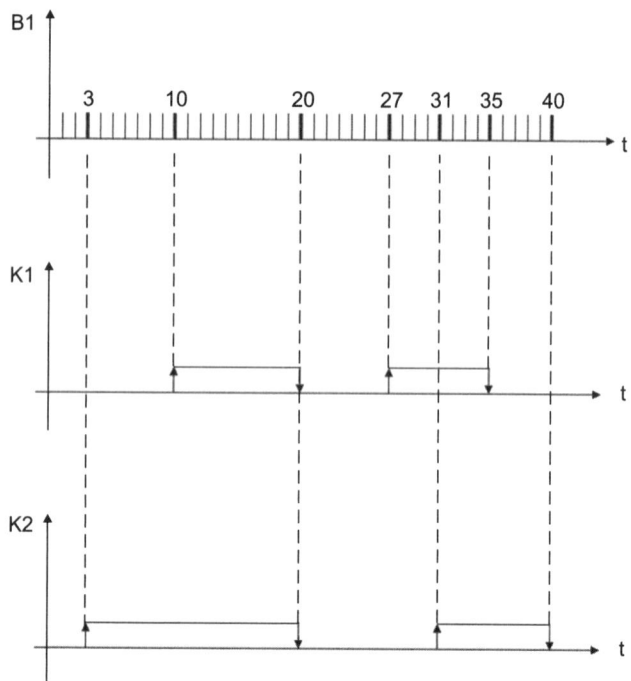

Figura 3.8 Representação de B1, K1, K2 em função do tempo.

O esquema Ladder resolutivo é representado na Figura 3.9.

Tabela 3.3 Tabela dos Símbolos

Símbolos	Endereço	Comentário
S1	I0.0	Botão habilitação contagem
S2	I0.1	Botão parada contagem
S3	I0.2	Reset contagem
B1	I0.3	Sensor de pulsos
CNT	C0	Contador crescente
K1A	M0.0	Merker
K2A	M0.1	Merker
K3A	M0.2	Merker
K4A	M0.3	Merker
K5A	M0.4	Merker
K1	Q0.0	Saída
K2	Q0.1	Saída

Esquema Ladder e AWL da chave programável acionada por um contador (Figura 3.9)

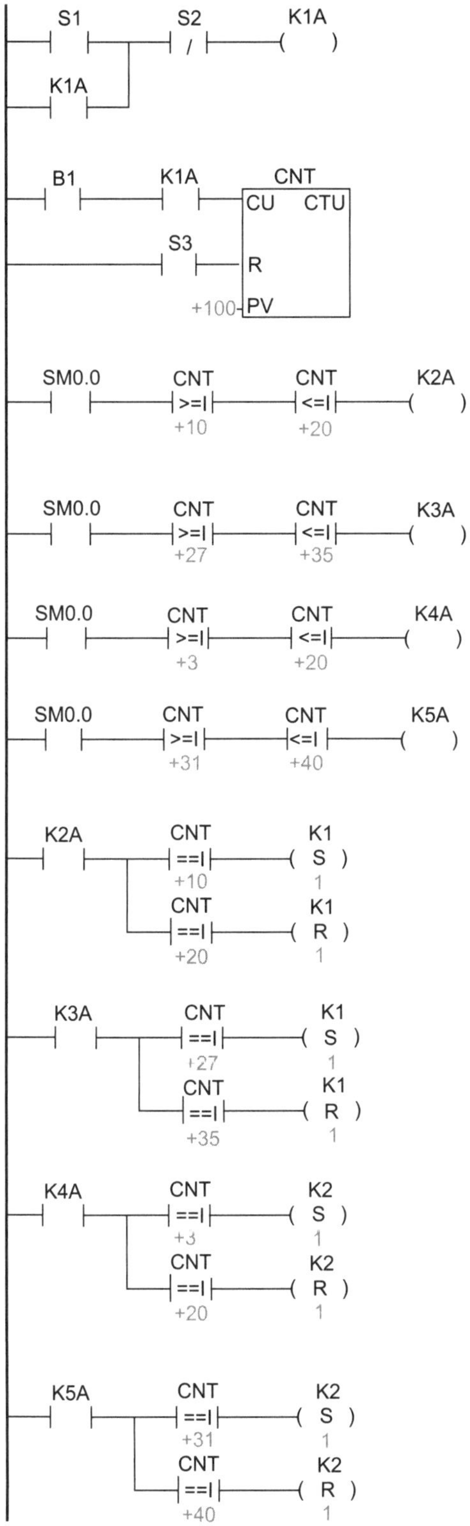

	AWL	
1	LD O AN =	S1 K1A S2 K1A
2	LD A LD CTU	B1 K1A S3 CNT, +100
3	LD AW>= AW<= =	SM0.0 CNT, +10 CNT, +20 K2A
4	LD AW>= AW<= =	SM0.0 CNT, +27 CNT, +35 K3A
5	LD AW>= AW<= =	SM0.0 CNT, +3 CNT, +20 K4A
6	LD AW>= AW<= =	SM0.0 CNT, +31 CNT, +40 K5A
7	LD LPS AW= S LPP AW= R	K2A CNT, +10 K1, 1 CNT, +20 K1, 1
8	LD LPS AW= S l PP AW= R	K3A CNT, +27 K1, 1 CNT, +35 K1, 1
9	LD LPS AW= S LPP AW= R	K4A CNT, +3 K2, 1 CNT, +20 K2, 1
10	LD LPS AW= S LPP AW= R	K5A CNT, +31 K2, 1 CNT, +40 K2, 1

Figura 3.9

O esquema Ladder representado na Figura 3.9 resolve a aplicação citada anteriormente.

1. Na primeira linha de programa com o botão S1 se energiza o Merker K1A, que habilita o contador CNT.

Com o botão S2 se desenergiza o Merker K1A, desabilitando a contagem do contador CNT.

2. Na segunda linha de programa, com os pulsos que chegam do transdutor B1, se determina a contagem

crescente do contador CNT. Com o botão S3 se reseta o contador em qualquer momento.

3. Nas linhas de programas 3, 4, 5, 6 temos o controle dos valores de comparação. Com qualquer pulso contado entre os valores de 10 até 20 se energiza o Merker K2A. Entre os valores de 27 e 35 se energiza o Merker K3A, e assim com outras linhas de programa.

4. Na linha de programa 7 temos o set e o reset da saída K1. Essa linha de programa se habilita somente se o Merker K2A for energizado. Isso acontece somente se os pulsos de contagens são incluídos entre os valores de 10 até 20. O contato auxiliar de K2A, ao se fechar, ativa a linha de programa citada. Ao atingir o valor 10 de contagem, se seta a saída K1. Ao atingir o valor 20 de contagem, se reseta a mesma saída K1.

5. Na linha de programa 8 temos o set e o reset da mesma saída K1, quando os pulsos contados pelo contador CNT são incluídos entre os valores de 27 até 35. Usamos a mesma lógica da linha de programa anterior.

6. Na linha de programa 9 temos o set e o reset da saída K2 quando os pulsos contados do contador CNT são incluídos entre 3 e 20. Mesma lógica anterior.

7. Na linha de programa 10 temos o set e o reset da saída K2, quando os pulsos contados do contador CNT são incluídos entre 31 e 40. Mesma lógica anterior.

É preciso ressaltar que nessa aplicação a frequência dos pulsos deverá ser muito baixa para utilizar esse programa, caso contrário, se for mais elevada que f > 10 Hz, será necessário utilizar entradas do PLC de tipo especial para contagem veloz. A programação nesse caso é mais complexa.

3.8 Aplicação: Sequências Impulsivas em Função do Tempo

Nessa aplicação devemos ativar dois cilindros pneumáticos a duplo efeito com o uso de eletroválvula biestável a funcionamento impulsivo, segundo o ciclograma da Figura 3.10.

O ciclograma da Figura 3.10 explica o funcionamento do ciclo. Dando início à sequência, o cilindro A+(Y1) sai logo (0 s), depois de 5 segundos o mesmo cilindro A-(Y2) recua e o cilindro B+(Y3) sai. Depois de 9 segundos sai o cilindro A+(Y1), depois de 11 segundos o cilindro A-(Y2) e B-(Y4) recuam simultaneamente e assim por diante. Vemos, na Figura 3.10, que a seta para cima significa "cilindro sai" e para baixo, "cilindro recua". Na Figura 3.11 é representado o circuito de potência eletropneumático.

O esquema Ladder e AWL resolutivo dessa aplicação estão representados nas Figuras 3.12A e 3.12B.

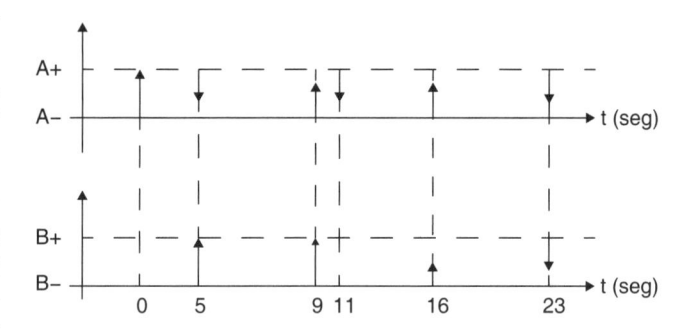

Figura 3.10

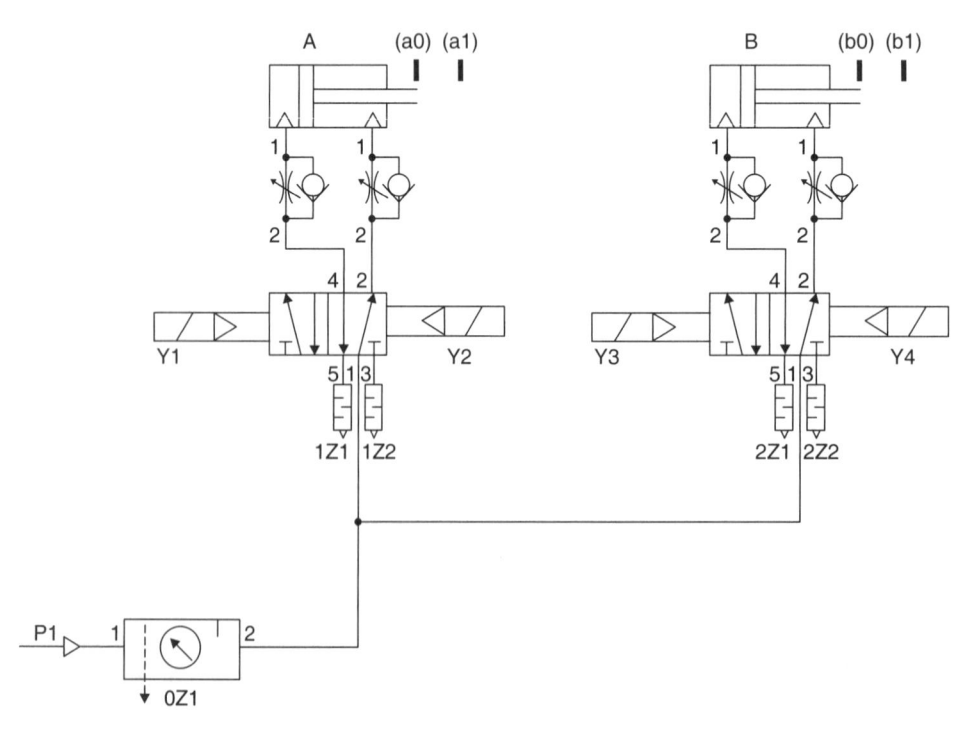

Figura 3.11

Tabela 3.4 Tabela dos Símbolos

Símbolos	Endereço	Comentário
S0	I0.0	Interruptor início de sequência
S1	I0.1	Botão de reset timer
KT1	T5	Timer retardado na ligação com memória
K1A	M0.0	Merker
K2A	M0.1	Merker
K3A	M0.2	Merker
K4A	M0.3	Merker
K5A	M0.4	Merker
K6A	M0.5	Merker
Y1	Q0.0	Eletroválvula saída cilindro A+
Y2	Q0.1	Eletroválvula recuo cilindro A-
Y3	Q0.2	Eletroválvula saída cilindro B+
Y4	Q0.3	Eletroválvula recuo cilindro B-

O programa se baseia no monitoramento do *valor atual de um timer*.

Lembramos que, além de monitorar, se o timer atingiu o valor de preset PT é possível ter acesso ao valor atual de cada timer utilizando as funções de comparação.

1. Na primeira linha de programa, com o fechamento do interruptor S0, parte a contagem do timer KT1, ou seja, seu valor atual será incrementado conforme a base de tempo definida.

   Lembramos que esse timer é com atraso na ligação com memória. Isso significa que, uma vez que a contagem do timer parte, esse tempo será memorizado, ainda que o interruptor S0 seja aberto no intervalo de tempo entre 0 e 23 segundos. Se a sequência pneumática é subitamente interrompida no intervalo de tempo entre 0 e 23 segundos, tornando a fechar o mesmo interruptor S0, a sequência pneumática parte de onde foi interrompida, e não do início do ciclo.
2. Na segunda linha de programa, o Botão S1 reseta a contagem do timer em qualquer momento.

Esquema Ladder e AWL de sequências impulsivas em função do tempo (Figuras 3.12A e 3.12B)

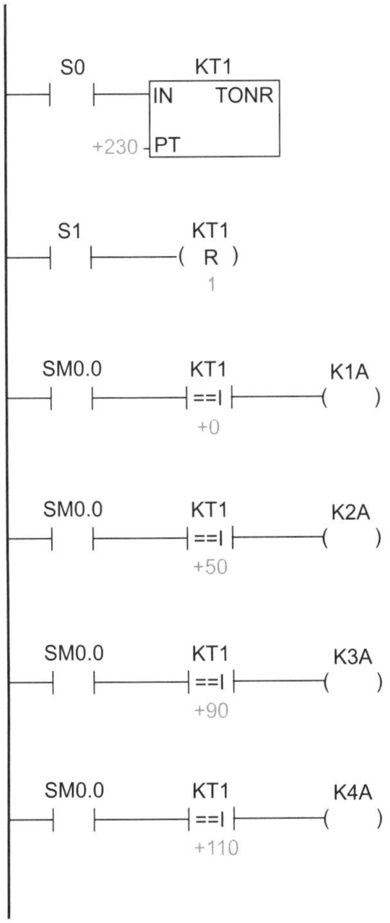

Figura 3.12A

AWL

```
1   LD      S0
    TONR    KT1, +230

2   LD      S1
    R       KT1, 1

3   LD      SM0.0
    AW=     KT1, +0
    =       K1A

4   LD      SM0.0
    AW=     KT1, +50
    =       K2A

5   LD      SM0.0
    AW=     KT1, +90
    =       K3A

6   LD      SM0.0
    AW=     KT1, +110
    =       K4A
```

Figura 3.12B

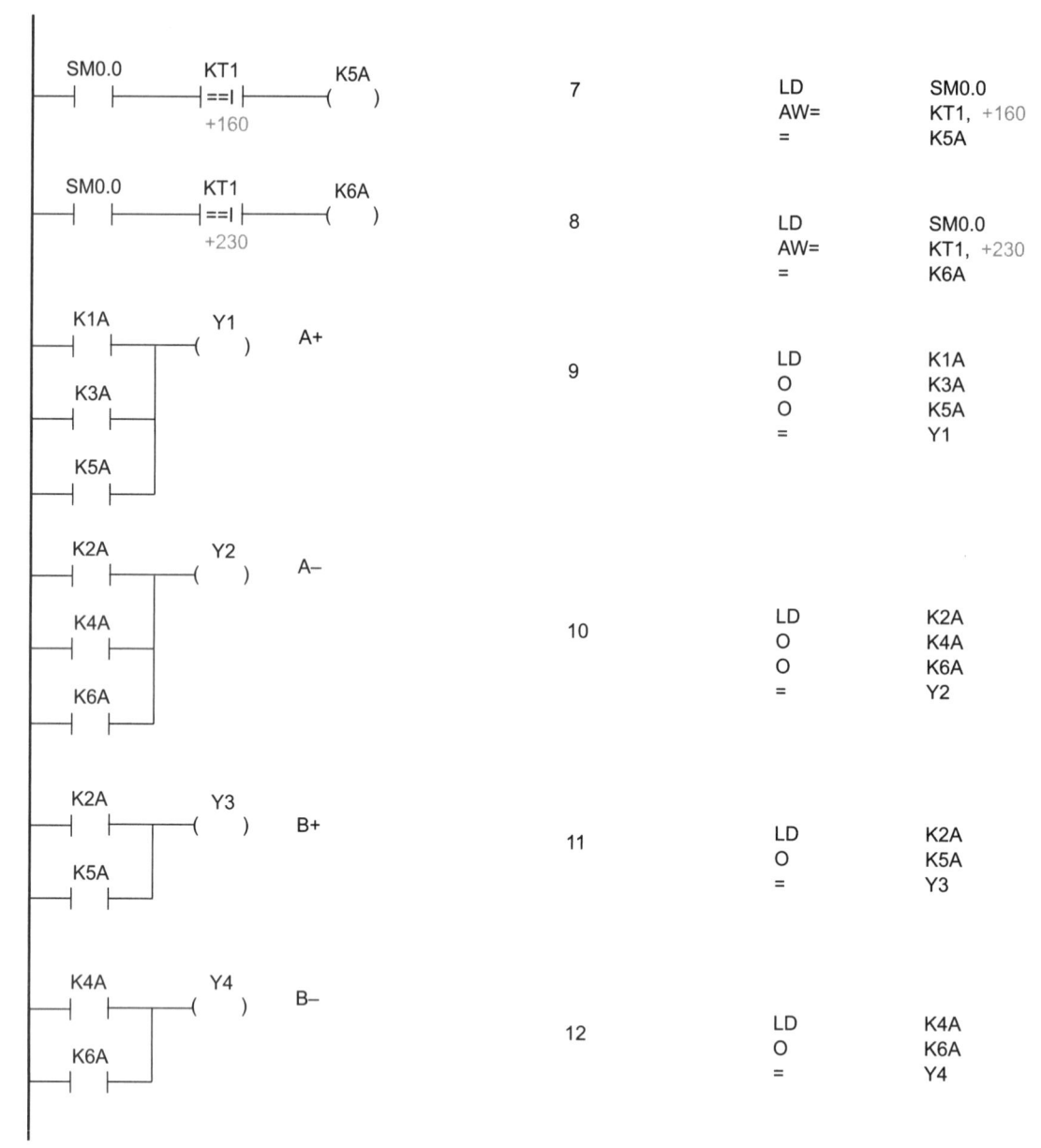

7	LD	SM0.0
	AW=	KT1, +160
	=	K5A

8	LD	SM0.0
	AW=	KT1, +230
	=	K6A

9	LD	K1A
	O	K3A
	O	K5A
	=	Y1

10	LD	K2A
	O	K4A
	O	K6A
	=	Y2

11	LD	K2A
	O	K5A
	=	Y3

12	LD	K4A
	O	K6A
	=	Y4

Figura 3.12A (*Continuação*)   **Figura 3.12B** (*Continuação*)

3. Nas linhas de programa de 3 até 8 temos os contatos de comparação de igualdade em série aos respectivos Merker. Por exemplo, na linha de programa 3, o valor do timer KT1 é comparado com o valor 0; se eles são iguais, a comparação é verdadeira. Então esse contato se fecha por um instante, energizando assim o Merker K1A de maneira impulsiva. Na linha de programa 4, por exemplo, o valor do tempo KT1 é comparado com o valor 50 (5 segundos); se eles são iguais, a comparação é verdadeira. Então esse contato se fecha por um instante, energizando o Merker K2A de maneira impulsiva e assim sucessivamente. Em poucas palavras, ao ser atingido o tempo de 0 segundo, o Merker K1A será energizado, acionando a saída Y1(A+); ao ser atingido o tempo de 5 segundos, o Merker K2A será energizado, acionando as saídas Y2(A-) e Y3(B+); atingido o tempo de 9 segundos, o Merker K3A será energizado, acionando a saída Y1(A+), e assim por diante.

4. Nas linhas de programa 9 até 12 temos a ativação de todas as saídas. Por exemplo; na linha de programa 9 temos o fechamento dos contatos auxiliares dos Merker K1A, K3A, K5A de maneira impulsiva, provocando a energização da eletroválvula Y1, com consequente saída do cilindro A+.

5. Na linha de programa 10 temos o fechamento dos contatos auxiliares dos Merker K2A, K4A, K6A de maneira impulsiva. Isso provoca a energização da eletroválvula Y2, com consequente recuo do cilindro A-.

6. Nas linhas de programa 11 e 12, a lógica de controle é a mesma citada anteriormente.

3.9 Aplicação: Ciclo Automático de Tipo Eletropneumático A+/B+/B–/A– com Segurança e Diagnóstico Intrínseco, Possibilidade de Funcionamento Tipo Passo-Passo

A presente aplicação é muito interessante: trata-se de uma clássica sequência eletropneumática A+/B+/B–/A– com cilindros de duplo efeito e eletroválvulas biestáveis. Acrescentamos mais um tipo de segurança e diagnóstico que permite um controle completo da instalação.

Segurança

A instalação é segura porque todos os fins de curso do ciclo são controlados simultaneamente instante por instante com base no estado do registro das imagens das entradas IB0.

Diagnóstico

Tendo sob controle o estado do registro IB0, em caso de mau funcionamento dos fins de curso esses são indivualizados imediatamente durante o funcionamento on-line do PLC por meio de um monitor de um computador pessoal.

Funcionamento Passo-Passo

O funcionamento do ciclo é baseado na pressão manual do botão passo-passo pelo operador. Pressionado o botão do funcionamento passo-passo, o ciclo passa da fase A+ para a fase B+ depois para. Pressionado novamente esse mesmo botão, passa-se da fase B+ para a B–, e assim por diante.

A estrutura do programa baseia-se num sequenciador lógico com memória de fase e linguagem SFC, descrito em *Automação industrial – PLC: Teoria e aplicações. Curso básico*, do mesmo autor, nos Capítulos 16 e 18. Veja Figura 3.13.

Queremos enfatizar na Figura 3.13 particularmente a transição do SFC. Notamos, na Figura 3.15, que o registro das entradas IB0 é composto de 8 bits, dos quais 4 mais à direita não são utilizados e os 4 mais à esquerda são ligados aos 4 fins de curso a0, a1, b0, b1, que indicam, respectivamente, a saída e o recuo dos cilindros A e B.

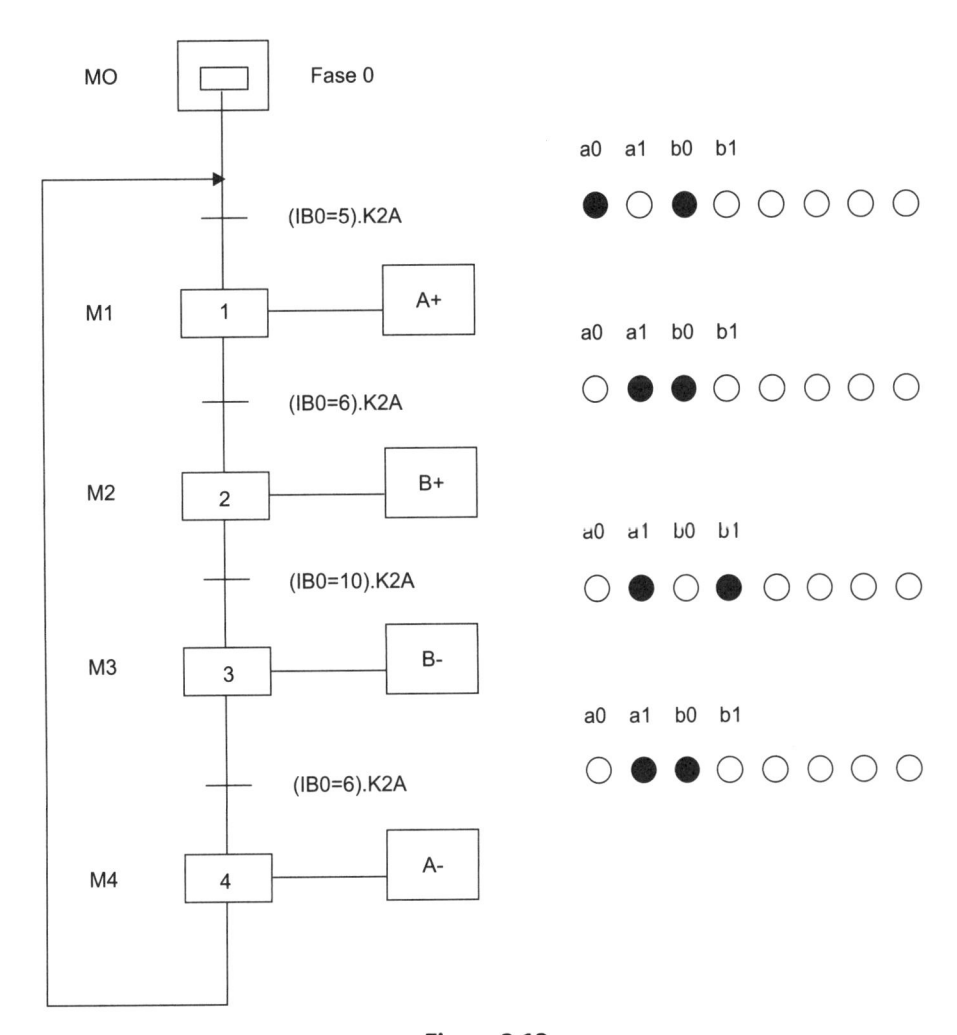

Figura 3.13

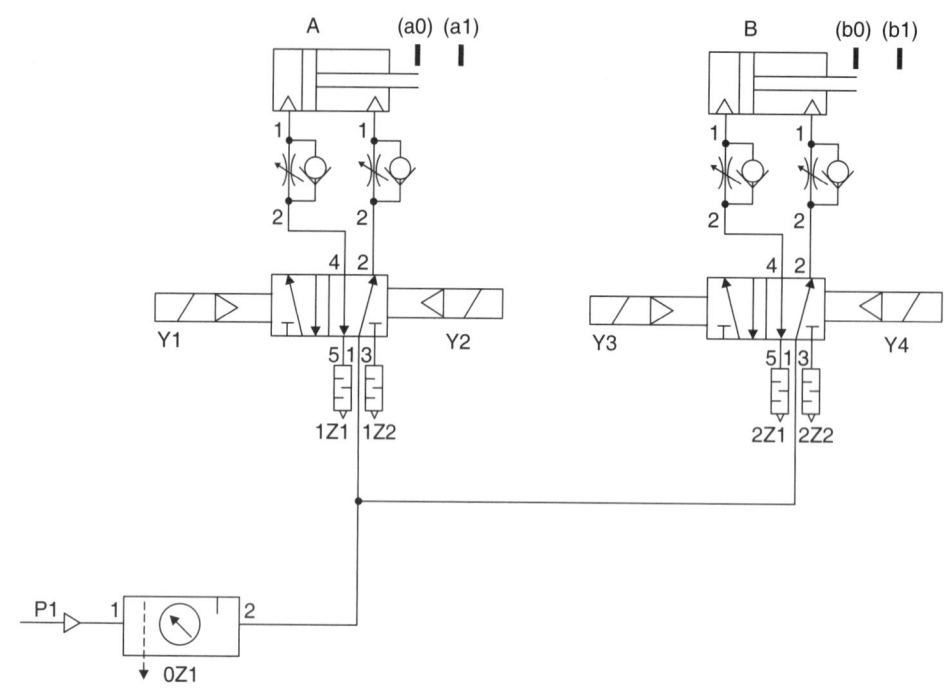

Figura 3.14

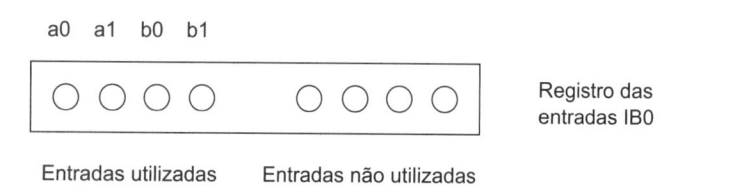

Registro das entradas IB0

Entradas utilizadas   Entradas não utilizadas

Figura 3.15

Conforme abordado no Capítulo 1, cada bit (que no nosso caso representa um ponto de entrada do PLC) tem o próprio peso no interior do registro, que pode ser no formato byte, Word e double Word. No nosso caso, o registro IB0 é em formato byte, e os pesos dos bits (pontos de entradas do PLC) são representados como na Figura 3.16.

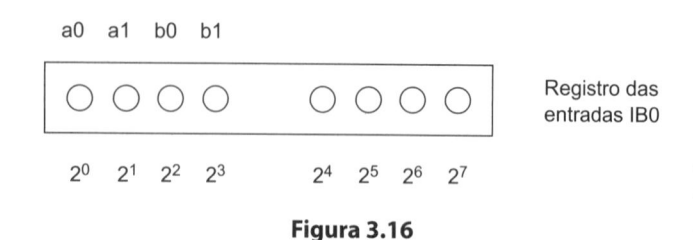

Registro das entradas IB0

2^0 2^1 2^2 2^3 2^4 2^5 2^6 2^7

Figura 3.16

Para entender ainda melhor a discussão, indicaremos por convenção a condição dos fins de curso como indicado na Figura 3.17.

Como exemplo, no diagrama SFC da Figura 3.13 pode-se ver como na primeira transição são acionados os fins de cursos a0 e b0 e não acionado todos os outros fins de cursos.

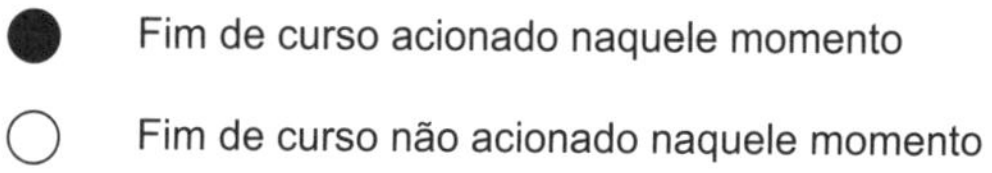

● Fim de curso acionado naquele momento

○ Fim de curso não acionado naquele momento

Figura 3.17

Lembramos que para o cálculo do peso total de cada ponto das entradas (bits) basta somar as várias potências de 2 dos pontos das entradas do PLC que estão ativas naquele momento. Veja Figura 3.18.

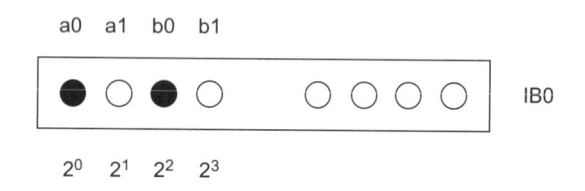

IB0

2^0 2^1 2^2 2^3

Figura 3.18

Fazendo a soma, temos: $2^0 + 2^2 = 5$.

Quando o registro IB0 = 5, significa que somente os fins de curso a0 e b0 são acionados naquele momento da transição; de fato, nesse momento os dois cilindros A e B estão recuados, e por isso os dois fins de curso ativados são a0 e b0.

Concluindo, se a transição IB0 = 5 é verdadeira, passa-se para a fase seguinte, e assim sucessivamente para todas as fases do diagrama.

No diagrama SFC da Figura 3.13, estão representadas todas as transições com os relativos estados do fim de curso. Pode-se agora compreender como com um software do tipo supervisório se pode ter todos os estados do fim de curso, em qualquer momento, sob controle.

A seguir são representadas as tabelas dos símbolos, o esquema Ladder e AWL da aplicação.

Tabela 3.5 Tabela dos Símbolos

Símbolos	Endereço	Comentário
S1	I0.0	Botão início ciclo automático
S2	I0.1	Botão comutação automático passo-passo
S3	I0.2	Botão passo-passo
M0	M0.0	Merker
M1	M0.1	Merker
M2	M0.2	Merker
M3	M0.3	Merker
M4	M0.4	Merker
K1A	M0.5	Merker de comutação automática passo-passo
K2A	M0.6	Merker de funcionamento em automático
Y1	Q0.0	Eletroválvula saída cilindro A+
Y3	Q0.1	Eletroválvula saída cilindro B+
Y4	Q0.2	Eletroválvula recuo cilindro B–
Y2	Q0.3	Eletroválvula recuo cilindro A–
	IB0	Registro da imagem das entradas dos fins de curso de I0.0 até I0.3 (a0=I0.0-a1=I0.1-b0=I0.2-b1=I0.3)

O esquema Ladder da Figura 3.19 resolve a aplicação em questão. No programa, temos o botão S1 automático e S2 com comutação automática/passo-passo. Ativando o botão S1, o ciclo pneumático se inicia, com o funcionamento automático, ou seja, no fim da fase (A–) o ciclo parte outra vez do início automaticamente. Pressionando o botão S2, comutamos de modo automático ao modo passo-passo. Nesse caso, pressionando o botão S3 entra em sequência o ciclo de modo manual passo-passo.

1. Na linha de programa 1 temos a energização do Merker inicial M0.
2. Na linha de programa 2 temos o botão S1 automático e S2 com comutação automática/passo-passo. A energização do Merker de comutação automática/passo-passo K1A indica que o ciclo é em funcionamento automático.
3. Na linha de programa 3, se a bobina do Merker K1A (veja primeira linha de programa) for energizada, o contato auxiliar de K1A, ao se fechar, energiza a bobina de Merker K2A, comutando o ciclo de modo automático. O Merker K2A pode ainda funcionar a pulsos por meio do botão S3. Assim, o ciclo funciona no modo passo-passo.
4. Na linha de programa 4 temos a comparação de igualdade entre o byte IB0 e o valor 5, que corresponde à condição dos fins de cursos naquele momento. Se a condição de igualdade é verdadeira, o contato de comparação se fecha, permitindo a energização da memória de fase M1 correspondente à primeira fase do ciclo.

Esquema Ladder e AWL do ciclo automático de tipo eletropneumático A+/B+/B–/A– com segurança e diagnóstico intrínseco, possibilidade de funcionamento tipo passo-passo (Figura 3.19)

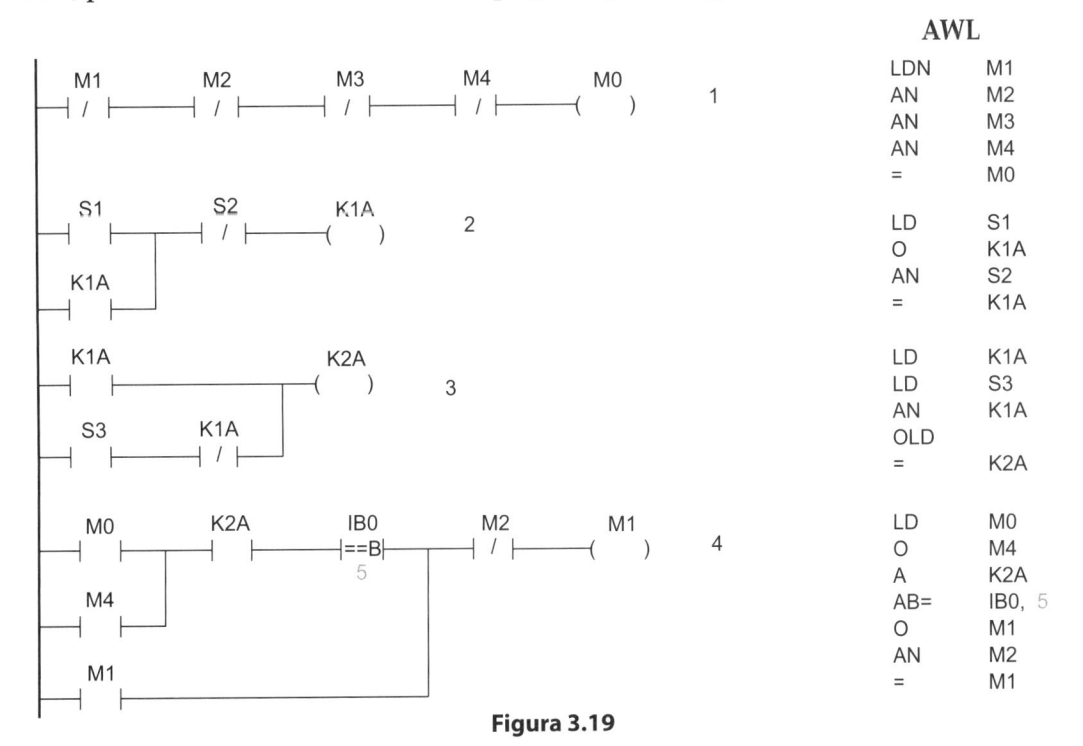

Figura 3.19

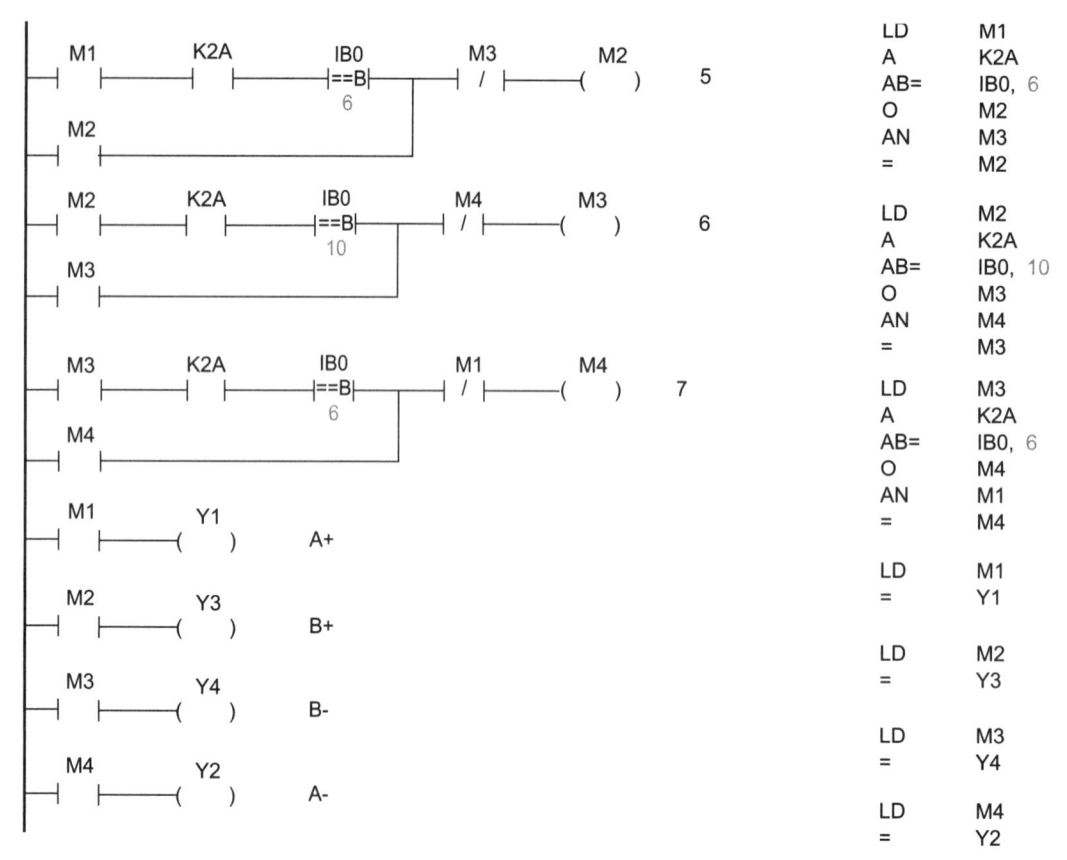

Figura 3.19 (*Continuação*)

5. Na linha de programa 5 temos a comparação de igualdade entre o byte IB0 e o valor 6 correspondente às novas condições dos fins de curso naquele momento. Se a condição de igualdade é verdadeira, o contato de comparação se fecha, permitindo a energização da memória de fase M2 correspondente à segunda fase do ciclo.
6. Nas linhas de programa 6 e 7 o conceito permanece idêntico, com a energização das memórias de fases M3 e M4.
7. Nas linhas de programas 8, 9, 10, 11 temos as saídas correspondentes às várias fases dos Merker M1, M2, M3, M4.

Questões práticas

1. Escreva um programa que ative um indicado luminoso intermitente quando um timer atingiu um valor de tempo incluído entre 10 e 20 segundos.
2. Realize um ciclo automático do tipo eletropneumático utilizando cilindros a duplo efeito e eletroválvulas biestáveis tipo A+/A–/B+/B–/C+/C– com segurança e diagnóstico intrínseco com possibilidade de funcionamento do tipo passo-passo.
3. Escreva um programa que ative saídas de um PLC de maneira impulsiva. Os impulsos devem acontecer a cada 5, 10, 15, 25 e 30 segundos.

4 Operações de Salto e Subroutines

4.0 Generalidades

Atualmente, com a tendência na redução do custo do hardware, existe a necessidade de se produzirem programas sempre mais sofisticados.

Os fatores que concorrem a tornar o problema de difícil solução são muitos. Em primeiro lugar, os projetos de grande dimensão têm problema de organização, quando é necessário coordenar a atividade de muitas pessoas operando no mesmo projeto.

O estudo do projeto do software é o objetivo de uma nova disciplina, a *Engenharia do Software*.

4.1 Método de Projeto do Tipo Top-Down

Em um projeto do tipo Top-Down o problema é subdividido em subproblemas. O procedimento termina quando os problemas elementares são resolvidos de modo simples, utilizando a linguagem de programação escolhida.

4.2 Modularidade

Um programa modular é um programa desmembrado em vários subprogramas, chamados também de *módulos* de dimensão limitada, cada um se ocupando de uma função bem precisa.

Da programação modular em geral se obtêm as seguintes vantagens:

- Os programas de grande dimensão podem ser programados com clareza;
- Uma parte determinada e mais utilizada do programa pode ser padronizada;
- A organização do programa é simplificada;
- A modificação do programa é mais facilitada;
- O teste do programa é simplificado porque ele pode ser executado por seção.

4.3 Subroutine com a CPU S7-200

Todos os programas da CPU S7-200 têm uma estrutura organizacional constituída de um programa principal, subprogramas e routine de interrupt. Os subprogramas, chamados também em inglês de subroutines, são uma parte opcional de um programa e terminam com a instrução RET, que é acrescentada de modo automático e transparente pelo software de programação STEP 7-Micro/WIN.

Durante a elaboração, o programa principal chama algumas subroutines, que, por sua vez, podem chamar outras subroutines. Veja Figura 4.1.

Pode-se linkar um número máximo de 8 subroutines, uma atrás da outra. Em termos técnicos, diz-se que o nível de profundidade máxima possível é 8. Na Figura 4.1, o nível de profundidade apresentado é 2.

Na Figura 4.2 está representada a estrutura geral de um programa com a CPU S7-200 formada por um programa principal seguido de subroutines e das routines de interrupt.

Na Figura 4.3 está representado um programa simples com o uso de uma subroutine com a CPU S7-200.

4.4 Operação de Salto

As operações de salto JMP, da sigla inglesa JUMP, permitem que a CPU não elabore uma porção do programa e transfira o seu controle a uma linha de programa chamada LABEL. As linhas intermediárias que foram saltadas não são elaboradas; assim, as bobinas de saída

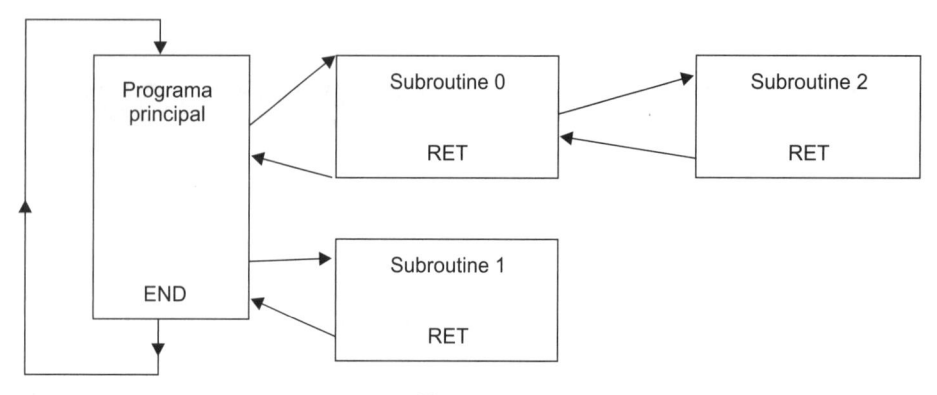

Figura 4.1

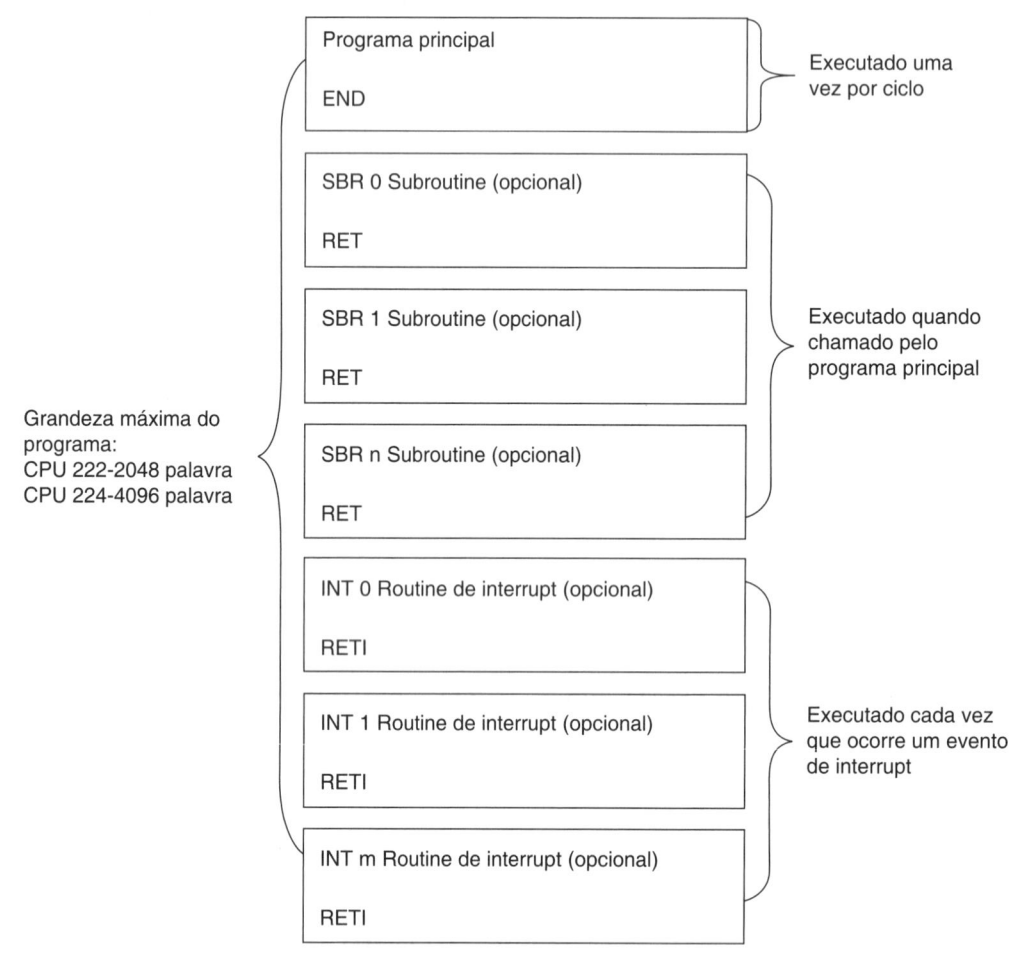

Figura 4.2

KOP

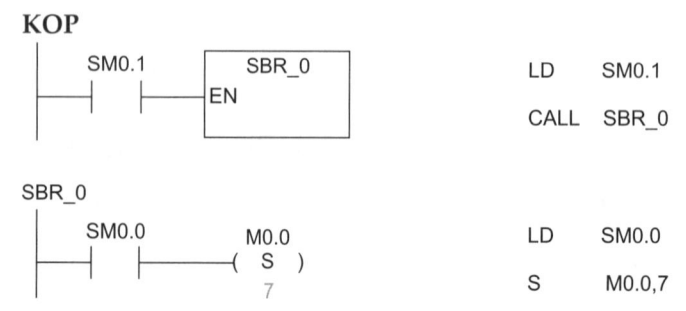

Figura 4.3

saltadas permanecem no estado ON/OFF do ciclo anterior de scan, no qual a função JUMP não foi elaborada. É importante dizer que a operação de salto com a correspondente LABEL deve ficar no programa principal, ou numa subroutine ou na routine de interrupt.

Não se pode saltar de um programa principal com a instrução JUMP e deixar que a correspondente LABEL fique em uma subroutine ou em uma routine de interrupt. *Em geral, é sempre aconselhável utilizar a instrução JUMP e a correspondente LABEL no mesmo programa principal ou na mesma subroutine ou routine de interrupt.*

4.5 Salto Condicionado

A função do salto condicionado fornece a possibilidade de individualizar uma parte do programa que deve ser saltada ou executada segundo uma certa condição que pode ser verificada ou não. Para se identificar o bloco lógico que deve ser saltado, utiliza-se a instrução JUMP e LABEL colocada ao início e ao fim do bloco lógico. O funcionamento é o seguinte (veja Figura 4.4):

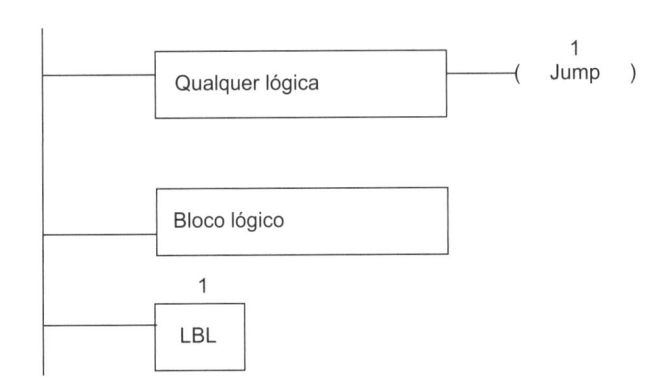

Figura 4.4

Temos duas condições:

– JUMP=0, ou seja, com a bobina de JUMP desenergizada.

Com referência à Figura 4.4, o bloco lógico que existe entre JUMP e LABEL é executado normalmente.

– JUMP=1, ou seja, com a bobina de JUMP energizada.

Ainda com referência à Figura 4.4, o bloco lógico que existe entre JUMP e LABEL não é executado; diz-se, em termos técnicos, que o bloco lógico é saltado. Nesse caso, as bobinas, timer e contadores param (congelam) no instante anterior à ativação da instrução JUMP.

4.6 Exemplo de Lógica de Controle com as Instruções JUMP e LABEL

O exemplo que daremos agora apresenta-se com muita frequência em automação industrial. Suponhamos

duas máquinas industriais que devem ser controladas por um PLC. Cada máquina é habilitada com uma única chave.

Não considerando o bloco lógico de controle de cada máquina industrial, podemos ver como cada máquina é acionada independentemente da outra com uma só chave de comutação.

Na Figura 4.5 vemos a lógica de funcionamento.

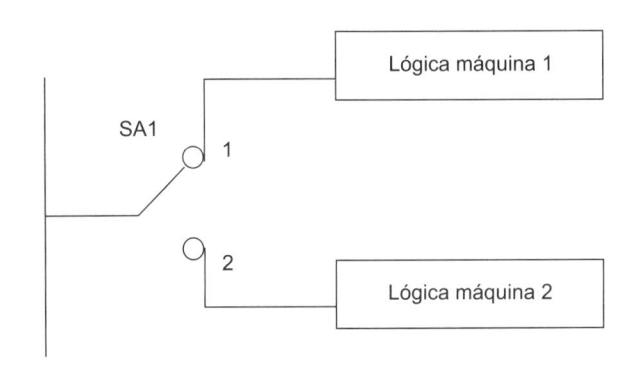

Figura 4.5

A chave SA1, segundo sua posição 1 e 2, funciona como uma chave do tipo *tree-way* e habilita a lógica de controle da máquina 1 ou 2.

Na linguagem Ladder, a lógica de funcionamento da Figura 4.5 apresenta-se como na Figura 4.6.

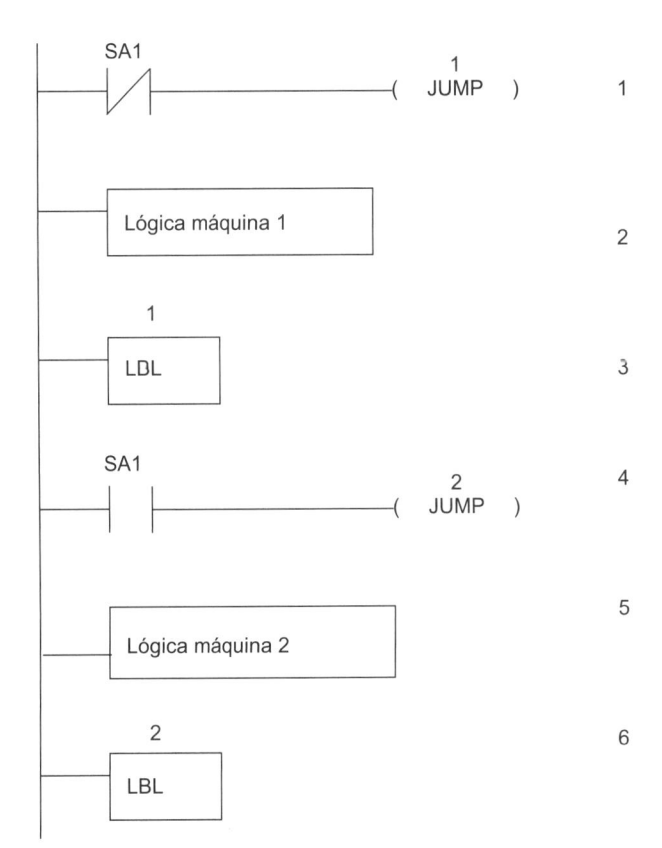

Figura 4.6

Na Figura 4.6 notamos como a chave SA1 habilita o funcionamento da lógica de controle da máquina 2 e salta a lógica de controle da máquina 1.

– Na primeira linha de programa, com a chave SA1 normalmente fechada, é energizada a bobina de JUMP 1. Em consequência, a lógica de controle da máquina 1 é saltada e o scan do PLC pula a LABEL 1 (LBL 1).

– Na quarta linha de programa a mesma chave SA1 é aberta normalmente.

A bobina de JUMP 2 é desenergizada, e em consequência é elaborada a lógica de controle da máquina 2. O scan do PLC volta, assim, ao início do programa (linha 1 de programa), e o ciclo se repete.

Comutando a chave SA1, essa lógica se inverte. Habilitamos assim a lógica de controle da máquina 1 e desabilitamos a lógica de controle da máquina 2.

4.7 Resumo das Operações de Salto e de Subroutine da CPU S7-200

Na Tabela 4.1 temos um resumo das principais operações de salto e de subroutine com a CPU S7-200.

Tabela 4.1

KOP	Função
N (JMP)	A bobina "salta o tag" (JMP) executa uma ramificação no interior do programa no sentido do tag marcado (N). N:0-255
–[LBL]	A operação "definir tag" (LBL) sinaliza o endereço de destino do salto (N). A CPU 222 permite 64 tags, enquanto a CPU 224 permite 256.
–[SBR]	"chama subroutine" (CALL) transfere o controle à subroutine.
---(RET)	A bobina "fim condicionado da subroutine" (RET) pode ser usada para terminar uma subroutine na base da condição da combinação lógica anterior.
+---(RET)	A operação "fim absoluto da subroutine" (RET) deve ser usada para encerrar cada subroutine. É colocada automaticamente pelo software STEP 7-Micro/WIN 32.

4.8 Aplicação: Elevador de Carga Simples Acionado na Subida e Descida pelo Mesmo Botão

Essa aplicação trata do controle de um simples elevador de carga acionado na subida e descida pelo mesmo botão S1.

O elevador parte do primeiro andar; pressionado o botão S1, vai ao segundo andar e para. Pressionando-se outra vez o mesmo botão S1, o elevador vai ao terceiro andar e para novamente. Pressionando-se novamente o mesmo botão S1, o elevador, agora, desce e para no segundo andar. Pressionando-se ainda mais uma vez o mesmo botão S1, o elevador desce e para no primeiro andar. O elevador usa, para a sua movimentação, um motor trifásico com chave reversora.

A Figura 4.7 apresenta o elevador de carga citado. Na Figura 4.8 temos o esquema Ladder e AWL da aplicação.

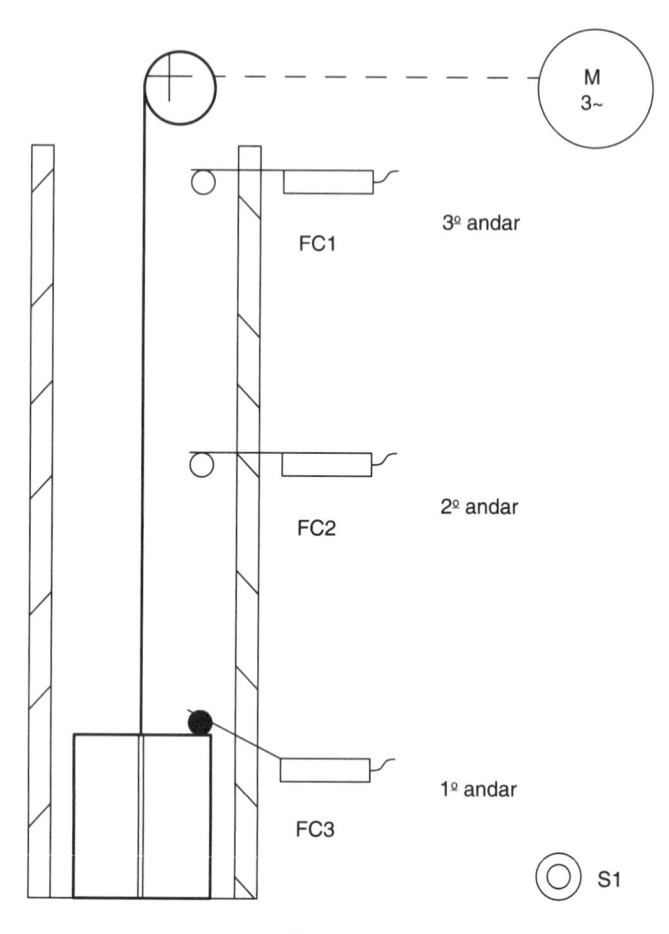

Figura 4.7

Tabela 4.2 Tabela dos Símbolos

Símbolos	Endereço	Comentário
S1	I0.0	Botão start
FC1	I0.1	Fim de curso 3º andar
FC2	I0.2	Fim de curso 2º andar
FC3	I0.3	Fim de curso 1º andar
K1A	M0.0	Merker 1º andar
K2A	M0.1	Merker 3º andar
KMS	Q0.0	Contator motor subida
KMD	Q0.1	Contator motor descida

Esquema Ladder e AWL de um elevador de carga acionado na subida e descida pelo mesmo botão (Figura 4.8)

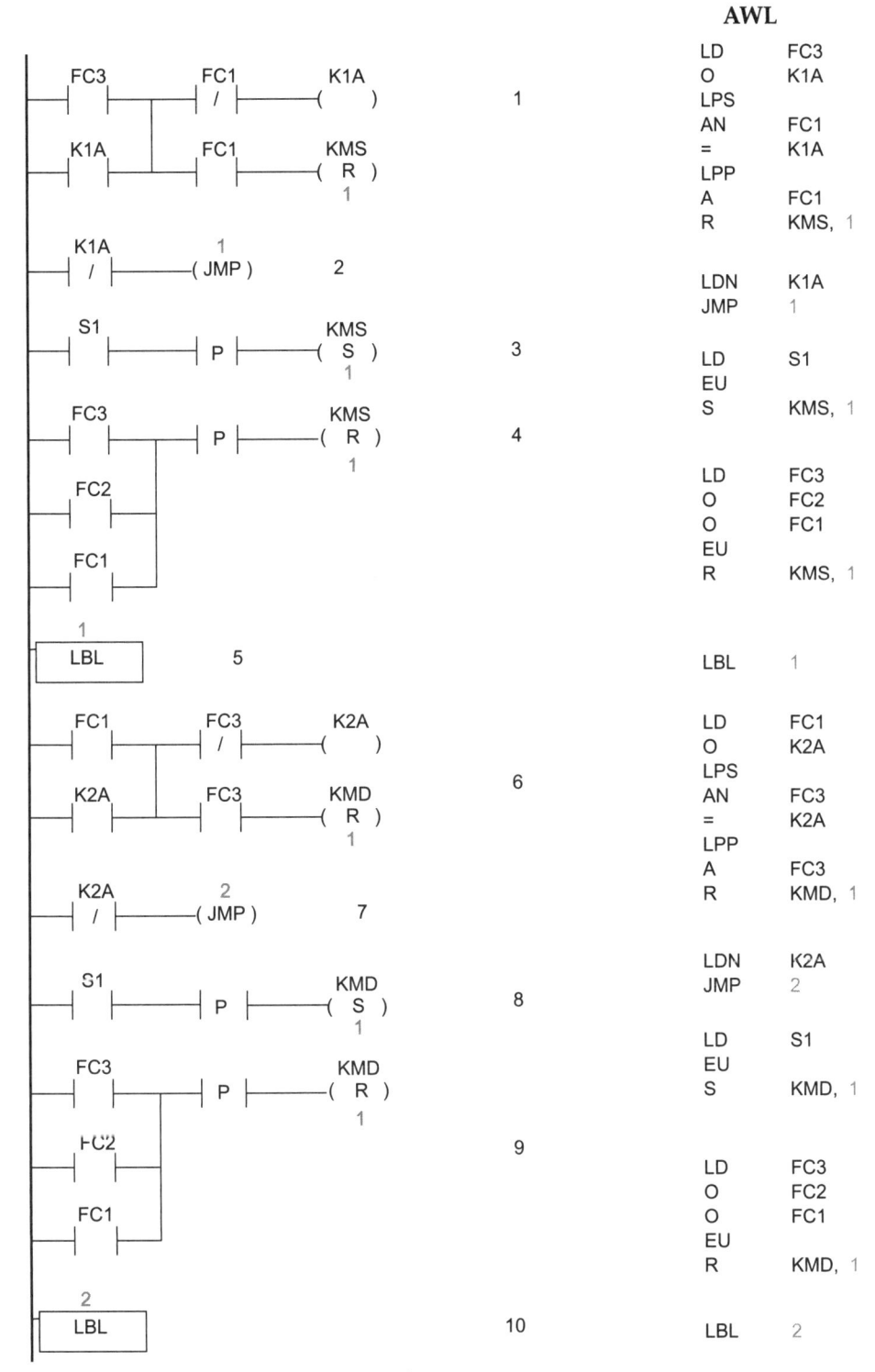

Figura 4.8

Na Figura 4.8 é apresentado o esquema Ladder e AWL que resolve a aplicação.

1. Na primeira linha de programa, estando o elevador no 1º andar, ocorre o acionamento do fim de curso FC3 (fim de curso 1º andar).

Temos assim a energização do Merker K1A (Merker 1º andar).

2. Na segunda linha de programa temos como consequência o contato auxiliar do Merker K1A energizado, que de normalmente fechado passa a aberto.

Então a bobina de JMP 1 é desenergizada e o scan do PLC executa a lógica de programa das linhas de programa 3 e 4.

3. Na terceira linha de programa, pressionando-se o botão S1, com o contato da transição positiva P, seta-se a bobina do contator KMS do motor de subida. Em consequência, o elevador para no 2º andar.

4. Na quarta linha de programa, estando o elevador no 2º andar, temos o acionamento do fim de curso FC2 (fim de curso 2º andar), que, com o contato com a transição positiva P, reseta o contator KMS. Em consequência, o elevador para no 2º andar. Pressionando-se o botão S1, seta-se novamente a bobina do contator de subida KMS e o elevador vai parar no 3º andar. Temos assim o acionamento do fim de curso FC1 (fim de curso 3º andar), que, com o contato da transição positiva P, reseta o contator de subida KMS; o elevador então para no 3º andar.

O acionamento do fim de curso FC1 na primeira linha de programa provoca a comutação dos contatos do fim de curso FC1, desenergizando a bobina do Merker K1A e energizando a bobina de reset do contator de subida KMS. Dessa vez, na segunda linha de programa, temos o contato auxiliar do Merker K1A na condição de desenergizado, ou seja, fechado. Temos assim a energização da bobina de JMP 1, e o scan do PLC pula a LBL 1.

5. Na quinta linha de programa, temos a LBL 1.

6. Na sexta linha de programa, estando o elevador no 3º andar, temos o fim de curso FC1 (fim de curso 3º andar) acionado. Temos assim a energização do Merker K2A (Merker 3º andar).

7. Na sétima linha de programa, temos o contato auxiliar do Merker K2A energizado, que passa de normalmente fechado a aberto. Em consequência, a bobina de JMP 2 é desenergizada e o scan do PLC executa a lógica de programa das linhas 8 e 9.

8. Na oitava linha de programa, pressionando o botão S1, com o contato, a transição positiva P seta a bobina do contator KMD do motor de descida. Em consequência, o elevador desce e para no 2º andar.

9. Na nona linha de programa, estando o elevador no 2º andar, temos o acionamento do fim de curso FC2 (fim de curso 2º andar), e, por meio do contato, a transição positiva P reseta o contador KMD de descida. Em resultado, o elevador para no 2º andar. Pressionando-se novamente o botão S1, seta-se a bobina do contator KMD de descida e o elevador desce ao 1º andar. Temos assim o acionamento do fim de curso FC3 (fim de curso 1º andar), e a bobina de reset do contator de descida KMD se energiza, e o elevador para novamente.

O acionamento do fim de curso FC3 na sexta linha de programa provoca a comutação dos contatos do fim de curso FC3, desenergizando a bobina do Merker K2A e energizando a bobina de reset do contator de descida KMD.

Na sétima linha de programa temos o contato auxiliar do Merker K2A na condição de desenergizado, ou seja, fechado. Temos assim a energização da bobina de JMP 2, e o scan do PLC pula a LABEL 2.

10. Na décima linha de programa temos a LABEL 2.

Para reiniciar o ciclo, pressiona-se novamente o botão S1 e o ciclo recomeça.

Questões práticas

1. Descreva brevemente que significa método de projeto do tipo Top-Down.

2. Descreva as vantagens na utilização das subroutines no desenvolvimento do software.

3. Temos que ativar dois ciclos sequenciais pneumáticos do tipo automático A+/A- e B+/B-, seguidos da ativação de uma chave S0.

   – Se a chave S0 estiver aberta, ativa-se a sequência A+/A-.
   – Se a chave S0 estiver fechada, ativa-se a sequência B+/B-.

Escreva o programa na linguagem KOP e AWL para o PLC S7-200.

5 Operações Matemáticas

5.0 Operações de Soma

Os controladores programáveis são capazes de executar as funções aritméticas tradicionais e funções matemáticas evoluídas.

A automação industrial requer uma execução veloz dessas funções; normalmente o tempo de execução é de poucos milissegundos.

A Figura 5.1 ilustra uma operação de soma. Essa operação acontece somente quando a linha de habilitação é alimentada, ou seja, a entrada I0.0 passa de OFF a ON. Quando a operação é habilitada, o valor numérico do operando 2(IN2) é somado ao valor numérico do operando 1(IN1). O resultado é transferido num registro de destino OUT. Em geral, os operandos 1 e 2 podem ser valores numéricos de alguns registros ou valores numéricos fixos (por exemplo, constantes numéricas).

Alguns PLCs têm um bit especial chamado *bit de status*, que indica se o valor máximo da soma armazenado no registro de destino foi atingido. Esse valor é chamado tecnicamente de *overflow*. Por exemplo: um registro em formato Word do tipo inteiro com sinal armazena um valor máximo entre –32768 e +32767. Se for executada uma soma de dois operandos e o valor total positivo ou negativo superar esse range, o bit de status vai a "1" lógico. O registro de destino contém um valor numérico inteiro errado.

Na Figura 5.2, temos um exemplo de instrução de soma de números inteiros conforme a norma IEC 61131-3. Quando a operação é habilitada, ou seja, com I0.0 fechado, o valor numérico do operando 2(IN2), 10, é somado ao valor numérico do operando 1(IN1), 20; o resultado é transferido num registro de destino do Merker Word MW10, de valor total 30.

Figura 5.1

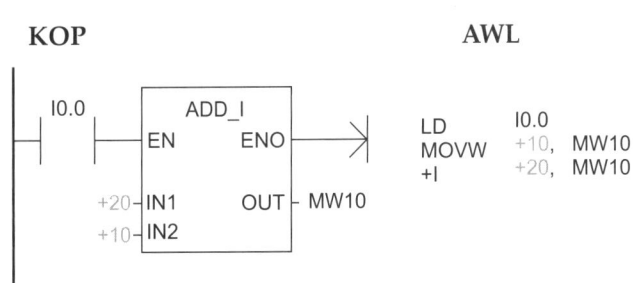

Figura 5.2

As funções aritméticas tradicionais trabalham em hexadecimal, decimal e binário. Pode-se escolher o sistema de numeração com base na capacidade do PLC com o qual se está trabalhando e na necessidade do processo a ser controlado. A única recomendação é usar o mesmo sistema de numeração na execução das funções aritméticas.

5.1 Exemplo Aplicativo de Soma Aritmética em Automação

Na Figura 5.3 vemos um exemplo industrial da operação de soma aritmética. Nesse exemplo, duas esteiras transportadoras menores convergem em uma única esteira transportadora maior, que não tem fotocélula para contagem do número total de peças.

Nesse caso, o número total das peças que transitam na esteira transportadora principal é a soma das peças que passam nas duas esteiras transportadoras menores. Cada peça que chega de cada esteira menor é detectada pelas fotocélulas I0.1 e I0.2, colocadas no final das esteiras transportadoras menores. Cada fotocélula incrementa dois contadores. Os valores desses dois contadores são somados, em uma operação de soma aritmética, e o valor total é enviado a um registro de destino do Merker Word MW6; em seguida, por meio de um sistema supervisório, o dado é enviado a um computador pessoal (PC).

Lembramos que a comunicação entre PLC e o sistema supervisório é feita utilizando endereços de memória do próprio PLC. Cada variável é acompanhada por uma tag.

5.2 Operação de Diferença

Na Figura 5.4 ilustramos uma operação de diferença. Essa operação acontece somente quando a linha de habilitação é alimentada, ou seja, a entrada I0.0 passa de OFF a ON. Quando a operação é habilitada, o valor numérico do operando 2(IN2) é subtraído do valor numérico do operando 1(IN1). O resultado é transferido num registro de destino. Também na operação de diferença existe o bit de status; em caso de soma, indica um *overflow*. Em caso de subtração, indica um resultado *negativo* (operando 2 maior do que o operando 1). Na Figura 5.4 temos um exemplo de instrução de diferença de número inteiro conforme a norma IEC 61131-3. Quando a operação é habilitada, ou seja, com I0.0 fechado, o valor numérico contido no registro da variável Word VW0 é subtraído do valor numérico do registro da variável Word VW2 e o resultado é transferido num registro de destino à variável Word VW4.

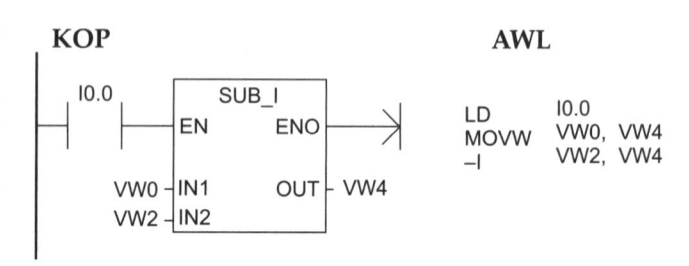

Figura 5.4

5.3 Exemplo Aplicativo de Soma e Diferença Aritmética em Automação

Na Figura 5.5 há um exemplo de soma e diferença aritmética em automação. Um intervalo de tolerância de algumas peças mecânicas produzidas é definido com a operação de soma e diferença.

Os PLCs podem modificar os valores predefinidos das dimensões e da tolerância das peças mecânicas produzidas e sucessivamente transmitir os dados a um sistema automático de posicionamento do eixo. No exemplo das Figuras 5.5 e 5.6, a dimensão básica é igual a 300 mm (*set point*), e a tolerância possível é de +15 mm e –23 mm.

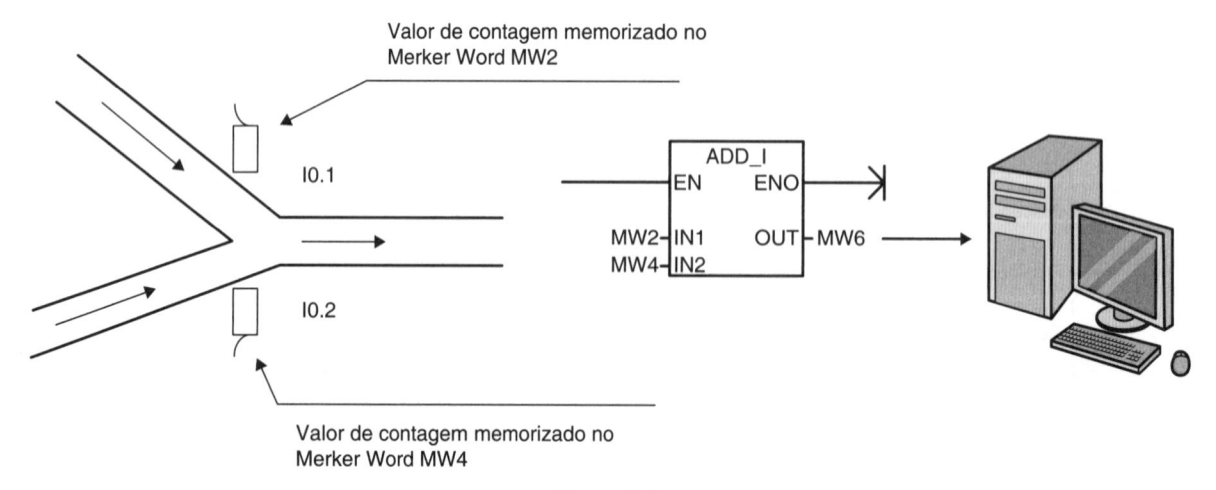

Figura 5.3

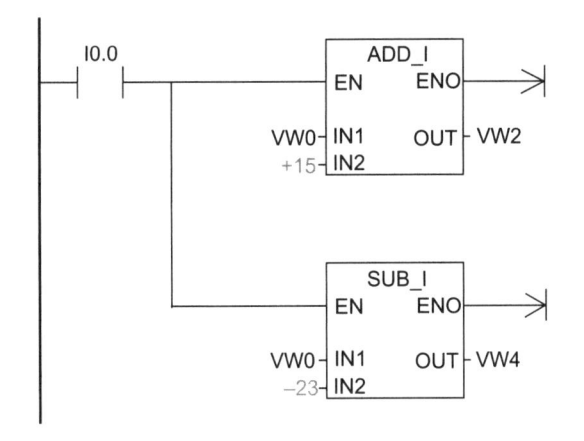

Figura 5.5

O set point é representado pela VW0; os registros VW2 e VW4 representam a tolerância das peças mecânicas. Usando as funções de comparação, é possível verificar se, por exemplo, os valores contidos em VW2 e VW4 são incluídos entre os valores de projeto das peças mecânicas.

5.4 Operação de Multiplicação e Divisão

As Figuras 5.7A e 5.7B ilustram uma operação de multiplicação e divisão de números inteiros. A lógica é a mesma das operações anteriores.

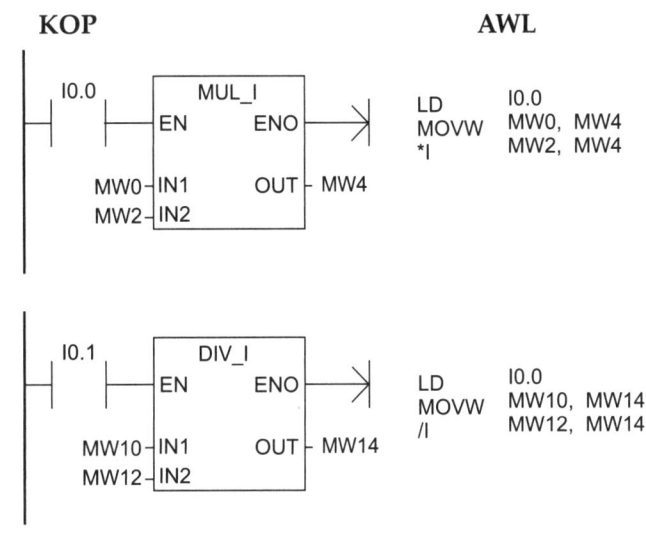

Figura 5.7A   **Figura 5.7B**

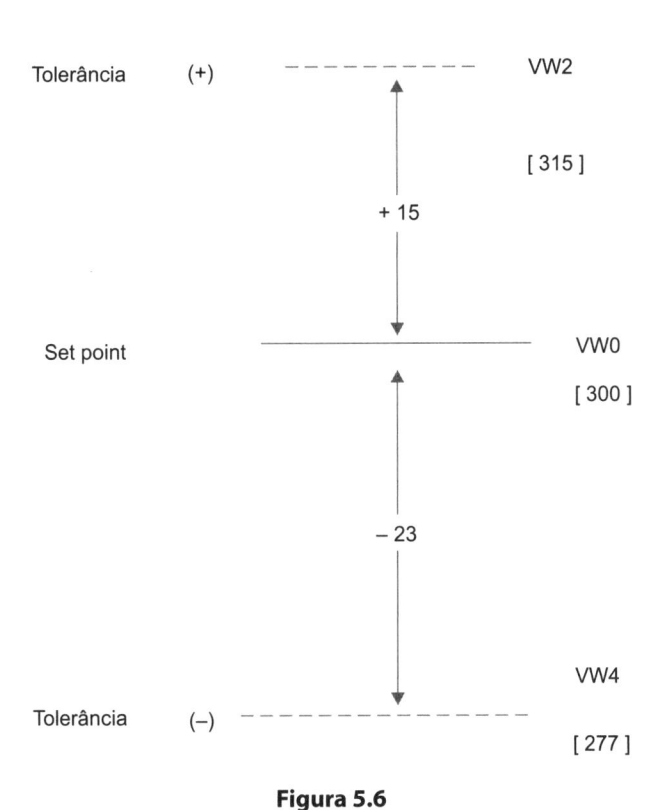

Figura 5.6

A modificação dos parâmetros das peças mecânicas pode ocorrer por meio de um simples painel operador.

5.5 Precisão Simples e Dupla

Supomos executar cálculos com cinco ou seis cifras decimais depois da vírgula. Alguns PLCs têm a capacidade de trabalhar com cálculos em precisão simples e dupla. Isso significa que para cálculos simples os registros de 16 bits são geralmente suficientes; para cálculos mais complexos, utilizam-se registros de precisão dupla de 32 bits.

Na Tabela 5.1 indicamos o campo numérico de 8 bits (byte), 16 bits (Word) e 32 bits (double Word).

Tabela 5.1

Tipo de representação	Byte (B)	Word (W)	Double Word (D)
Número inteiro sem sinal	De 0 a 255	De 0 a 65.535	De 0 a 4.294.967.295
Número inteiro com sinal	De −128 a + 127	De −32.768 a +32.767	De −2.147.483.648 a +2.147.483.647
Número real em ponto flutuante de 32 bits IEEE	Não aplicável	Não aplicável	De +1.175495E-38 a +3.402823E+38 (positivo) De −1.175495E-38 a −3.402823E+38 (negativo)

5.6 Operações Matemáticas com a CPU S7-200

Na CPU S7-200, com as linguagens Ladder (KOP) e FUP, dispõe-se de quatro boxes matemáticos com os quais se podem somar e subtrair valores de 16 bits ou 32 bits.

O boxe de multiplicação com número inteiro multiplica dois números inteiros de 16 bits e produz como resultado um número inteiro de 32 bits. O boxe de divisão com número inteiro divide dois números inteiros de 16 bits e produz um resultado de 32 bits composto de um quociente e um resto de 16 bits.

A CPU S7-200 suporta também cálculos em ponto flutuante de 32 bits com as quatro operações matemáticas fundamentais (soma, subtração, multiplicação, divisão). Os números reais, também chamados de ponto flutuante, são constituídos de 32 bits a precisão simples e têm um formato conforme a norma ANSI/IEEE 754-1985.

O acesso aos números reais acontece em formato double Word.

Para a CPU S7-200, os números reais têm uma precisão até a sexta cifra decimal, e são disponíveis também funções trigonométricas do tipo seno, cosseno e raiz quadrada.

Tabela 5.2

KOP	Função
ADD_I EN IN1 OUT IN2	O boxe "soma números inteiros (a 16 bits)" (ADD_I) soma dois números inteiros de 16 bits (IN1, IN2) e produz um resultado de 16 bits (OUT), como representado na seguinte equação: $$IN1 + IN2 = OUT$$
SUB_I EN IN1 OUT IN2	O boxe "subtrai números inteiros (de 16 bits)" (SUB_I) subtrai dois números de 16 bits (IN1, IN2) e produz um resultado de 16 bits (OUT), como representado na seguinte equação: $$IN1 - IN2 = OUT$$
ADD_DI EN IN1 OUT IN2	O boxe "soma números inteiros (de 32 bits)" (ADD_DI) soma dois números inteiros de 32 bits (IN1, IN2) e produz um resultado de 32 bits (OUT), como representado na seguinte equação: $$IN1 + IN2 = OUT$$
SUB_DI EN IN1 OUT IN2	O boxe "subtrai números inteiros (de 32 bits)" (SUB_DI) subtrai dois números inteiros de 32 bits (IN1, IN2) e produz um resultado de 32 bits (OUT), como representado na seguinte equação: $$IN1 - IN2 = OUT$$

continua*(continua)*

Tabela 5.2 *(Continuação)*

KOP	Função
MUL EN IN1 OUT IN2	O boxe "multiplica números inteiros (de 16 bits)" (MUL) multiplica dois números inteiros (IN1, IN2) e produz um resultado de 32 bits (OUT), como representado na seguinte equação: $$IN1 \times IN2 = OUT$$
DIV EN IN1 OUT IN2	O boxe "divide números inteiros (DIV)" divide dois números inteiros de 16 bits (IN1, IN2) e produz um resultado de 32 bits (OUT) composto de um quociente e de um resto de 16 bits, como representado na equação: $$IN1 : IN2 = OUT$$
ADD_R EN IN1 OUT IN2	O boxe "soma números reais" (ADD_R) soma dois números reais de 32 bits (IN1, IN2) e produz como resultado um número real de 32 bits (OUT), como representado na seguinte equação: $$IN1 + IN2 = OUT$$
SUB_R EN IN1 OUT IN2	A operação "subtrai números reais (de 32 bits)" (SUB_R) subtrai dois números reais de 32 bits (IN1, IN2) e produz como resultado um número real de 32 bits (OUT), como representado na seguinte equação: $$IN1 - IN2 = OUT$$
MUL_R EN IN1 OUT IN2	A operação "multiplica números reais" (MUL_R) multiplica dois números reais de 32 bits (IN1, IN2) e produz como resultado um número real de 32 bits (OUT), como representado na seguinte equação: $$IN1 \times IN2 = OUT$$
DIV_R EN IN1 OUT IN2	A operação "divide números reais" (DIV_R) divide dois números reais de 32 bits entre si (IN1, IN2) e produz como resultado um número real de 32 bits (OUT), como representado na seguinte equação: $$IN1 : IN2 = OUT$$
SQRT_R EN IN1 OUT	A operação "raiz quadrada de um número real" (SQRT) extrai a raiz quadrada de um número real de 32 bits (IN). O resultado produzido (OUT) é também um número real de 32 bits, como representado na seguinte equação: $$IN1 = OUT$$

5.7 Utilização de um Valor Constante com a CPU S7-200

Os valores constantes são utilizados em muitas operações com a CPU S7-200 e podem ser constituídos de bytes, Word e double Word. A CPU S7-200 armazena as constantes como números binários que podem ser representados em formato decimal, hexadecimal, ASCII ou número real (ponto flutuante). Veja Tabela 5.3.

Tabela 5.3

Tipo de representação	Formato	Exemplo
Decimal	Valor decimal	20047
Hexadecimal	16# [valor hexadecimal]	16#4E4F
Binária	2# [número binário]	2#1010_0101_1010_0101
ASCII	Texto ASCII	ABCD
Número real	ANSI/IEEE 754-1985	+1,175495E-38 (positivo) –1,175495E-38 (negativo)
String	String text	ABCDE

5.8 Função ENO com a CPU S7-200

A função ENO (Enable out) é uma saída booleana para os boxes KOP e FUP. Se a entrada do boxe EN é habilitada, o boxe executa a própria função sem falhas e a saída ENO = 1 transmite o fluxo de corrente ao elemento sucessivo. Se ocorrem falhas durante a execução do boxe, o fluxo de corrente é interrompido no boxe ENO = 0.

Na Figura 5.8 apresenta-se um exemplo de utilização da função ENO para executar uma subtração do tipo: VW6 – VW8 = VW10 com VW2 + VW4 = VW6.

5.9 Bit de Status SM para Operações Matemáticas

Nas operações matemáticas, os bits de status SM1.1 indicam erros de overflow aos valores não admitidos. Se o bit SM1.1 é a "1" lógico, os estados dos bits SM1.0 e SM1.2 não são válidos, e os operandos de entrada original não são modificados.

Se SM1.1 e SM1.3 não estão a "1" lógico, significa que as operações matemáticas foram concluídas com um resultado válido e que tal estado válido é contido em SM1.0 e SM1.2. Se durante uma operação de divisão SM1.3 está a "1" lógico, os restantes dos bits de estado permanecem invariáveis.

As condições de erro que setam a "1" lógico ENO são:

– SM1.1 (overflow)
– SM1.3 (divisão para zero)
– 0006 (endereço indireto)

Merker especiais influenciados nas operações matemáticas:

– SM1.0 (zero)
– SM1.1 (overflow)
– SM1.2 (negativo)
– SM1.3 (divisão para zero)

5.10 Exemplo de Operação Matemática Simples com Números Inteiros

A seguir representamos um pequeno programa em KOP. AWL é o resumo dos conteúdos dos registros a partir de operações aritméticas. Veja Figura 5.9.

5.10.1 Exemplo de operação matemática simples com números reais

A seguir representamos um pequeno programa em KOP. AWL é o resumo dos conteúdos dos registros a partir de operações matemáticas. Veja Figura 5.10.

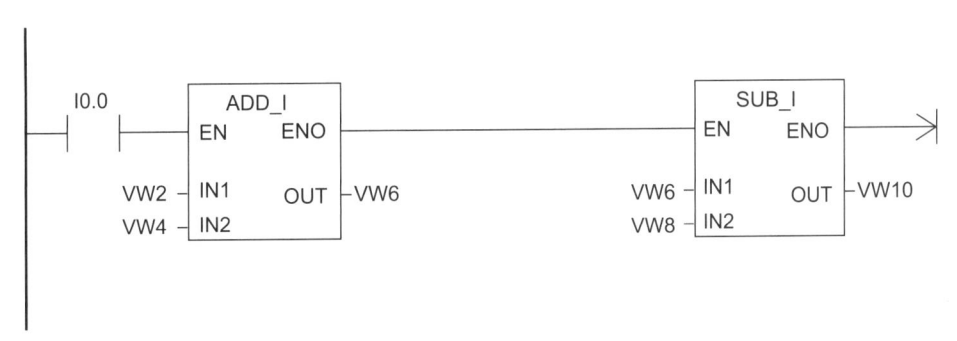

Figura 5.8

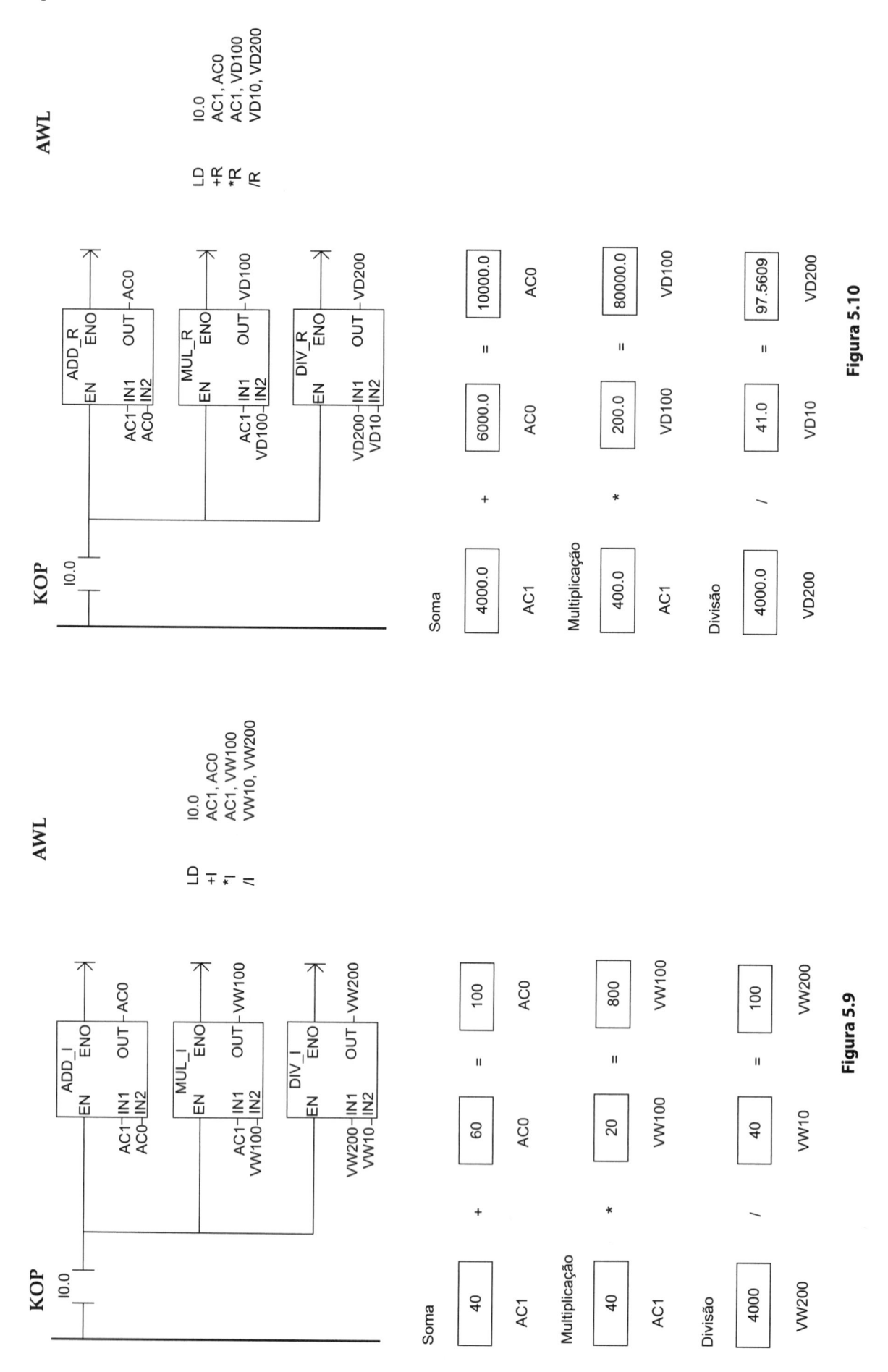

Figura 5.10

Figura 5.9

5.10.2 Exemplo de operação simples de multiplicação de número inteiro com número inteiro de 32 bits e divisão de número inteiro com quociente e resto

A seguir representamos um pequeno programa em KOP. AWL é o resumo dos conteúdos dos registros a partir de operações matemáticas. Veja Figura 5.11.

5.11 Operação Simples de Incremento e Decremento

Esse tipo de operação simplifica a programação de loop de controle interno ou de processos cíclicos. Estão disponíveis operações de incremento e decremento para somar e subtrair o valor 1 de uma Word ou double Word. As Figuras 5.12A e 5.12B apresentam esse tipo de instrução em KOP e AWL e o resumo dos conteúdos dos registros a partir de operações matemáticas.

5.12 Aplicação: Conversão da Medida de Comprimento de Polegadas em Centímetros

Na Figura 5.13 temos um pequeno programa em KOP e AWL que converte uma medida de comprimento de polegadas em centímetros.

Esse programa é muito interessante porque utiliza números reais.

AWL

```
LD    I0.0
MUL   AC1, VD100
DIV   VW10, VD20
```

Figura 5.11

AWL

```
LD     I0.0
INCW   AC0
DECD   VD100
```

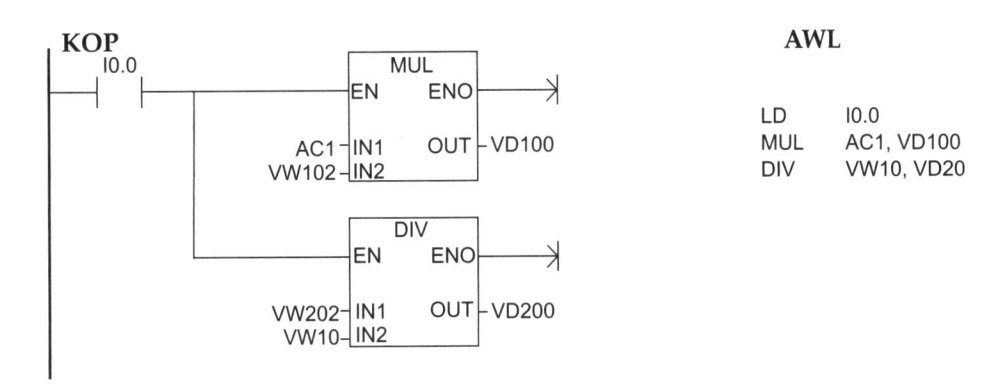

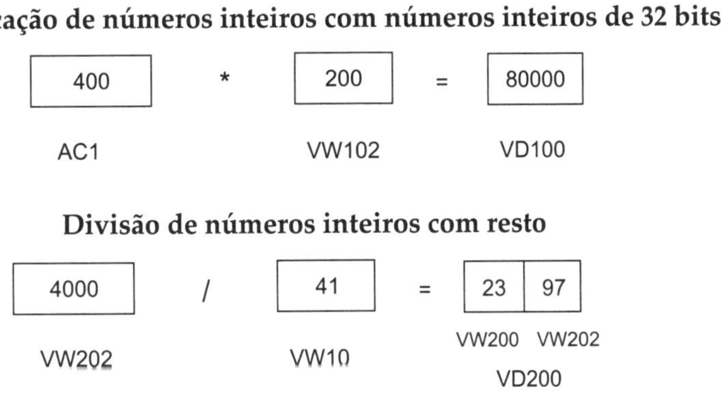

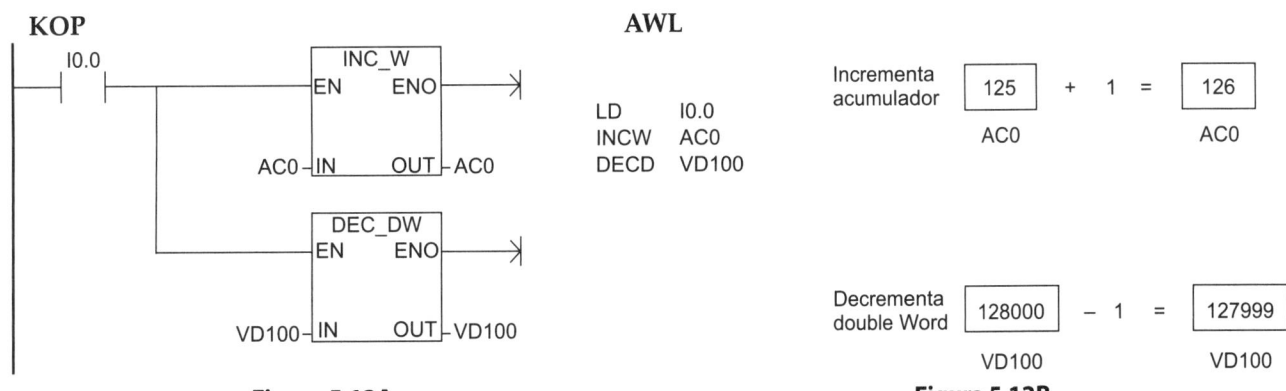

Figura 5.12A

Figura 5.12B

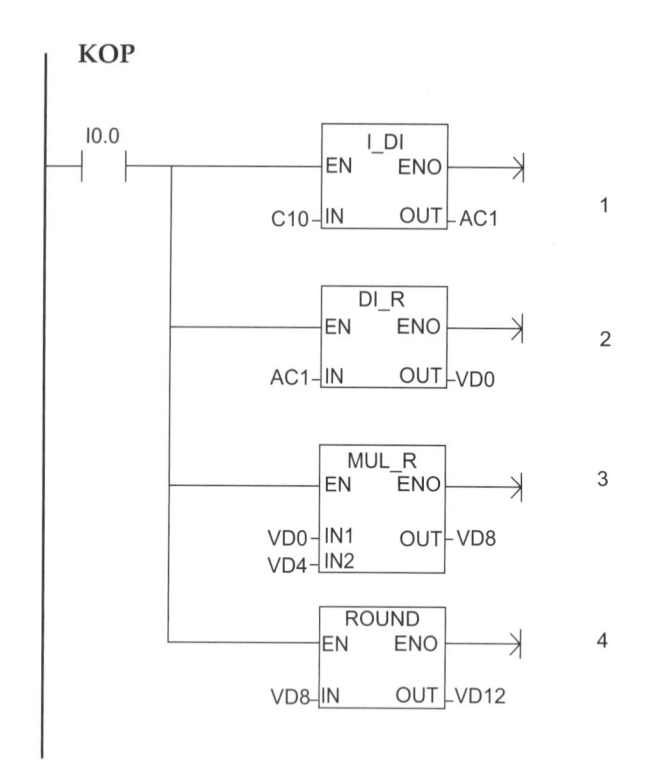

Figura 5.13A

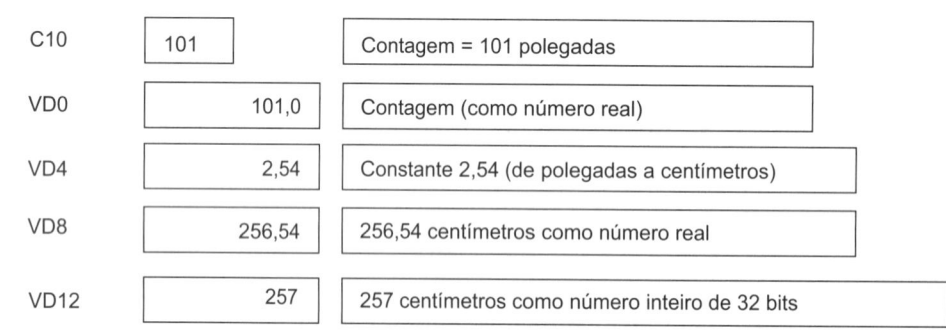

Figura 5.13B

Para utilizar os números reais partindo de um número inteiro, deve-se:

1. Converter um número inteiro de 16 bits em um número inteiro de 32 bits com a instrução I_DI.
2. Converter um número inteiro de 32 bits em um número real de 32 bits com a instrução DI_R.

Esse procedimento é obrigatório toda vez que se parte de um número inteiro de 16 bits para ser elaborado com a lógica em ponto flutuante.

1. Na primeira linha de programa, converte-se um número inteiro do contador C10 de polegadas de 16 bits em um número inteiro de 32 bits com a instrução I_DI.
2. Na segunda linha de programa, converte-se um número inteiro de 32 bits em um número real com a instrução DI_R e se transfere o seu conteúdo na va-

riável double Word VD0. O valor em polegadas é convertido em número real.

3. Na terceira linha de programa, a variável double Word VD4 contém a constante de conversão 2,54, que é multiplicada por VD0 e o seu conteúdo transferido em VD8.
4. Na quarta linha de programa, arredonda-se o valor real de VD8 em número inteiro de 32 bits com a instrução ROUND e o seu conteúdo é transferido em VD12.

5.13 Aplicação: Resolução de uma Equação de 1º Grau Utilizando Números Inteiros

A aplicação a seguir mostra a resolução de uma equação de 1º grau utilizando números inteiros com a CPU S7-200.

Nos registros com notação simbólica de V1 e V2, são gravadas as variáveis em números inteiros. A equação de 1º grau é:

$$Y = (V1/V2-1) * (V1+V2)$$

Tabela 5.4 Tabela dos Símbolos

Símbolos	Endereço	Comentário
S1	I0.0	Interruptor de start
REG1	VW10	Word
REG2	VW20	Word
REG3	VW30	Word
V1	VW96	Word
V2	VW98	Word
Y	VW40	Word

Pressionando o botão S1, temos:

1. Na primeira linha de programa ocorre o carregamento das variáveis V1 e V2 com valores numéricos inteiros. Nesse caso, V1=10, V2=5.
2. Na segunda linha de programa temos a resolução da equação passo a passo:

   - V1/V2 → REG 1
   - REG1 – 1 = V1/V2 – 1 → REG2
   - V1 + V2 → REG3
   - REG2 * REG3 = (V1/V2–1)*(V1+V2) = Y

O resultado final é armazenado na variável double Word simbólica; Y = 15.0.

Lembramos que a presente aplicação é válida somente para números inteiros. De fato, se o quociente V1 dividido por V2 tem a vírgula como resultado, por exemplo, 10,25, tendo declarado as variáveis como número inteiro, o PLC elimina automaticamente a parte decimal, ou seja, 0,25.

Esquema Ladder e AWL. Resolução de uma equação de 1º grau utilizando números inteiros (Figura 5.14)

KOP

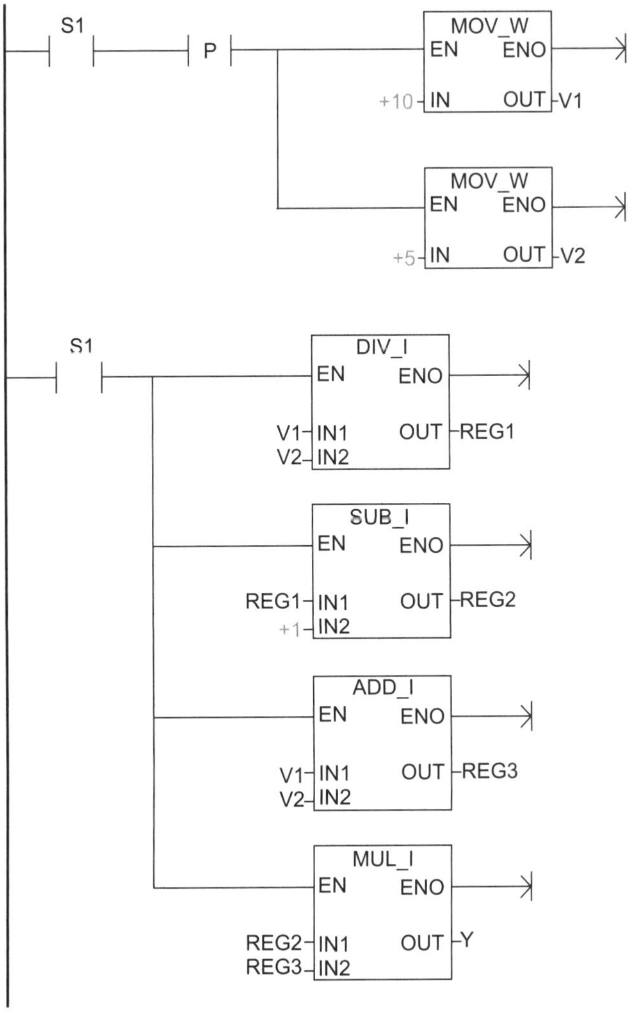

AWL

```
LD      S1
EU
MOVW    +10, V1
MOVW    +5, V2

LD      S1
MOVW    V1, REG1
/I      V2, REG1
MOVW    REG1, REG2
–I      +1, REG2
MOVW    V1, REG3
+I      V2, REG3
MOVW    REG2, Y
*I      REG3, Y
```

Figura 5.14

5.14 Aplicação: Resolução de uma Equação de 1º Grau Utilizando Números Reais (Ponto Flutuante)

A aplicação a seguir mostra a resolução de uma equação de 1º grau utilizando números reais (ponto flutuante) com a CPU S7-200.

No registro com notação simbólica de V1 e V2 são gravadas as variáveis em números reais. A equação de 1º grau é:

$$Y = V1/V2 * 100$$

Pressionando o botão S1, temos (veja Ladder e AWL da Figura 5.15):

1. Na primeira linha de programa, temos o carregamento das variáveis V1 e V2 como números inteiros de 32 bits, no nosso caso, V1=85, V2=50;
2. Na segunda linha de programa, com a instrução DI_R se convertem as variáveis V1 e V2 de número inteiro de 32 bits em números reais e transfere-se

o seu conteúdo na variável double Word simbólica REG2 e REG3;
3. Na terceira linha de programa, executa-se a divisão e se põe o resultado na variável double Word simbólica REG1. Depois multiplica-se por 100 e se põe o resultado na variável double Word simbólica Y (valor final Y=170.0).

Tabela 5.5 Tabela dos Símbolos

Símbolos	Endereço	Comentário
S1	I0.0	Interruptor de start
REG1	VD10	Double Word
REG2	VD20	Double Word
REG3	VD30	Double Word
V1	VD34	Double Word
V2	VD38	Double Word
Y	VD50	Double Word

Esquema Ladder e AWL da resolução de uma equação de 1º grau utilizando números reais (Figura 5.15)

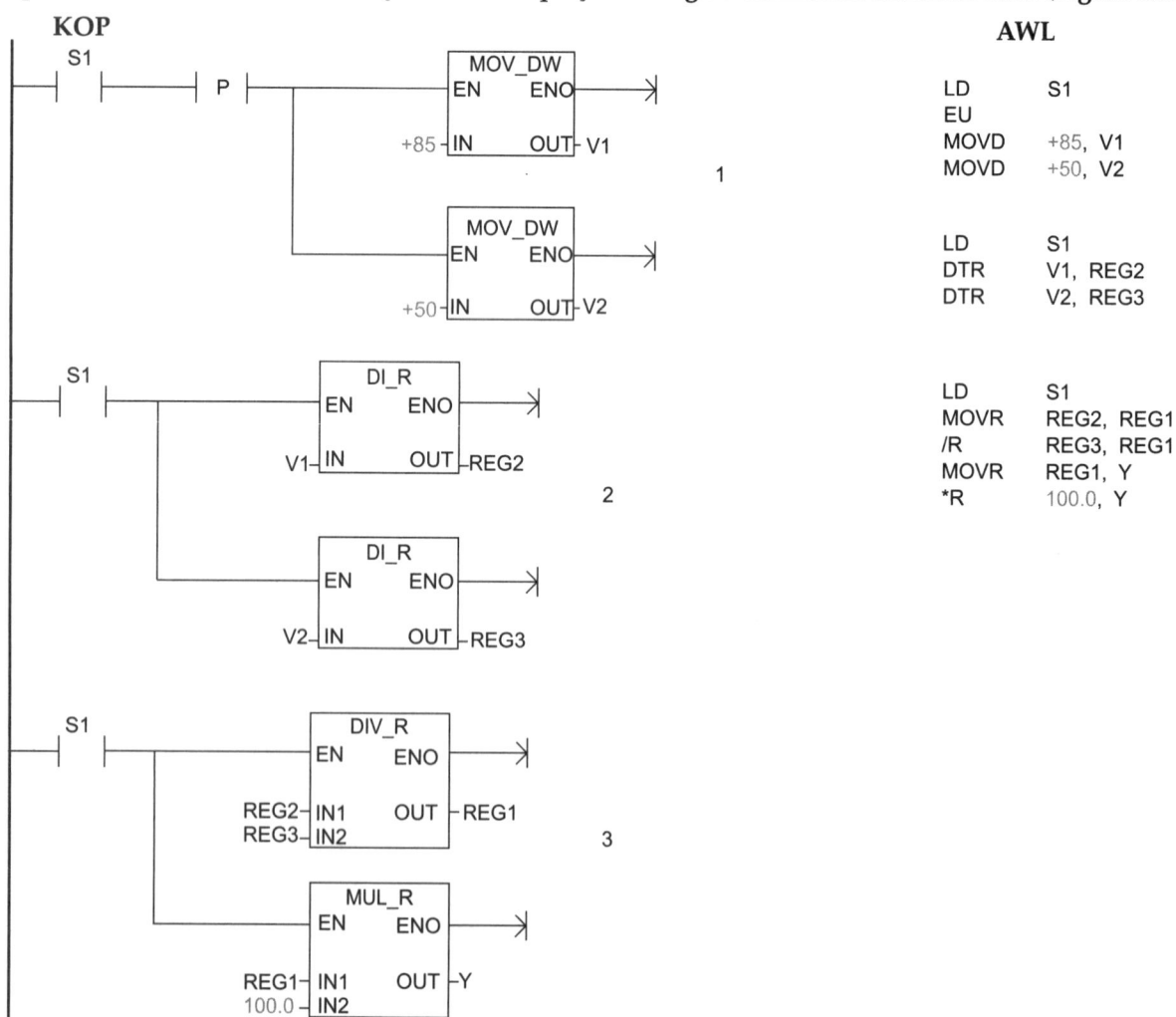

Figura 5.15

5.15 Aplicação: Gerador de Clock Multifrequência

A presente aplicação é muito interessante porque utiliza muitas instruções do PLC estudadas até agora.

Esse exemplo mostra como é possível programar um gerador de pulsos de clock multifrequência. Um gerador de pulsos de clock multifrequência tem muitas aplicações em eletrônica e automação industrial. Podemos citar como exemplo a sinalização luminosa com várias lâmpadas que se ligam e desligam com frequências diferentes, a sinalização luminosa de alarme em um quadro elétrico de controle, pulsos de envio a um motor de passo e inversores. O esquema Ladder e AWL resolutivo é apresentado na Figura 5.16.

1. Na primeira linha de programa, temos a energização do timer do tipo TOF (timer com atraso no desligamento), que fornece pulsos a cada 250 milissegundos.
2. Na segunda linha de programa temos o fechamento imediato do contato de TOF que energiza a bobina de Merker M0.2; como consequência, ocorre a abertura do contato auxiliar do Merker M0.2 na primeira linha de programa (partida de TOF).
3. Na terceira linha de programa, temos a instrução de salto JMP 1, que pula a LBL 1 cada vez que o contato auxiliar do Merker M0.2 se fecha, em função da ativação do timer TOF.
4. Na quarta linha de programa temos uma instrução de incremento de 1 unidade da Word VW100 cada vez que TOF termina a sua contagem (isso acontece de maneira impulsiva).
5. Na quinta linha de programa temos a LBL 1.

6. Na sexta linha de programa temos a transferência com a MOVE_W da Word VW100 para a saída QW0 (byte QB0 e QB1) em bits de Q0.0 até Q1.7.

Notamos, na primeira linha de programa, que, terminado o tempo de contagem de TOF, o mesmo timer é logo reativado. Por esse motivo, o contato auxiliar do Merker M0.2 fecha-se e produz um pulso a cada 250 milissegundos. Com os bits de saída de Q0.0 até Q1.7, é possível obter as frequências mostradas na Tabela 5.6:

Tabela 5.6

Saída	Frequência (Hz)	Duração (segundos)
Q 1.0	2,0	0,5
Q 1.1	1,0	1
Q 1.2	0,5	2
Q 1.3	0,25	4
Q 1.4	0,125	8
Q 1.5	0,0625	16
Q 1.6	0,03125	32
Q 1.7	0,015625	64
Q 0.0	0,0078125	128
Q 0.1	0,0039062	256
Q 0.2	0,0019531	512
Q 0.3	0,0009765	1024
Q 0.4	0,0004882	2048
Q 0.5	0,0002441	4096
Q 0.6	0,000122	8192
Q 0.7	0,000061	16384

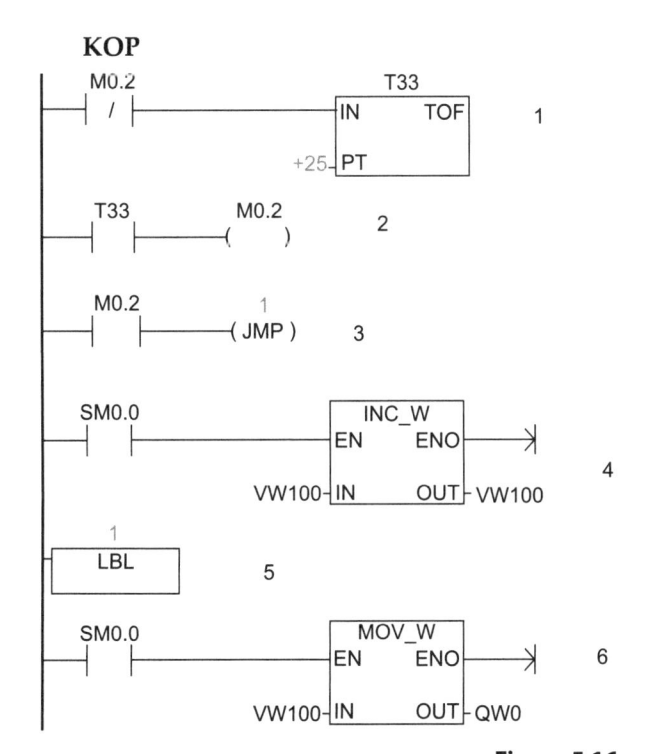

Figura 5.16

5.16 Aplicação: Contador do Tempo de Exercício de um Dispositivo

Esse programa permite registrar o tempo de exercício de qualquer dispositivo elétrico ou de uma máquina industrial. Quando o sinal parte, devido ao fechamento da chave I0.0, inicia-se a contagem do tempo. Quando o sinal para devido à abertura da chave I0.0, a medida do tempo se interrompe. Com o acionamento sucessivo da mesma chave I0.0, a contagem do tempo parte de onde foi interrompida.

Com a chave I0.1 se reseta a contagem do tempo total a qualquer momento. O número de horas, minutos, segundos é armazenado nas Words VW0, VW2, VW4.

O esquema Ladder e AWL resolutivo é apresentado nas Figuras 5.17A e 5.17B.

1. Na primeira linha de programa, fechando a chave I0.0, se chama a subroutine 0 para a contagem do tempo máquina.

Tabela 5.7 Tabela dos Símbolos

Símbolos	Endereço	Comentário
	I0.0	Chave de start
	I0.1	Chave de reset
	T5	Timer TONR
	VW0	Word horas
	VW2	Word minutos
	VW4	Word segundos

2. Na segunda linha de programa, com a chave de start I0.0 acionada, temos o tempo armazenado nas Words VW0, VW2, VW4.
3. Na terceira linha de programa, pressionando a chave I0.1 com a instrução FILL_N, resetamos as Words VW0, VW2, VW4 a qualquer momento. O tempo medido volta a ser zerado.

MAIN:programa principal

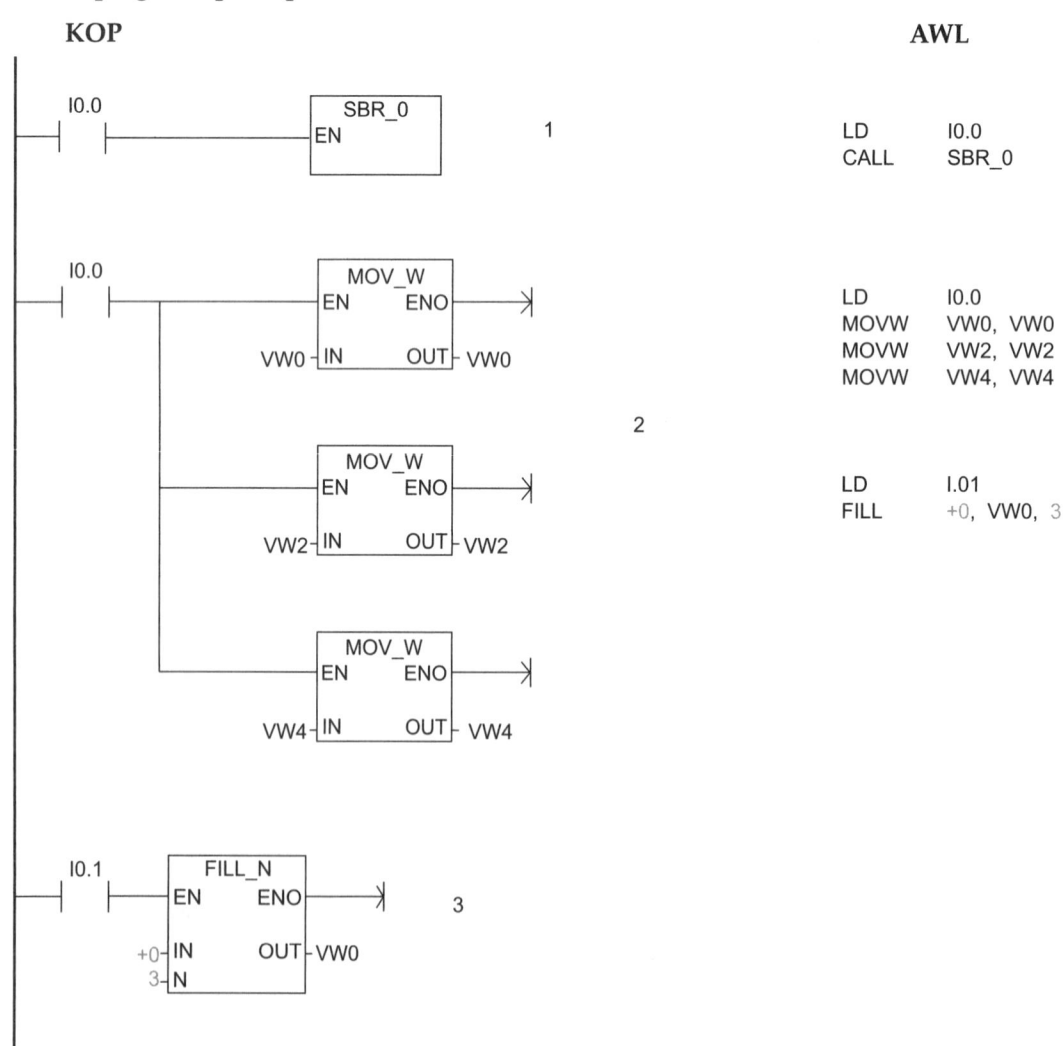

Figura 5.17A

SBR_0:subroutine 0

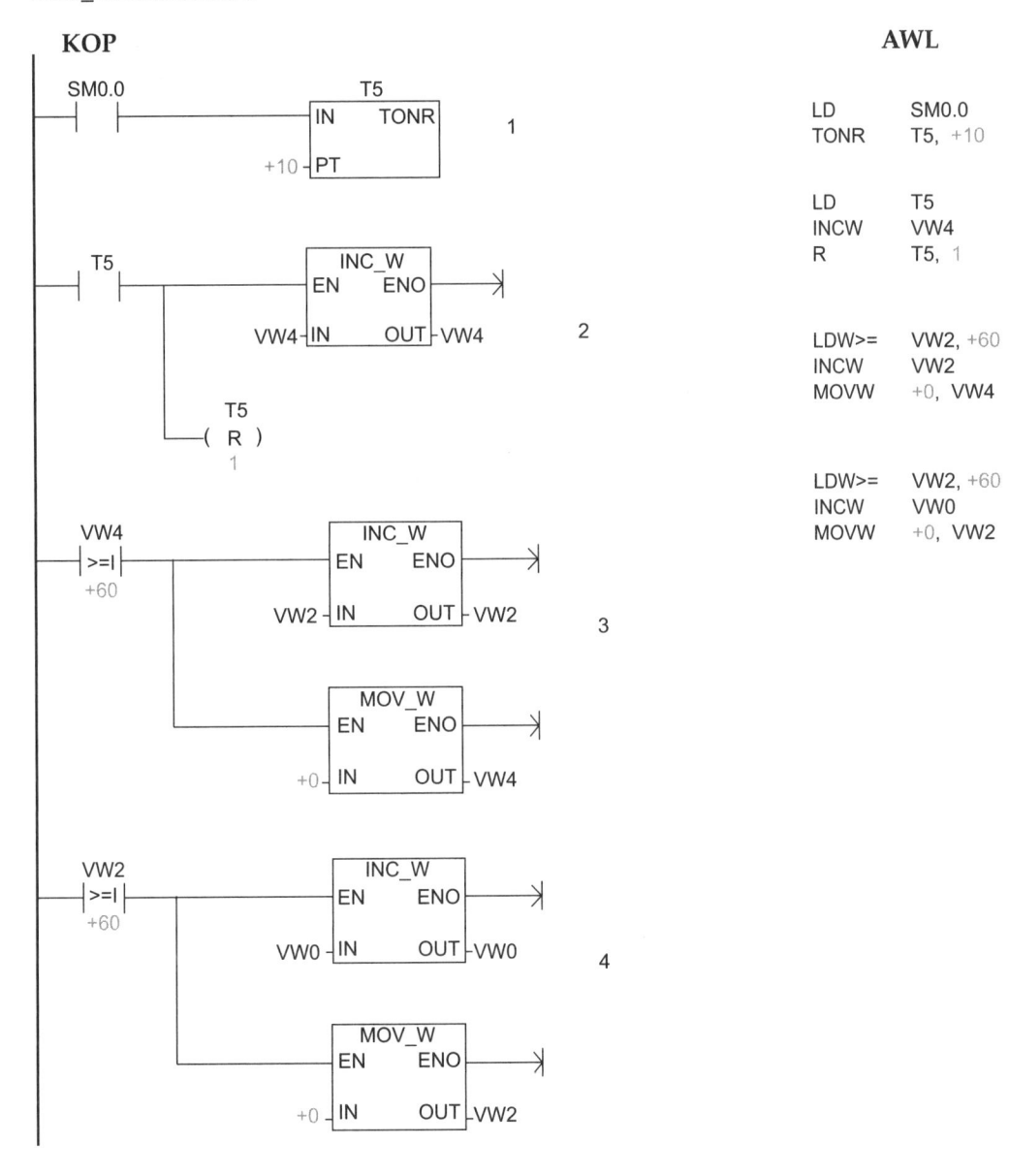

Figura 5.17B

SBR_0:subroutine 0

1. Na primeira linha de programa temos o timer T5 com atraso na ligação com memória do tipo TONR com preset de 1 segundo.
2. Na segunda linha de programa, o fechamento do contato auxiliar do timer T5 a cada segundo incrementa de 1 unidade a Word VW4.
   A contagem do timer T5 zera a cada segundo.
3. Na terceira linha de programa, depois de 60 segundos, ou seja, a cada minuto, é incrementada de 1 unidade a Word VW2.
   É zerada a Word VW4 dos segundos.
4. Na quarta linha de programa, depois de 60 minutos, é incrementada de 1 unidade a Word VW0, ou seja, a cada hora a Word VW2 dos minutos é zerada.

Questões práticas

1. Escreva um programa que executa a seguinte equação de 1º grau utilizando os números reais.

$$Y = V1 + V2/100 * V3$$

2. Escreva um programa pela gestão de um intervalo de medida de comprimento, supondo que os valores do set point sejam 75 e os de tolerância sejam: +12, –12.

3. Os números em valores reais precisam de registros de:

   – 16 bits
   – 32 bits
   – indiferentemente, 16 ou 32 bits.

Detecção de Borda de Descida e Subida

6.0 Generalidades

Em automação industrial, frequentemente é necessária a gestão de um sinal no momento em que esse muda de estado, e não quando está em um estado definido. Essa gestão de mudança de estado de um sinal pode ser útil na lógica de controle de qualquer máquina industrial.

Ocorre, por exemplo, muitas vezes, que a lógica de controle precise apenas detectar a mudança de estado de um botão de comando. Por exemplo, quando, por falha do operador, se pressiona de forma constante o botão de acionamento da máquina.

Esse procedimento pode causar uma movimentação perigosa da máquina. Se detectarmos a mudança de estado do botão, essa movimentação perigosa da máquina não acontece, deixando a instalação em condição de plena segurança.

6.1 Definição de Borda de Descida e Borda de Subida

Referimo-nos à borda de subida de um sinal elétrico quando este passa de um estado a "0" lógico a um estado a "1" lógico, ou de *off* a *on*. Referimo-nos à borda de descida de um sinal elétrico quando este passa de um estado a "1" lógico a um estado a "0" lógico, ou de *on* a *off*.

A função de detecção da borda de subida, em inglês *positive one shot*, seta a "1" lógico um bit para um só ciclo de scan do PLC. Na operação contrária, a função de detecção da borda de descida, em inglês *negative one shot*, seta a "1" lógico um bit para um só ciclo de scan do PLC. Veja Figura 6.1.

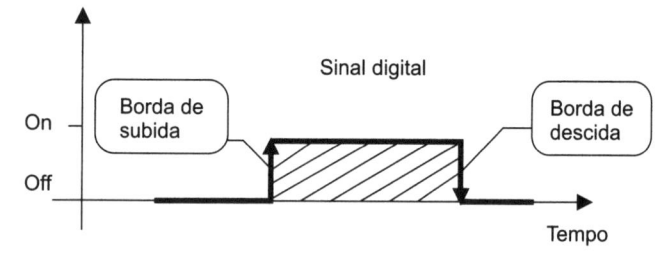

Figura 6.1

6.2 Construção da Operação de Detecção da Borda de Descida e Borda de Subida

Nem todos os PLCs possuem instruções especiais para a gestão da detecção da borda de descida e subida de um sinal. Nesse caso, com poucas linhas de programas é possível detectar a borda de descida e subida de um sinal. Na Figura 6.2 temos um exemplo de detecção de borda de subida.

Pressionando-se o botão I0.0 (borda de subida), energiza-se a saída Q0.0. Dado que o contato auxiliar de Merker M0.0 é normalmente fechado, simultaneamente se energiza a bobina de Merker M0.0. Quando termina o scan do PLC (quaisquer milissegundos), retorna-se à primeira linha de programa. Nesse retorno do ciclo de scan, o contato auxiliar de Merker M0.0, que era normalmente fechado, se abre, desenergizando a saída Q0.0. Em consequência, a saída Q0.0 é energizada somente para um tempo igual a um ciclo de scan do PLC.

Na Figura 6.3 temos um pequeno programa em linguagem Ladder que detecta a borda de descida de um sinal.

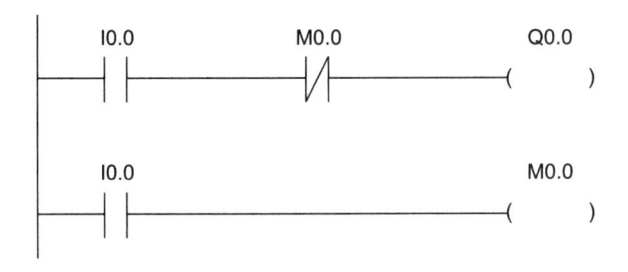

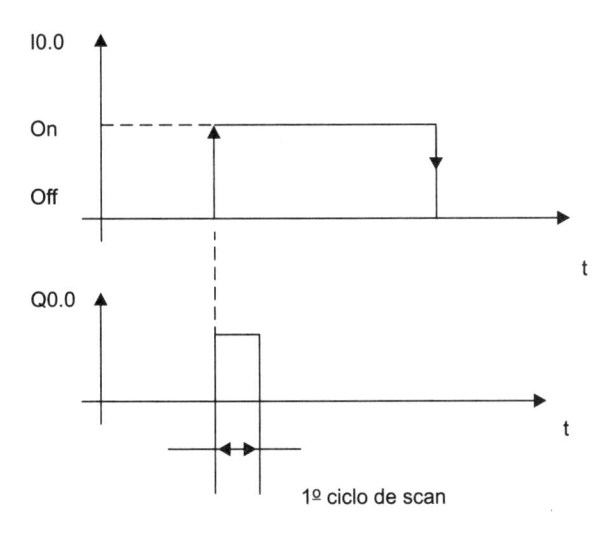

Figura 6.2

Pressionando-se o botão I0.0 (borda de subida), seta-se a bobina de Merker M0.1, fechando assim o contato auxiliar de Merker M0.1, que era normalmente aberto (primeira linha de programa).

A saída Q0.0 permanece desenergizada, enquanto o botão I0.0, nesse momento, é aberto, devido ao botão I0.0 pressionado.

Relaxando o botão I0.0 (borda de descida), o botão retorna à situação inicial, energizando assim a saída Q0.0. Lembramos que dessa vez o contato auxiliar de Merker M0.1 está fechado.

No ciclo subsequente de scan do PLC na segunda linha de programa, o contato auxiliar de Q0.0 é fechado, resetando assim o Merker M0.1 e, em consequência, também a saída Q0.0.

6.3 Operação Especial de Detecção com a CPU S7-200

A CPU S7-200 dispõe de duas instruções especiais para a detecção da borda de subida e descida de um sinal elétrico. Essa instrução especial deve ser inserida na frente de uma saída qualquer tipo bobina ou boxe.

A representação é do tipo de contato. Na Tabela 6.1 estão representadas essas duas instruções especiais para a detecção da borda de subida e descida de um sinal elétrico com a CPU S7-200.

Tabela 6.1 Tabela dos Símbolos

KOP	Função
—| P |—	A operação "detecção de borda positiva" (EU) detecta de um ciclo de scan a transição de 0 a 1. O contato "transição positiva" permite à corrente circular por um ciclo de scan a cada transição de 0 a 1.
—| N |—	A operação "detecção de borda negativa" (ED) detecta de um ciclo de scan a transição de 1 a 0. O contato "transição negativa" permite à corrente circular por um ciclo de scan a cada transição de 1 a 0.

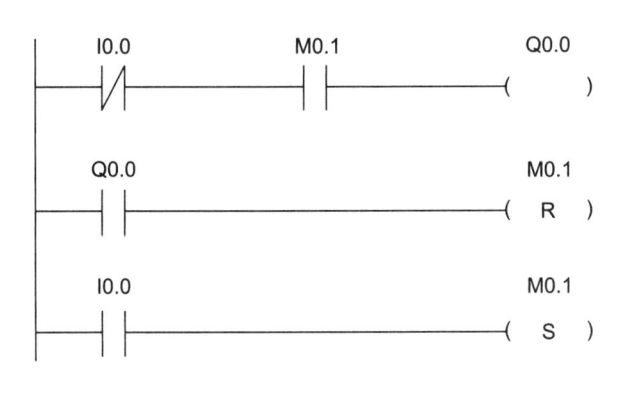

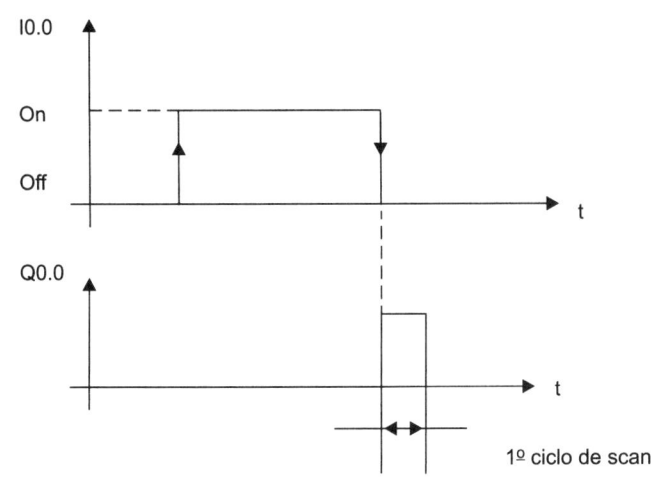

Figura 6.3

Na Figura 6.4A está representado o emprego dessa instrução com a linguagem Ladder e AWL. Na Figura 6.4B está representado o diagrama temporal relativo ao pequeno programa da Figura 6.4A.

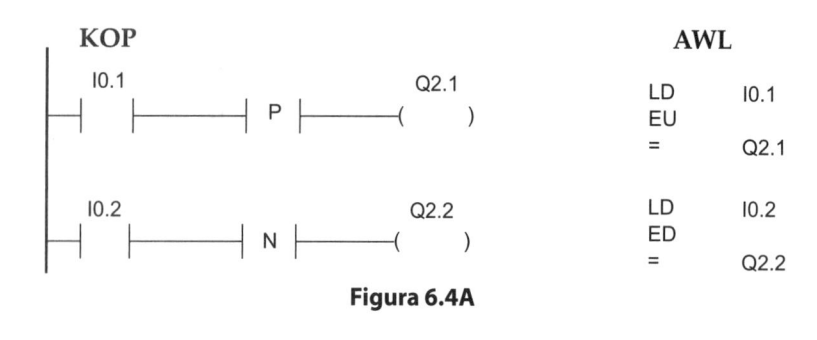

Figura 6.4A

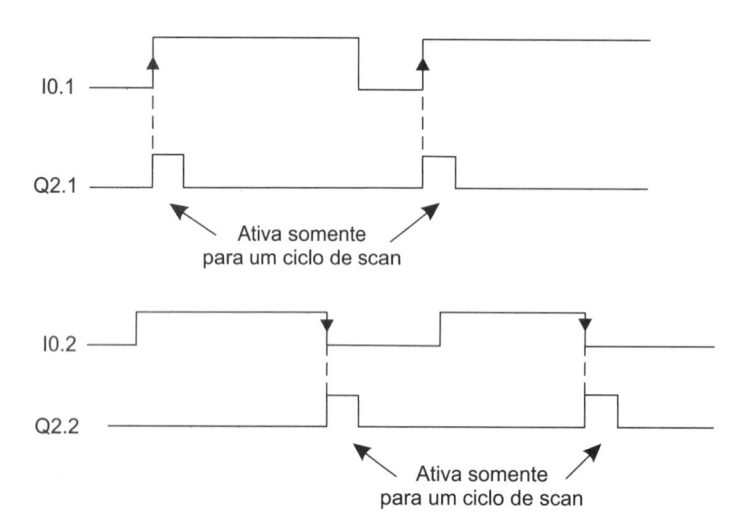

Figura 6.4B

6.4 Aplicação: Partida e Parada com Segurança de um MAT (Motor Assíncrono Trifásico)

A aplicação a seguir demonstra como se programa uma simples partida e parada com segurança de um MAT, impedindo o operador de continuar pressionando o botão de partida. O pequeno programa é apresentado na Figura 6.5.

Nesse pequeno programa, suponhamos que o operador pressione constantemente o botão de start S2 e queira parar o motor pressionando o botão de stop S1. No momento em que relaxa o botão de stop S1, mesmo que mantenha constantemente pressionado o botão de start S1, o motor não torna a partir, fazendo com que a instalação fique em condições de plena segurança, graças à presença, no programa, do contato à transição positiva P.

Sem a presença do contato P, ocorreria que, ao relaxar o botão de stop S1 e manter constantemente pressionado o botão de start S1, o motor partiria novamente, tornando a instalação em condição de perigo.

Tabela 6.2 Tabela dos Símbolos

Símbolos	Endereço	Comentário
S1	I0.0	Botão de stop
S2	I0.1	Botão de start
FR	I0.2	Térmica motor
K1	Q0.0	Contator motor

Esquema Ladder e AWL da partida e parada em segurança de um MAT (motor assíncrono trifásico)

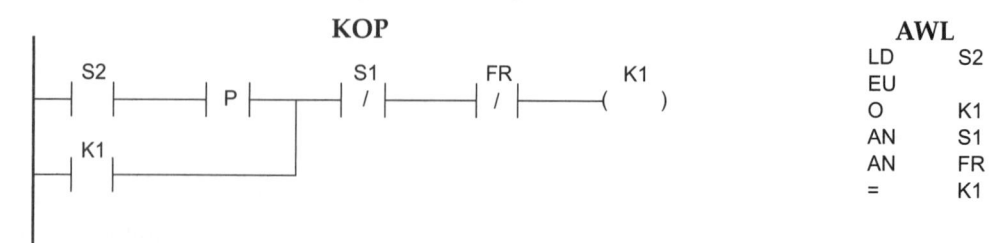

Figura 6.5

7 Função de Deslocamento

7.0 Operação sobre o Bit Individual

Qualquer tipo de controlador programável pode setar ou resetar um bit individual em um registro da memória. Existe a possibilidade de deslocar em uma ou mais posições os bits no interior desse registro.

Na realização de um bom programa, não é aconselhável utilizar os bits de registro das imagens de processo das saídas identificadas com a letra Q. Sugerimos então trabalhar com os bits dos relés auxiliares, ou seja, dos Merker, e depois escolher, com base no estado dos bits dos Merker, quais saídas devem ser energizadas.

Com essa modalidade de trabalho se pode, por exemplo, testar o programa sem ter algumas saídas em campo. Suponhamos controlar duas saídas Q1.1 e Q1.2 recorrendo ao estado de dois bits de um registro. Como se observa na Figura 7.1, o estado dos bits V200.2 e V200.3 da variável Word VW200 energizam e desenergizam as saídas Q1.1 e Q1.2. Nessa modalidade trabalha-se somente com os bits de apoio e não se utilizam as saídas Q, utilizadas em um segundo momento.

Para modificar o estado de um bit do registro VW200, pode-se recorrer, por exemplo, às instruções de set e reset. Com as instruções de set e reset, é possível modificar o estado de um bit individual do registro. Na Figura 7.2, quando a entrada I0.5 é fechada, é setado o bit 3 da Word VW200 (V201.3); quando a entrada I0.6 é fechada, é resetado o mesmo bit 3 da Word VW200 (V201.3).

Em suma, os bits da Word VW200, chamados de apoio, representam o estado com o qual se define a saída; se um bit é 0, a saída correspondente é desabilitada; se o bit é 1, a saída correspondente é habilitada, conforme a Figura 7.3.

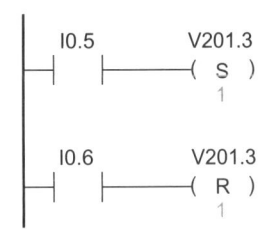

Figura 7.2

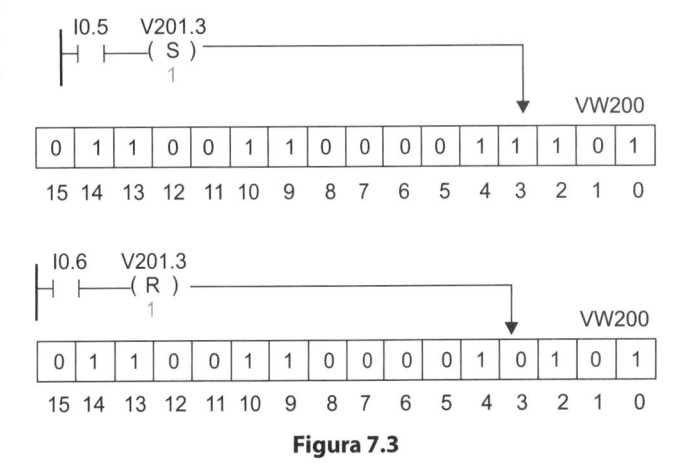

Figura 7.3

Figura 7.1

7.1 Registrador de Deslocamento (*Shift Register*): Generalidades

A função do registrador de deslocamento (em inglês, *shift register*) permite deslocar individualmente os bits de cada registro.

Existem funções para deslocar e rodar os bits nos dois sentidos, tanto para a direita quanto para a esquerda. Desse modo, o conteúdo numérico do registrador é modificado. Com o deslocamento dos bits, o valor decimal correspondente aumenta ou diminui no valor igual à potência de 2.

7.2 Deslocamento à Direita

Na Figura 7.4 está representado o boxe de deslocamento à direita (em inglês, *shift right register*), que é composto de:

– uma habilitação para deslocamento, também chamada de entrada de clock (I0.0);
– a indicação do registrador de origem que precisa ser deslocado;
– o número de posição N que deve ser deslocada;
– a indicação do registrador de destino OUT.

Em geral, os bits deslocados fora do registrador são cancelados, sendo conservado somente o valor do último bit, que é memorizado em um bit especial do controlador programável. A cada transição de 0 para 1 da entrada de clock (I0.0), os bits do registrador de origem são deslocados em um número de posição N à direita, e o resultado é colocado no registrador de destino. Na Figura 7.5 temos um resumo do estado do registrador de deslocamento com N = 3.

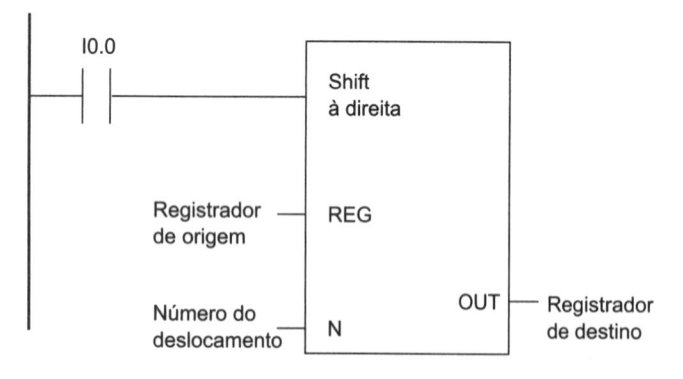

Figura 7.4

7.3 Deslocamento à Esquerda

O deslocamento à esquerda (em inglês, *shift left register*) é praticamente igual ao deslocamento à direita, exceto, obviamente, o deslocamento dos bits acontece à esquerda. Veja Figura 7.6.

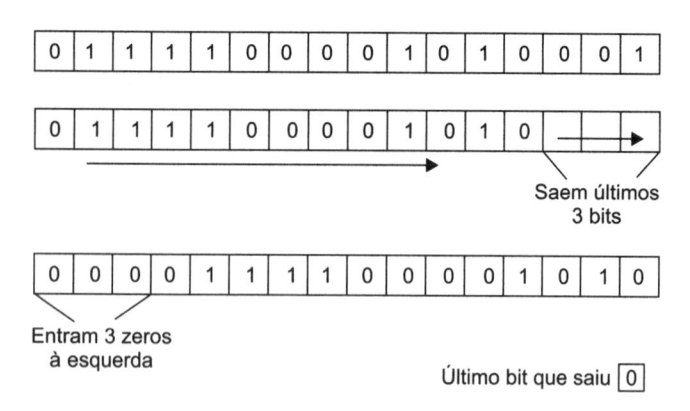

Figura 7.5

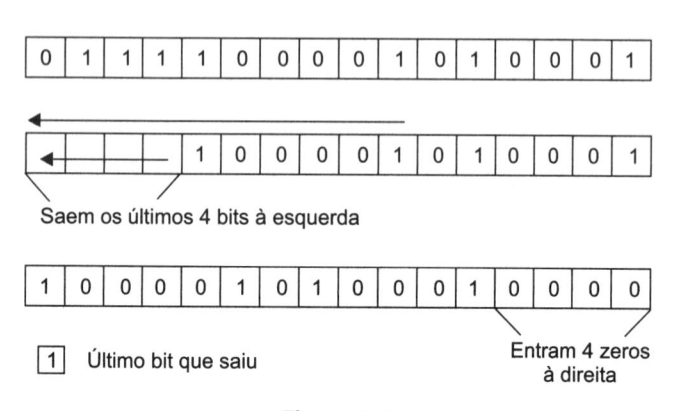

Figura 7.6

7.4 Rotação

Demonstraremos uma situação em que conservamos os bits que se deslocam externamente ao registrador e buscamos o retorno dos bits que saíram para a parte oposta do registrador. Essa operação é denominada *rotação*.

A rotação pode ser de dois tipos: rotação à direita e à esquerda. A rotação à direita se refere a todos os bits que se deslocam à direita fora do registrador, e rotação à esquerda, a todos os bits que se deslocam à esquerda fora do registrador. Na Figura 7.7 é apresentada uma rotação à direita.

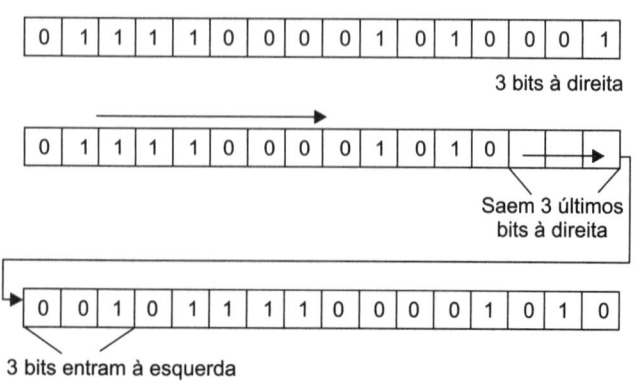

Figura 7.7

7.5 Funções de Deslocamento e Rotação com a CPU S7-200

As operações de deslocamento e rotação com a CPU S7-200 permitem deslocar e rodar os bits no interior de uma Word ou double Word. O deslocamento de uma Word ou double Word pode acontecer em direção à direita ou à esquerda, segundo o valor especificado de N.

O resultado do deslocamento pode ser transferido em um novo registrador ou armazenado no mesmo registrador, especificando que o parâmetro de entrada, IN, é igual ao de saída, OUT. Com a CPU S7-200, são válidas as seguintes regras:

- Se o valor do deslocamento é N = 0, o operando não é deslocado;
- O valor do deslocamento N correto é entre 0-15 para a Word e entre 0-31 para a double Word;
- Se o valor do deslocamento é N > 0, o Merker de overflow SM1.1 assume o valor dos últimos bits deslocados para fora. O Merker de zero SM1.0 é setado se o resultado do deslocamento é zero.

As operações de rotação executam um deslocamento circular em direção à direita e à esquerda de uma Word ou double Word, segundo o valor especificado de N.

Em geral, as funções de deslocamento e rotação deslocam e rodam os bits de uma Word ou double Word de entrada, IN, segundo o valor definido de N, e carregam o resultado no endereço de saída, OUT.

Na Tabela 7.1 há um resumo das principais operações de deslocamento e rotação disponíveis na CPU S7-200.

Tabela 7.1

KOP	Função
SHR_W EN IN N OUT	O boxe "faz deslocar Word para a direita" (SHR_W) faz deslocar à direita o valor (IN) segundo o valor de deslocamento (N) e carrega o resultado na Word de saída (OUT). SM1.0 (zero) = 1 se OUT = 0. SM1.1 (overflow) = 1 se o último bit deslocado para fora é igual a 1.
SHL_W EN IN N OUT	O boxe "faz deslocar Word para a esquerda" (SHL_W) faz deslocar à esquerda o valor (IN) segundo o valor de deslocamento (N) e carrega o resultado na Word de saída (OUT). SM1.0 (zero) = 1 se OUT = 0. SM1.1 (overflow) = 1 se o último bit deslocado para fora é igual a 1.
ROR_W EN IN N OUT	O boxe "faz rodar Word para a direita" (ROR_W) faz rodar à direita o valor da Word (IN) segundo o valor de deslocamento (N) e carrega o resultado na Word de saída (OUT). SM1.0 (zero) = 1 se OUT = 0. SM1.1 (overflow) = 1 se o último bit rodado para fora é igual a 1.

(continua)

Tabela 7.1 *(Continuação)*

KOP	Função
ROL_W EN IN N OUT	O boxe "faz rodar Word para a esquerda" (ROL_W) faz rodar à esquerda o valor da Word (IN) segundo o valor de deslocamento (N) e carrega o resultado na Word de saída (OUT). SM1.0 (zero) = 1 se OUT = 0. SM1.1 (overflow) = 1 se o último bit rodado para fora é igual a 1.
SHR_DW EN IN N OUT	O boxe "faz deslocar double Word para a direita" (SHL_DW) faz rodar à direita o valor de double Word (IN) segundo o valor de deslocamento (N) e carrega o resultado na double Word (OUT). SM1.0 (zero) = 1 se OUT = 0. SM1.1 (overflow) = 1 se o último bit deslocado para fora é igual a 1.
SHL_DW EN IN N OUT	O boxe "faz deslocar double Word para a esquerda" (SHL_DW) faz rodar à esquerda o valor da double Word (IN) segundo o valor de deslocamento (N) e carrega o resultado na double Word de saída (OUT). SM1.0 (zero) = 1 se OUT = 0. SM1.1 (overflow) = 1 se o último bit deslocado para fora é igual a 1.
ROR_DW EN IN N OUT	O boxe "faz rodar double Word para a direita" (ROR_DW) faz rodar à direita o valor da double Word (IN) segundo o valor de deslocamento (N) e carrega o resultado na double Word de saída (OUT). SM1.0 (zero) = 1 se OUT = 0. SM1.1 (overflow) = 1 se o último bit rodado para fora é igual a 1.
ROL_DW EN IN N OUT	O boxe "faz rodar double Word para a esquerda" (ROL_DW) faz rodar à esquerda o valor de double Word (IN) segundo o valor de deslocamento (N) e carrega o resultado na double Word de saída (OUT). SM1.0 (zero) = 1 se OUT = 0. SM1.1 (overflow) = 1 se o último bit rodado para fora é igual a 1.

No exemplo a seguir, na transição de 0 para 1 da entrada I0.0 temos uma rotação à direita de duas posições dos bits da Merker Word MW0 com a instrução ROR_W (Figura 7.8). Na Figura 7.9, há um resumo do estado do registrador MW0 e do Merker de overflow SM1.1.

No exemplo a seguir, na transição de 0 para 1 da entrada I0.0 temos um deslocamento à esquerda de três posições dos bits da variável Word VW200 com a instrução SHL_W (Figura 7.10). Na Figura 7.11 há um resumo do estado do registrador VW200 e do Merker de overflow SM1.1.

KOP   AWL

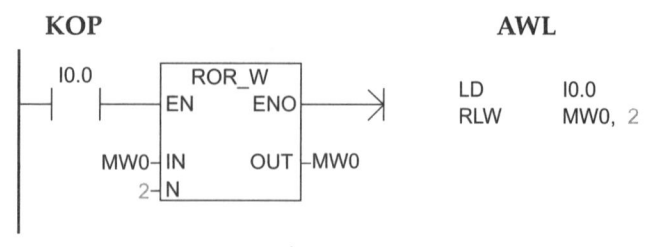

LD   I0.0
RLW   MW0, 2

Figura 7.8

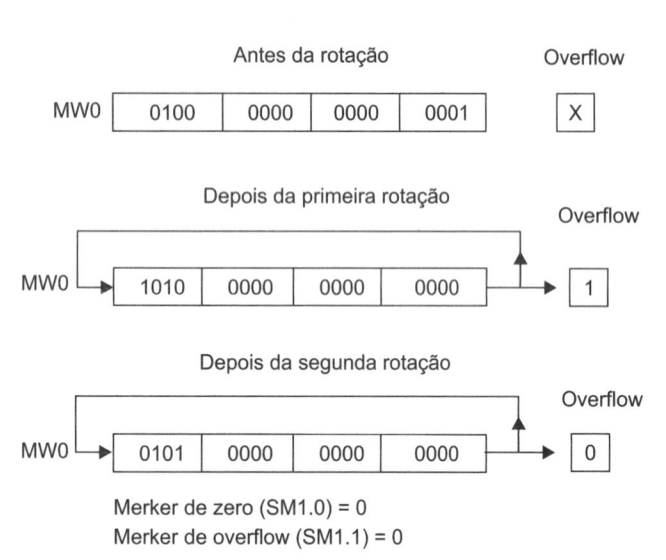

Antes da rotação   Overflow

Depois da primeira rotação   Overflow

Depois da segunda rotação   Overflow

Merker de zero (SM1.0) = 0
Merker de overflow (SM1.1) = 0

Figura 7.9

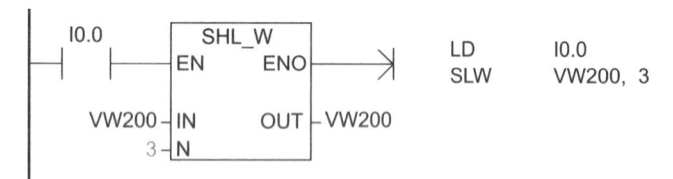

LD   I0.0
SLW   VW200, 3

Figura 7.10

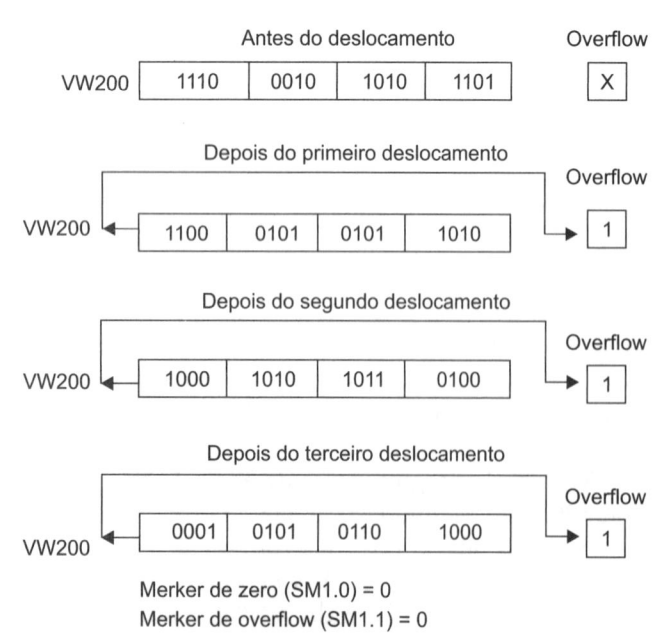

Antes do deslocamento   Overflow

Depois do primeiro deslocamento   Overflow

Depois do segundo deslocamento   Overflow

Depois do terceiro deslocamento   Overflow

Merker de zero (SM1.0) = 0
Merker de overflow (SM1.1) = 0

Figura 7.11

7.6 Exemplo de Utilização das Funções de Deslocamento em Automação Industrial

Os *shift registers* são empregados particularmente na gestão dos descartes em linhas de produção. O conceito básico diz que em uma linha de produção industrial se deve impedir que uma estação (a jusante) trabalhe com produtos defeituosos que foram já descartados da estação anterior (a montante).

Com essa modalidade de trabalho, é possível reduzir os recursos empregados e o tempo de trabalho todas as vezes que as peças forem descartadas.

Uma peça descartada de uma linha de produção a montante não deve submeter-se a processos de aprimoramento na estação a jusante. Muitas vezes essa remoção não ocorre imediatamente. O produto pode ser reavaliado em um segundo momento.

As linhas de produção chamadas *sincronizadas* são muito difusas. Nesse tipo de linha de produção, uma peça deve percorrer uma etapa ou passo de cada vez, e a qualquer momento pode ser deslocada para um ponto específico da linha de produção. Esses pontos específicos da linha de produção são fixos.

Diz-se em termos técnicos que a linha é *discretizada*, ou seja, a linha é subdividida em postos sequenciais e a cada posto é associada uma estação de trabalho. Naturalmente não é necessário que a cada etapa da linha haja uma estação de trabalho, porém é necessário que as peças percorram um passo de cada vez. Um exemplo de linha de produção discretizada é indicado na Figura 7.12.

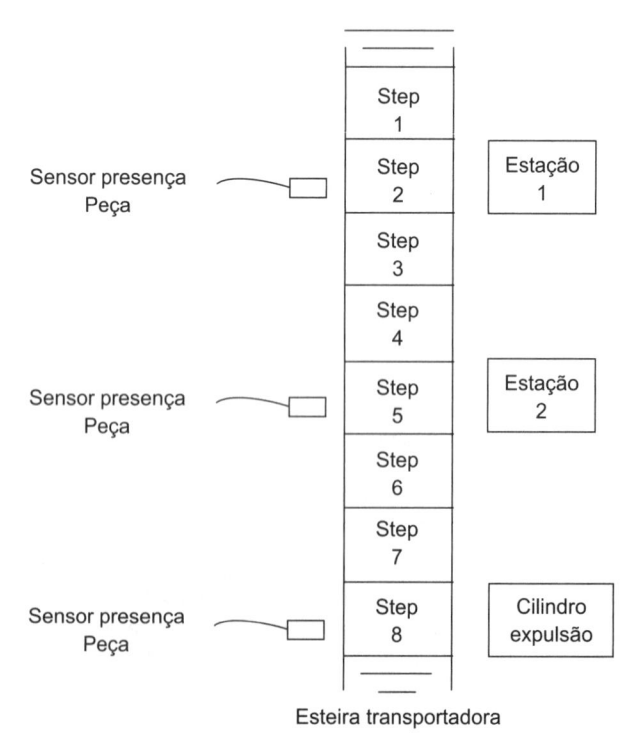

Esteira transportadora

Figura 7.12

Na Figura 7.12, uma esteira transportadora movimenta um produto em uma linha de produção discretizada. O produto se movimenta de step em step e para a cada step. A cada linha discretizada é associado um *shift register*. Cada bit do *shift register* corresponde a uma das posições previstas na esteira. Esse *shift register* está inicialmente zerado.

Cada vez que a esteira parte e se move de uma posição, é efetuado o deslocamento para a direita de uma posição dos bits do registrador. Essa estação pode setar o bit correspondente à própria posição, e o produto deve ser descartado. Caso o bit seja setado, a estação 1 espera o produto subsequente sem efetuar nenhum trabalho naquele step e nos steps que se seguem. No step 8, um cilindro pneumático expele o produto, descartando-o, sempre na condição de que o bit daquele step seja setado. Na Figura 7.13 é indicada a imagem do registrador na linha de produção.

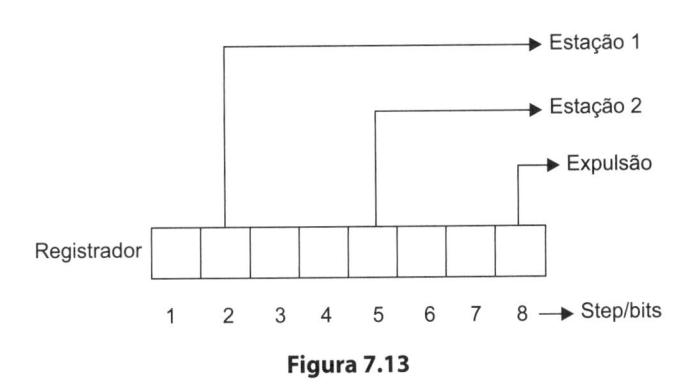

Figura 7.13

7.7 Aplicação: Ligação de Lâmpadas em Sequência Cíclica

Nessa aplicação são ligadas em sequência cíclica 16 lâmpadas. Cada lâmpada é ligada na saída do PLC.

Nesse exemplo, cada bit, a 1 lógico do registrador, corresponde a uma lâmpada ligada. A solução consiste no deslocamento de um bit inicial a 1 lógico do registrador. Na Figura 7.14 temos o registrador a rotação, que é deslocado à esquerda a cada pulso do timer TON.

O registrador a rotação é do tipo ROL_W. Quando acaba, o ciclo recomeça automaticamente, conforme uma sequência cíclica.

O esquema de base proposto na Figura 7.14 é sempre válido e é utilizado todas as vezes que se deve deslocar ou rodar os bits no interior do registrador em função do tempo.

Observando o esquema da Figura 7.14, vemos que o timer habilita a entrada EN (de clock) do registrador a rotação à esquerda ROL_W de 1 bit a cada segundo. O timer TON funciona como timer do tipo impulsivo. As lâmpadas (saídas Q0.0, Q0.1, Q0.2...) são energizadas

pelo bit "1" da variável Word VW200. Na Figura 7.15, é representado o estado da variável Word VW200 a cada pulso do timer TON.

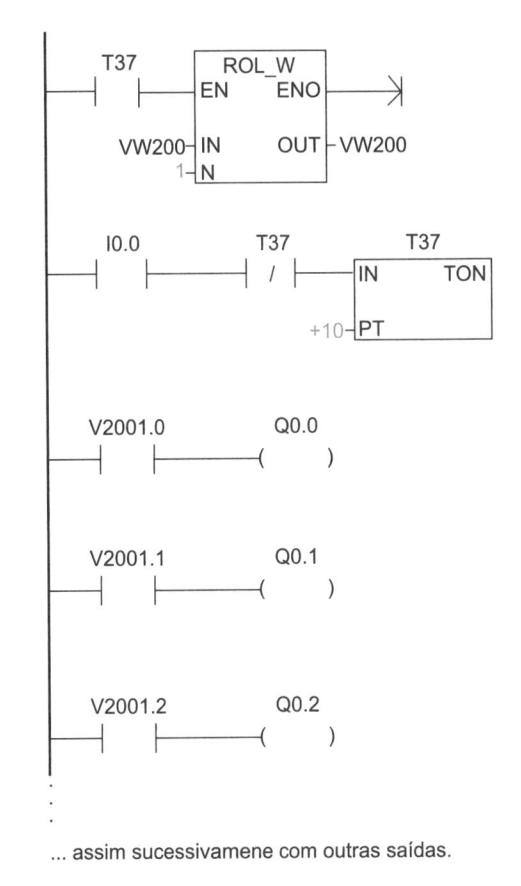

... assim sucessivamene com outras saídas.

Figura 7.14

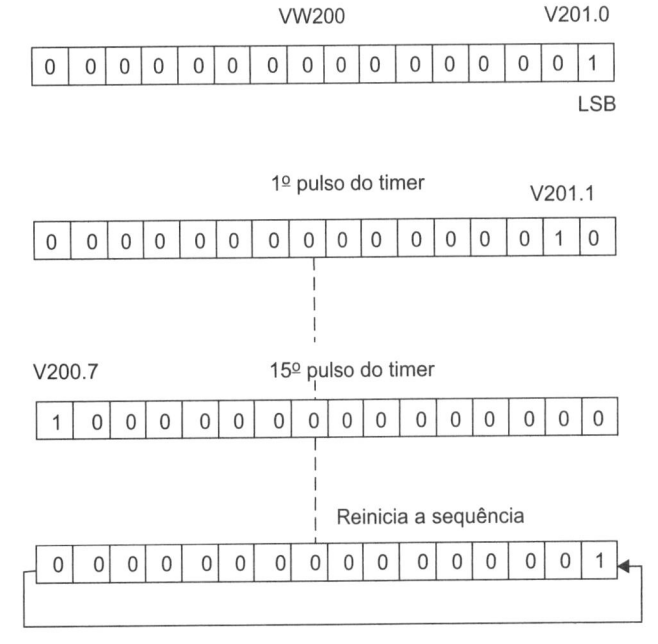

Figura 7.15

Tabela 7.2 Tabela dos Símbolos

Símbolos	Endereço	Comentário
S0	I0.0	Botão start
K1	Q0.0	Saída 1
K2	Q0.1	Saída 2
K3	Q0.2	Saída 3
K4	Q0.3	Saída 4
K5	Q0.4	Saída 5
K6	Q0.5	Saída 6
K7	Q0.6	Saída 7
K8	Q0.7	Saída 8
K9	Q1.0	Saída 9
K10	Q1.1	Saída 10
K11	Q1.2	Saída 11
K12	Q1.3	Saída 12
K13	Q1.4	Saída 13

(continua)

Tabela 7.2 Tabela dos Símbolos (*Continuação*)

Símbolos	Endereço	Comentário
K14	Q1.5	Saída 14
K15	Q1.6	Saída 15
K16	Q1.7	Saída 16
KT1	T37	Temporizador TON
REG2	VW200	Word
S1	I0.1	Botão stop
K1A	M0.0	Merker

O esquema Ladder resolutivo é o das Figuras 7.16A e 7.16B. O princípio está ilustrado nas Figuras 7.14 e 7.15.

O botão S0 habilita o ciclo; o botão S1 para o ciclo.

O bit a "1" lógico é assim deslocado à esquerda a cada segundo, permitindo a energização das saídas Q0.0 (K1), Q0.1 (K2)..., em sequência.

Terminada a última sequência, o ciclo se reinicia automaticamente.

Esquema Ladder e AWL da ligação de lâmpadas em sequência cíclica (Figuras 7.16A e 7.16B)

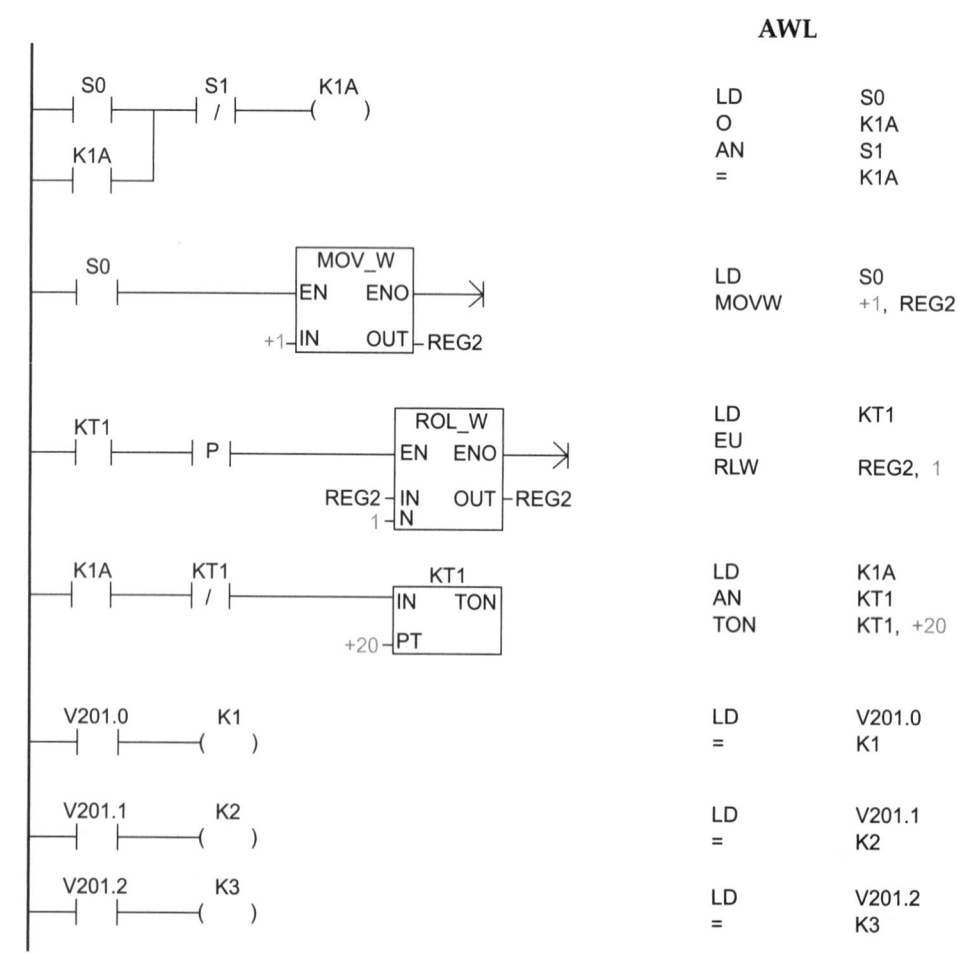

Figura 7.16A

Figura 7.16B

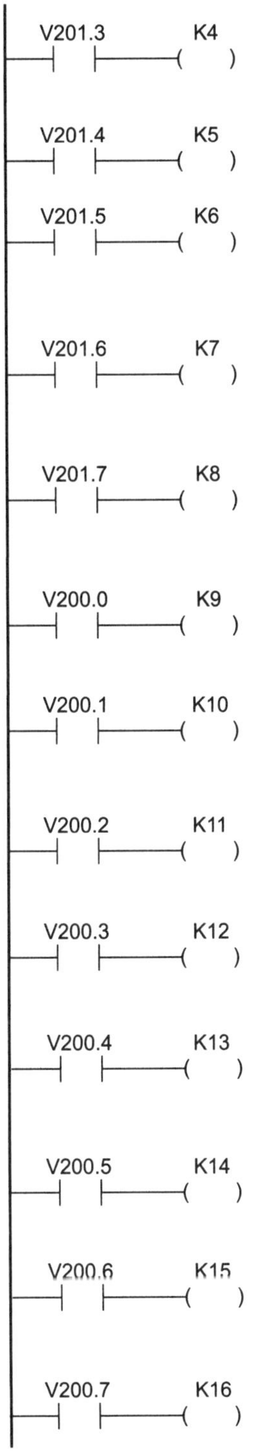

AWL

V201.3	K4		LD	V201.3		
			=	K4		
V201.4	K5		LD	V201.4		
			=	K5		
V201.5	K6		LD	V201.5		
			=	K6		
V201.6	K7		LD	V201.6		
			=	K7		
V201.7	K8		LD	V201.7		
			=	K8		
V200.0	K9		LD	V200.0		
			=	K9		
V200.1	K10		LD	V200.1		
			=	K10		
V200.2	K11		LD	V200.2		
			=	K11		
V200.3	K12		LD	V200.3		
			=	K12		
V200.4	K13		LD	V200.4		
			=	K13		
V200.5	K14		LD	V200.5		
			=	K14		
V200.6	K15		LD	V200.6		
			=	K15		
V200.7	K16		LD	V200.7		
			=	K16		

Figura 7.16A (*Continuação*)   **Figura 7.16B** (*Continuação*)

Questões práticas

1. Descreva brevemente as tarefas que um registrador de deslocamento efetua.
2. Descreva as diferenças entre um registrador de deslocamento e um registrador a rotação.
3. A instrução SHR_W da CPU S7-200 efetua:

a. Uma rotação de uma double Word à esquerda
b. Um deslocamento de uma double Word à direita
c. Um deslocamento de uma Word à direita
4. Escreva um pequeno programa que desloque a ligação de três lâmpadas a cada pulso que chega na entrada I0.0. As lâmpadas são 16. Com a entrada I0.1, se reseta tudo a qualquer momento.

Lógica Combinatória e Linguagem FBD

8.0 Generalidades

Na programação dos controladores programáveis analisada nos capítulos anteriores, não foi necessária uma competência específica de circuitos digitais.

Todavia, para quem possui conhecimento e competência de eletrônica digital, é possível programar os PLCs com o uso de portas lógicas clássicas AND, OR e NOT, estudadas em todo curso de engenharia.

Em linhas gerais, qualquer programa escrito na linguagem Ladder pode se converter em uma linguagem a portas lógicas.

Lembramos que a linguagem a portas lógicas chama-se, segundo a norma IEC 61131-3, linguagem FBD (*Function Block Diagram*); na linguagem Siemens, chama-se FUP.

É importante dizer que nem todos os PLCs dispõem desse tipo de linguagem de programação.

Neste capítulo, abordaremos somente as bases das conversões entre a linguagem Ladder e a linguagem FBD, evidenciando a total dualidade dessas duas linguagens. Ou, melhor dizendo, são dois modos diferentes de se escrever em forma gráfica um mesmo programa.

Evitaremos entrar em detalhe da lógica booleana, até porque não é indispensável para a programação dos PLCs.

8.1 Operação Lógica OU-OR

A operação lógica OR é uma operação de soma lógica binária entre dois ou mais operandos, chamada às vezes de variável, e está reportada na tabela-verdade da Figura 8.1.

X	Y	$S = X + Y$
0	0	0
0	1	1
1	0	1
1	1	1

Figura 8.1

A tabela-verdade da Figura 8.1 mostra as possíveis combinações da operação de soma lógica binária e os resultados S (saída). Nessa tabela, X e Y possuem os estados "0" e "1" lógicos, nos quais a "0" lógico é associada uma chave aberta, e a "1" lógico, uma chave fechada. O conceito da operação lógica OR é:

É necessário que uma das variáveis X ou Y seja 1 para que o resultado S seja 1.

Essa situação na linguagem Ladder equivale a uma ligação de chaves em paralelo. Na Figura 8.2, são representados o esquema lógico, Ladder e FBD equivalente da função OR.

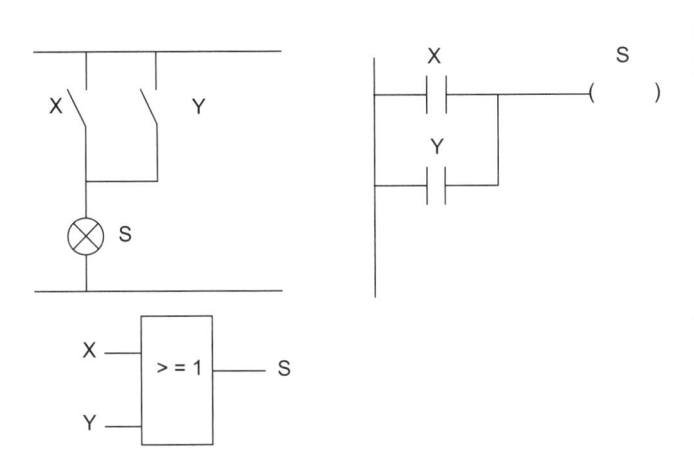

Figura 8.2

8.2 Operação Lógica E-AND

A operação lógica AND é uma operação de produto lógico binário entre dois ou mais operandos chamada variável. Está reportada na tabela-verdade da Figura 8.3.

X	Y	S = XY
0	0	0
0	1	0
1	0	0
1	1	1

Figura 8.3

O conceito da operação lógica AND diz que:

É suficiente que uma das variáveis X e Y seja 0 para que o resultado de S seja 0.

Essa situação, na linguagem Ladder, equivale a uma ligação de chaves em série. Na Figura 8.4 são representados o esquema lógico, Ladder e FBD equivalente da função AND.

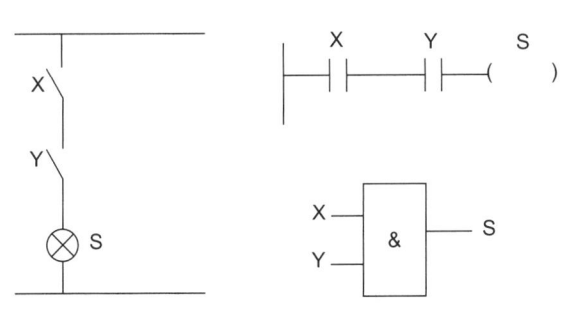

Figura 8.4

8.3 Operação Lógica NÃO-NOT

A operação lógica NOT é uma operação de complementação chamada também de inversão sobre uma só variável. Na Figura 8.5 são representados a tabela-verdade, o esquema lógico, Ladder e FBD equivalente à função NOT.

X	S
0	1
1	0

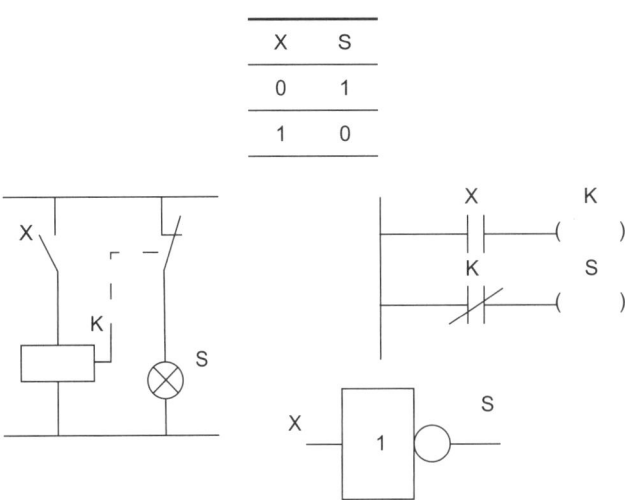

Figura 8.5

8.4 Operação Lógica NE-NAND

A operação lógica NAND é uma combinação em série de uma porta lógica AND com uma porta lógica NOT. Na Figura 8.6, são representados a tabela-verdade, o esquema lógico, Ladder e FBD equivalente da função NAND.

X	Y	S = XY
0	0	1
0	1	1
1	0	1
1	1	0

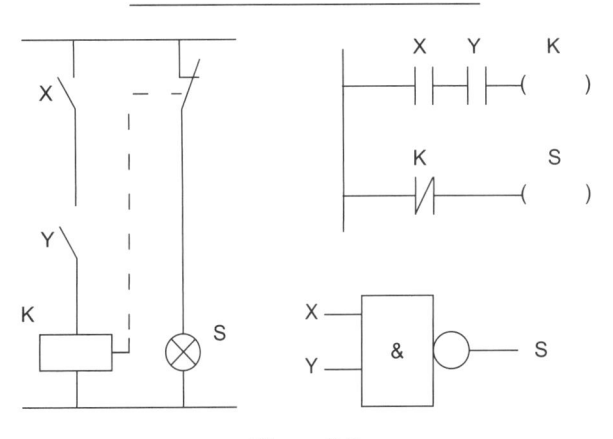

Figura 8.6

8.5 Operação Lógica NOU-NOR

A operação lógica NOR é uma combinação em série de uma porta lógica OR com uma porta lógica NOT. Na Figura 8.7, são representados a tabela-verdade, o esquema lógico, Ladder e FBD equivalente da função NOR.

X	Y	S = X+Y
0	0	1
0	1	0
1	0	0
1	1	0

$$S = x\bar{y} + \bar{x}y$$

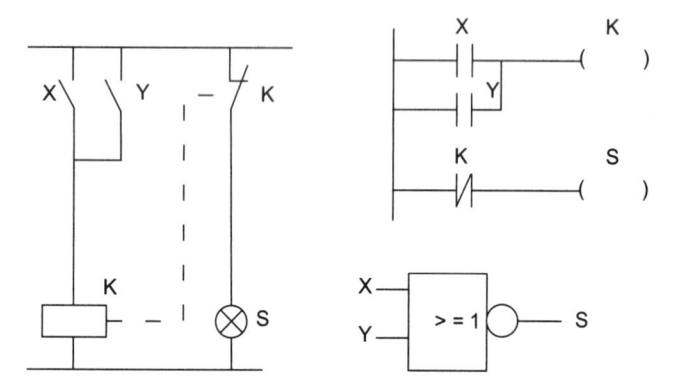

Figura 8.7

8.6 Operação Lógica OU Exclusivo-OR Exclusivo

A operação lógica OR Exclusivo é uma operação de combinação lógica segundo a seguinte tabela-verdade. Veja Figura 8.8.

X	Y	S
0	0	0
0	1	1
1	0	1
1	1	0

$$S = x\bar{y} + \bar{x}y$$

Figura 8.8

O conceito da operação lógica OR Exclusivo é:

A saída S é a "1" lógico quando somente uma das entradas X e Y estão ao nível lógico "1". Na Figura 8.9 são representados o esquema lógico, Ladder e FBD equivalente da função OR Exclusivo.

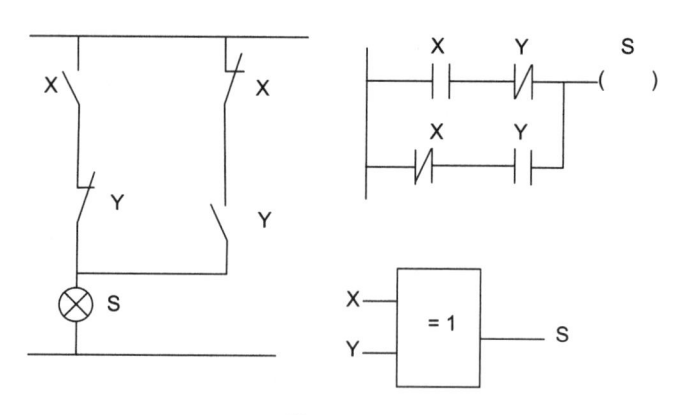

Figura 8.9

8.7 Simples Conversão da Linguagem Ladder (KOP) em Linguagem FBD

Nos exemplos a seguir ilustraremos uma simples conversão da linguagem Ladder (KOP) em equivalente FBD.

Lembramos que na linguagem Ladder (KOP) as chaves em série são equivalentes a uma operação lógica AND, enquanto as chaves em paralelo são equivalentes a uma operação lógica OR.

Uma chave normalmente fechada NF é equivalente a uma operação lógica NOT na linguagem FBD. Por convenção, é desenhado um pequeno círculo na entrada de uma operação lógica qualquer.

Exercício 1

KOP

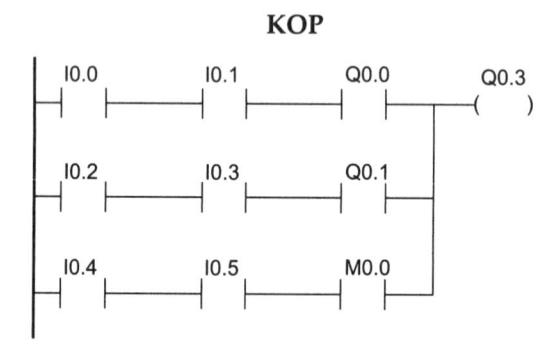

FBD

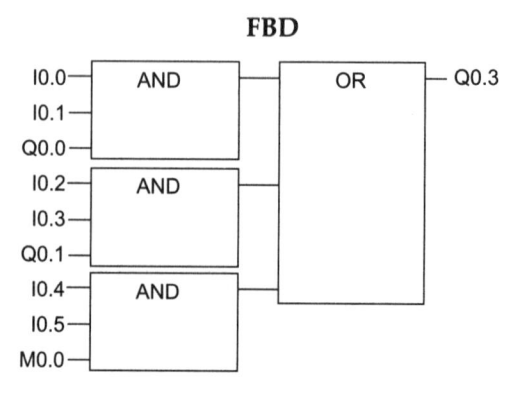

Figura 8.10

Exercício 2

Exercício 3

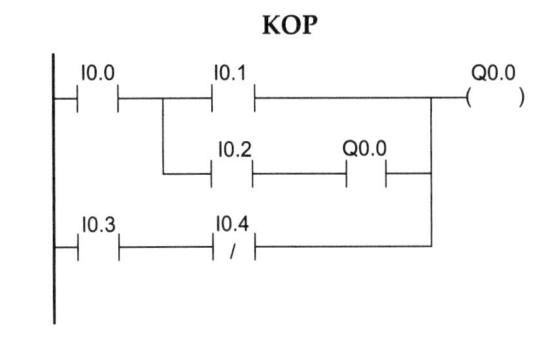

Figura 8.11A

Figura 8.12A

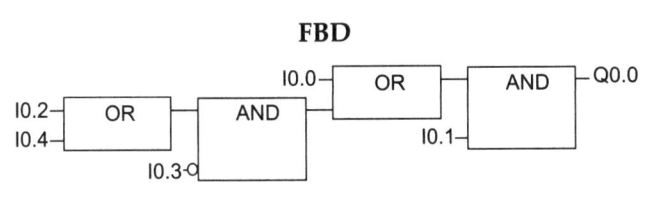

Figura 8.11B

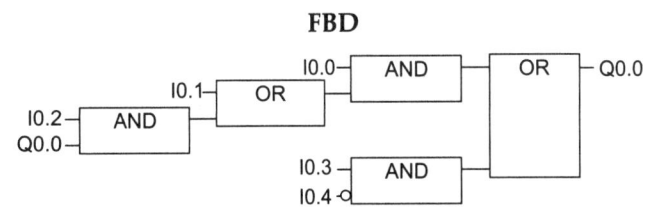

Figura 8.12B

Exercício 4: Chave reversora eletromecânica para MAT

Esquema elétrico funcional

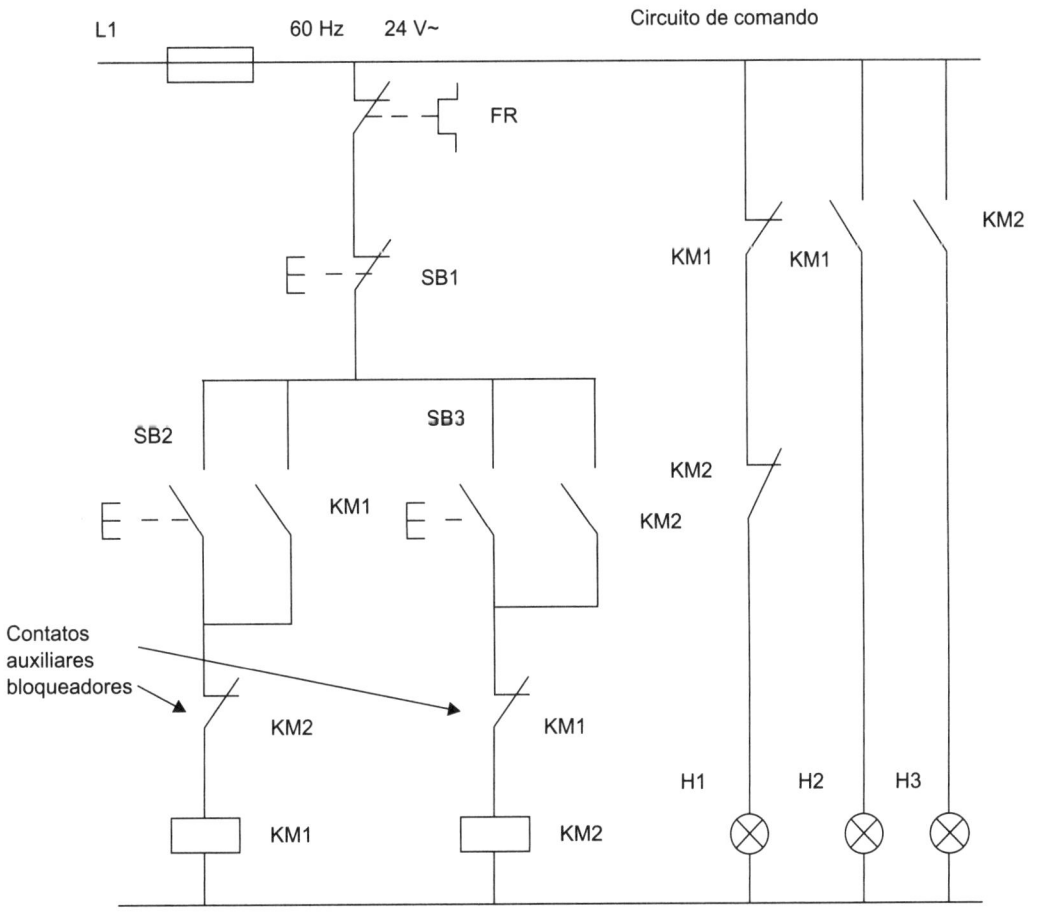

Figura 8.13A

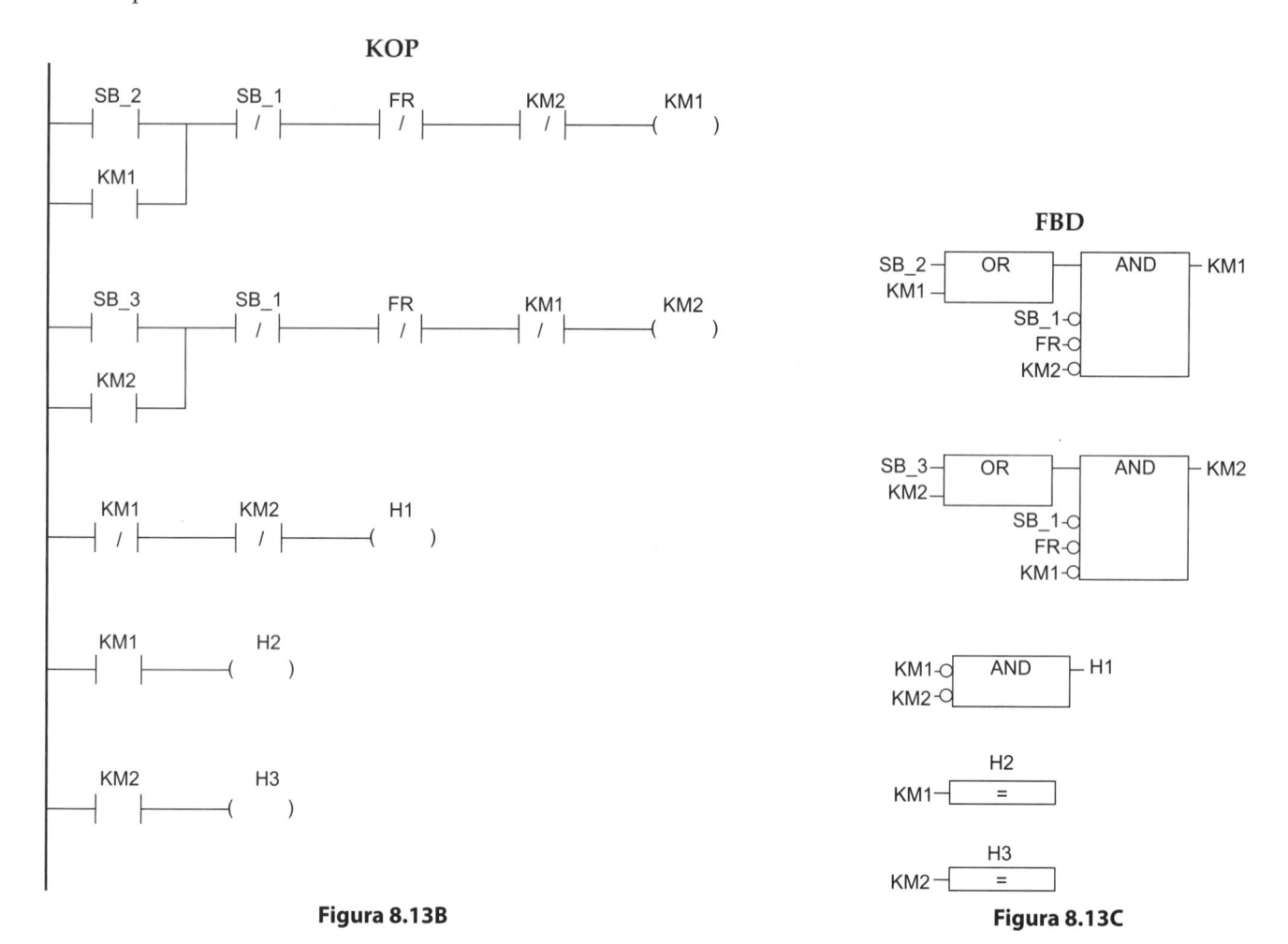

Figura 8.13B

Figura 8.13C

Exercício 5: Pausa e trabalho de um MAT

Esquema elétrico funcional

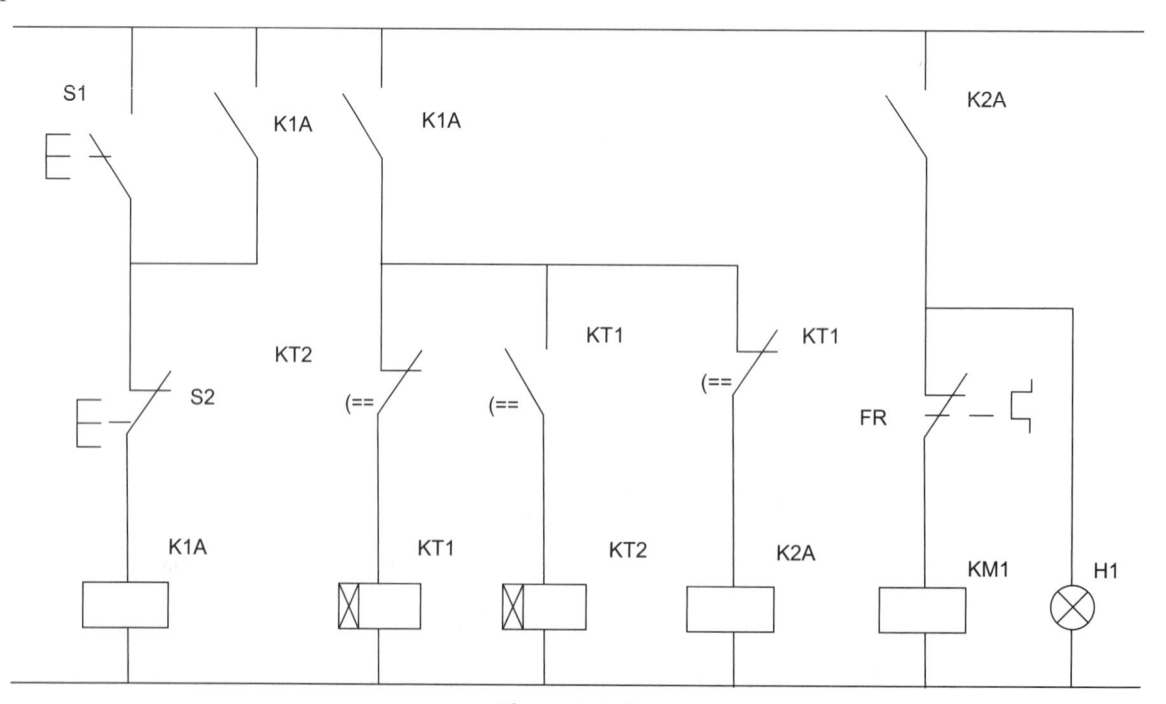

Figura 8.14A

KOP

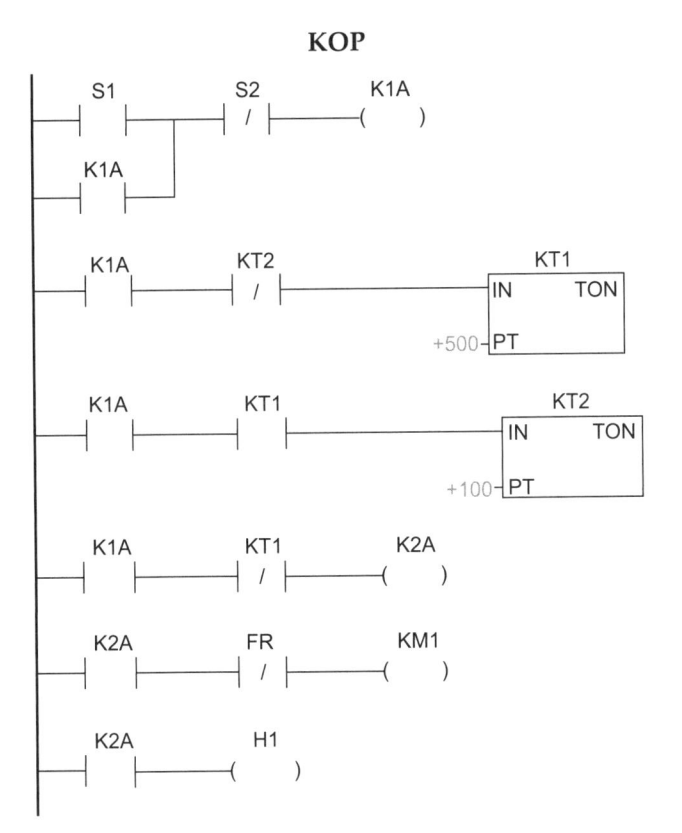

Figura 8.14B

FBD

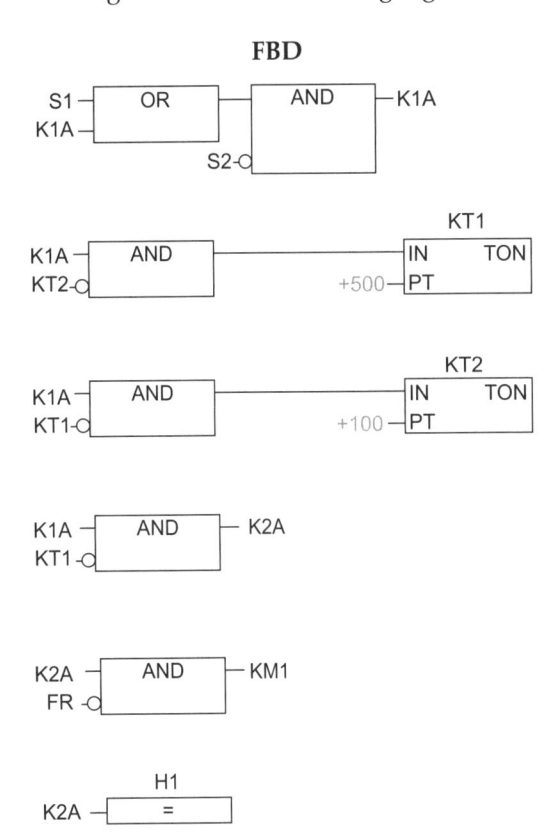

Figura 8.14C

8.8 Operações Lógicas Combinatórias com a CPU S7-200

As operações lógicas combinatórias nos PLCs são executadas entre bits individuais, Word ou double Word. É possível a combinação com operações lógicas tipo AND, OR, OR-Exclusivo. Na Tabela 8.1 são resumidas as principais operações lógicas combinatórias com a CPU S7-200.

Tabela 8.1

KOP	Função
WAND_W EN IN1 IN2 OUT	O boxe "combina Words em AND" (WAND_W) combina os bits correspondentes das Words de entrada IN1 e IN2 em AND e carrega o resultado (OUT) em uma Word.
WOR_W EN IN1 IN2 OUT	O boxe "combina Words em OR" (WOR_W) combina os bits correspondentes das Words de entrada IN1 e IN2 em OR, e carrega o resultado (OUT) em uma Word.
WXOR_W EN IN1 IN2 OUT	O boxe "combina Words em OR exclusivo" (WXOR_W) combina os bits correspondentes das Words de entrada IN1 e IN2 em OR exclusivo e carrega o resultado (OUT) em uma Word.

(continua)

Tabela 8.1 (*Continuação*)

KOP	Função
WAND_DW EN IN1 IN2 OUT	O boxe "combina double Word em AND" (WAND_DW) combina os bits correspondentes das double Words de entrada IN1 e IN2 em AND e carrega o resultado (OUT) em uma double Word.
WOR_DW EN IN1 IN2 OUT	O boxe "combina double Word em OR" (WOR_DW) combina os bits correspondentes das double Words de entrada IN1 e IN2 em OR e carrega o resultado (OUT) em uma double Word.
WXOR_DW EN IN1 IN2 OUT	O boxe "combina double Word em OR exclusivo" (WXOR_DW) combina os bits correspondentes das double Words de entrada IN1 e IN2 em OR exclusivo e carrega o resultado (OUT) em uma double Word.

O exemplo a seguir ilustra as operações lógicas combinatórias em linguagem Ladder com a utilização das Words. Veja Figura 8.15A.

Nas Figuras 8.15B, 8.15C e 8.15D são representados os estados dos registros seguidos de cada uma das operações lógicas combinatórias.

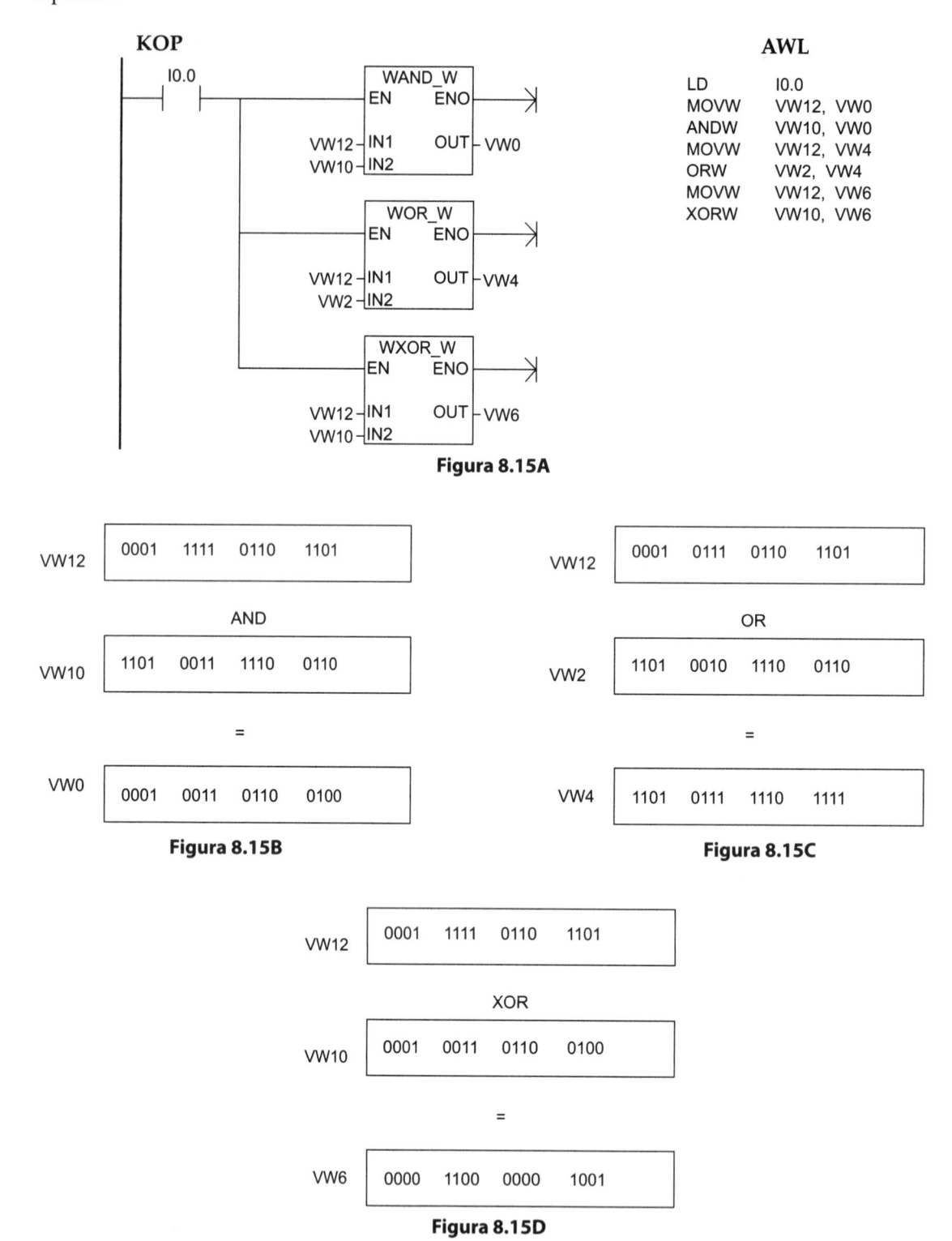

KOP

| I0.0 | WAND_W |
| EN ENO |
| VW12 – IN1 OUT – VW0 |
| VW10 – IN2 |

| WOR_W |
| EN ENO |
| VW12 – IN1 OUT – VW4 |
| VW2 – IN2 |

| WXOR_W |
| EN ENO |
| VW12 – IN1 OUT – VW6 |
| VW10 – IN2 |

Figura 8.15A

AWL

```
LD      I0.0
MOVW    VW12, VW0
ANDW    VW10, VW0
MOVW    VW12, VW4
ORW     VW2, VW4
MOVW    VW12, VW6
XORW    VW10, VW6
```

VW12 | 0001 1111 0110 1101

AND

VW10 | 1101 0011 1110 0110

=

VW0 | 0001 0011 0110 0100

Figura 8.15B

VW12 | 0001 0111 0110 1101

OR

VW2 | 1101 0010 1110 0110

=

VW4 | 1101 0111 1110 1111

Figura 8.15C

VW12 | 0001 1111 0110 1101

XOR

VW10 | 0001 0011 0110 0100

=

VW6 | 0000 1100 0000 1001

Figura 8.15D

8.9 Aplicação: Mascaramento das Entradas

Vamos mostrar agora um exemplo aplicativo simples da operação lógica combinatória à Word tipo WAND_W.

O operador de um forno elétrico pode definir o tempo de aquecimento com o uso de chaves digitais. Na Figura 8.16, nota-se a presença de três chaves digitais codificadas em código BCD. Esse valor do tempo codificado em BCD é armazenado no registro das imagens das entradas IW0, que possui 16 bits; os primeiros 4 bits à esquerda não são utilizados porque as chaves são 3. Os bits inutilizados, que vão de I0.4 até I0.7, deverão ser *mascarados*, ou seja, não devem ser considerados na lógica de controle do programa.

Inicialmente se prevê a detecção de todas as entradas do PLC por meio do registro IW0. O *mascaramento* é a operação de AND lógico com os registros IW0 e máscara. O registro máscara é um registro no qual os

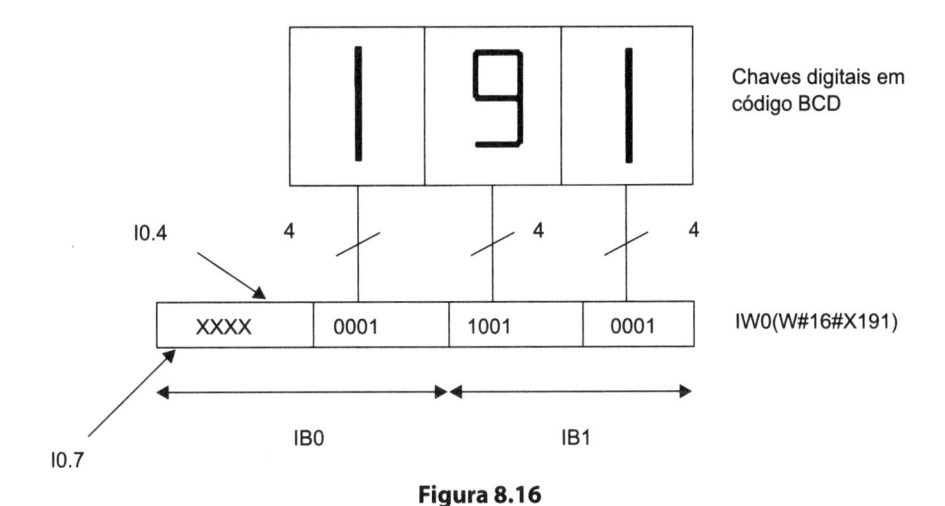

Figura 8.16

bits são todos forçados a ON ou "1" lógico em correspondência às entradas que se quer testar e forçados a OFF ou "0" lógico os bits que devem ser mascarados (no nosso caso de I0.4 até I0.7). A codificação desse registro em código hexadecimal é: W#16#0FFF.

Na Figura 8.17 temos o registro máscara armazenado com o valor 0FFF.

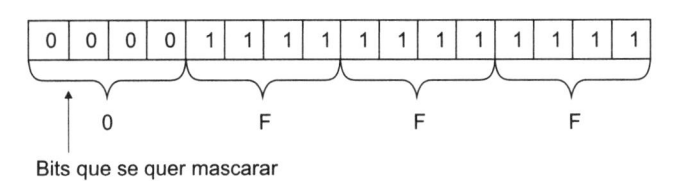

Figura 8.17

Esquema Ladder e AWL do mascaramento das entradas (Figura 8.18)

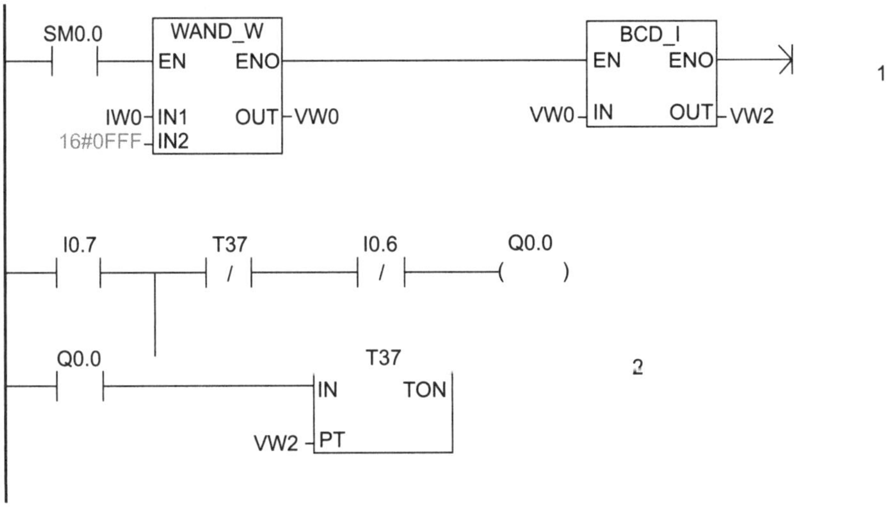

AWL

```
LD      SM0.0
MOVW    IW0, VW0
AENO
ANDW    16#0FFF, VW0
AENO
MOVW    VW0, VW2
BCDI    VW2
```

```
LD      I0.7
O       Q0.0
LPS
AN      T37
AN      I0.6
=       Q0.0
LPP
TON     T37, VW2
```

Figura 8.18

O esquema Ladder da Figura 8.18 é muito simples.

1. Na primeira linha de programa temos uma operação lógica combinatória a Word tipo AND entre o registro das imagens das entradas IW0 e o registro com o valor máscara 0FFF. O resultado é carregado na variável Word VW0. Veja Figura 8.19.

   O valor carregado na variável Word VW0 é convertido do código BCD em um valor inteiro e carregado na variável Word VW2.

2. Na segunda linha de programa temos o botão I0.7, que, pressionado, energiza a saída Q0.0 e em consequência se liga o forno; começa assim a contagem do timer T37, com o valor de preset definido pela variável Word VW2 (no nosso caso 19,1 segundos).

   Terminada a contagem do tempo se desenergiza a saída Q0.0, o forno se desliga.

   Pressionando o botão I0.6 se desliga o forno a qualquer momento.

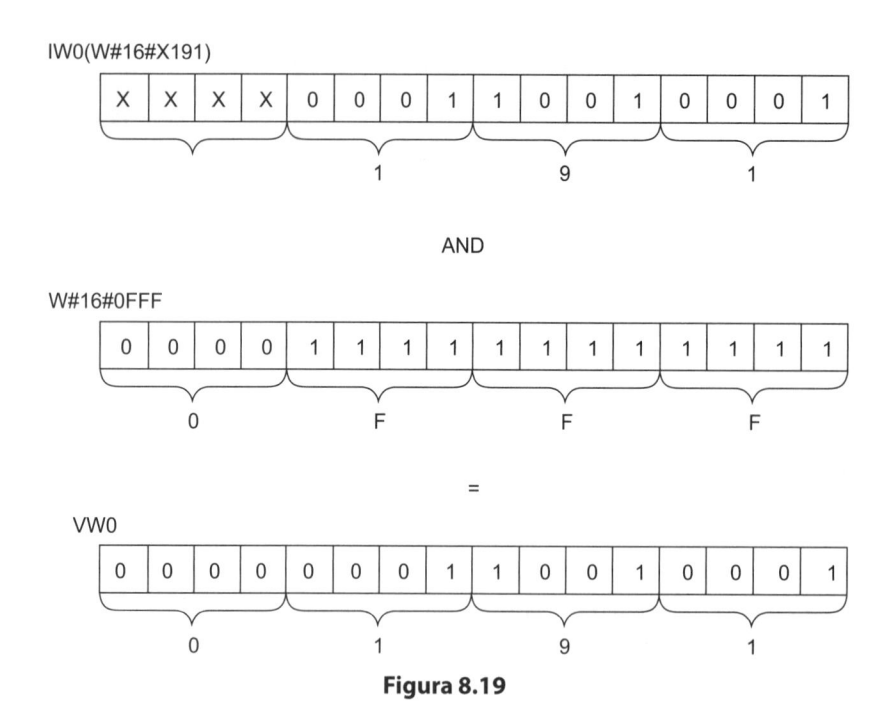

Figura 8.19

8.10 Aplicação: Comando de Três Saídas em Sequência Energizadas pelo Mesmo Botão

Essa aplicação consiste no comando em sequência de três saídas K1, K2, K3 energizadas pelo mesmo botão de partida S1.

O funcionamento é muito simples:

Pressionando o botão S1 se energiza a saída K1; pressionando novamente S1 se energiza a saída K2; pressionando novamente S1, se energiza a saída K3. O botão de parada S2 para tudo em qualquer momento. Veja Figura 8.20.

Tabela 8.2 Tabela dos Símbolos

Símbolos	Endereço	Comentário
S1	I0.1	Botão start
S2	I0.2	Botão stop
K1	Q0.0	Saída 1
K2	Q0.1	Saída 2
K3	Q0.2	Saída 3
K1A	M0.0	Merker
REG1	VW200	Word
REG2	VW300	Word

O esquema Ladder e AWL da Figura 8.21 resolve a aplicação.

É utilizado um shift register em combinação com uma operação de lógica combinatória do tipo WOR_W.

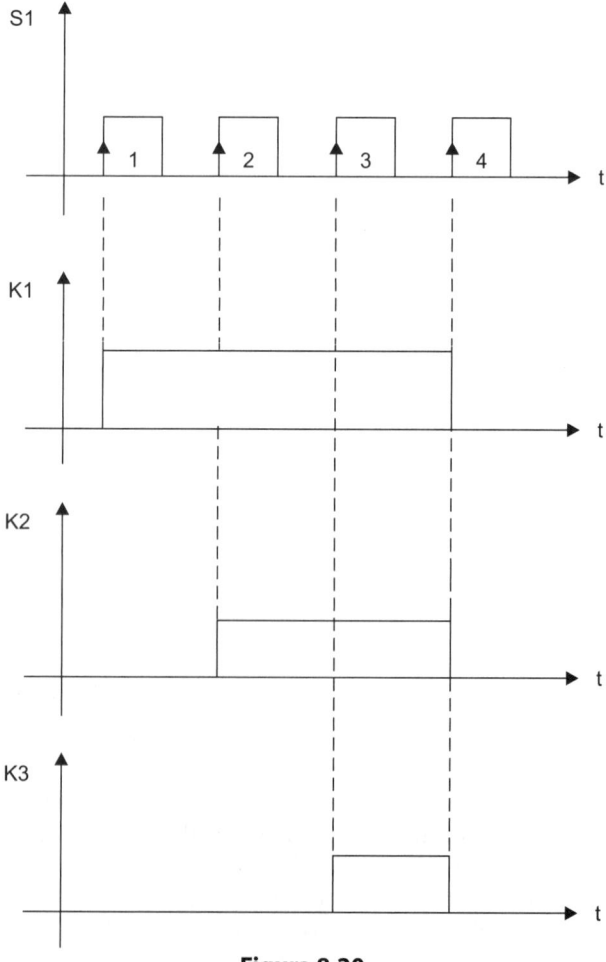

Figura 8.20

Esquema Ladder e AWL do Comando de Três Saídas em Sequência Energizadas do Mesmo Botão (Figura 8.21)

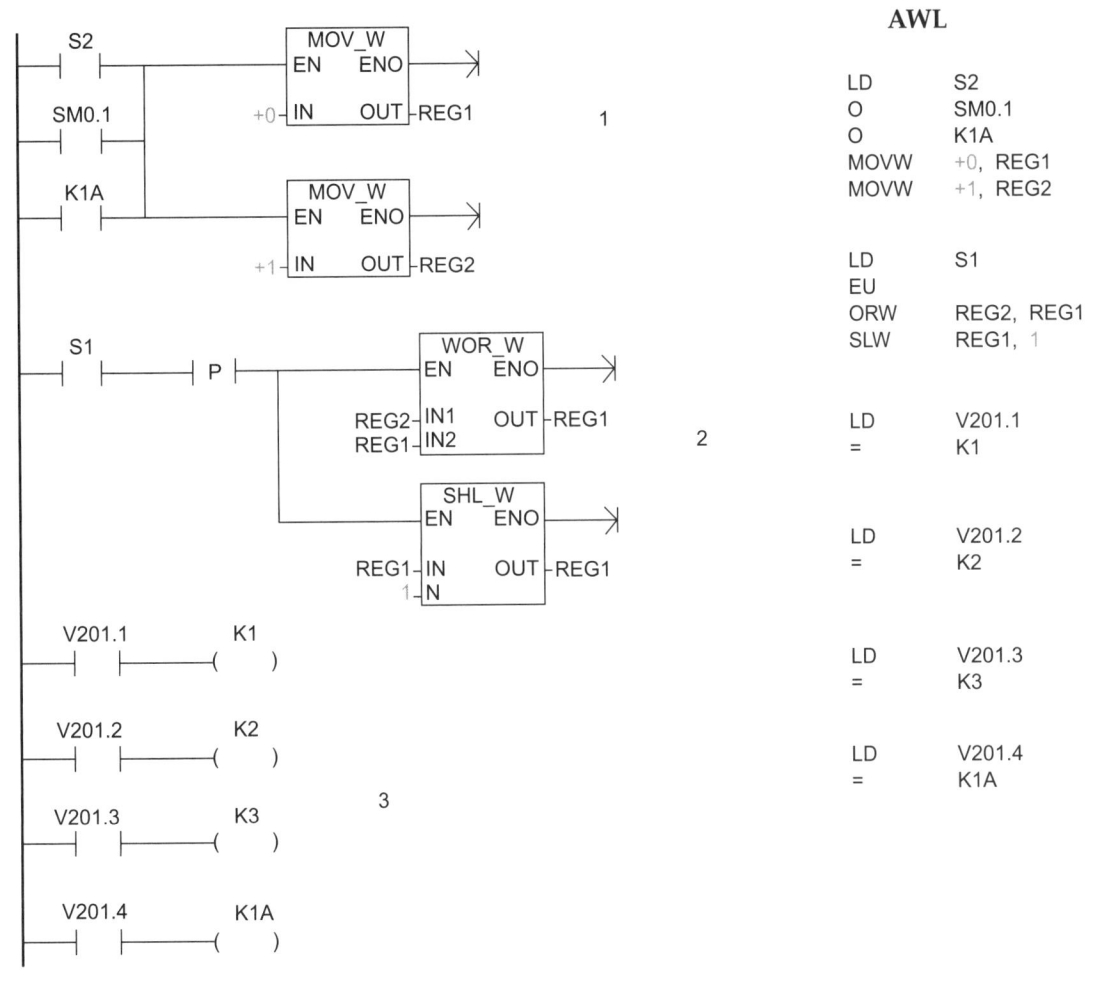

Figura 8.21

1. Na primeira linha de programa temos o bit especial SM0.1 ativo no primeiro ciclo de scan. Carrega-se o valor zero no registro REG1 e o valor 1 no registro REG2.
2. Na segunda linha de programa temos o botão de partida S1 com as instruções WOR_W e SHL_W.

Essa linha de programa precisa de algumas explicações.

O registro REG1 servirá como Word de amostra e será a Word em que os bits do shift register serão deslocados.

O registro REG2 servirá como Word de comparação.

Depois do reset inicial da primeira linha de programa, as Words dos registros REG1 e REG2 terão as seguintes configurações (Figura 8.22).

Com a programação da segunda linha de programa se efetua uma soma lógica (OR) entre o registro REG1 e o registro REG2 de modo a inserir o bit menos significativo LSB de REG1 no shift register (bit V201.0) (Figura 8.23).

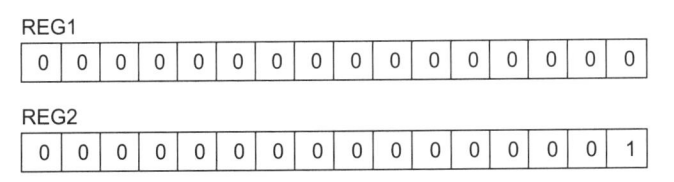

Figura 8.22

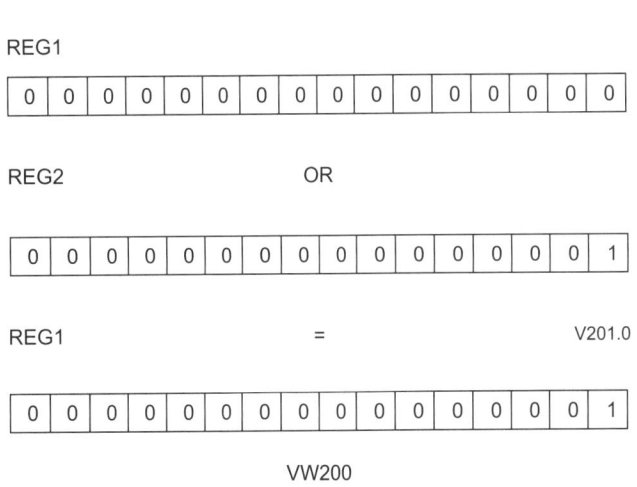

Figura 8.23

Pressionando o botão S1 (primeiro pulso), determina-se o deslocamento à esquerda de uma posição do bit que constitui a Word registro REG1. A nova configuração da Word registro REG1 será como na Figura 8.24.

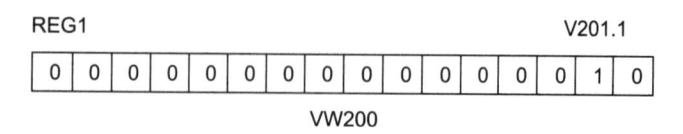

REG1   V201.1

VW200

Figura 8.24

O bit V201.1 é em nível lógico "1" e energiza a saída K1.

Pressionando novamente o mesmo botão S1 (segundo pulso), a Word registro REG1 terá a seguinte configuração (Figura 8.25):

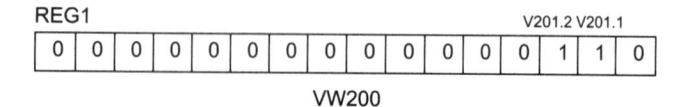

REG1   V201.2 V201.1

VW200

Figura 8.25

Os bits V201.1 e V201.2 serão dessa vez ao nível lógico "1" e energizarão as saídas K1 e K2, devido ao deslocamento de uma posição à esquerda do shift register.

Pressionando novamente o mesmo botão S1 (terceiro pulso), desloca-se novamente de uma posição à esquerda o bit no nível lógico "1"; dessa vez, os bits V201.3, V201.2 e V201.1 serão ao nível lógico "1" e energizarão as saídas K1, K2 e K3.

Pressionando novamente o mesmo botão S1 (quarto pulso), desloca-se novamente de uma posição à esquerda o bit no nível lógico "1"; dessa vez, o bit V201.4 é no nível lógico "1". A bobina Merker K1A será energizada.

Como se nota na primeira linha de programa, fechando-se o contato auxiliar de K1A se reseta novamente o registro REG1 e carrega o "1" no registro REG2, e assim o ciclo recomeça.

3. Na terceira linha de programa temos as saídas dos bits V201.1, V201.2 e V201.3, da Word REG1 que energizarão as respectivas saídas do PLC em sequência.

8.11 Aplicação: Linha de Produção Discretizada

Nessa aplicação tomamos como referência a Seção 7.6 em que foi descrita, no nível teórico, uma linha de produção discretizada. Veremos agora a aplicação prática daquela linha de produção.

Uma estação de produção (Figura 8.26) trabalha no teste de motores elétricos.

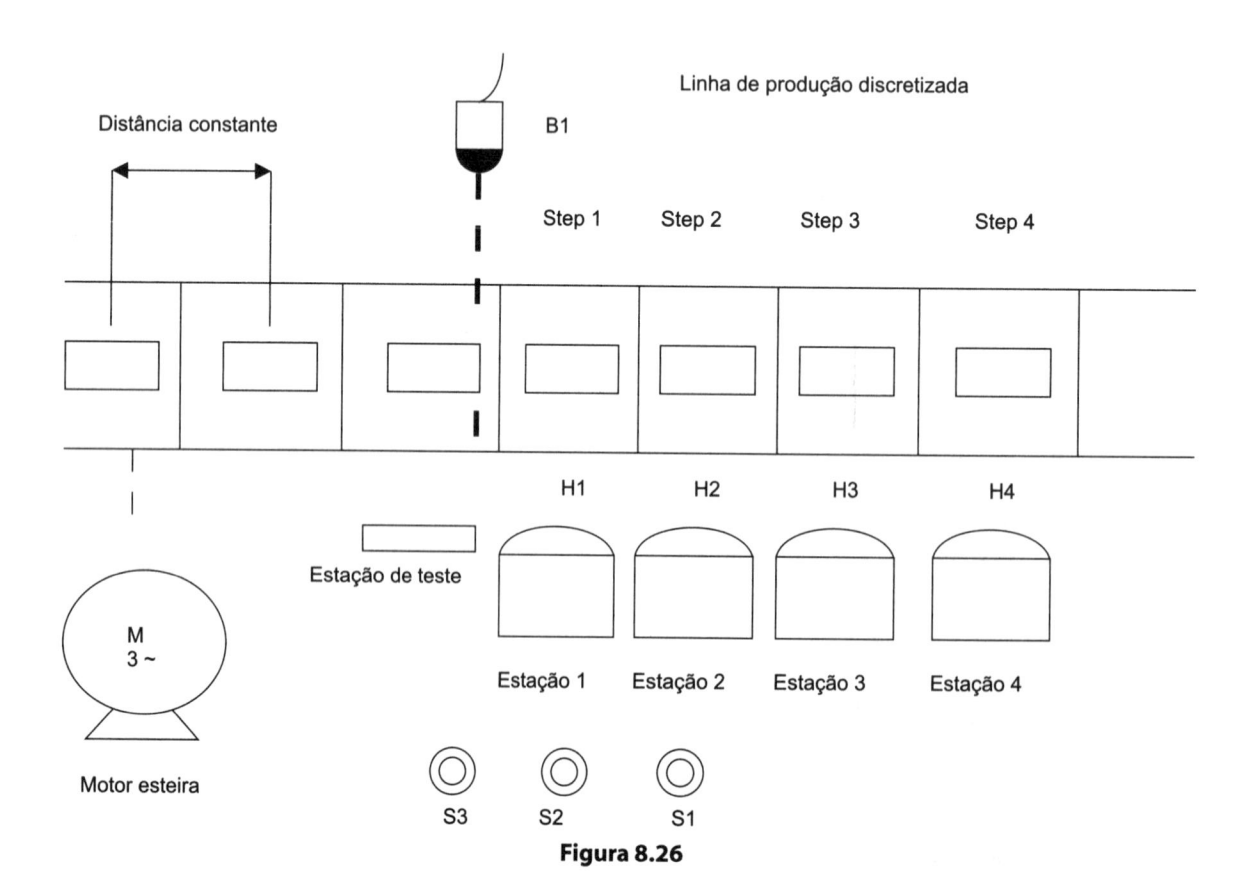

Figura 8.26

Um operador verifica o teste do motor por meio de um botão que sinaliza uma peça defeituosa, que não deve ser considerada na estação de produção sucessiva.

Nas 4 estações sucessivas, se o motor apresenta defeito; uma sinalização lampejante acusa o defeito e avisa que tal motor não deve ser trabalhado.

Uma fotocélula detecta o movimento dos motores sobre a esteira transportadora. Um botão reseta o sistema, e um botão de start/stop encaminha e para a esteira.

É importante ter uma perfeita correspondência da posição dos motores elétricos sobre a esteira a cada estação sucessiva. Ou seja, deve-se ter um motor para cada estação para que os produtos se desloquem simultaneamente.

A aplicação se resolve usando um shift register em combinação com uma operação de lógica combinatória do tipo WOR_W. Os motores elétricos sobre a esteira transportadora, uma vez testados por um operador, obterão uma informação discreta segundo a lógica.

0 = Motores testados bons
1 = Motores testados defeituosos

Tabela 8.3 Tabela dos Símbolos

Símbolos	Endereço	Comentário
S1	I0.0	Botão start-stop
S2	I0.1	Botão reset shift register
S3	I0.2	Botão de descarte peça defeituosa
B1	I0.3	Fotocélula detectar peça
KM	Q0.0	Contator esteira transportadora
H1	Q0.1	Sinalização peça defeituosa Estação 1
H2	Q0.2	Sinalização peça defeituosa Estação 2
H3	Q0.3	Sinalização peça defeituosa Estação 3
H4	Q0.4	Sinalização peça defeituosa Estação 4
REG1	VW200	Word
REG2	VW300	Word
K1A	M0.0	Merker
K2A	M0.1	Merker
K3A	M0.2	Merker
K4A	M0.3	Merker

O diagrama Ladder e AWL resolutivo é representado na Figura 8.27.

Esquema Ladder e AWL da Linha de Produção Discretizada (Figura 8.27)

Figura 8.27

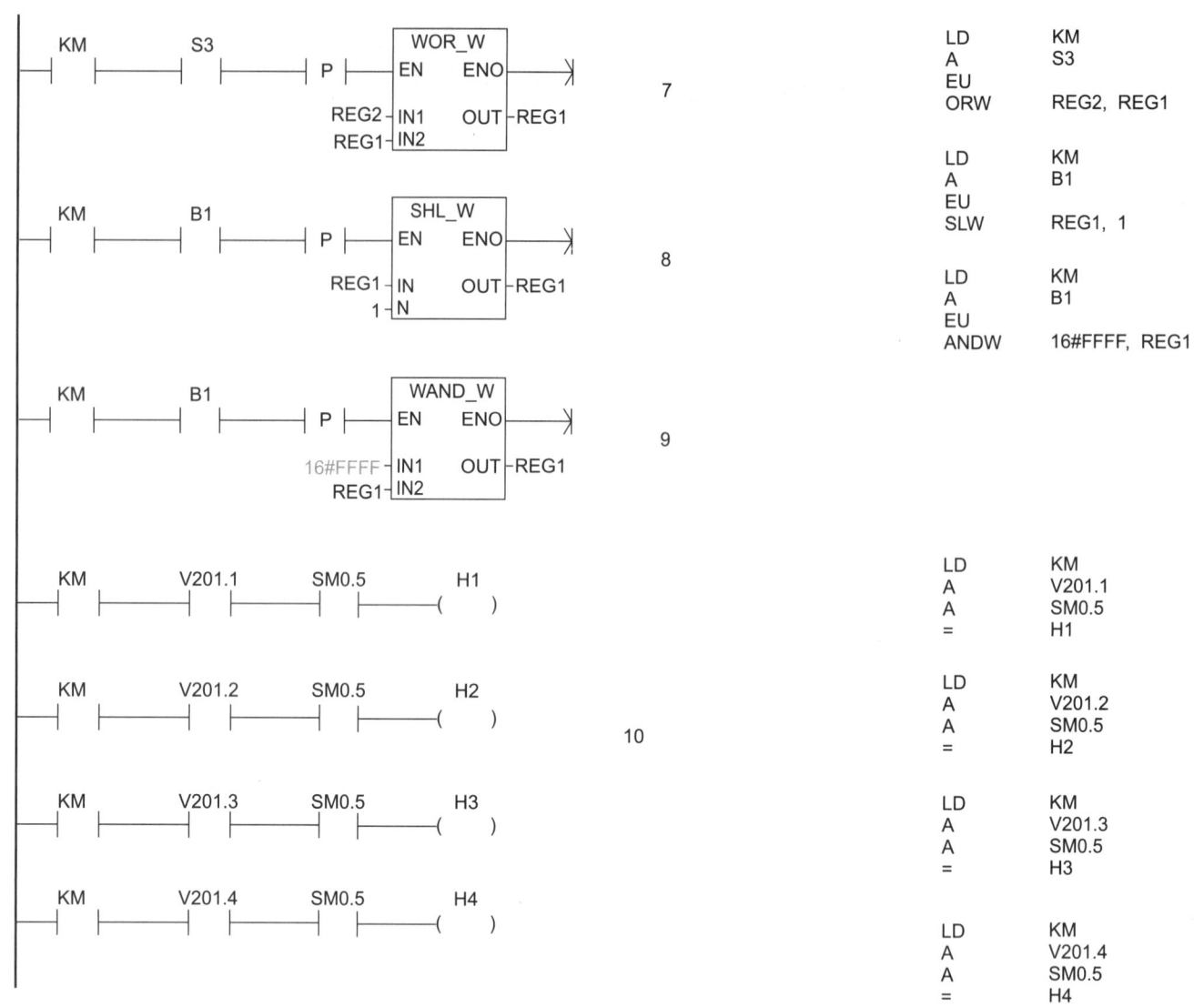

Figura 8.27 (*Continuação*)

1. Nas primeiras 5 linhas de programa temos um relé passo-passo com o botão S1, que comanda a esteira transportadora por meio do contator KM.

Lembramos que com o relé passo-passo, pressionado o botão S1, a esteira parte. Pressionando novamente o mesmo botão S1, a esteira para.

2. Na sexta linha de programa temos o botão de reset S2 do sistema. Esse botão de reset carrega no início do ciclo os registros REG1 e REG2, que são as Words de amostra e comparação. A Figura 8.28 apresenta a configuração da Word de amostra REG1.

REG1

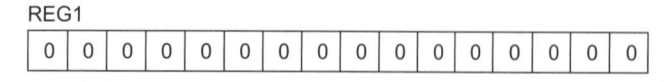

Figura 8.28

A Figura 8.29 apresenta a configuração da Word REG2 de comparação.

REG2

Figura 8.29

3. Na sétima linha de programa temos a instrução WOR_W em combinação lógica OR e a Word entre REG1 e REG2.

Se na estação de teste surge um motor defeituoso, o operador pressiona o botão S3, que detecta o produto defeituoso, enviando, assim, um pulso na instrução WOR_W, que se habilita.

Em seguida se efetua a comparação lógica OR entre REG1 e REG2.

O estado das Words REG1 e REG2 é apresentado na Figura 8.30.

O bit V201.0 está setado, o operador pressiona novamente o botão S1 e a esteira parte outra vez.

O motor é assim detectado pela fotocélula B1.

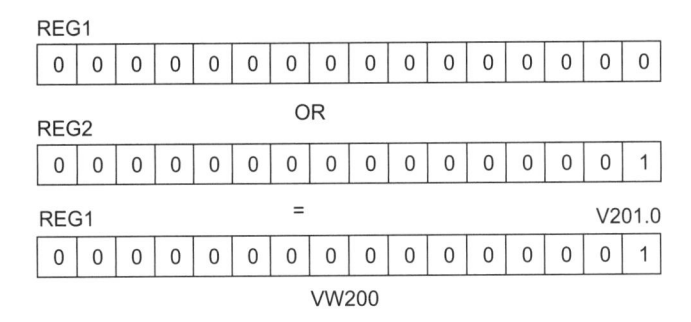

Figura 8.30

4. Na oitava linha de programa, com o pulso fornecido na fotocélula B1, o bit "1" do shift register se desloca de uma posição à esquerda. O estado da Word REG1 é mostrado na Figura 8.31.

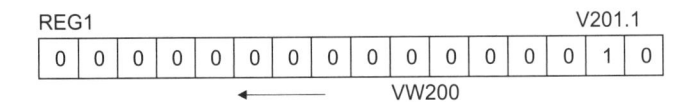

Figura 8.31

Ao ser setado, o bit V201.1 provoca a ligação intermitente da lâmpada da estação H1 na passagem da peça defeituosa.

A movimentação de uma outra peça na esteira provoca a detecção das peças pela fotocélula B1. O pulso de B1 causa o deslocamento do bit "1" do shift register de mais uma posição à esquerda. O estado da Word REG1 é mostrado na Figura 8.32.

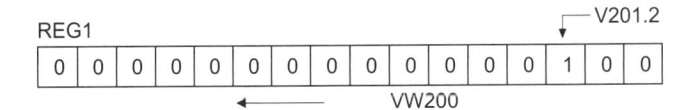

Figura 8.32

Ao ser setado, o bit V201.2 provoca a ligação intermitente da lâmpada da estação H2 na passagem da peça defeituosa.

Assim, sucessivamente a cada pulso fornecido pela fotocélula B1, devido ao movimento da esteira, o bit "1" do shift register se desloca à esquerda de uma posição.

5. Na nona linha de programa temos o mascaramento do registro REG1.

Com essa operação se evita que os bits que não são utilizados atrapalhem a operação de deslocamento.

O mascaramento se dá com uma operação de AND lógico entre o registro REG1 e o valor máscara 16#FFFF.

6. Na décima linha de programa, os bits ao nível "1" do registro REG1(VW200) energizam a saída correspondente, ligando assim a lâmpada de sinalização lampejante por meio do bit especial SM0.5, alertan-

do assim o operador da estação subsequente que o motor elétrico não deve ser testado enquanto estiver defeituoso.

No caso de se apresentar sobre a esteira um outro motor elétrico defeituoso, o operador, pressionando o botão S3, carrega no registro REG1 um outro bit "1". O pulso fornecido pela fotocélula B1 desloca à esquerda o novo bit "1". Poderemos ter assim duas sinalizações luminosas lampejantes simultaneamente na esteira, como apresentado na Figura 8.33.

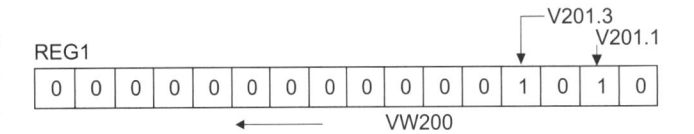

Figura 8.33

Temos assim a ligação das lâmpadas H1 e H3 simultaneamente.

Questões práticas

1. Escreva um programa que energize em sequência quatro contatores K1M, K2M, K3M e K4M, ativados por um mesmo botão S0.

Segundo esta sequência (Tabela 8.4):

Tabela 8.4

	K1M	K2M	K3M	K4M
1 pulso S0	1	0	0	0
2 pulsos S0	1	1	0	0
3 pulsos S0	1	1	1	0
4 pulsos S0	1	1	1	1

1 = contator energizado
0 = contator desenergizado

2. Codifique o seguinte esquema Ladder em linguagem FBD.

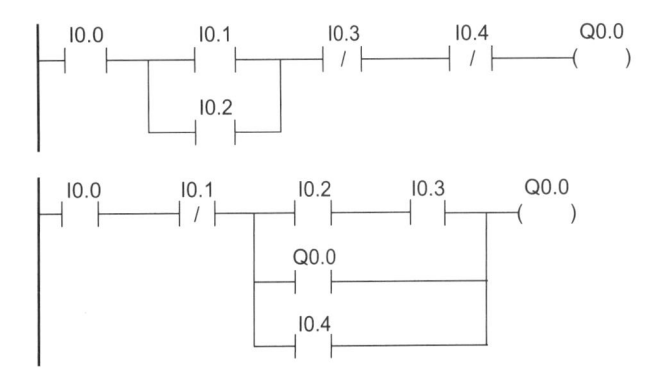

Figura 8.34

3. Codifique o seguinte esquema FBD em linguagem Ladder:

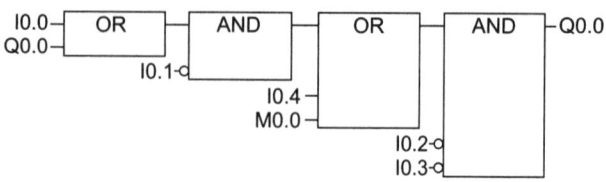

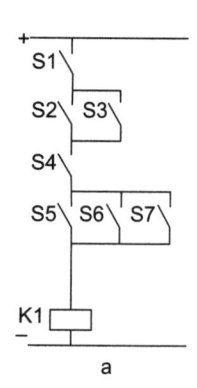

a

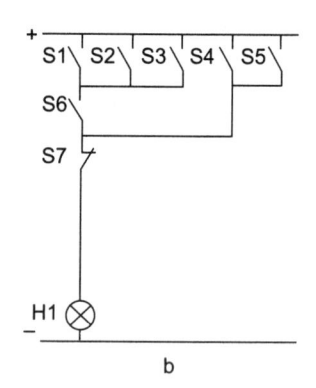

b

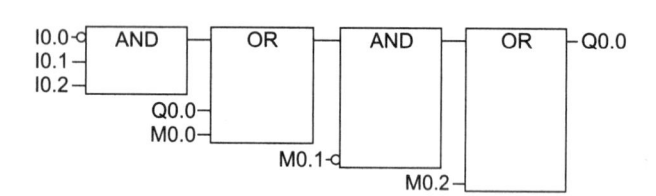

Figura 8.35

4. Explique a função do mascaramento das entradas nos PLCs.

5. Codifique os seguintes esquemas funcionais em FBD e linguagem Ladder.

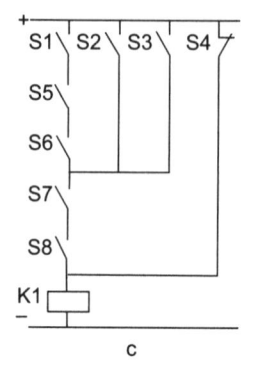

c

Figura 8.36

9 Sequenciadores

9.0 Generalidades

As funções sequenciais de um controlador programável são chamadas em inglês de DRUMS, que significa tambor. Elas foram desenvolvidas antes da tecnologia dos PLCs para controle de sistemas repetitivos, cíclicos e puramente sequenciais.

O sequenciador mecânico a tambor era formado de um cilindro rotativo (tambor) com pequenas esferas distribuídas na superfície ao longo do tambor. A movimentação constante e circular do tambor tocava chaves elétricas fixas, causando a energização das respectivas saídas. Veja Figura 9.1.

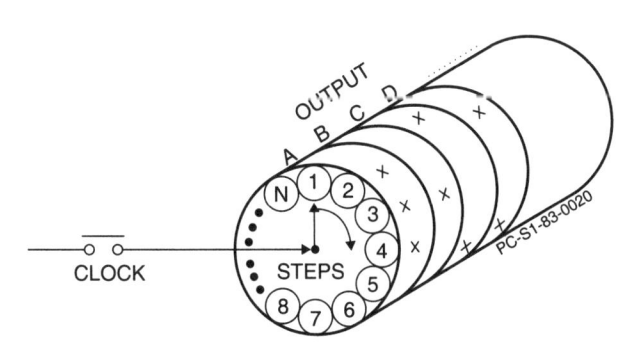

Figura 9.1

Os PLCs dispõem de três modalidades para executar a tarefa do sequenciador mecânico a tambor:

- usar as instruções clássicas de lógica a bit, contadores, timers, instruções de comparação;
- usar instruções específicas do tipo DRUMS;
- usar instruções avançadas do tipo tabela com array de dados.

Para analisar as funções do sequenciador mecânico a tambor, observamos a Figura 9.2, na qual três saídas devem ser energizadas e desenergizadas em sequência em cinco steps (ou passos) acionados por uma chave seletora a cinco posições.

O programa em linguagem Ladder resolutivo da Figura 9.2 é apresentado na Figura 9.3. As entradas I0.1, I0.2, I0.3, I0.4 e I0.5 representam as posições da chave seletora.

Esse pequeno programa é válido para poucos steps, porém, quando o programa tem muitos steps, ou quando é necessário modificar as saídas rapidamente, temos que utilizar instruções específicas, ou então algoritmos dedicados.

Estágio da sequência ▼	Q0.0	Q0.1	Q0.2
I0.1	1	1	1
I0.2	0	0	1
I0.3	1	1	0
I0.4	1	0	1
I0.5	0	1	0

0 = desligado

1 = ligado

Figura 9.2

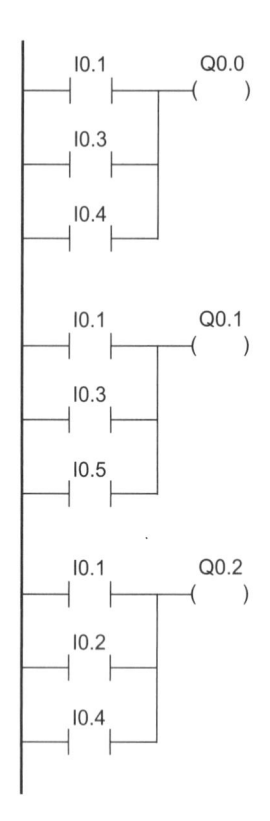

Figura 9.3

A Figura 9.4 ilustra uma operação de *sequenciador eletrônico a tambor*.

É suficiente definir uma sucessão de registros em memória com o estado das saídas que se quer, e, depois, habilitando a sequência, enviam-se os bits de cada registro, um por vez, nas saídas do PLC.

Existem disponíveis uma entrada de reset para zerar o ciclo em qualquer momento, uma entrada de habilitação função e uma entrada de clock (ou relógio).

A cada pulso que chega na entrada de clock passa-se de um step para o seguinte, em sequência cíclica.

A cada step corresponde um registro constituído de uma Word ou double Word. Com uma Word temos 16 saídas; com uma double Word temos 32 saídas disponíveis simultaneamente.

9.1 Sequenciadores TDRUM, EDRUM, TEDRUM

Existem três tipos básicos de sequenciadores eletrônicos a tambor, que se diferenciam pelo modo de transição de um step a outro. São eles:

- TDRUM (*timed drum*): sequenciador controlado por tempo.
- EDRUM (*event drum*): sequenciador controlado por evento.
- TEDRUM (*time and event drum*): sequenciador controlado por tempo e evento.

O controle do tempo é efetuado por meio de timers e o controle do evento, por meio de chave fim de curso e sensores discretos.

Uma típica instrução específica do tipo TDRUM presente nos PLCs é indicada na Figura 9.5. Nela temos:

- Um registro interno, que indica os números de steps desejados
- Um registro interno, que indica o endereço do registro inicial de sequenciamento
- Uma entrada de habilitação função
- Uma entrada de clock
- Uma entrada de reset
- Uma saída a Word ou double Word na qual são disponíveis as saídas, geralmente 16 ou 32

Como explicamos, nem todos os PLCs dispõem de uma instrução assim definida; nesse caso, se recorre aos métodos alternativos citados na Seção 9.0.

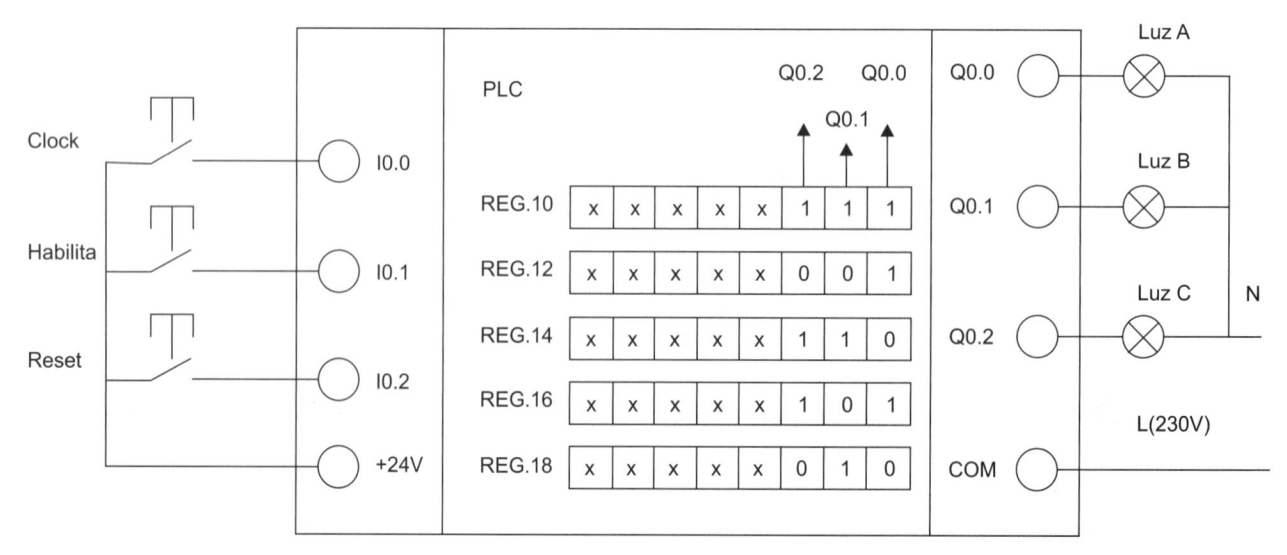

Figura 9.4

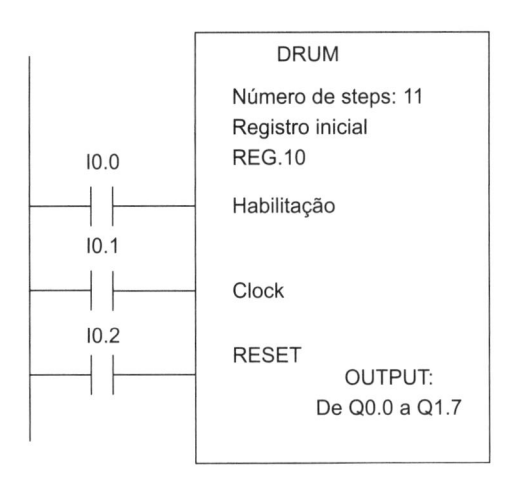

Figura 9.5

9.2 Exemplo de um TDRUM em Automação Industrial

Este exemplo mostra uma possível aplicação de um TDRUM, ou seja, um sequenciador eletrônico a tambor cujos steps são habilitados por um timer a tempo constante para cada step, exatamente a cada 4 segundos. Temos 3 eletroválvulas biestáveis eletropneumáticas A, B, C. Essas eletroválvulas biestáveis devem ser ativadas segundo a sequência A+, A–, B+, B–, C+, C–, a cada 4 segundos, uma da outra.

As sequências das saídas, com os estados dos registros, são indicadas na Figura 9.6.

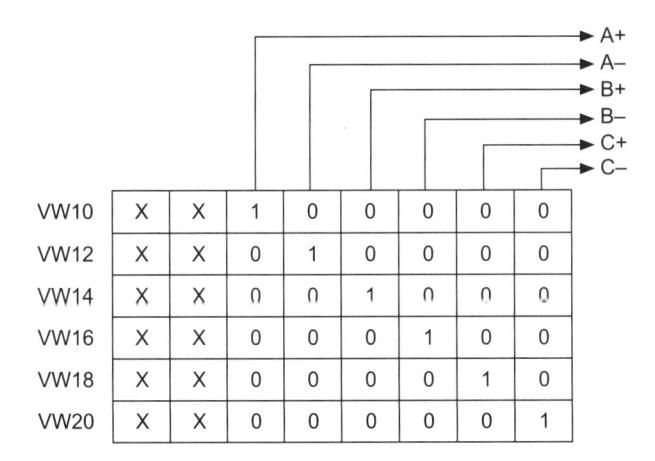

Figura 9.6

Na Figura 9.6 são indicados 6 saídas das eletroválvulas e 6 registros de VW10 até VW20. Como se nota, a cada registro utilizamos somente 6 saídas. De fato, não há necessidade de que todas as saídas controladas por um sequenciador sejam utilizadas.

Lembramos que com uma saída a Word podemos utilizar 16 saídas simultaneamente. Na Figura 9.7 temos um possível programa em linguagem Ladder do sequenciador TDRUM.

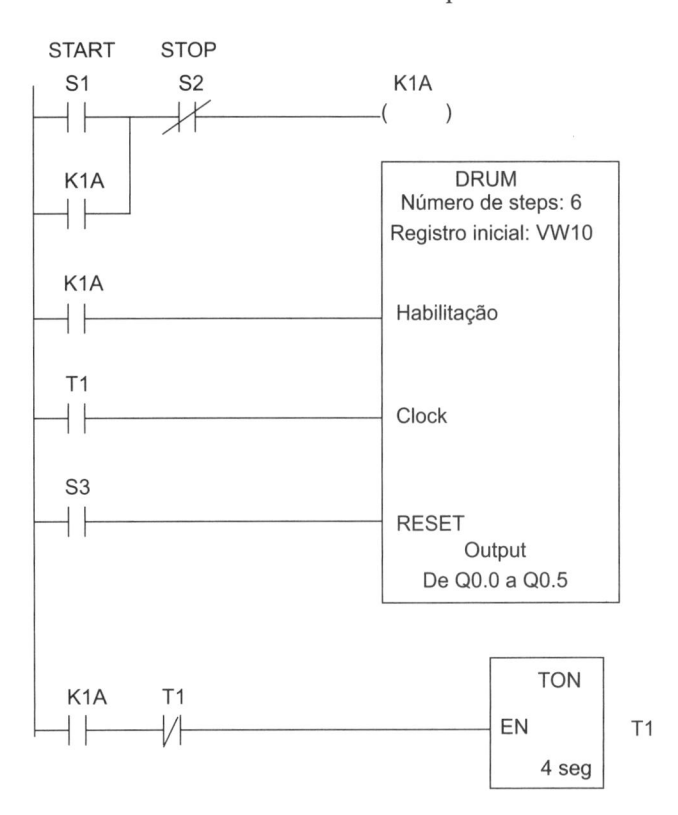

Figura 9.7

A função é habilitada por um timer T1 do tipo TON, com preset de 4 segundos ligado como timer impulsivo, que a cada 4 segundos habilita a entrada de clock que faz avançar o sequenciador, partindo da Word VW10 conforme a sequência indicada na Figura 9.6.

Com a entrada S3 se reseta a sequência em qualquer momento; com a entrada S1 se habilita a sequência do TDRUM por meio do Merker K1A. Com a entrada S2 de stop se para a sequência no step ativo naquele momento.

9.3 Sequenciador Eletrônico a Tambor com a CPU S7-200

Atualmente não existem na CPU S7-200 instruções especiais que efetuem uma operação de sequenciador eletrônico a tambor, conforme a Figura 9.7. Dispomos de duas outras possibilidades, já explicadas na Seção 9.0, quais sejam:

- Usar as instruções clássicas de lógica a bit, contadores, timers, instruções de comparação.
- Usar instruções avançadas do tipo tabela com array de dados.

O uso das instruções do tipo tabela com array de dados será ilustrado mais para a frente, por serem instruções avançadas.

Neste capítulo, usaremos a simples lógica dos contatos e bobinas com timers e contadores.

9.4 Sequenciador Eletrônico a Tambor do Tipo TDRUM com Tempo sobre Cada Step Igual

O sequenciador a tambor é constituído de três elementos fundamentais:

- Um dispositivo de movimento
- Uma chave de passo ou step
- Um tambor com um certo número de saídas

A cada posição do tambor são associadas determinadas combinações das saídas. O dispositivo de movimento, ou seja, a condição lógica que determina a passagem de um step para o seguinte é simulado por meio da condição de entrada de um contador crescente.

A função da chave de passo é executada pelo valor atual de contagem, que se incrementa de uma unidade a cada comutação na entrada de um contador.

As saídas do tambor são programáveis com clássicas bobinas a relé. Se o contador é resetado, a sequência recomeça do início do ciclo. Os números dos steps são definidos pelo valor de preset do contador.

Vejamos agora um exemplo prático. Suponhamos uma sequência de uma máquina automática conforme a sequência temporal indicada na Tabela 9.1.

Tabela 9.1

Tempo	5 s	5 s	5 s	5 s	5 s	5 s	5 s	5 s	5 s
Steps	0	1	2	3	4	5	6	7	8
Saída									
K1		1					1		
K2			1	1	1				
K3					1	1		1	1
K4				1	1			1	
K5							1	1	
K6		1	1	1	1	1	1		

Cada step dura 5 segundos, o ciclo inteiro dura 45 segundos, sendo nove os steps. Na Tabela 9.1 são indicados os steps e as saídas que são energizados a cada step.

> **Exemplo:** No step 4 temos a ON as saídas K2, K3, K4, K6; no step 0, temos todas as saídas desenergizadas

As Figuras 9.8A e 9.8B indicam o esquema Ladder resolutivo da aplicação citada.

Para o comando do sequenciador se utiliza um timer TON ligado como timer impulsivo que fornece um pulso a cada 5 segundos.

Tabela 9.2 Tabela dos Símbolos

Símbolos	Endereço	Comentário
S1	I0.0	Chave de partida
K1T	T37	Temporizador
CNT	C0	Contador
K1	Q0.0	Saída 1
K2	Q0.1	Saída 2
K3	Q0.2	Saída 3
K4	Q0.3	Saída 4
K5	Q0.4	Saída 5
K6	Q0.5	Saída 6
S2	I0.1	Reset contador

Esquema Ladder do Sequenciador Eletrônico a Tambor do Tipo TDRUM com Tempo sobre Cada Step Igual (Figuras 9.8A e 9.8B)

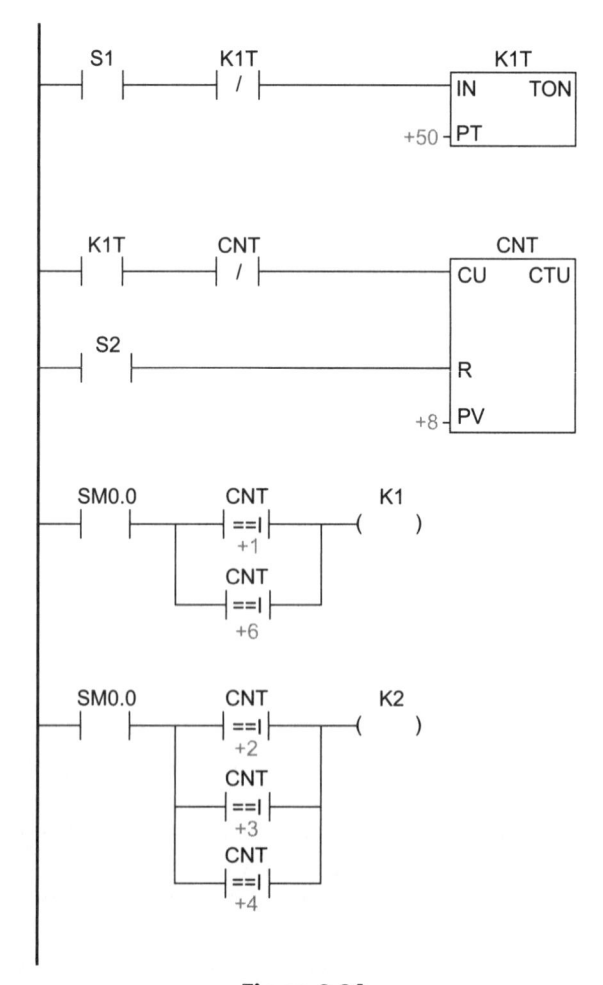

Figura 9.8A

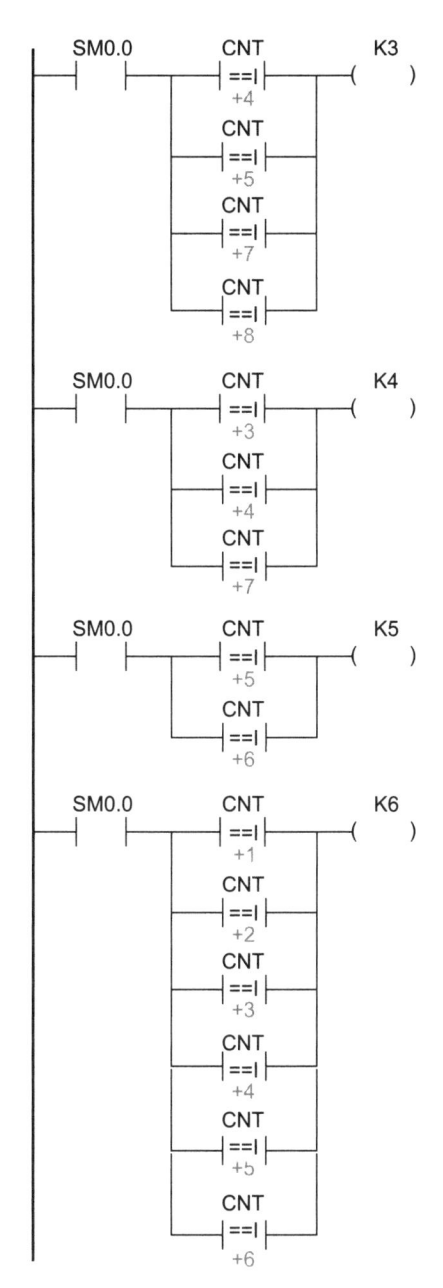

Figura 9.8B

A chave S1 ativa a sequência, e assim o timer fornece um pulso a cada 5 segundos.

O contador incrementa a contagem a cada pulso, incrementando de um step o sequenciador.

Pressionado o botão S2 de reset, o sequenciador se coloca na posição de repouso (step 0). As saídas dos sequenciadores são programadas com contatos de comparação de igualdade, comparando o valor atual do contador CNT e o valor de step que deve ser ativo naquele momento. Por exemplo, no step 1 devem ser ativadas as saídas K1 e K6; em consequência, se programam os contatos de comparação de igualdade com valor atual 1 (step 1) nas saídas K1 e K6. No step 2 devem ser ativadas as saídas K2 e K6; em consequência, se programam os contatos de comparação de igualdade com valor atual 2 (step 2) na saída K2 e K6, e assim sucessivamente.

As outras saídas se controlam usando-se a mesma lógica, com os contatos em paralelo e com as saídas que se quer energizar.

9.5 Sequenciador Eletrônico a Tambor do Tipo TDRUM Programável

Esse sequenciador é muito semelhante àquele da Seção 9.4, com a possibilidade adicional de variarmos o tempo e as saídas muito rapidamente sem interferir nas linhas do programa a cada step; daí o termo programável.

Para ilustrar o conceito, é importante o exemplo a 5 steps, como o apresentado na Tabela 9.3.

O controle para o incremento dos steps é fornecido pelos timers programáveis KT1, KT2, KT3, KT4 e KT5.

A cada step se pode variar o tempo definido pelos timers programáveis KT1, KT2, KT3, KT4, KT5 por meio dos *registros dos tempos* em formato Word VW80, VW82, VW84, VW86, VW88, que modificam o preset dos timers.

Antes de começarmos a escrever o programa, apresentaremos uma forma diferente de inserir no programa os valores de preset dos timers e os valores das Words para ativação das saídas. Para isso utilizaremos o editor de blocos de dados do STEP 7-Micro/WIN 32, que permite variar o tempo e as saídas muito rapidamente sem interferir nas linhas do programa. Acreditamos ser uma forma mais rápida para inserir dados variáveis nos programas com o STEP 7-Micro/WIN 32.

Lembramos que a possibilidade de variar a saída e o tempo a cada step sem interferir nas linhas do programa é o princípio básico para a programação rápida e eficiente de sistemas programáveis muito complexos, como manipuladores programáveis, robôs e outros dispositivos.

O editor dos blocos de dados do STEP 7-Micro/WIN 32 já foi descrito em *Automação Industrial*, LTC, 2007, do mesmo autor. Agora faremos a primeira experiência prática.

Tabela 9.3

Tempo	5 s	10 s	8 s	15 s	4 s
Steps	0	1	2	3	4
Saída					
K1				1	1
K2	1			1	
K3	1		1	1	1
K4			1	1	1
K5	1	1			1
K6	1		1		1
K7	1		1	1	1
K8		1			1

9.5.1 Utilização do editor de blocos de dados

Lembramos que o editor de blocos de dados (*Data Block*) permite definir os valores iniciais dos dados somente na memória do tipo V (memória das variáveis). Os valores podem ser byte, Word, double Word da memória V.

Os comentários são opcionais. O editor de blocos de dados do STEP 7-Micro/WIN 32 é um editor de texto livre, ou seja, um editor cujos parâmetros não são definidos de maneira rígida.

Na Figura 9.9 mostramos um exemplo de programação segundo a nossa aplicação do editor de blocos de dados do STEP 7-Micro/WIN 32.

9.5.2 Programação do editor de blocos de dados para as variáveis, saídas e preset dos timers do TDRUM

A seguir, parcialmente reproduzido na Figura 9.9, mostramos o conteúdo completo do editor de blocos de dados que deverá ser escrito no editor.

```
//DATA PAGE COMMENTS
//
//Press F1 for help and example data page
// COMENTARIO DOS BLOCOS DE DADOS
//carregamento dos registros dos estados
//100=step inativo 0,1,2,3,4=step ativo
```

```
//saida K1

VW0    100              //step 0
VW2    100              //step 1
VW4    100              //step 2
VW6    3                //step 3
VW8    4                //step 4


//saida K2

VW10   0                //step 0
VW12   100              //step 1
VW14   100              //step 2
VW16   3                //step 3
VW18   100              //step 4


//saida K3

VW20   0                //step 0
VW22   100              //step 1
VW24   2                //step 2
VW26   3                //step 3
VW28   4                //step 4


//saida K4

VW30   100              //step 0
VW32   100              //step 1
VW34   2                //step 2
VW36   100              //step 3
VW38   4                //step 4
```

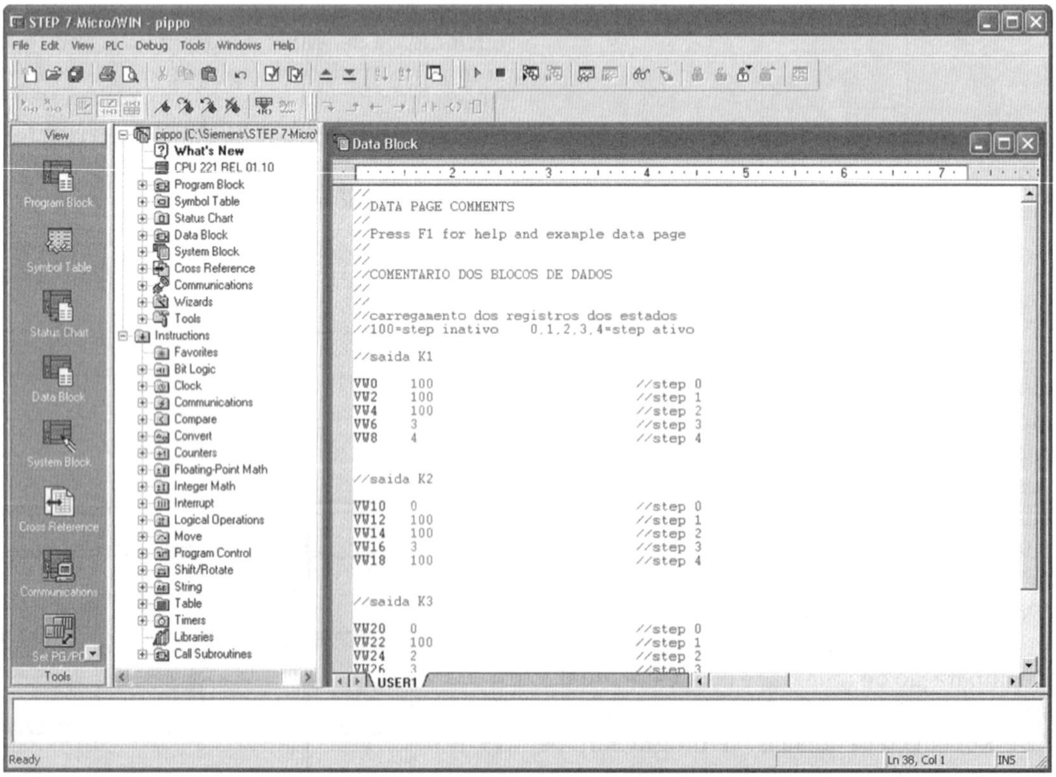

Figura 9.9

```
//saida K5

VW40   0              //step 0
VW42   1              //step 1
VW44   100            //step 2
VW46   100            //step 3
VW48   4              //step 4


//saida K6

VW50   0              //step 0
VW52   100            //step 1
VW54   2              //step 2
VW56   100            //step 3
VW58   4              //step 4


//saida K7

VW60   0              //step 0
VW62   100            //step 1
VW64   2              //step 2
VW66   3              //step 3
VW68   4              //step 4


//saida K8

VW70   100            //step 0
VW72   1              //step 1
VW74   100            //step 2
VW76   100            //step 3
VW78   4              //step 4


//carregamento dos registros dos tempos
//tempo do step 0
VW80 50
//tempo do step 1
VW82 100
//tempo do step 2
VW84 80
//tempo do step 3
VW86 150
//tempo do step 4
VW88 40
```

9.5.3 Programação com a linguagem Ladder do sequenciador eletrônico a tambor do tipo TDRUM programável – ciclo automático

O esquema Ladder resolutivo apresentado nas Figuras 9.10A, 9.10B, 9.10C e 9.10D pode ser aplicado a qualquer ciclo sequencial de tipo automático.

O conceito básico é quase idêntico ao da aplicação anterior, com a diferença de que, dessa vez, o tempo a cada fase é variável.

Tabela 9.4 Tabela dos Símbolos

Símbolos	Endereço	Comentário
S1	I0.0	Botão de start
S2	I0.1	Botão de stop
K0	M0.0	Merker
K2A	M0.1	Merker
K3A	M0.2	Merker
K4A	M0.3	Merker
K5A	M0.4	Merker
K6A	M0.5	Merker
K7A	M0.6	Merker
CNT	C0	Contador
KT1	T37	Temporizador
KT2	T38	Temporizador
KT3	T39	Temporizador
KT4	T40	Temporizador
KT5	T41	Temporizador
K1	Q0.0	Saída 1
K2	Q0.1	Saída 2
K3	Q0.2	Saída 3
K4	Q0.3	Saída 4
K5	Q0.4	Saída 5
K6	Q0.5	Saída 6
K7	Q0.6	Saída 7
K8	Q0.7	Saída 8

Deverão ser inseridos tantos timers quantos são os steps do ciclo, no nosso caso, 5 steps e, portanto, 5 timers.

A ativação dos timers acontece por meio da energização dos Merker K2A, K3A, K4A, K5A e K6A. O contador crescente incrementa o próprio valor atual a cada pulso, permitindo que o sequenciador incremente o próprio step.

Pressionando o botão S1, o ciclo parte de modo automático; pressionando o botão S2, o ciclo para.

A cada saída temos os contatos de comparação, que comparam o valor atual do contador com os *registros dos estados* programados no editor de blocos de dados, como representado na Subseção 9.5.2.

Essas Words podem ser modificadas muito rapidamente em função das saídas que se quer energizar. Se nos *registros dos estados* temos armazenados os valores 0, 1, 2, 3, 4, o step relativo é ativo; se temos armazenado o valor 100, o step relativo é desativado.

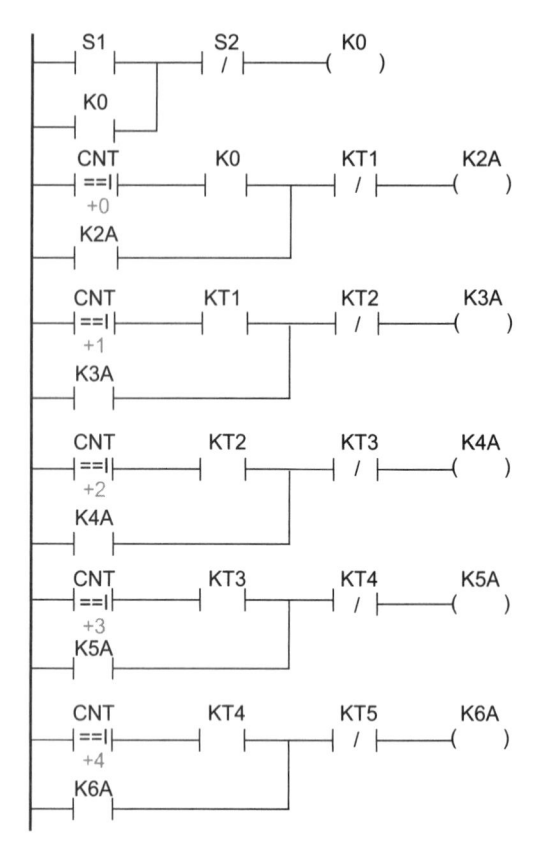

Figura 9.10A

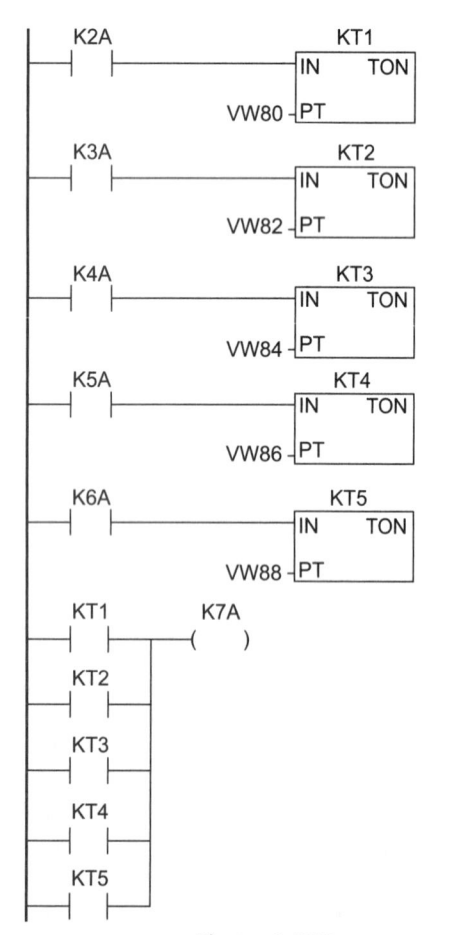

Figura 9.10B

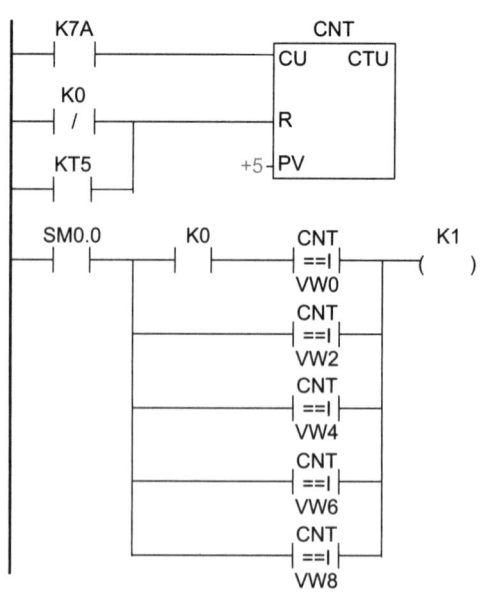

Figura 9.10B (*Continuação*)

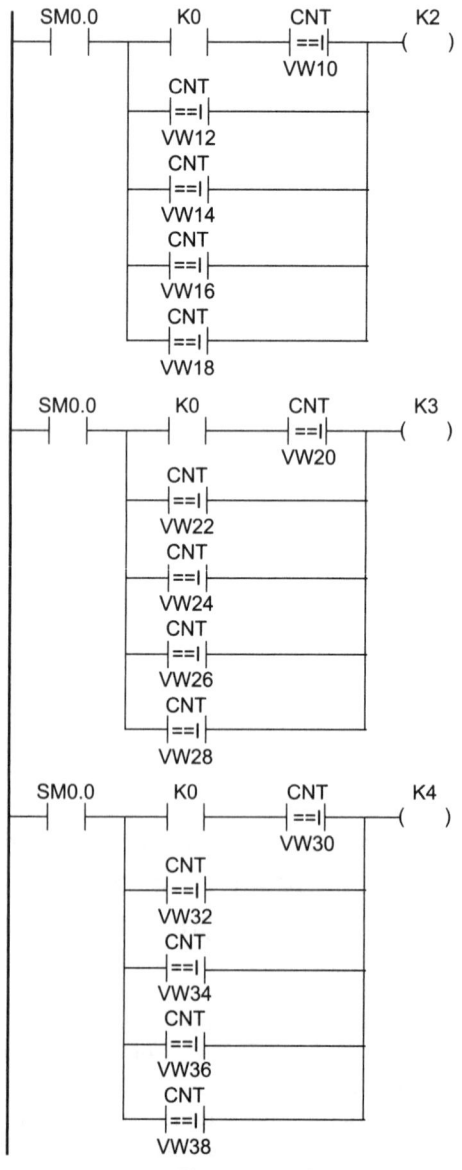

Figura 9.10C

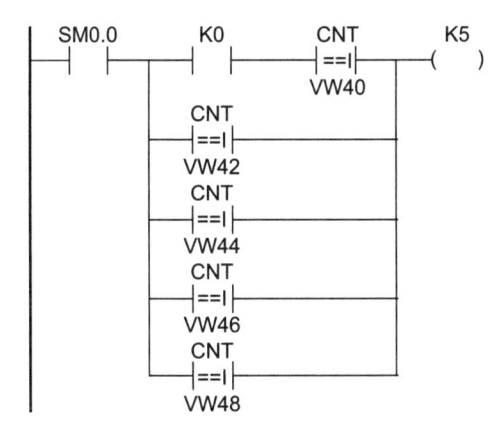

Figura 9.10C (*Continuação*)

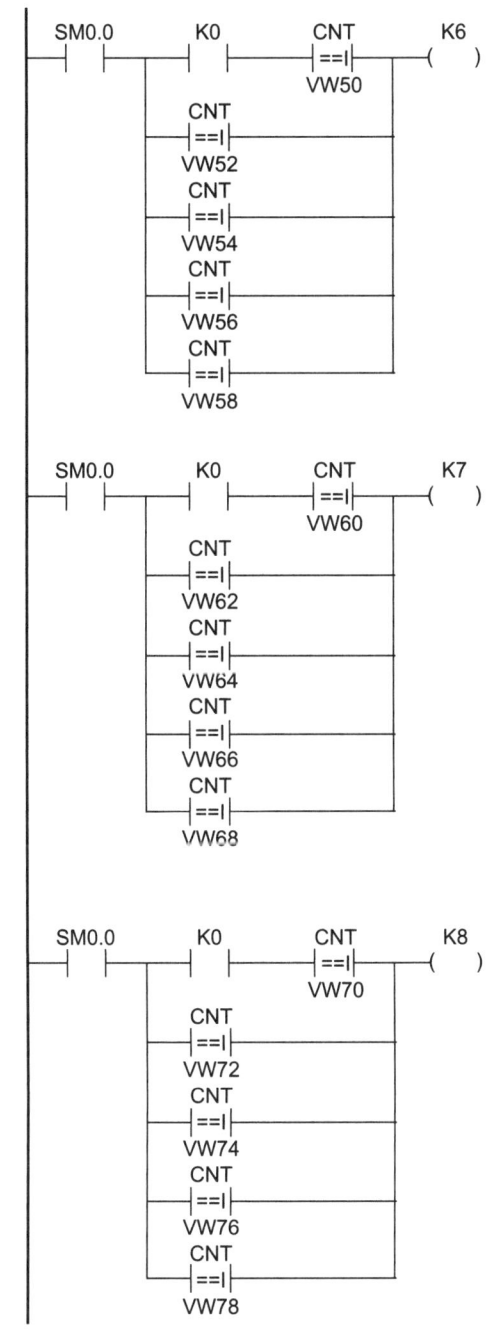

Figura 9.10D

Vejamos um exemplo com a saída K1.

A saída K1 deve ser energizada nos steps 3 e 4 e desenergizada nos steps 0, 1, 2. Precisamos simplesmente inserir no editor de blocos de dados os valores VW6=3 e VW8=4 pelas saídas energizadas e VW0=100,VW2=100 e VW4=100 pelas saídas desenergizadas.

Vejamos um outro exemplo com a saída K2.

A saída K2 deve ser energizada nos steps 0 e 3 e desenergizada nos steps 1, 2, 4. Precisamos simplesmente inserir no editor de blocos de dados os valores VW10=0 e VW16=3 para saídas energizadas e VW12=100, VW14=100 e VW18=100 para saídas desenergizadas.

Para os tempos, precisaremos simplesmente variar as Words relativas aos *registros dos tempos*.

Exemplo: No step 0, o tempo definido é 5 segundos, e a Word é VW80=50 (resolução do timer, 100 ms).

Exemplo: No step 1, o tempo definido é 10 segundos, e a Word é VW82=100 (resolução do timer, 100 ms), e assim sucessivamente.

Resumindo, podemos dizer que no editor de blocos de dados, variando os *registros dos tempos* e os *registros dos estados*, podemos controlar, a qualquer momento, a saída e o tempo associados a cada step de maneira muito rápida e eficiente.

9.5.4 **Os blocos funcionais**

Os blocos funcionais (*functions blocks*) são uma das representações das instruções complexas nos controladores programáveis prevista pela norma IEC 61131-3.

Na Figura 9.11 temos um exemplo teórico aplicado aos sequenciadores EDRUM programáveis. Temos o bloco funcional com, à esquerda, as entradas e, à direita, as saídas. No interior do bloco funcional é escrito o programa das Figuras 9.10A, 9.10B, 9.10C e 9.10D em linguagem Ladder.

A seta indicando entrada e saída do Data block mostra que as variáveis do Data block são modificáveis a qualquer momento sem interferir no interior do bloco funcional escrito na linguagem Ladder ou nas outras linguagens de programação previstas pela norma IEC 61131-3.

Atualmente, a possibilidade de trabalhar com blocos funcionais desse tipo é oferecida pelos construtores de PLC somente com controladores de faixa médio ou alta, por exemplo, como o PLC Siemens S7-300/400.

Na Figura 9.12 é apresentado um exemplo real de bloco funcional com o sistema operacional STEP 7 para PLC Siemens S7-300. O bloco funcional FB50 é o bloco em que é escrito o programa na linguagem de programação prevista pela norma IEC 61131-3. O bloco DB51 é o bloco de dados (*data block*).

Sequenciador EDRUM programável

Data block

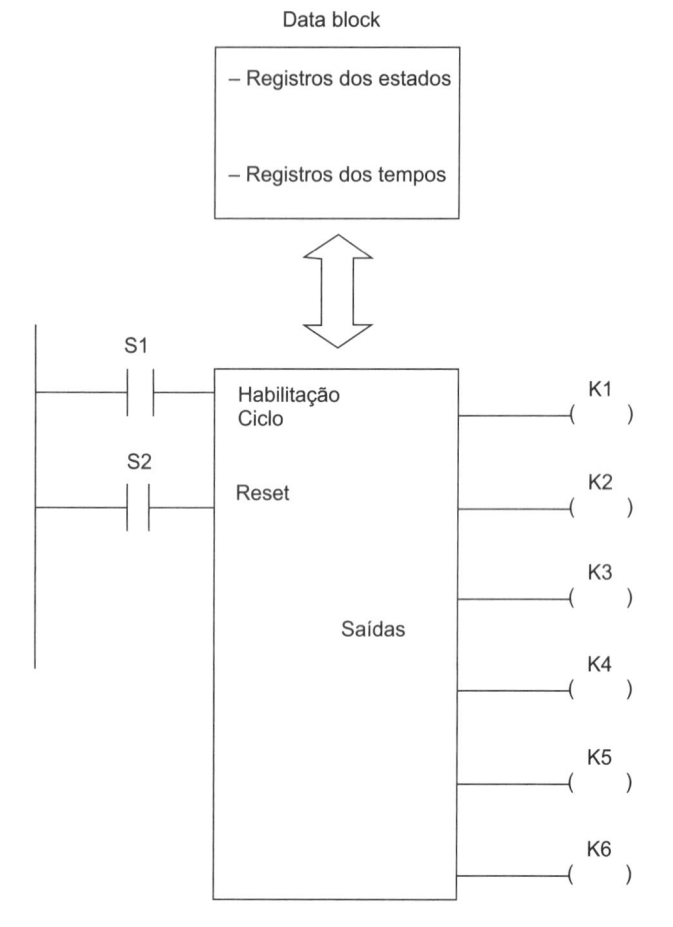

Figura 9.11

9.6 Sequenciador Eletrônico a Tambor do Tipo TEDRUM Programável – Ciclo Semiautomático

Lembramos que o TEDRUM (time and event drum) é um sequenciador controlado por tempo e evento. O controle do tempo é efetuado por meio de timers, e o controle do evento, por meio de chave fim de curso e sensores discretos.

Esse sequenciador é muito similar àquele da Seção 9.4, com a possibilidade da transição de um step a outro por meio de eventos, ou seja, por meio de chave fim de curso e sensores discretos.

Todas as teorias estudadas sobre o sequenciador na Seção 9.4 são igualmente válidas para esse tipo de sequenciador TEDRUM.

Para ilustrar o conceito do funcionamento desse sequenciador, é útil o exemplo da Tabela 9.5 a 6 steps. O controle para incrementar os steps é fornecido por um evento (por exemplo, a entrada I10) e um valor de tempo (por exemplo, KT1).

Tabela 9.5

Step	Evento	Tempo	K1	K2	K3	K4	K5	K6	K7	K8
1	Entrada 10	KT1	0	1	1	0	1	1	1	0
2	Entrada 11	KT2	0	0	0	0	1	0	0	1
3	Entrada 12	KT3	0	1	1	1	0	1	1	0
4	Entrada 13	KT4	1	1	1	0	0	0	1	0
5	Entrada 14	KT5	1	0	1	1	1	1	1	1

9.6.1 Programação do editor de blocos de dados para as variáveis saídas e preset dos timers do TEDRUM

Para resolver essa aplicação, mostraremos o bloco de dados (*data block*).

```
//DATA PAGE COMMENTS
//
//Press F1 for help and example data page
// COMENTARIO DOS BLOCOS DE DADOS
//carregamento dos registros dos estados
//100=step inativo 1,2,3,4,5=step ativo

//saida K1

VW0    100          //step 1
VW2    100          //step 2
VW4    100          //step 3
VW6    4            //step 4
VW8    5            //step 5
```

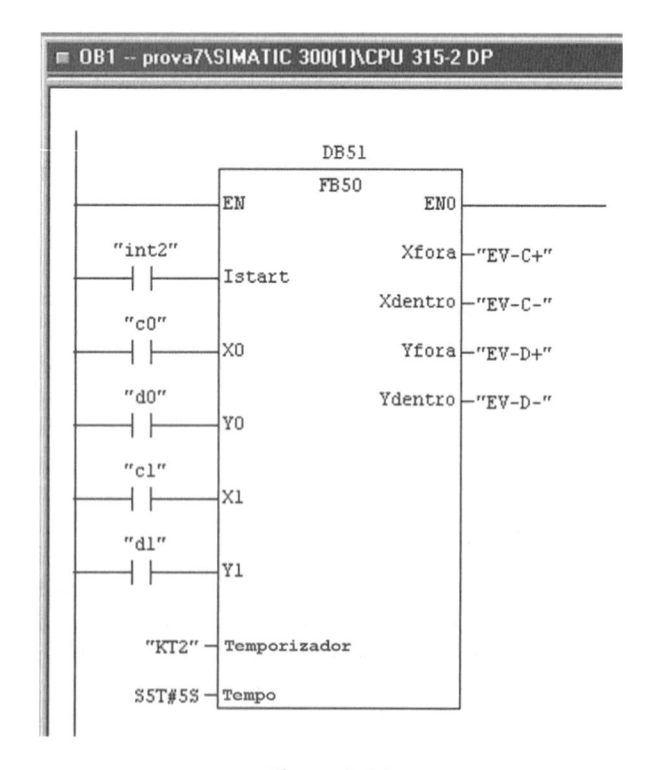

Figura 9.12

```
//saida K2

VW10   1              //step 1
VW12   100            //step 2
VW14   3              //step 3
VW16   4              //step 4
VW18   100            //step 5


//saida K3

VW20   1              //step 1
VW22   100            //step 2
VW24   3              //step 3
VW26   4              //step 4
VW28   5              //step 5


//saida K4

VW30   100            //step 1
VW32   100            //step 2
VW34   3              //step 3
VW36   100            //step 4
VW38   5              //step 5


//saida K5

VW40   1              //step 1
VW42   2              //step 2
VW44   100            //step 3
VW46   100            //step 4
VW48   5              //step 5


//saida K6

VW50   1              //step 1
VW52   100            //step 2
VW54   3              //step 3
VW56   100            //step 4
VW58   5              //step 5


//saida K7

VW60   1              //step 1
VW62   100            //step 2
VW64   3              //step 3
VW66   4              //step 4
VW68   5              //step 5


//saida K8

VW70   100            //step 1
VW72   2              //step 2
VW74   100            //step 3
VW76   100            //step 4
VW78   5              //step 5
```

```
//carregamento dos registros dos tempos
//tempo do step 0
VW80 70
//tempo do step 1
VW82 120
//tempo do step 2
VW84 50
//tempo do step 3
VW86 90
//tempo do step 4
VW88 150
```

9.6.2 Programação com a linguagem Ladder do sequenciador eletrônico a tambor do tipo TEDRUM programável – ciclo semiautomático

O esquema Ladder resolutivo apresentado nas Figuras 9.13A, 9.13B, 9.13C e 9.13D pode ser aplicado a qualquer ciclo sequencial de tipo semiautomático.

Tabela 9.6 Tabela dos Símbolos

Símbolos	Endereço	Comentário
I10	I0.0	Entrada 10
I11	I0.1	Entrada 11
I12	I0.2	Entrada 12
I13	I0.3	Entrada 13
K2A	M0.1	Merker
K3A	M0.2	Merker
K4A	M0.3	Merker
K5A	M0.4	Merker
K6A	M0.5	Merker
K7A	M0.6	Merker
CNT	C0	Contador
KT1	T37	Timer
KT2	T38	Timer
KT3	T39	Timer
KT4	T40	Timer
KT5	T41	Timer
S2	I0.5	Botão semiautomático
K1	Q0.0	Saída 1
K2	Q0.1	Saída 2
K3	Q0.2	Saída 3
K4	Q0.3	Saída 4
K5	Q0.4	Saída 5
K6	Q0.5	Saída 6
K7	Q0.6	Saída 7
K8	Q0.7	Saída 8
I14	I0.4	Entrada 14

Esquema Ladder do Sequenciador Eletrônico a Tambor do Tipo TEDRUM Programável – Ciclo Semiautomático (Figuras 9.13A, 9.13B, 9.13C e 9.13D)

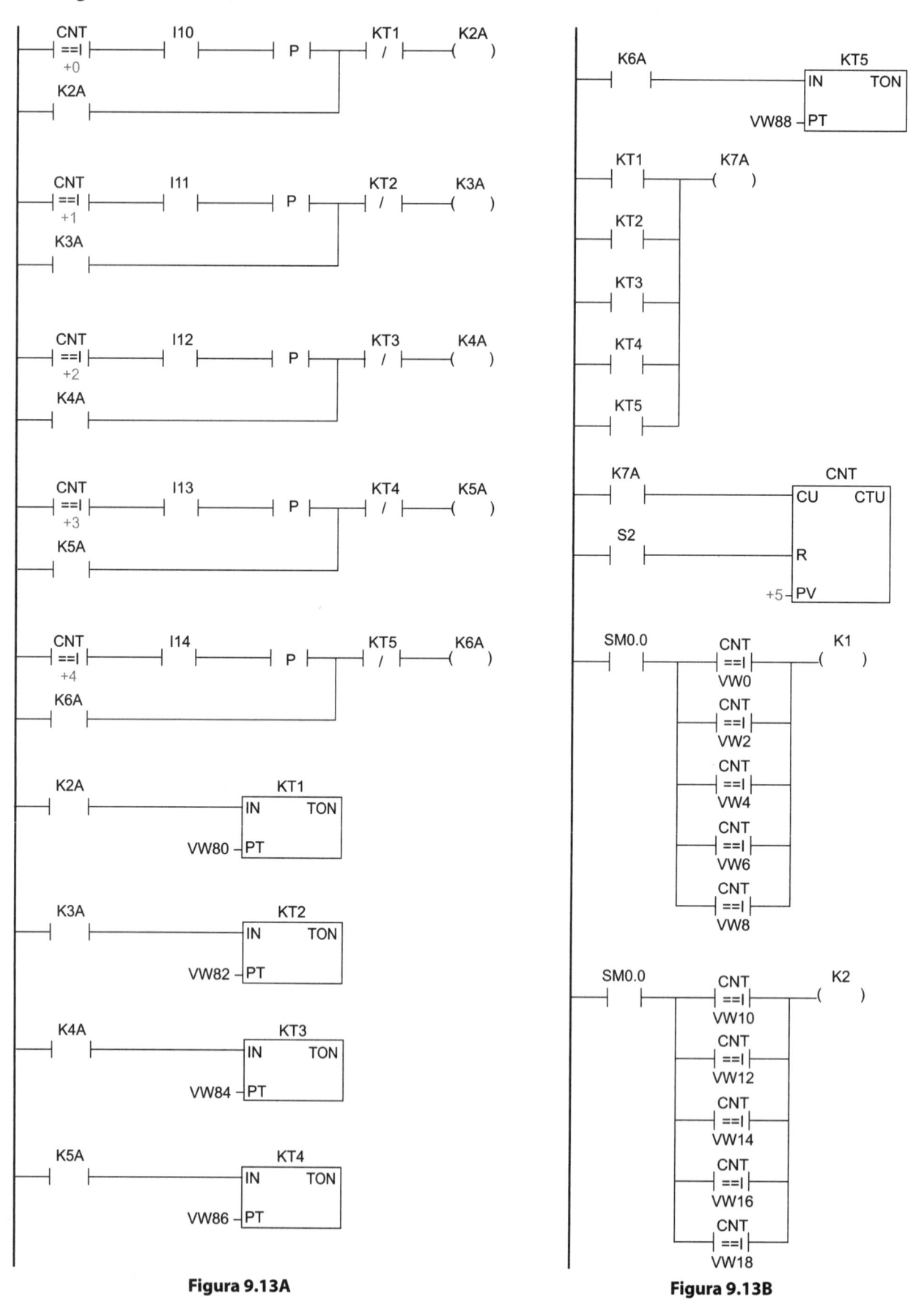

Figura 9.13A
Figura 9.13B

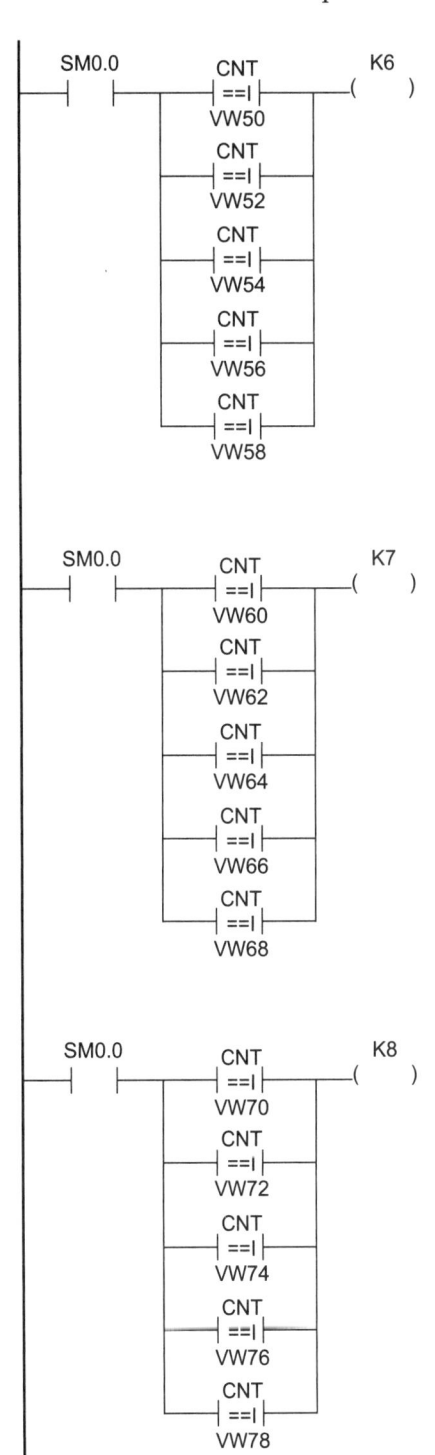

Figura 9.13C   **Figura 9.13D**

O conceito básico do esquema Ladder é quase idêntico ao da aplicação anterior, com a diferença de que dessa vez temos a possibilidade da transição de um step a outro por meio de eventos, ou seja, por meio de chave fim de curso e sensores.

Nas primeiras linhas do programa temos as bobinas dos Merker K2A, K3A, K4A, K5A e K6A energizadas em sequências pelas entradas I10, I11, I12, I13 e I14 de tipo impulsivo. Acrescentamos os contatos a transição positiva P, devido aos problemas dos sensores discretos de ter na maioria das vezes um contato "não limpo" chamado *seco*.

O contato P elimina esse problema limpando a comutação enquanto se trabalha somente com a borda de subida do sinal. O restante do programa é idêntico àquele da subseção 9.5.3.

O ciclo é semiautomático, ou seja, no término do ciclo é preciso pressionar de novo o botão de partida semiautomático S2 para o ciclo partir novamente. Se o valor de preset do timer é igual a zero, o sequenciador funciona como EDRUM, ou seja, somente com as entradas I10, I11, I12, I13 e I14.

A seguir apresentamos o bloco funcional (function block) do sequenciador TEDRUM (Figura 9.14).

Sequenciador TEDRUM programável

Data block

– Registros dos estados

– Registros dos tempos

		K1
I10	Evento 1	( )
I11	Evento 2	K2 ( )
I12	Evento 3	K3 ( )
I13	Saídas Evento 4	K4 ( )
I14	Evento 5	K5 ( )
		K6 ( )
S2	Botão semiaut	K7 ( )
		K8 ( )

Figura 9.14

9.7 Introdução aos Manipuladores Programáveis (Robôs)

Os manipuladores programáveis pneumáticos a sequências fixas são chamados em inglês *pick and place*.

A capacidade de movimentação de um manipulador se mede em *graus de liberdade*. A cada grau de liberdade corresponde a possibilidade de movimentação ao longo de um eixo (deslocamento) ou em torno de um eixo (rotação). No que se refere a 3 eixos cartesianos, dizer que um manipulador programável tem 2 graus de liberdade significa que ele pode, por exemplo, se deslocar ao longo do eixo X e rodar em torno do eixo Z ou se deslocar ao longo do eixo X e ao longo do eixo Y. Entre todas as combinações possíveis, na Figura 9.15 estão representadas aquelas de uso mais frequente.

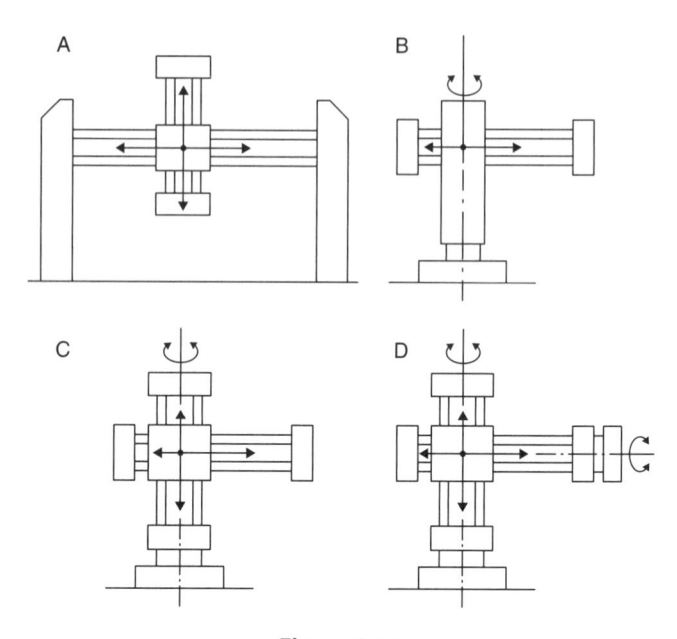

Figura 9.15

Na Figura 9.15 temos algumas configurações de robôs pneumáticos.

A. Tipo ponte com 2 graus de liberdade
B. Tipo guindaste com 2 graus de liberdade
C. Tipo guindaste com 3 graus de liberdade
D. Tipo guindaste com 4 graus de liberdade

Na Figura 9.16 temos algumas fotos de manipuladores programáveis (*Fonte:* Montech).

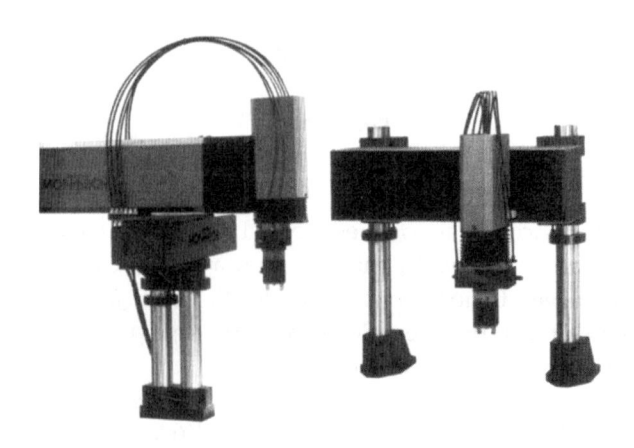

Figura 9.16

9.8 Aplicação: Controle de um Manipulador Programável (Robô) com Três Graus de Liberdade Utilizando a CPU S7-200 – Ciclo Semiautomático

Sabemos que cada eixo pneumático (deslocante ou rodande) pode assumir 2 posições: com um número de atuadores igual a N é, portanto, possível atingir 2^N de posições no espaço. Com um número dos atuadores igual ao número de graus de liberdade, vale a Tabela 9.7 a seguir.

Tabela 9.7

Graus de liberdade (N)	Posições atingidas
2	4
3	8
4	16
5	32

Consideramos um manipulador programável pneumático com 3 graus de liberdade realizado como nas Figuras 9.17A e 9.17B.

O esquema eletropneumático do robô é dotado de 4 eletroválvulas e cilindros de potência para deslocar massas relevantes. Na prática, quando a massa e a velocidade do cilindro são elevadas, é necessário recorrer a um sistema de graduação regulável que provoque a diminuição da velocidade do cilindro nos últimos milímetros do próprio curso, daí a seta presente no desenho dos cilindros da Figura 9.17B.

O robô é constituído de duas unidades lineares, das quais uma horizontal e uma vertical; de um atuador rotativo regulado, de 180° e montado em posição intermediária entre duas unidades e de uma garra de dupla ação com faces de presa paralela.

O mecanismo de pegar e depositar se dá no meio de duas esteiras transportadoras, devendo o manipulador pegar uma das peças de uma esteira T1 e efetuar o posicionamento na esteira T2. A partida do braço mecânico é

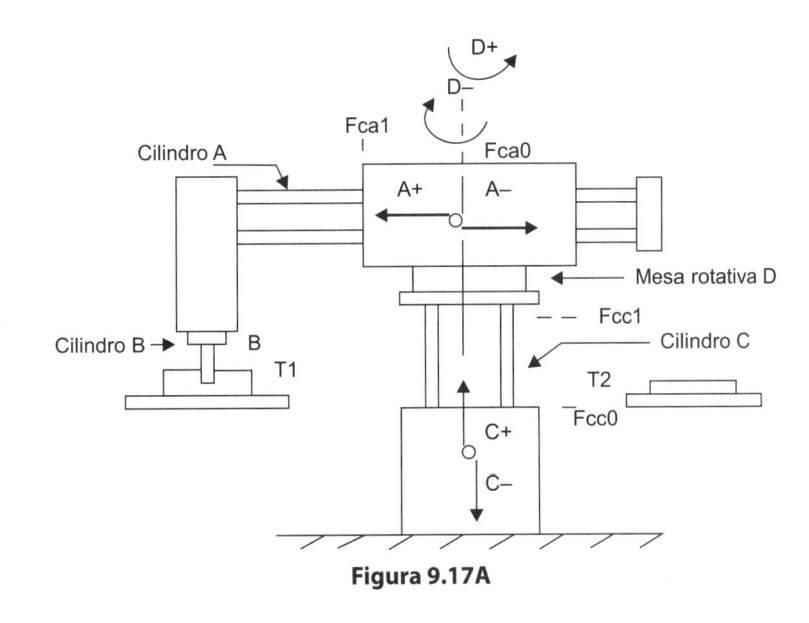

Figura 9.17A

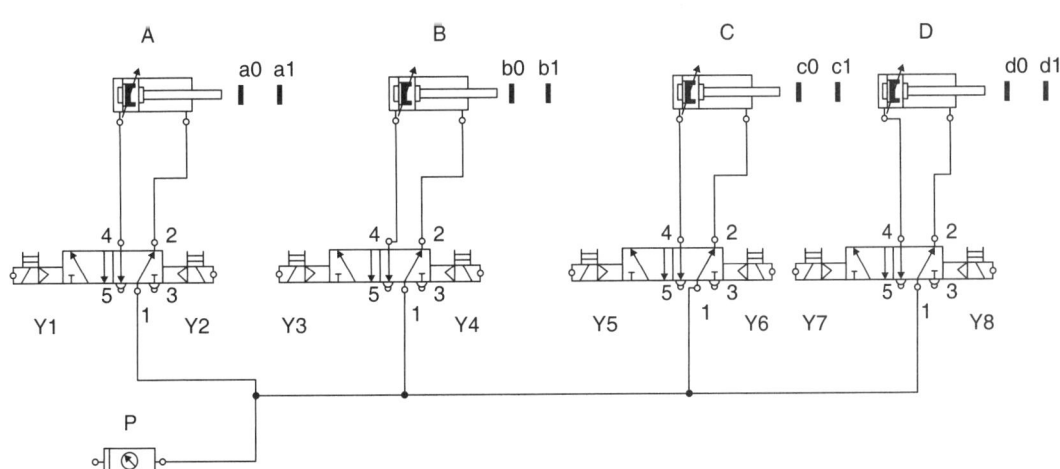

Figura 9.17B Esquema de potência eletropneumático constituído de 4 cilindros a duplo efeito (DE), comandados por 4 eletroválvulas pneumáticas biestáveis.

comandada por um detector de presença que para a esteira T1, enquanto a esteira T2 só pode partir depois que as peças forem posicionadas.

Antes de descrever o ciclo de trabalho, definiremos as letras dos atuadores numa ordem de movimentação. Indicaremos com a letra A a unidade linear horizontal, com B, o órgão de presa, com C, a unidade vertical, e com D, o atuador rodante. A posição de repouso do manipulador é aquela relativa a todos os cilindros em posição recuada. A partida deve ocorrer somente na presença de um sinal que confirme o posicionamento correto da peça a pegar sobre a esteira T1 e de um sinal de partida do ciclo.

São utilizados como atuadores 4 cilindros a duplo efeito controlados por eletroválvulas pneumáticas biestáveis.

Vamos descrever a seguir as várias fases ou steps do ciclo semiautomático:

1. Deslocamento de um trenó horizontal A, para levar uma presa mecânica na condição de captura da peça na esteira T1. Eletroválvula energizada A+(Y1);
2. Fechamento da presa mecânica devido à ativação do fim de curso a1. Eletroválvula energizada Y3(B+) (Figura 9.18);

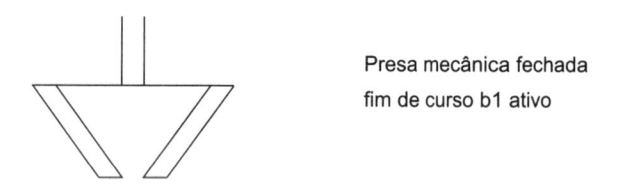

Presa mecânica fechada
fim de curso b1 ativo

Figura 9.18

3. Elevação da peça mediante ação da unidade vertical C devido à ativação do fim de curso b1. Eletroválvula energizada Y5(C+);
4. Rotação de 180° da mesa rodante para o posicionamento da presa mecânica sobre a esteira transportadora T2 devido à ativação do fim de curso c1. Eletroválvula energizada Y7(D+);
5. Descida da unidade vertical C por meio do acionamento do fim de curso d1. Eletroválvula energizada Y6(C–);
6. Abertura da presa mecânica para depositar a peça sobre a esteira T2 por meio do acionamento do fim de curso c0. Eletroválvula energizada Y4(B–) (Figura 9.19);

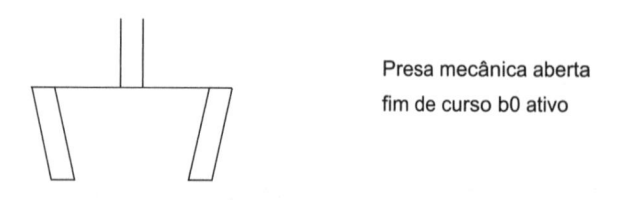

Presa mecânica aberta
fim de curso b0 ativo

Figura 9.19

7. Caminho de retorno do trenó horizontal A por meio do acionamento do fim de curso b0. Eletroválvula energizada Y2(A–);
8. Rotação de 180° da mesa rodante para colocar o braço mecânico na condição de início de partida do ciclo por meio do acionamento do fim de curso a0. Eletroválvula energizada Y8(D–) (Figura 9.20).

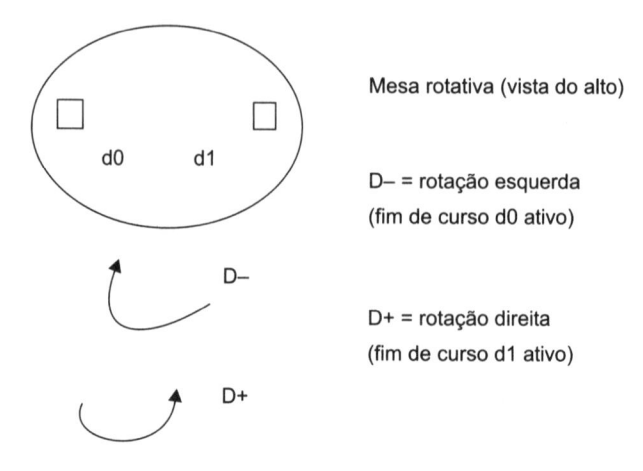

Mesa rotativa (vista do alto)

D– = rotação esquerda
(fim de curso d0 ativo)

D+ = rotação direita
(fim de curso d1 ativo)

Figura 9.20

Para evitar solicitação mecânica durante a movimentação do robô, se introduz um pequeno retardo de 2 segundos entre um step e o seguinte. A sequência completa do ciclo é: **A+/KT1/B+/KT2/C+/KT3/D+/KT4/C–/KT5/B–/KT6/A–/KT7/D–/KT8**.

A seguir ilustramos a tabela de funcionamento do manipulador programável (robô) com 3 graus de liberdade. A Tabela 9.8 é a de um sequenciador do tipo TEDRUM.

Tabela 9.8

Steps	Evento	Tempo (s)	Y1	Y2	Y3	Y4	Y5	Y6	Y7	Y8
1	Fcd0	2	1	0	0	0	0	0	0	0
2	Fca1	2	0	0	1	0	0	0	0	0
3	Fcb1	2	0	0	0	0	1	0	0	0
4	Fcc1	2	0	0	0	0	0	0	1	0
5	Fcd1	2	0	0	0	0	0	1	0	0
6	Fcc0	2	0	0	0	1	0	0	0	0
7	Fcb0	2	0	1	0	0	0	0	0	0
8	Fca0	2	0	0	0	0	0	0	0	1

Na Figura 9.21 apresentamos a sequência do manipulador programável com o uso do SFC (*sequential function chart*).

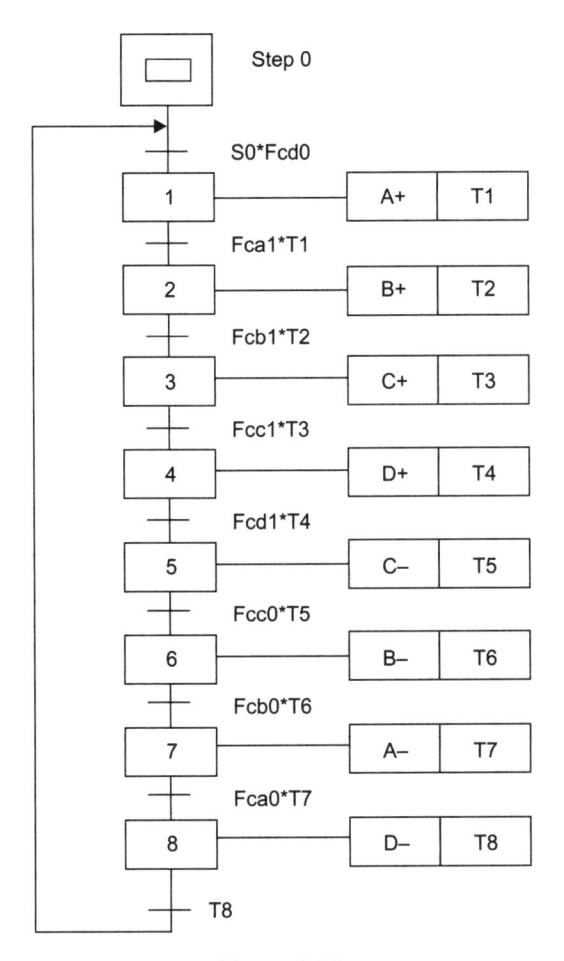

Figura 9.21

9.8.1 Programação do editor de blocos de dados para as variáveis saídas e preset do timer do manipulador programável (robô)

Para resolver essa aplicação, é mostrado o bloco de dados (*data block*).

```
//DATA PAGE COMMENTS
//
//Press F1 for help and example data page
// COMENTARIO DOS BLOCOS DE DADOS
//carregamento dos registros dos estados
//100=step inativo 1,2,3,4,5,6,7,8=step
ativo
//saida Y1,A+

VW0     1              //step 1
VW2     100            //step 2
VW4     100            //step 3
VW6     100            //step 4
VW8     100            //step 5
VW10    100            //step 6
VW12    100            //step 7
VW14    100            //step 8
```

```
//saida Y2,A-

VW16    100            //step 1
VW18    100            //step 2
VW20    100            //step 3
VW22    100            //step 4
VW24    100            //step 5
VW26    100            //step 6
VW28    7              //step 7
VW30    100            //step 8


//saida Y3,B+

VW32    100            //step 1
VW34    2              //step 2
VW36    100            //step 3
VW38    100            //step 4
VW40    100            //step 5
VW42    100            //step 6
VW44    100            //step 7
VW46    100            //step 8


//saida Y4,B-

VW48    100            //step 1
VW50    100            //step 2
VW52    100            //step 3
VW54    100            //step 4
VW56    100            //step 5
VW58    6              //step 6
VW60    100            //step 7
VW62    100            //step 8


//saida Y5,C+

VW64    100            //step 1
VW66    100            //step 2
VW68    3              //step 3
VW70    100            //step 4
VW72    100            //step 5
VW74    100            //step 6
VW76    100            //step 7
VW78    100            //step 8


//saida Y6,C-

VW80    100            //step 1
VW82    100            //step 2
VW84    100            //step 3
VW86    100            //step 4
VW88    5              //step 5
VW90    100            //step 6
VW92    100            //step 7
VW94    100            //step 8
```

```
//saida Y7,D+

VW96   100             //step 1
VW98   100             //step 2
VW100  100             //step 3
VW102  4               //step 4
VW104  100             //step 5
VW106  100             //step 6
VW108  100             //step 7
VW110  100             //step 8


//saida Y8,D-

VW112  100             //step 1
VW114  100             //step 2
VW116  100             //step 3
VW118  100             //step 4
VW120  100             //step 5
VW122  100             //step 6
VW124  100             //step 7
VW126  8               //step 8
//carregamento dos registros dos tempos
//tempo do step 1
VW128  20
//tempo do step 2
VW130  20
//tempo do step 3
VW132  20
//tempo do step 4
VW134  20
```

```
//tempo do step 5
VW136 20
//tempo do step 6
VW138 20
//tempo do step 7
VW140 20
//tempo do step 8
VW142 20
```

9.8.2 Programação com a linguagem Ladder do manipulador programável (robô) com 3 graus de liberdade – ciclo semiautomático

O esquema Ladder resolutivo é apresentado nas Figuras 9.22A, 9.22B, 9.22C, 9.22D, 9.22E, 9.22F e 9.22G.

Essa aplicação, em nível de programação, é igual àquela da Subseção 9.6.2, relativa ao sequenciador do tipo TEDRUM. As entradas do sequenciador são constituídas dos fins de curso Fca0, Fca1, Fcbo, Fcb1, Fcc0, Fcc1, Fcd0 e Fcd1.

As saídas das eletroválvulas são Y1, Y2, Y3, Y4, Y5, Y6, Y7 e Y8.

Pressionando-se o botão S0, dá-se partida ao ciclo. Pressionando-se o botão S1, o ciclo para depois que todas as sequências tiverem sido completadas. Sendo o ciclo semiautomático, no final do ciclo ele para e o ciclo parte novamente pressionando-se o botão S2 de partida semiautomática.

Tabela 9.9 Tabela dos Símbolos

Símbolos	Endereço	Comentário
S0	I0.0	Botão de partida
S1	I0.1	Botão de parada
S2	I0.2	Botão de semiautomático
K0	M0.0	Merker
Fca0	I0.3	Fim de curso retorno cilindro A
Fca1	I0.4	Fim de curso saída cilindro A
Fcb0	I0.5	Fim de curso retorno cilindro B
Fcb1	I0.6	Fim de curso saída cilindro B
Fcc0	I0.7	Fim de curso retorno cilindro C
Fcc1	I1.0	Fim de curso saída cilindro C
Fcd0	I1.1	Fim de curso retorno cilindro D
Fcd1	I1.2	Fim de curso saída cilindro D
KT1	T37	Timer
KT2	T38	Timer
KT3	T39	Timer
KT4	T40	Timer
KT5	T41	Timer
KT6	T42	Timer

Tabela 9.9 Tabela dos Símbolos (*Continuação*)

Símbolos	Endereço	Comentário
KT7	T43	Timer
KT8	T44	Timer
CNT	C0	Contador
Y1	Q0.0	Eletroválvula saída cilindro A+
Y2	Q0.1	Eletroválvula retorno cilindro A–
Y3	Q0.2	Eletroválvula saída cilindro B+
Y4	Q0.3	Eletroválvula retorno cilindro B–
Y5	Q0.4	Eletroválvula saída cilindro C+
Y6	Q0.5	Eletroválvula retorno cilindro C–
Y7	Q0.6	Eletroválvula saída cilindro D+
Y8	Q0.7	Eletroválvula retorno cilindro D–
K2A	M0.1	Merker
K3A	M0.2	Merker
K4A	M0.3	Merker
K5A	M0.4	Merker
K6A	M0.5	Merker
K7A	M0.6	Merker
K8A	M0.7	Merker
K9A	M1.0	Merker
K10A	M1.1	Merker

Esquema Ladder do Manipulador Programável (Robô) com 3 Graus de Liberdade – Ciclo Semiautomático (Figuras 9.22A, 9.22B, 9.22C, 9.22D, 9.22E, 9.22F e 9.22G)

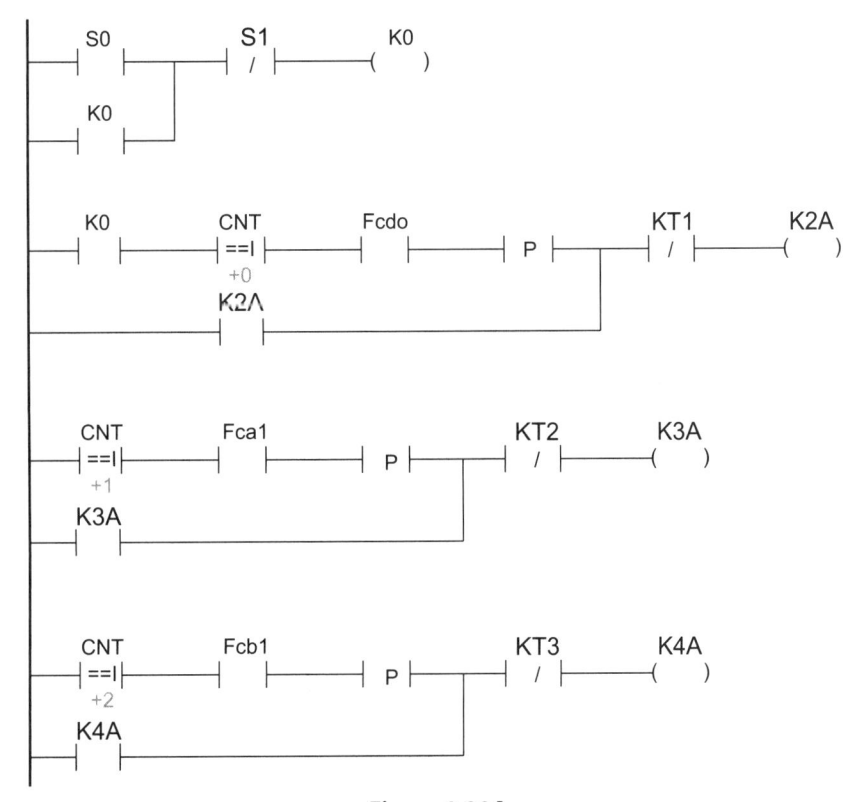

Figura 9.22A

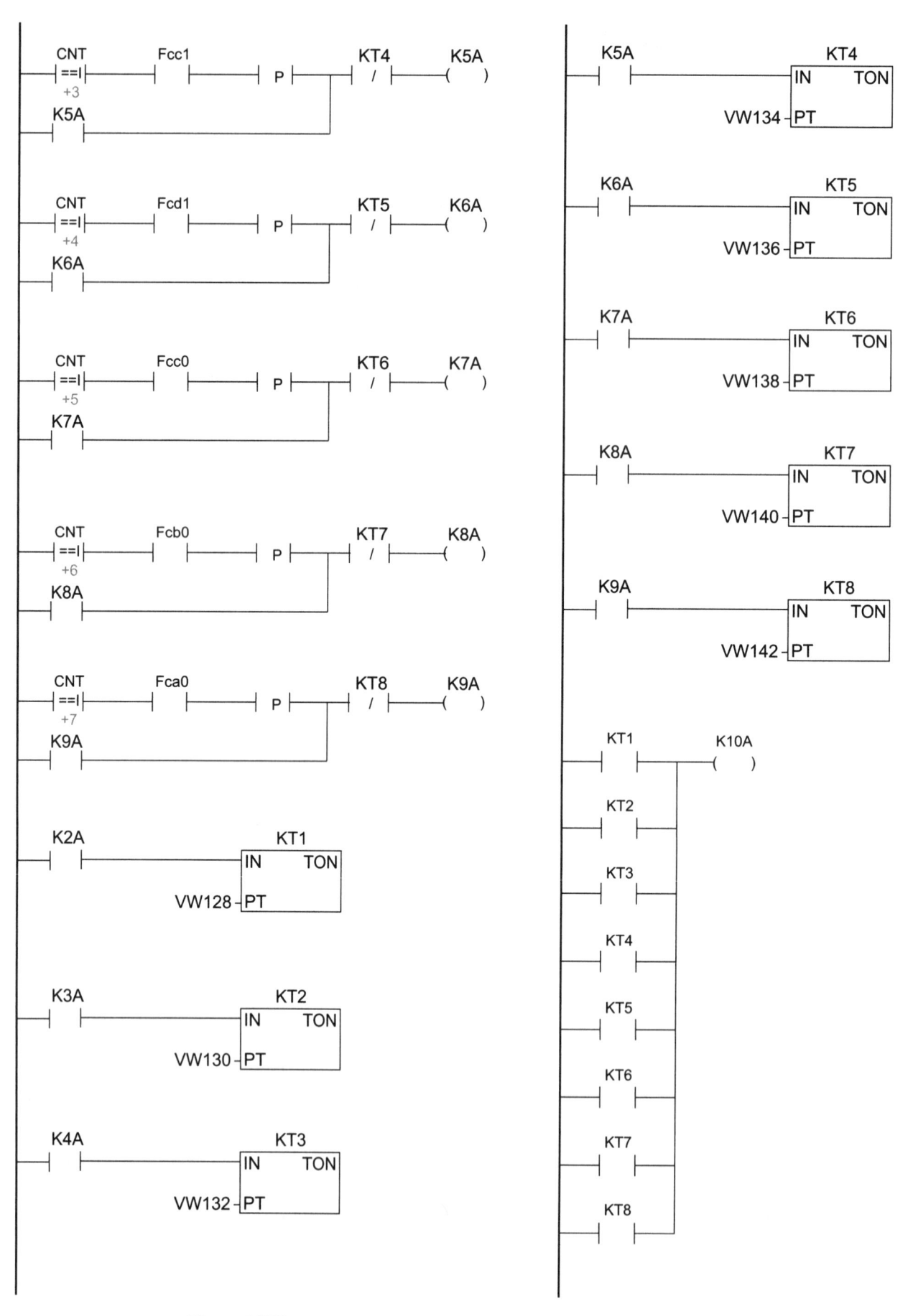

Figura 9.22B

Figura 9.22C

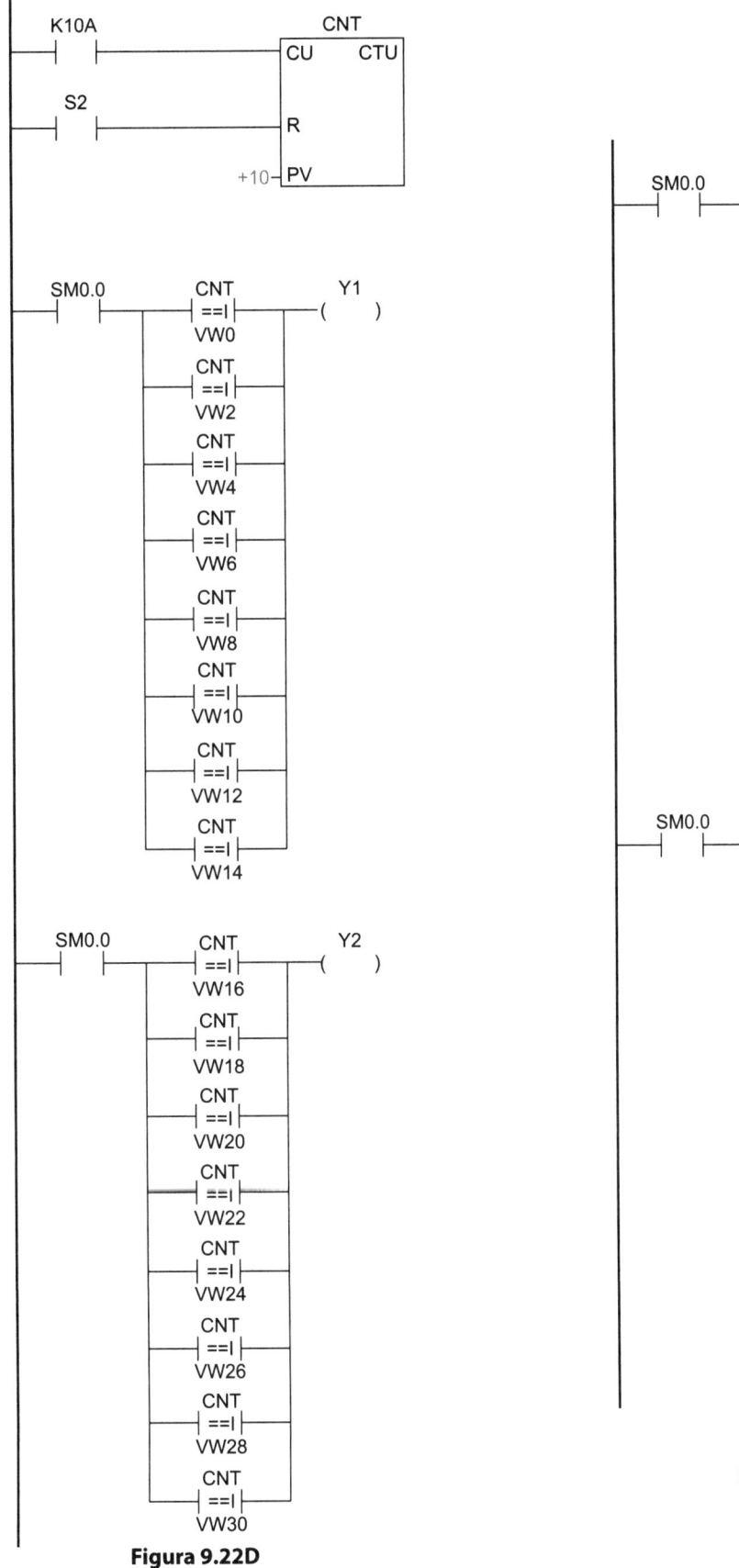

Figura 9.22D

Figura 9.22E

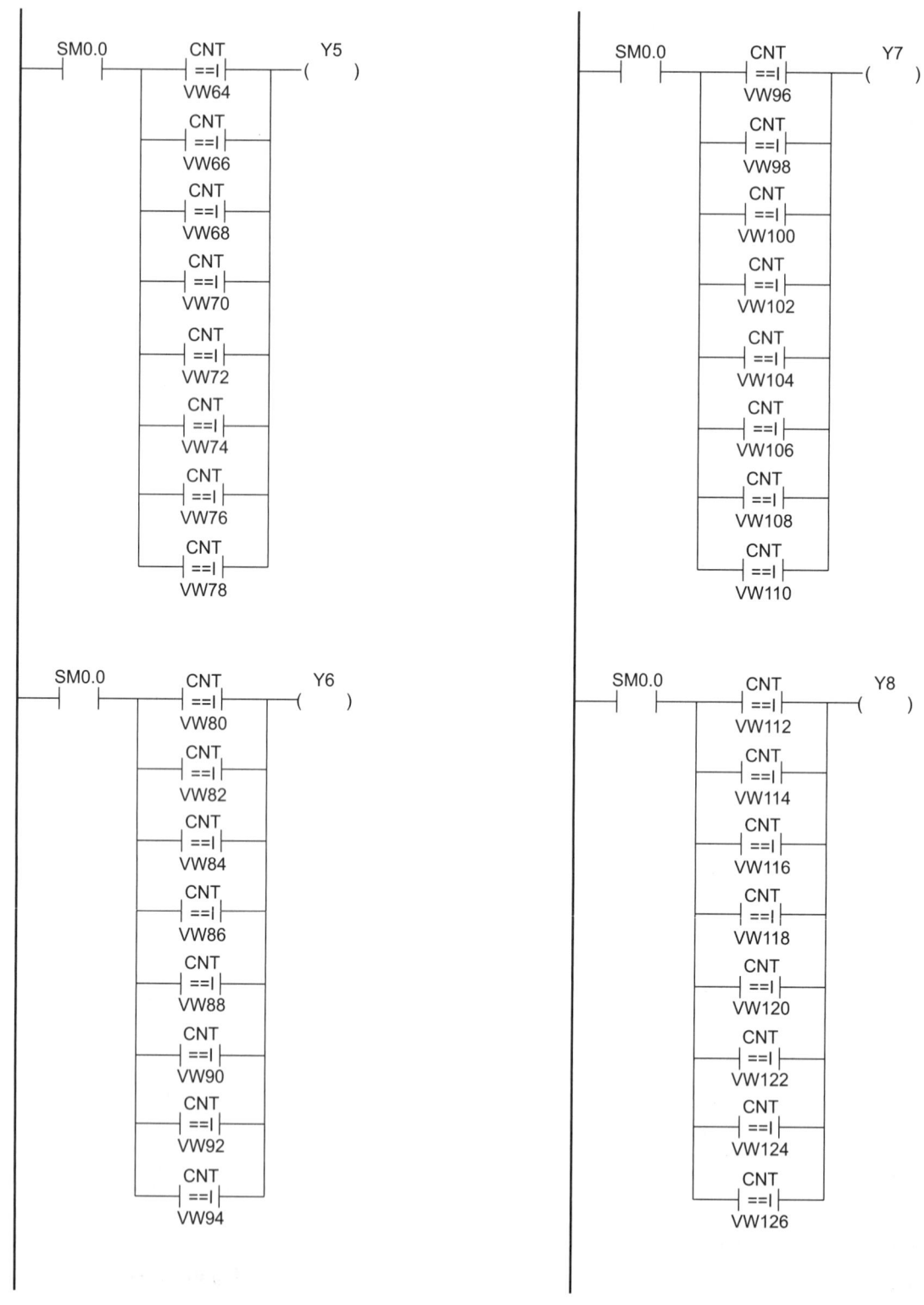

Figura 9.22F

Figura 9.22G

A seguir (Figura 9.23) apresentamos os blocos funcionais (functions blocks) do manipulador programável (robô) com 3 graus de liberdade – ciclo semiautomático.

Controle de um robô a 3 graus de liberdade com a CPU S7-200

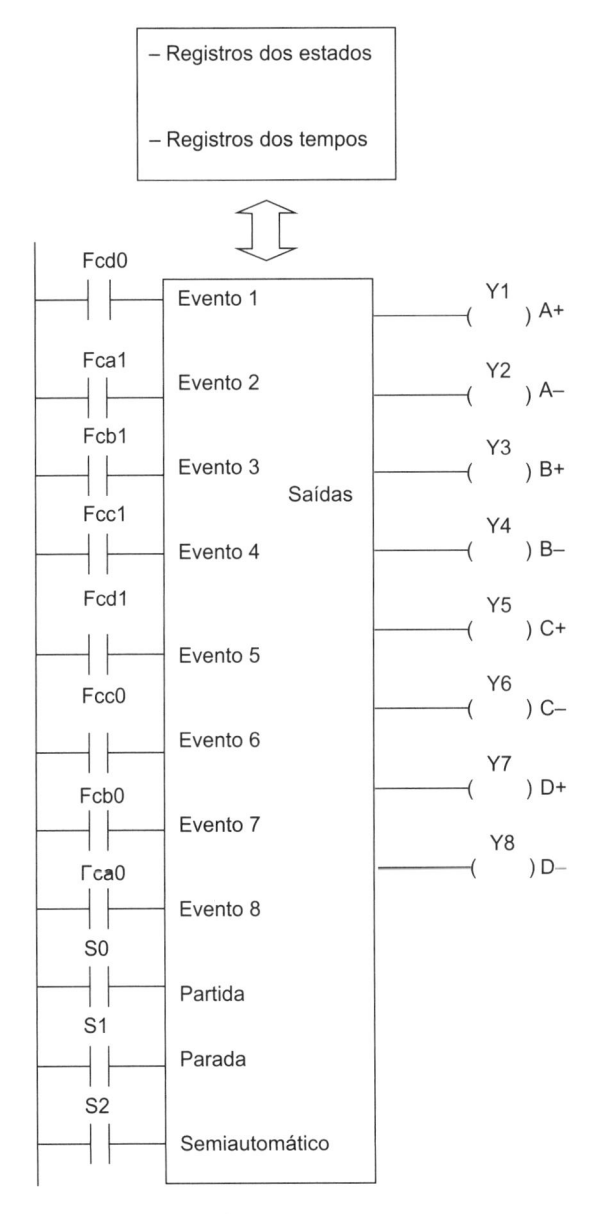

Figura 9.23

Questões práticas

1. Descreva brevemente como funciona um sequenciador eletrônico a tambor.
2. Programe um controlador programável com a técnica do sequenciador eletrônico a tambor que execute a Tabela 9.10.

   Essa tabela representa as operações de uma máquina sequencial a 6 steps, com 6 saídas ativadas em função do tempo.

Tabela 9.10

Step	Tempo (s)	K1	K2	K3	K4	K5	K6	K7
0	3	0	1	1	1	0	0	0
1	5	0	1	0	0	1	1	0
2	8	0	1	1	0	0	0	0
3	10	0	1	0	0	0	0	1
4	15	0	1	1	0	0	0	1
5	10	0	1	1	0	0	0	0

O ciclo deve ser do tipo automático. Um botão S0 ativa o ciclo, um botão S1 desativa o ciclo.

3. Programe um controlador programável com a técnica do sequenciador eletrônico a tambor que execute a sequência do ciclo pneumático representado a seguir:

$$\text{A+/KT1/B+/A–,C+/B–/KT2/C–}$$

Com KT1 = 10 segundos, KT2 = 5 segundos.

O ciclo deve ser do tipo semiautomático. Pressionando-se o botão S0, dá-se partida ao ciclo. Pressionando-se o botão S1, o ciclo para depois que todas as sequências tiverem sido completadas.

O ciclo parte novamente com o botão S2 de partida semiautomática.

4. A tabela de dados (*data block*).

   a. Carrega no PLC os dados iniciais de um programa.
   b. Carrega no PLC qualquer dado útil.
   c. Carrega no PLC parâmetros pela configuração do sistema operacional.

Aplicações Práticas 10

10.0 Generalidades

Neste capítulo será ilustrada uma série de aplicações práticas utilizando o controlador programável Siemens S7-200, conforme a norma IEC 61131-3.

Essas aplicações são válidas para qualquer outro tipo de PLC com poucas modificações. As aplicações abordadas preveem o uso de quase todas as instruções estudadas até agora.

No que se refere à instalação elétrica do dispositivo PLC e às normas de segurança no ambiente industrial, aconselha-se a leitura do Capítulo 16, *Automação Industrial – PLC – Teoria e Aplicações – Curso Básico*, do mesmo autor. Um aprofundamento será dado no próximo capítulo desta obra.

Por ser este livro uma obra didática, voltada em particular para o segmento universitário e para instituições técnicas de ensino, aconselhamos executar os exercícios dotando o controlador programável de um simulador de entradas. Tal dispositivo substitui os sensores discretos, nem sempre disponíveis nos laboratórios didáticos, em função de seu custo ainda alto. Na Figura 10.1 temos o controlador S7-200 ligado a um simulador de entradas.

10.1 Aplicação: Estacionamento Automático Controlado pelo PLC S7-200

A aplicação a seguir prevê o controle completo de um moderno estacionamento automático de uma cidade.

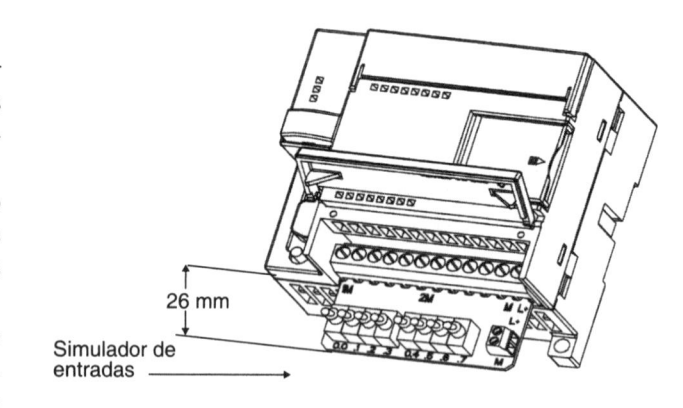

26 mm

Simulador de entradas

Figura 10.1

A Figura 10.2 representa a estrutura da instalação, que prevê:

- um botão S1, que serve para o acionamento do sistema e o zeramento dos veículos estacionados (reset contador de veículos);

- um sensor discreto S2 indutivo colocado externamente ao lado da entrada, que detecta a presença de um veículo e determina a abertura da barreira de entrada, comandada por uma eletroválvula pneumática Y1_up;

  É importante destacar que o sensor indutivo é constituído de uma bobina enterrada no solo, na proximidade da entrada do estacionamento. O veículo, ao passar por cima da bobina, provoca a comutação dos contatos de um relé.

- um dispositivo, não presente na análise desse sistema, prevê a distribuição de um bilhete no qual vêm impressas a data e a hora da entrada do veículo no estacionamento;

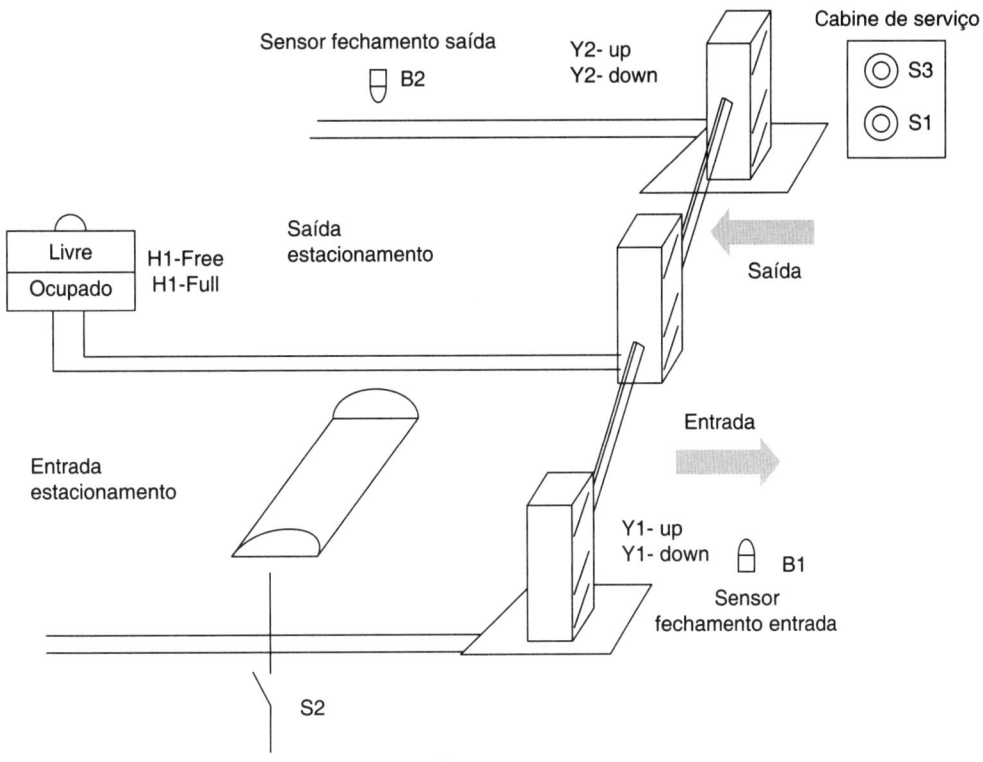

Figura 10.2

* um sensor B1, colocado dentro do estacionamento, sempre do lado da entrada, determina o fechamento da barreira de entrada, comandada pela eletroválvula pneumática Y1_down quando o veículo passa pela barreira;
* um dispositivo a chave S3 colocado no interior do estacionamento, do lado da saída, manobrado pelo cobrador do estacionamento.

No caso de o estacionamento ser sem cobrador, a chave S3 pode ser o mesmo bilhete de entrada ou um outro que deve ser pago. Um dispositivo com código de barra habilita a chave S3 e comanda a abertura da barreira de saída, comandada pela eletroválvula pneumática Y2_up;

* um sensor B2, colocado no exterior do estacionamento, do lado da saída, determina o fechamento da barreira de saída, comandada pela eletroválvula pneumática Y2_down;
* duas indicações luminosas H1_Full e H1_Free informam aos clientes se o estacionamento está ocupado ou livre. A capacidade do estacionamento é de 500 veículos (na prova prática 9).

Na Figura 10.3 apresentamos o esquema eletropneumático de potência. As barreiras de entrada e saída A e B são constituídas de dois cilindros a duplo efeito DE comandados por duas eletroválvulas pneumáticas biestáveis. Os símbolos apresentados na Figura 10.3 não estão de acordo com as normas internacionais. O esquema Ladder e AWL do estacionamento está representado na Figura 10.4.

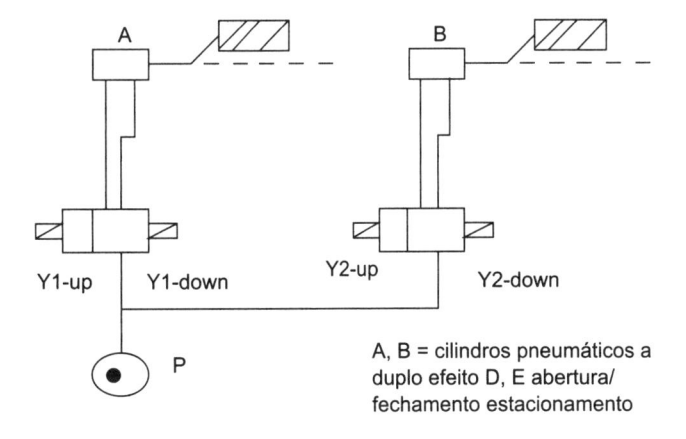

Figura 10.3

Tabela 10.1 Tabela dos Símbolos

Símbolos	Endereço	Comentário
S1	I0.0	Botão start/reset sistema
B1	I0.1	Fotocélula fecha barreira entrada
B2	I0.2	Fotocélula fecha barreira saída
S3	I0.3	Chave abertura barreira de saída
S2	I0.4	Detector presença veículos
Y1-up	Q0.0	Eletroválvula biestável abertura barreira entrada
Y1-down	Q0.1	Eletroválvula biestável fechamento barreira entrada

(continua)

Tabela 10.1 Tabela dos Símbolos (*Continuação*)

Símbolos	Endereço	Comentário
Y2-up	Q0.2	Eletroválvula biestável abertura barreira saída
Y2-down	Q0.3	Eletroválvula biestável fechamento barreira saída
H1-Full	Q0.4	Sinalização estacionamento ocupado
H1-Free	Q0.5	Sinalização estacionamento livre
K1A	M0.1	Merker

(continua)

Tabela 10.1 Tabela dos Símbolos (*Continuação*)

Símbolos	Endereço	Comentário
K2A	M0.2	Merker
K3A	M0.3	Merker
K4A	M0.4	Merker
K5A	M0.5	Merker
K6A	M0.6	Merker
K7A	M0.7	Merker
CNT	C0	Contador up/down

Esquema Ladder e AWL do estacionamento automático (Figura 10.4)

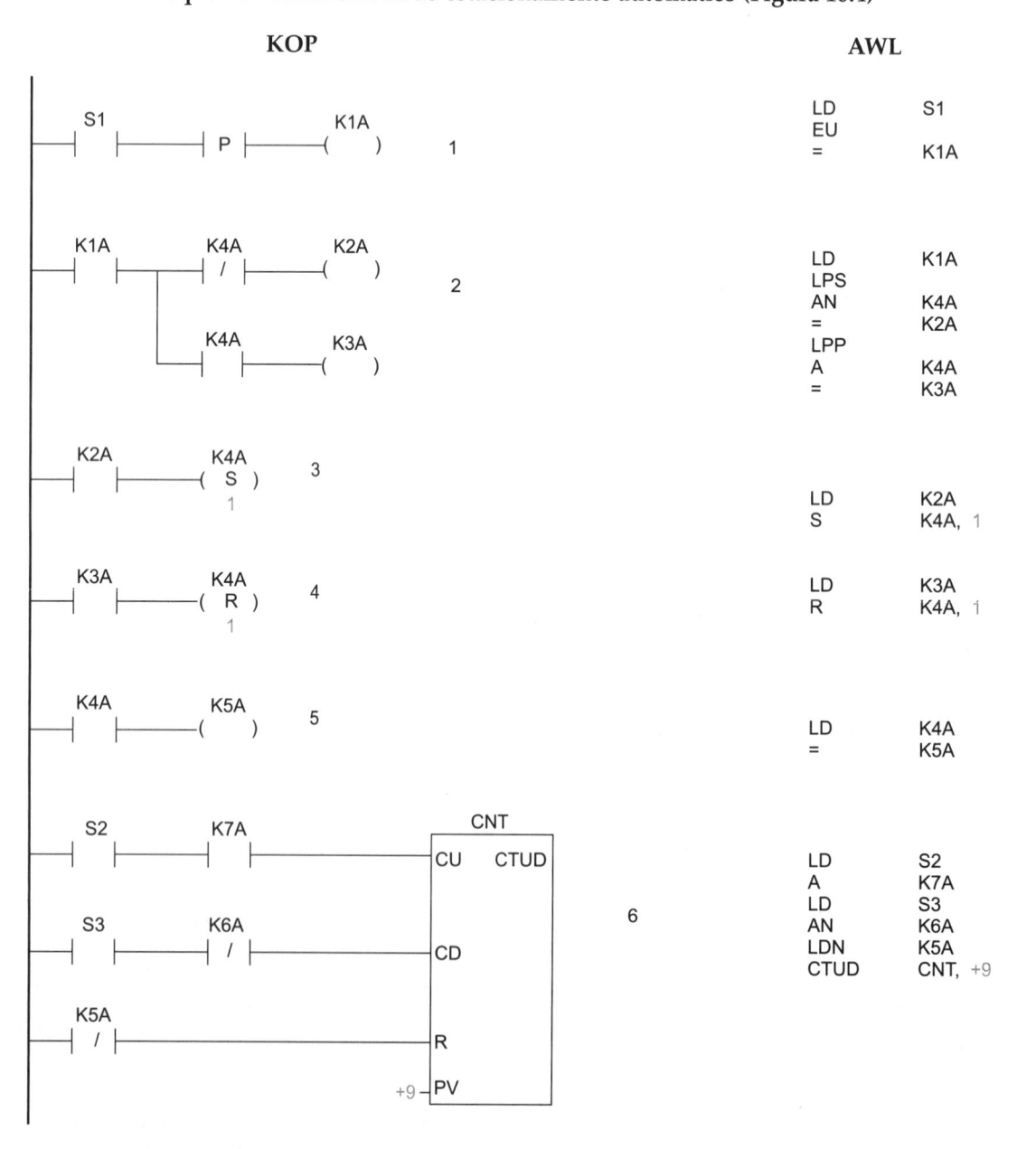

Figura 10.4

KOP   AWL

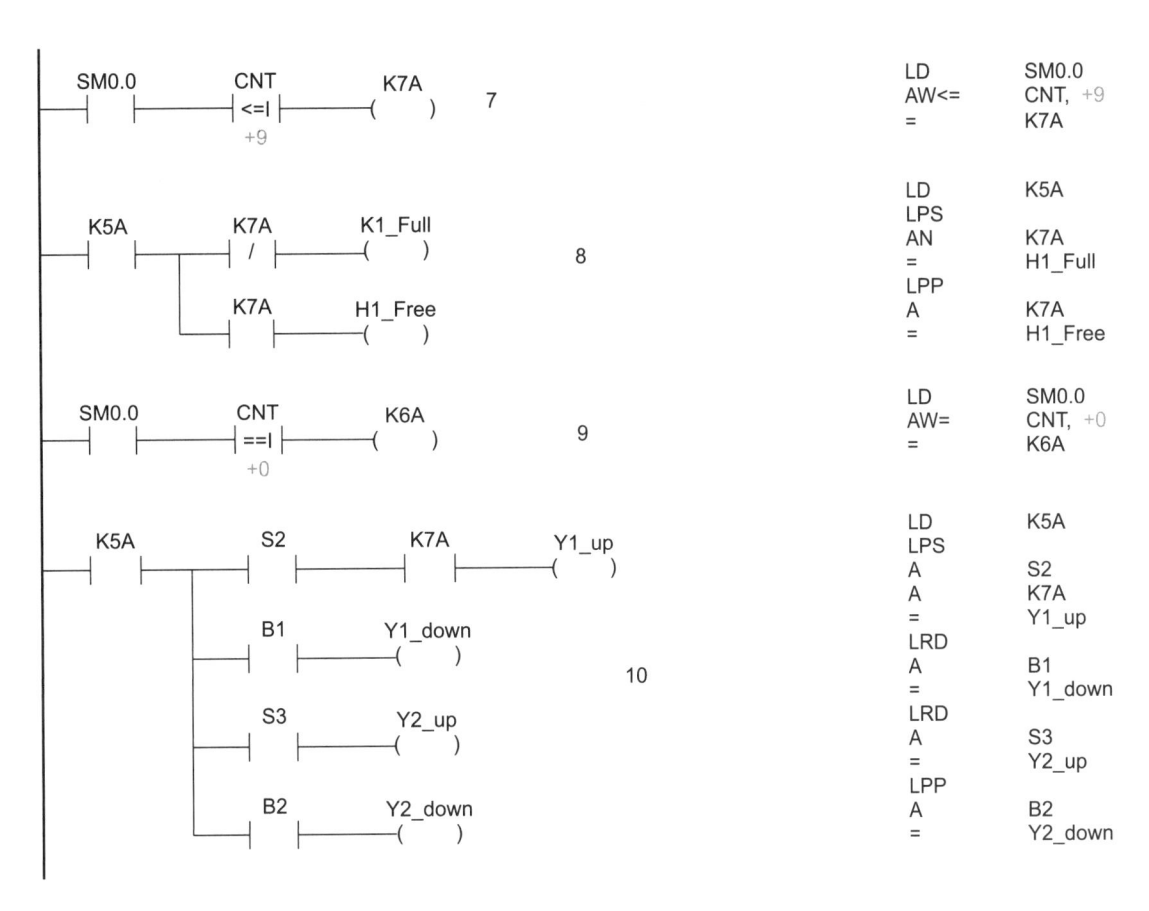

Figura 10.4 (*Continuação*)

– Nas primeiras 5 linhas de programa temos um relé passo-passo.

Pressionando o botão S1, temos a energização da bobina Merker K5A; pressionando novamente o mesmo botão S1, desenergizamos a bobina Merker K5A.

O botão S1 e o Merker K5A têm a função de start e reset do sistema.

– Na sexta linha de programa temos o contador crescente/decrescente CNT para contagem dos veículos que saem ou entram no estacionamento, por meio do sensor indutivo S2, que é um detector de presença de veículo. O veículo, ao passar sobre o detector S2, determina o fechamento da chave sensor S2; o pulso ativa o incremento de 1 unidade do contador CNT enquanto um veículo está entrando no estacionamento.

Ao contrário, um pulso da chave S3 de saída de veículo do estacionamento determina um decremento de 1 unidade do contador CNT.

Na entrada R de reset do contador CNT temos o contato normalmente fechado do Merker K5A, que habilita ou desabilita o reset de contagem do contador CNT cada vez que se pressiona o botão S1 de start e reset do sistema.

– Na sétima linha de programa temos um contato de comparação menor ou igual a 9. Isso significa que, se os veículos no estacionamento são em número menor ou igual a 9 (valor máximo veículo no estacionamento), o Merker K7A é energizado. Na sexta linha de programa notamos como um contato normalmente aberto de K7A está em série com a entrada CU do contador CNT, habilitando a contagem crescente até quando os números dos veículos forem iguais a 9, que é o valor máximo da capacidade do estacionamento.

– Na oitava linha de programa temos a sinalização luminosa do estacionamento cheio H1_full.

O estacionamento é livre H1_free se o Merker K7A é energizado. Isso significa que os números dos veículos no estacionamento são menores que 9, então o estacionamento está livre. Temos, em consequência, a comutação dos contatos dos Merker K7A determinando a ligação da lâmpada livre H1_free e o desligamento da lâmpada cheio H1_full.

– Na nona linha de programa temos o contato de comparação "igual a 0". Isso significa que, se o Merker K6A for energizado, não teremos veículos no estacionamento. O contador CNT também não deve contar valores negativos. De fato, na sexta linha de programa o contato normalmente fechado K6A está em série com a entrada CD do contador CNT; se o contato normalmente fechado K6A se energiza, a entrada de decremento CD do contador UP/DOWN se desabilita automaticamente.

– Na décima linha de programa temos as saídas do PLC relativas às barreiras de entrada e saída do estacionamento.

O sensor S2, que é o detector de presença de veículo em entrada, ativa a barreira de entrada em abertura Y1_up no caso de os veículos serem em número inferior a 9 (valor máximo da capacidade do estacionamento).

O sensor B1 é o sensor de fechamento da barreira de entrada. Ele ativa a barreira de entrada em fechamento Y1_down assim que o veículo passa e entra no estacionamento.

O dispositivo a chave S3 ativa a barreira de saída em abertura Y2_up.

O sensor B2 é o sensor de fechamento da barreira de saída. Ele ativa a barreira de saída em fechamento Y2_down quando o veículo sai do estacionamento.

Na Figura 10.5 apresentamos a cablagem da CPU 222 AC/DC/relé do estacionamento automático.

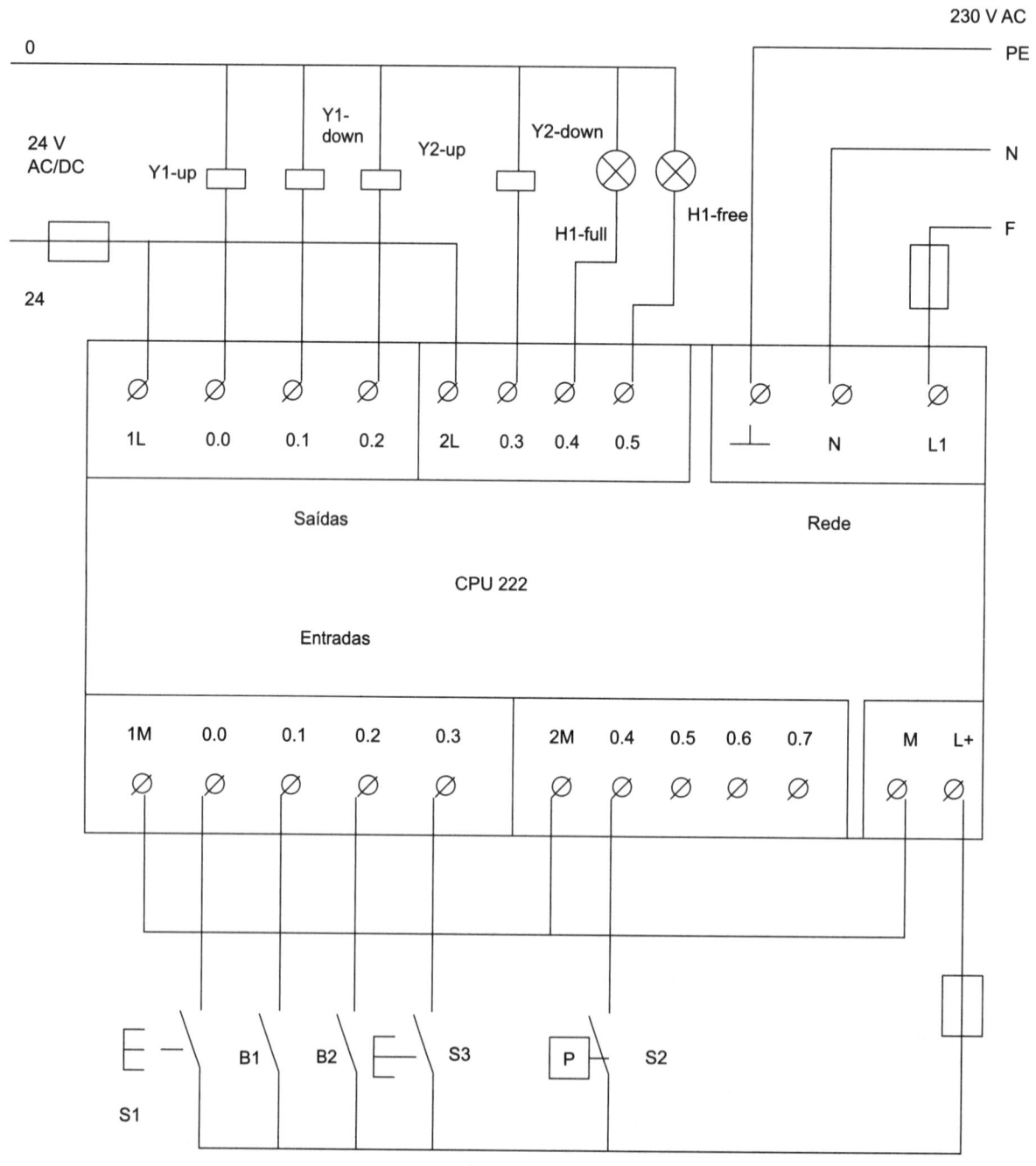

Figura 10.5

10.2 Aplicação: Semáforo com Display com Contagem Decrescente Controlado pelo PLC S7-200

Essa aplicação foi experimentada com sucesso em muitas cidades brasileiras. O objetivo inicial era diminuir a possibilidade de acidente nos cruzamentos das ruas.

O mecanismo é simples: basta introduzir um semáforo com display com contagem decrescente durante a sinalização luminosa verde de passagem dos autoveículos (Figura 10.6).

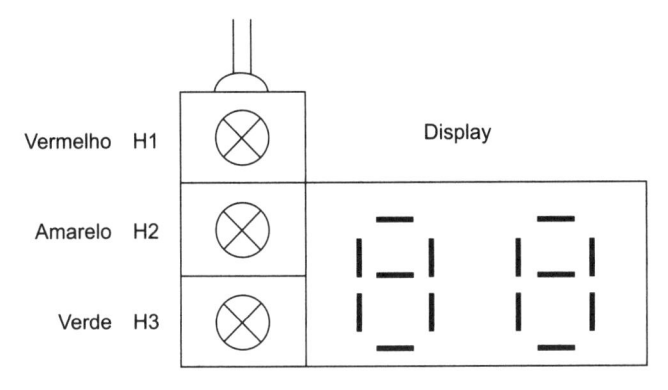

Figura 10.6

Resumindo o funcionamento:

– O vermelho liga H1: o amarelo e o verde permanecem desligados (display desligado);
– O amarelo liga H2: o vermelho e o verde permanecem desligados (display desligado);
– O verde liga H3: o vermelho e o amarelo permanecem desligados (display ligado). O display parte com a contagem decrescente.

O ciclo se repete de modo automático.

Na tabela booleana da Figura 10.7 temos o resumo do funcionamento do semáforo.

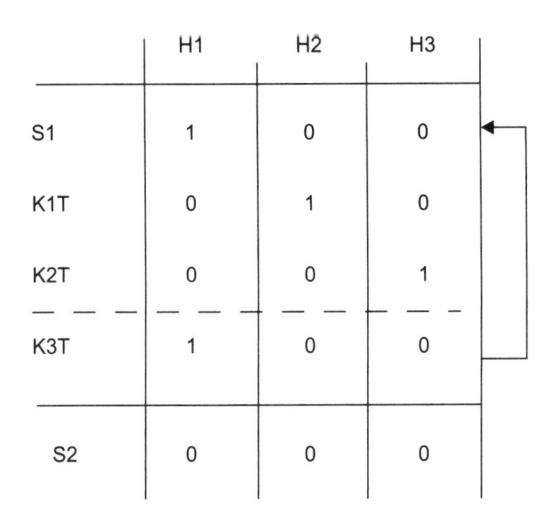

	H1	H2	H3
S1	1	0	0
K1T	0	1	0
K2T	0	0	1
K3T	1	0	0
S2	0	0	0

Figura 10.7

Tabela 10.2 Tabela dos Símbolos

Símbolos	Endereço	Comentário
S1	I0.0	Botão de start
S2	I0.1	Botão de stop
KL	Q0.0	Relé auxiliar de linha
H1	Q0.1	Lâmpada vermelha
H2	Q0.2	Lâmpada amarela
H3	Q0.3	Lâmpada verde
K1A	M0.0	Merker de relé auxiliar
K2A	M0.1	Merker de relé auxiliar
K3A	M0.2	Merker de relé auxiliar
K1T	T37	Timer vermelho
K2T	T38	Timer amarelo
K3T	T39	Timer verde
K4T	T40	Timer
CNT	C0	Contador decrescente
K1	Q1.7	Display unidade
K2	Q1.6	Display unidade
K3	Q1.5	Display unidade
K4	Q1.4	Display unidade
K5	Q1.3	Display dezena
K6	Q1.2	Display dezena
K7	Q1.1	Display dezena
K8	Q1.0	Display dezena

O esquema Ladder e AWL das Figuras 10.8A, 10.8B e 10.8C resolve a aplicação.

– Nas primeiras 9 linhas do programa, temos uma clássica programação com algoritmo da tabela booleana do tipo temporizado com reinício automático do ciclo amplamente descrito em *Automação Industrial – PLC – Teoria e Aplicações – Curso Básico*, Capítulo 17, Básico, 2ª edição, LTC, 2011, do mesmo autor.

Essas linhas efetuam o controle temporizado das lâmpadas vermelha H1, amarela H2 e verde H3.

• As linhas de programa 10 e 11 efetuam a temporização com contagem decrescente do timer durante a ligação da lâmpada verde H3; a contagem acontece a cada segundo, partindo de 90, 89, 88, 87, 86 ... até 0.
• Na linha de programa 10 o timer K4T com *preset* de 1 segundo efetua o scan temporal de 1 segundo pela contagem decrescente.
• Na linha de programa 11 o contador decrescente CNT decrementa de 1 o próprio valor a cada segundo por meio do contato normalmente aberto do timer K4T, na entrada CD.

Lembramos que a entrada LD do contador decrescente CNT serve para definir o valor da contagem inicial, nesse caso 90.

Esquema Ladder e AWL do Semáforo com Display com Contagem Descrescente (Figuras 10.8A, 10.8B e 10.8C)

KOP

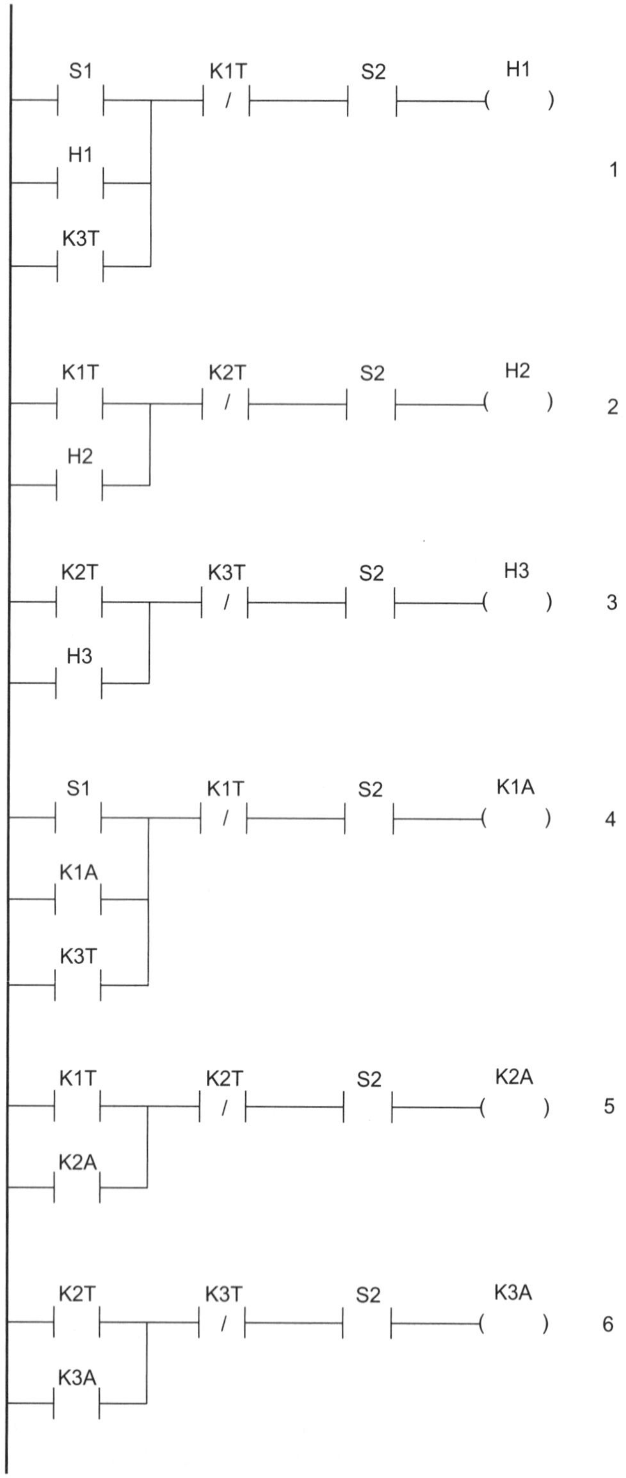

AWL

```
LD    S1
O     H1
O     K3T
AN    K1T
A     S2
=     H1

LD    K1T
O     H2
AN    K2T
A     S2
=     H2

LD    K2T
O     H3
AN    K3T
A     S2
=     H3

LD    S1
O     K1A
O     K3T
AN    K1T
A     S2
=     K1A

LD    K1T
O     K2A
AN    K2T
A     S2
=     K2A

LD    K2T
O     K3A
AN    K3T
A     S2
=     K3A
```

Figura 10.8A

KOP   AWL

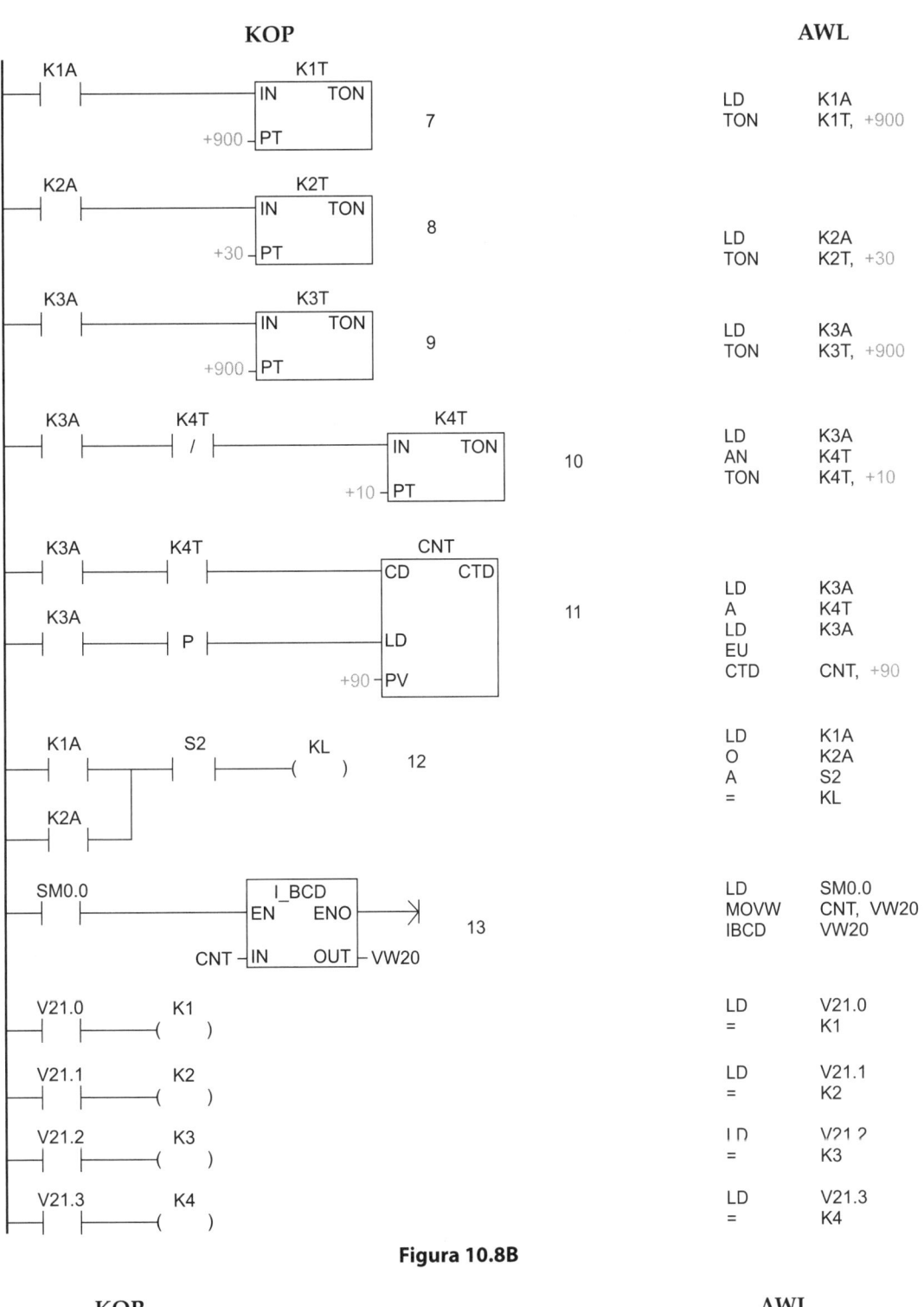

Figura 10.8B

KOP   AWL

Figura 10.8C

– Na linha de programa 12 temos o controle do relé auxiliar de linha KL, cuja função é desligar o display. A comutação do relé KL é efetuada via hardware (Figura 10.9B).

Notamos, na décima segunda linha de programa, como os dois contatos auxiliares normalmente abertos K1A e K2A são ligados em paralelo. Isso permite a energização do relé KL durante a fase da lâmpada vermelha H1 e amarela H2 ligadas. Ao mesmo tempo, temos o desligamento do display por meio do contato auxiliar normalmente fechado KL hardware em série à alimentação do display (veja Figura 10.9B).

Por outro lado, com a lâmpada verde H3 ligada, temos a desenergização do relé KL. Em consequência, ocorrem a comutação do contato KL em série ao display e o seu retorno em posição de repouso, ou seja, com o contato auxiliar normalmente fechado. O display então é alimentado com 24 volts e inicia, assim,

a contagem decrescente. (Nessa fase, H_1 e H_2 são desligadas.)

– Na linha de programa 13 temos a instrução de conversão I_BCD que converte o valor de contagem CNT de um valor inteiro em um valor equivalente em código BCD; o resultado é armazenado na VW20.

Tal conversão é necessária para que o valor da VW20 seja visualizado em um display comum.

– Nas últimas linhas de programa temos o conteúdo da VW20 transferido nas saídas K1, K2, K3 ... das unidades e dezenas do display.

– Com o botão S1, o ciclo parte. O botão S2 para o ciclo em qualquer momento.

Nas Figuras 10.9A e 10.9B apresentamos a cablagem da CPU 222 AC/DC/relé e o módulo de expansão EM222 8D0 a 24 V DC do semáforo com display com contagem decrescente.

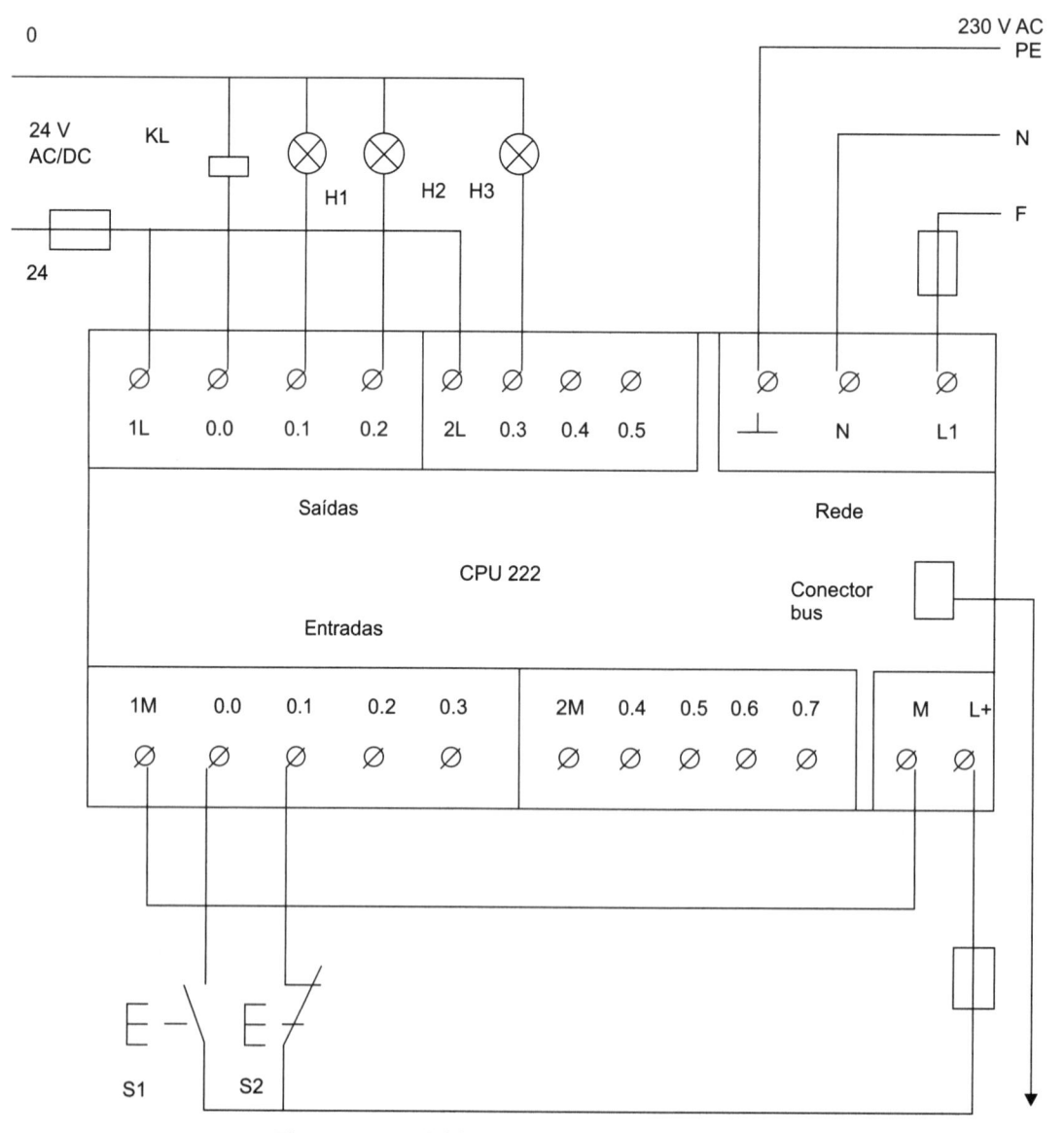

Figura 10.9A Cablagem da CPU 222 AC/DC/relé.

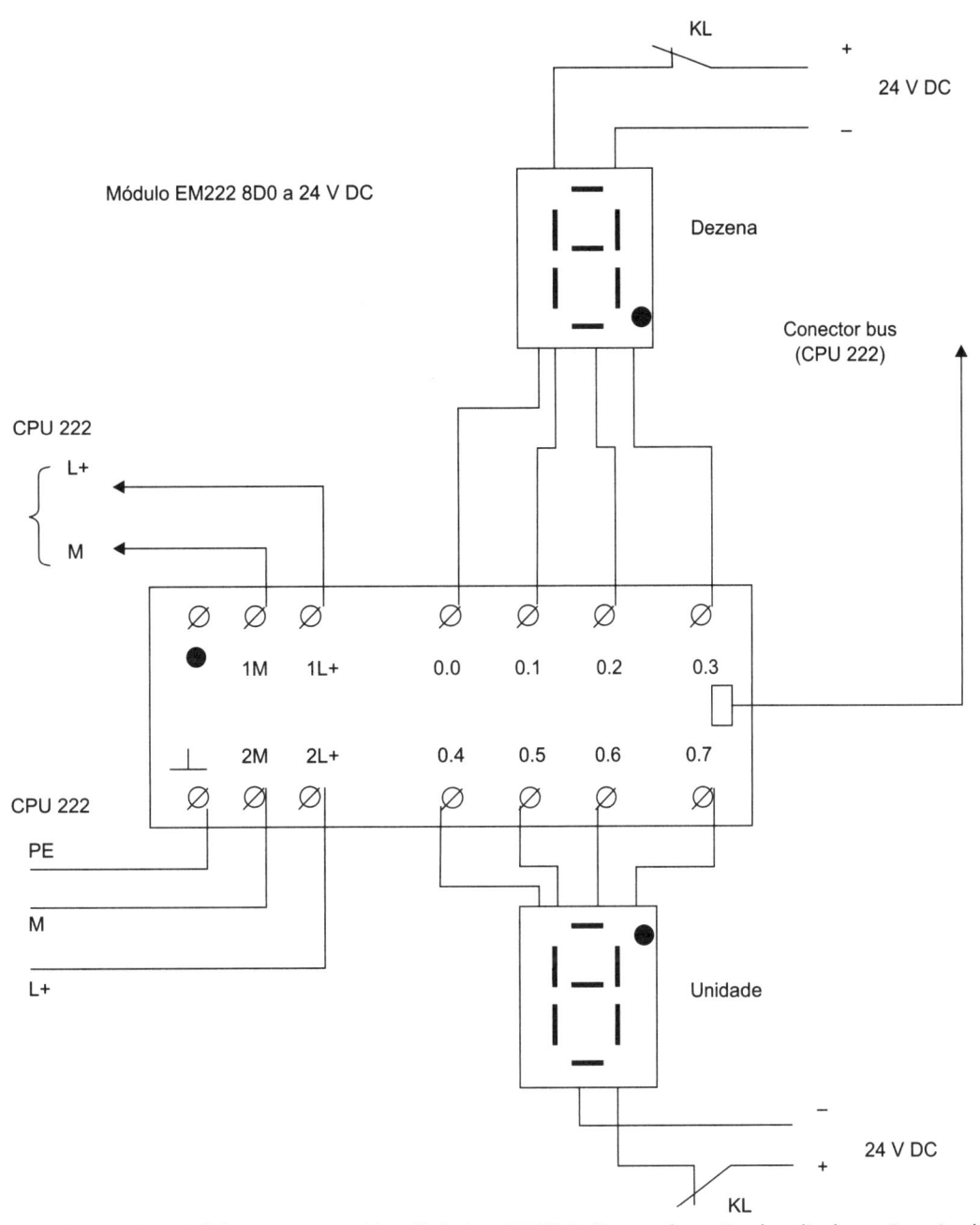

Figura 10.9B Cablagem do módulo EM222, 8 saídas digitais a 24 V DC. Caso a absorção dos displays não seja elevada a alimentação a 24 V DC do display pode ser ligada à fonte de alimentação interna da CPU 222 (parafusos L+, M).

10.3 Aplicação: Instalação Automatizada de Separação de Dois Produtos Controlados pelo PLC S7-200

A aplicação a seguir prevê o controle completo de uma moderna instalação automatizada de separação de dois produtos. A linha automatizada prevê a separação de dois produtos de dimensões diferentes.

As caixas presentes na linha de produção têm duas alturas diferentes, 80 cm e 50 cm, respectivamente. Essas caixas são transportadas ao longo de uma linha principal que em um determinado ponto se divide em duas linhas perpendiculares, onde as caixas se dividem com base na altura.

As caixas devem ser contadas segundo o tipo e o total. As esteiras transportadoras 2 e 3 devem funcionar somente se o produto tem a altura correta e o tempo necessário ao transporte da caixa até a linha de produção subsequente.

A cada final do turno de trabalho as contagens devem ser resetadas.

Na Figura 10.10 representamos a estrutura da instalação, que prevê:

• Dois botões: S1 de start e S2 de stop da esteira transportadora 1, comandada por um motor trifásico M1

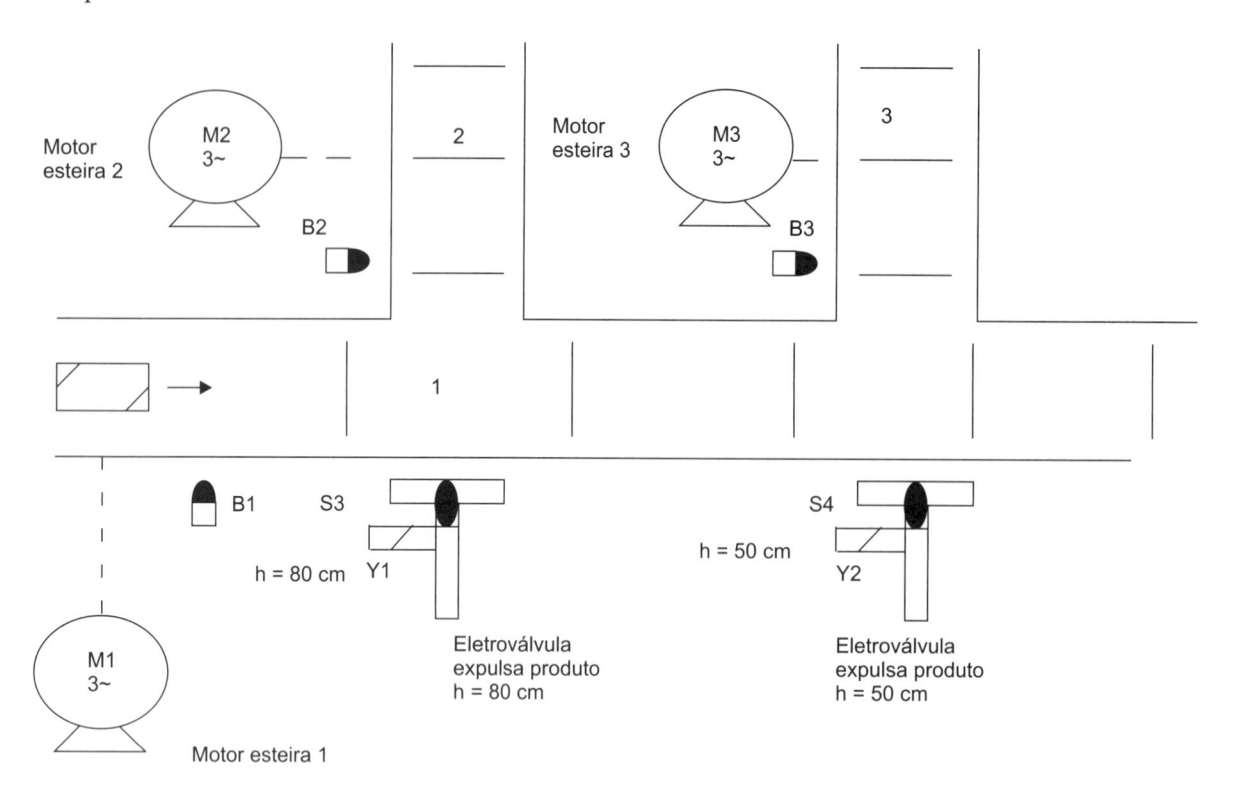

Figura 10.10

por meio do contator KM1. Uma chave S0 ativa, por meio da eletroválvula Y0, o ar comprimido na instalação para alimentação do circuito eletropneumático.

- Um sensor S3, posicionado a uma altura de 80 cm, detecta as caixas de 80 cm de altura. Esse sensor (S3) serve para comandar o cilindro expulsor Y1, que envia a caixa para a esteira trasportadora 2. Essa operação é comandada por um motor trifásico M2 por meio do contator KM2.
- Um sensor S4 posicionado a uma altura de 50 cm serve para a detecção das caixas de 50 cm de altura. O sensor S4 serve para comandar o cilindro expulsor Y2 e a esteira transportadora 3. Essa operação é comandada por um motor trifásico M3 por meio do contator KM3.
- As fotocélulas B1, B2, B3 servem para a contagem das caixas nas esteiras transportadoras 1, 2, 3.
  As fotocélulas B2, B3 também param as esteiras 2 e 3 depois de transcorridos 10 segundos da passagem da última caixa.
- Um botão S6 reseta a contagem dos contadores em qualquer momento.

Na Figura 10.11 apresentamos o esquema eletropneumático de potência constituído de dois cilindros a duplo efeito DE comandados por duas eletroválvulas pneumáticas monoestáveis Y1 e Y2.

Quando a chave de emergência S0 é desacionada se desenergiza a eletroválvula pneumática monoestável Y0 e o circuito eletropneumático fica despressurizado com a haste do cilindro livre.

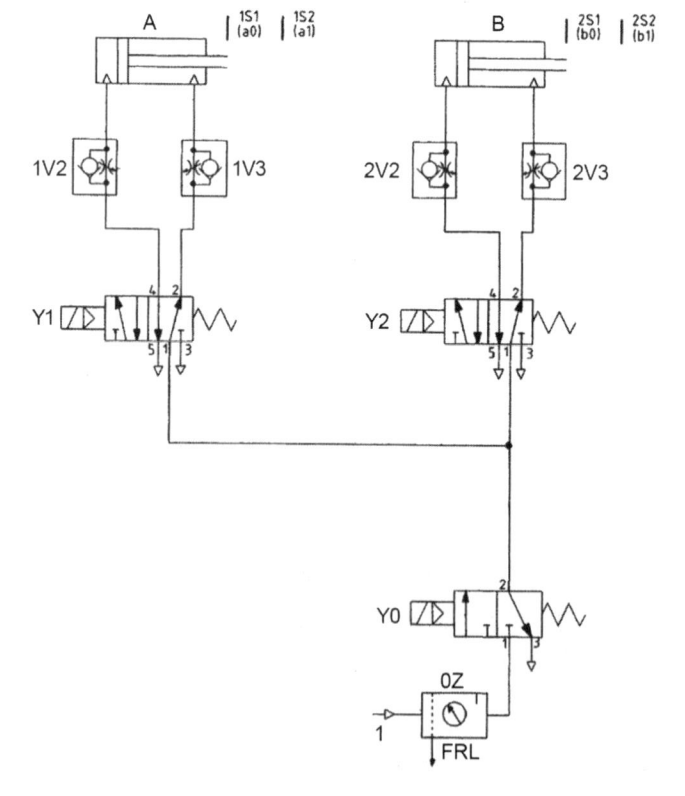

Figura 10.11

Na Figura 10.12 apresentamos o esquema elétrico de potência com seus respectivos dispositivos de proteção.

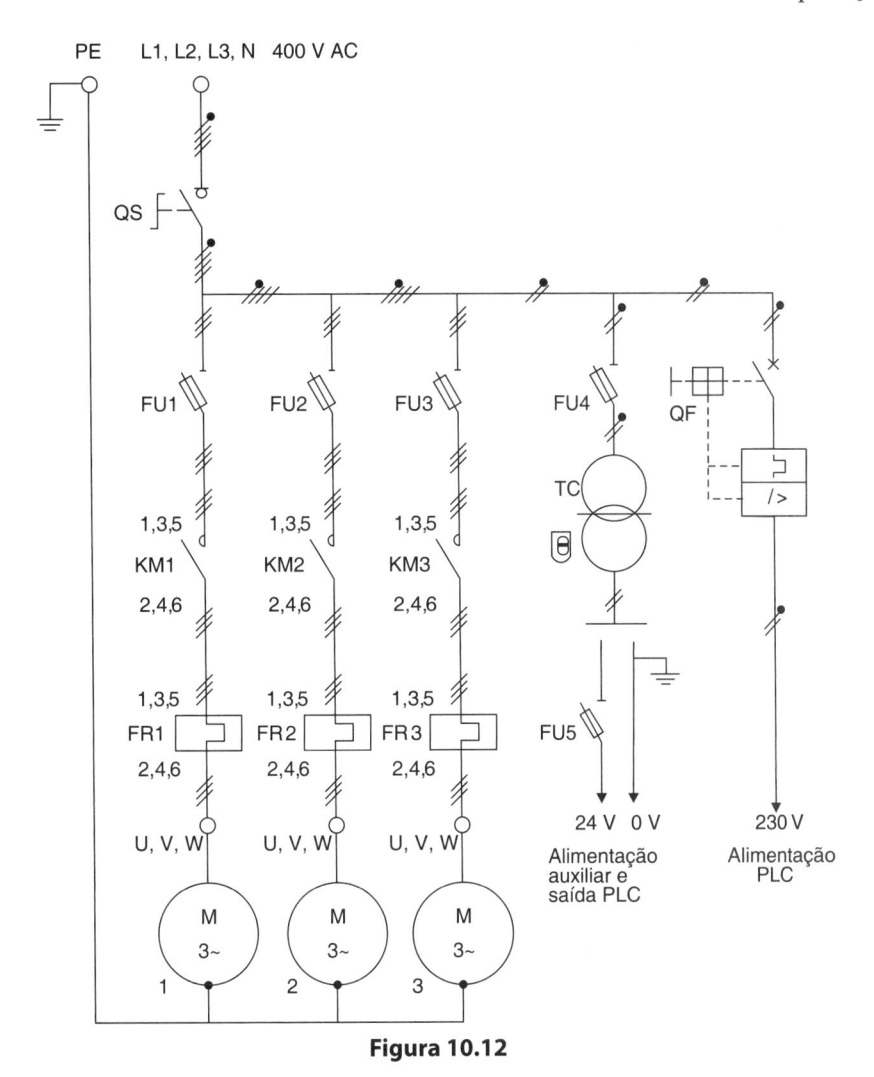

Figura 10.12

Tabela 10.3 Tabela dos Símbolos

Símbolos	Endereço	Comentário
S1	I0.0	Start esteira 1
S2	I0.1	Stop esteira 1
S6	I0.2	Botão reset contagem
B1	I0.3	Fotocélula contagem total de produtos
B2	I0.4	Fotocélula contagem produtos h = 80 cm
B3	I0.5	Fotocélula contagem produtos h = 50 cm
S3	I0.6	Sensor de detecção produtos h = 80 cm
S4	I0.7	Sensor de detecção produtos h = 50 cm
S0	I1.0	Botão Abertura/Fechamento ar comprimido
FR1	I1.1	Térmica motor esteira 1
FR2	I1.2	Térmica motor esteira 2
FR3	I1.3	Térmica motor esteira 3
KM1	Q0.0	Contator esteira 1
KM2	Q0.1	Contator esteira 2
KM3	Q0.2	Contator esteira 3
Y1	Q0.3	Eletroválvula monoestável expulsor produtos h = 80 cm

(continua)

Tabela 10.3 Tabela dos Símbolos (*Continuação*)

Símbolos	Endereço	Comentário
Y2	Q0.4	Eletroválvula monoestável expulsor produtos h = 50 cm
Y0	Q0.5	Eletroválvula monoestável abertura/fechamento ar comprimido
KT1	T37	Temporizador
KT2	T38	Temporizador
CNT1	C0	Contador
CNT2	C1	Contador
CNT3	C2	Contador
K1A	M0.0	Merker
K2A	M0.1	Merker
H0	Q1.0	Sinalização ativação ar comprimido
H1	Q1.1	Sinalização motor esteira 1
H2	Q1.2	Sinalização motor esteira 2
H3	Q1.3	Sinalização motor esteira 3

Vejamos a seguir o esquema Ladder e AWL resolutivo da aplicação (Figuras 10.13A e 10.13B).

Esquema Ladder e AWL da Instalação Automatizada de Separação de Dois Produtos (Figuras 10.13A e 10.13B)

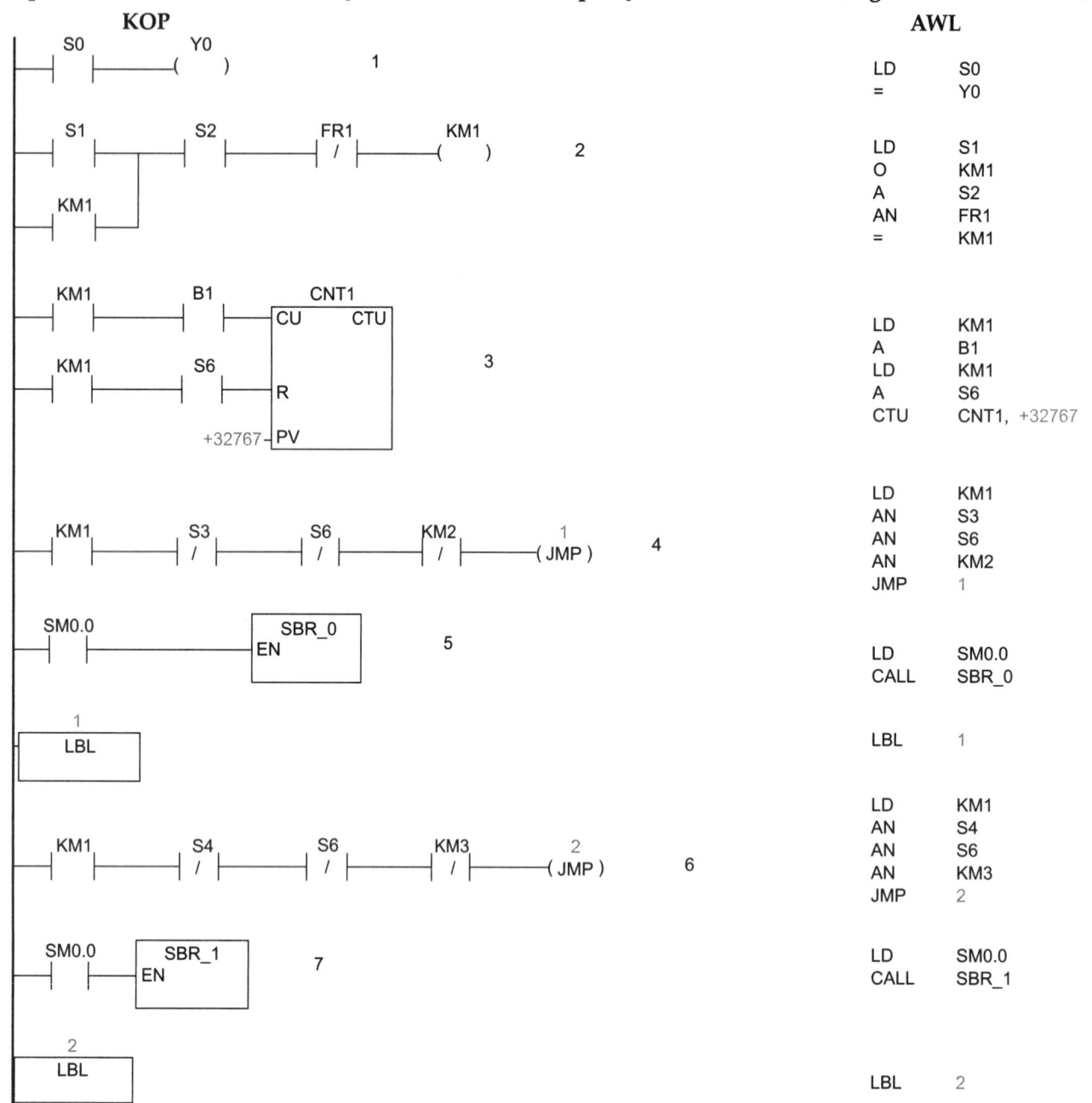

Figura 10.13A

Figura 10.13B

No esquema Ladder e AWL resolutivo representado nas Figuras 10.13A, 10.13B, 10.13C e 10.13D, o programa foi subdividido em programa principal MAIN e 2 subroutine SBR_0 e SBR_1.

- **MAIN. Programa principal**

– Na primeira linha de programa temos a chave de emergência S0 que abre e fecha a eletroválvula monoestável Y0 de pressurização do circuito eletropneumático.
– Na segunda linha de programa temos o botão de start S1, que energiza a bobina do contator KM1 para a partida da esteira transportadora 1. Com o botão S2 de stop se para a esteira principal 1 em qualquer momento.
– Na terceira linha de programa temos o contador CNT1, que serve para a contagem de todas as caixas que se deslocam ao longo da esteira 1, por meio dos pulsos fornecidos pela fotocélula B1. O botão S6 reseta o contador CNT1 em qualquer momento.
– Na quarta linha de programa temos uma instrução de salto JUMP1. Se o sensor S3 não detecta nenhuma caixa, o scan do PLC pula a LBL 1 enquanto a bobina de JUMP1 permanece energizada.

Caso o sensor S3 detecte uma caixa de 80 cm, o scan do PLC não executa o salto JUMP1, e a bobina de JUMP1, dessa vez, é desenergizada. A elaboração das instruções continua sucessivamente, ou seja, a SBR_0. O contato normalmente fechado KM2 em série à bobina de JUMP1 se abre em caso de ativação da subroutine SBR_0, permitindo assim a desenergização constante da bobina de JUMP1.

– Na quinta linha de programa temos a SBR_0.
– Na sexta linha de programa temos outra bobina de JUMP2 que age como descrito na linha 4 de programa. Se o sensor S4 não detecta nenhuma caixa, o scan do PLC pula a LBL 2, e a bobina de JUMP2 permanece energizada.

Caso o sensor S4 detecte uma caixa de 50 cm, o scan do PLC não executa o salto JUMP2, e a bobina de JUMP2, dessa vez, é desenergizada e prossegue com a elaboração das instruções sucessivas, ou seja, a SBR_1. O contato normalmente fechado KM3 em série à bobina de JUMP2 se abre em caso de ativação da subroutine SBR_1, permitindo assim a desenergização constante da bobina de JUMP2.

– Na sétima linha de programa temos a SBR_1.
– Na oitava linha de programa temos a sinalização por meio das lâmpadas H0, H1, H2, H3 de ativação do ar comprimido na instalação e das esteiras transportadoras 1, 2, 3.

- **SBR_0:subroutine 0**

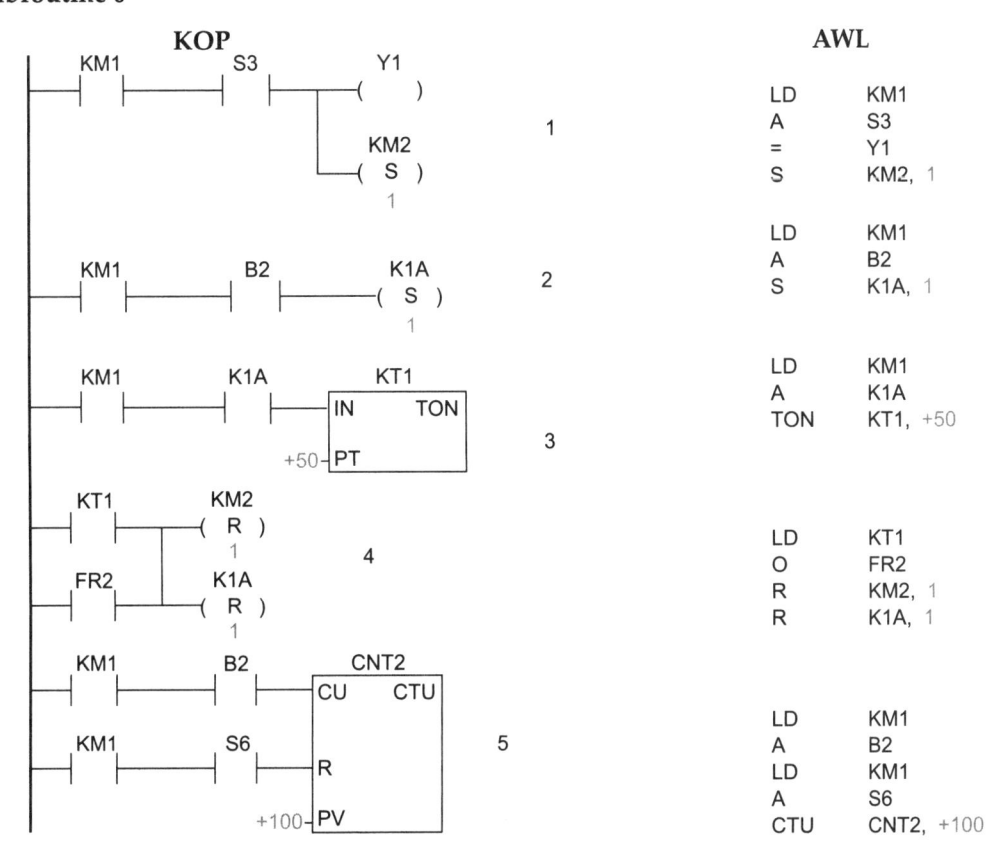

Figura 10.13C

– Na primeira linha de programa temos o sensor S3, que, ao detectar a caixa de 80 cm, provoca a comutação. Em consequência, temos a energização da eletroválvula pneumática monoestável Y1. A eletroválvula Y1 ativa o cilindro expulsor a duplo efeito DE e encaminha a caixa de 80 cm sobre a esteira 2. Simultaneamente, a bobina do contator KM2 é setada e assim a esteira 2 parte.

– Na segunda linha de programa temos a fotocélula B2, que, ao detectar a caixa sobre a esteira 2, seta o Merker K1A.

– Na terceira linha de programa temos a ativação do timer KT1 por meio do contato do Merker K1A.

– Na quarta linha de programa, depois de 5 segundos, se reseta a bobina do contator KM2 e do Merker K1A, parando a esteira 2 e a contagem do tempo do timer KT1.

– Na quinta linha de programa temos o contador CNT2, que conta as caixas que transitam ao longo da esteira 2, por meio dos pulsos fornecidos pela fotocélula B2. O botão S6 reseta a contagem em qualquer momento.

• **SBR_1:subroutine 1**

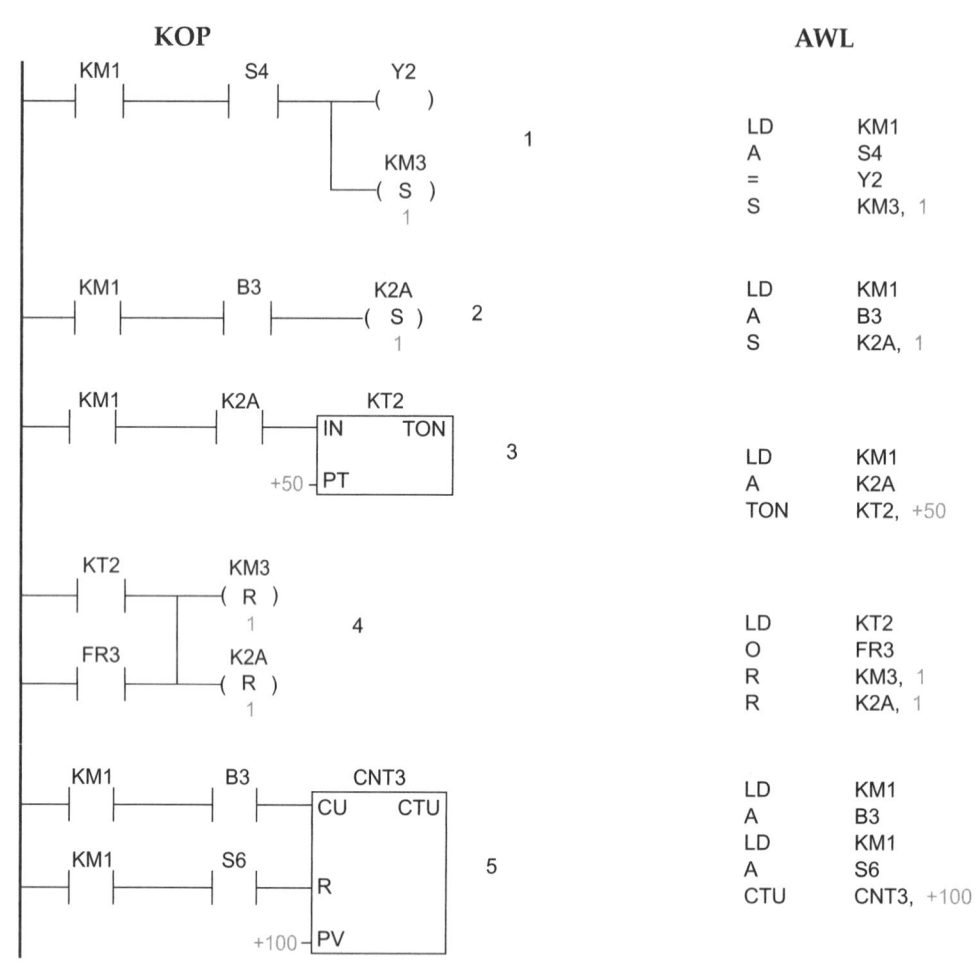

Figura 10.13D

– Na primeira linha de programa temos o sensor S4, que, ao detectar a caixa de 50 cm, provoca a comutação. Em consequência, ocorre a energização da eletroválvula pneumática monoestável Y2. A eletroválvula Y2 ativa o cilindro expulsor a duplo efeito DE e encaminha a caixa de 50 cm sobre a esteira 3. Simultaneamente, é setada a bobina do contator KM3, e assim a esteira 3 parte.

– Na segunda linha de programa temos a fotocélula B3, que, ao detectar a caixa sobre a esteira 2, seta o Merker K2A.

– Na terceira linha de programa temos a ativação do timer KT2 por meio do contato do Merker K2A.

– Na quarta linha de programa, depois de 5 segundos, se reseta a bobina do contator KM3 e do Merker K2A, parando assim a esteira 3 e a contagem de tempo do timer KT2.

– Na quinta linha de programa temos o contador CNT3, que conta as caixas que transitam ao longo da esteira 3 por meio dos pulsos fornecidos pela fotocélula B3. O botão S6 reseta a contagem em qualquer momento.

No final de cada dia de trabalho os operadores poderão ler os valores dos contadores e verificar a produção parcial e total do dia. Com o botão S6 se resetam todos os contadores a cada novo ciclo de produção.

Uma ampliação dessa aplicação pode ser um display com a visualização dos valores de contagem parcial e total das caixas em cada esteira transportadora. Deixamos para o leitor o projeto dessa ampliação.

Nas Figuras 10.14A e 10.14B apresentamos a cablagem da CPU 222 AC/DC/relé e o módulo de expansão EM223 4DI/4DO da instalação automatizada de separação de dois produtos.

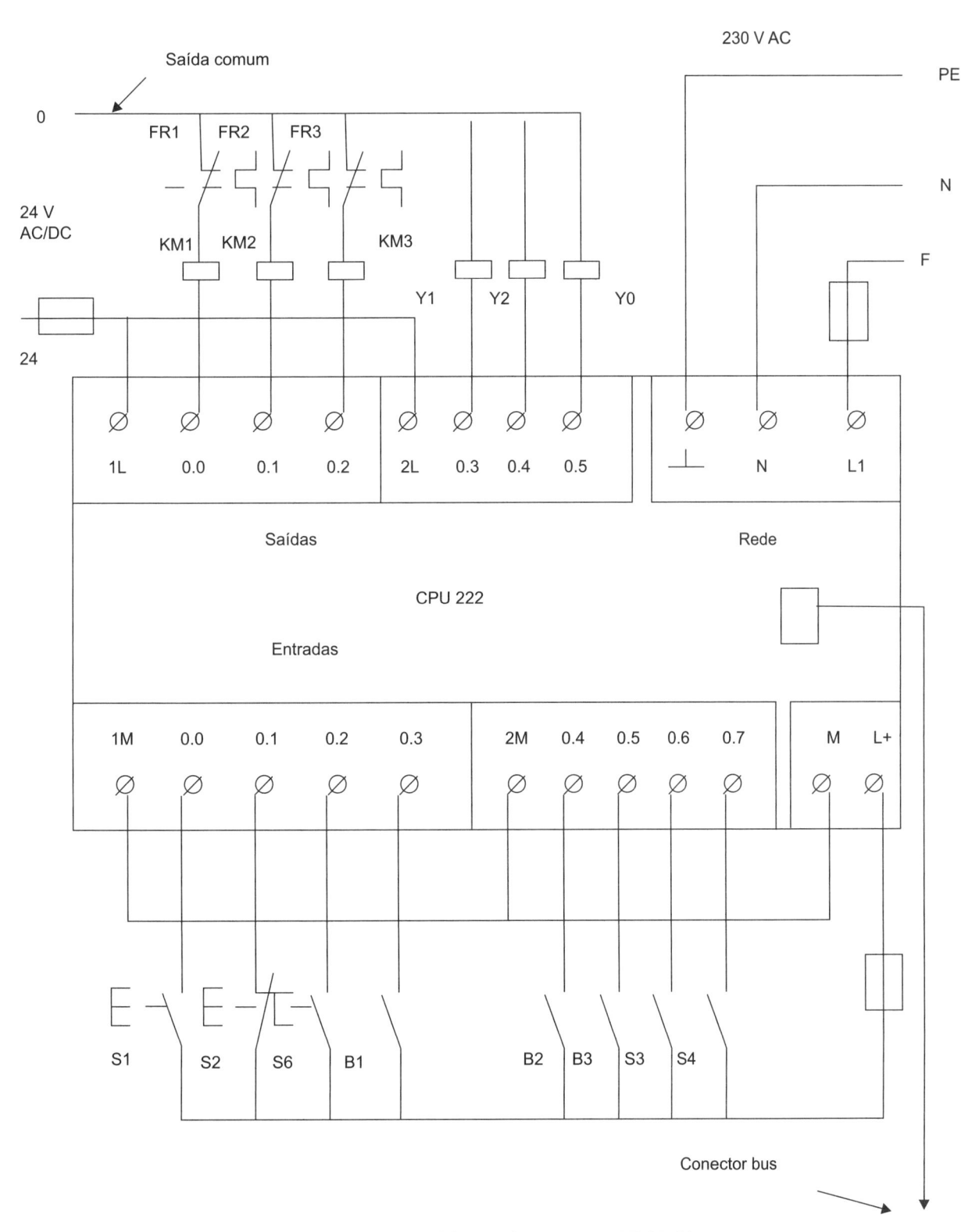

Figura 10.14A Cablagem da CPU 222 AC/DC/relé.

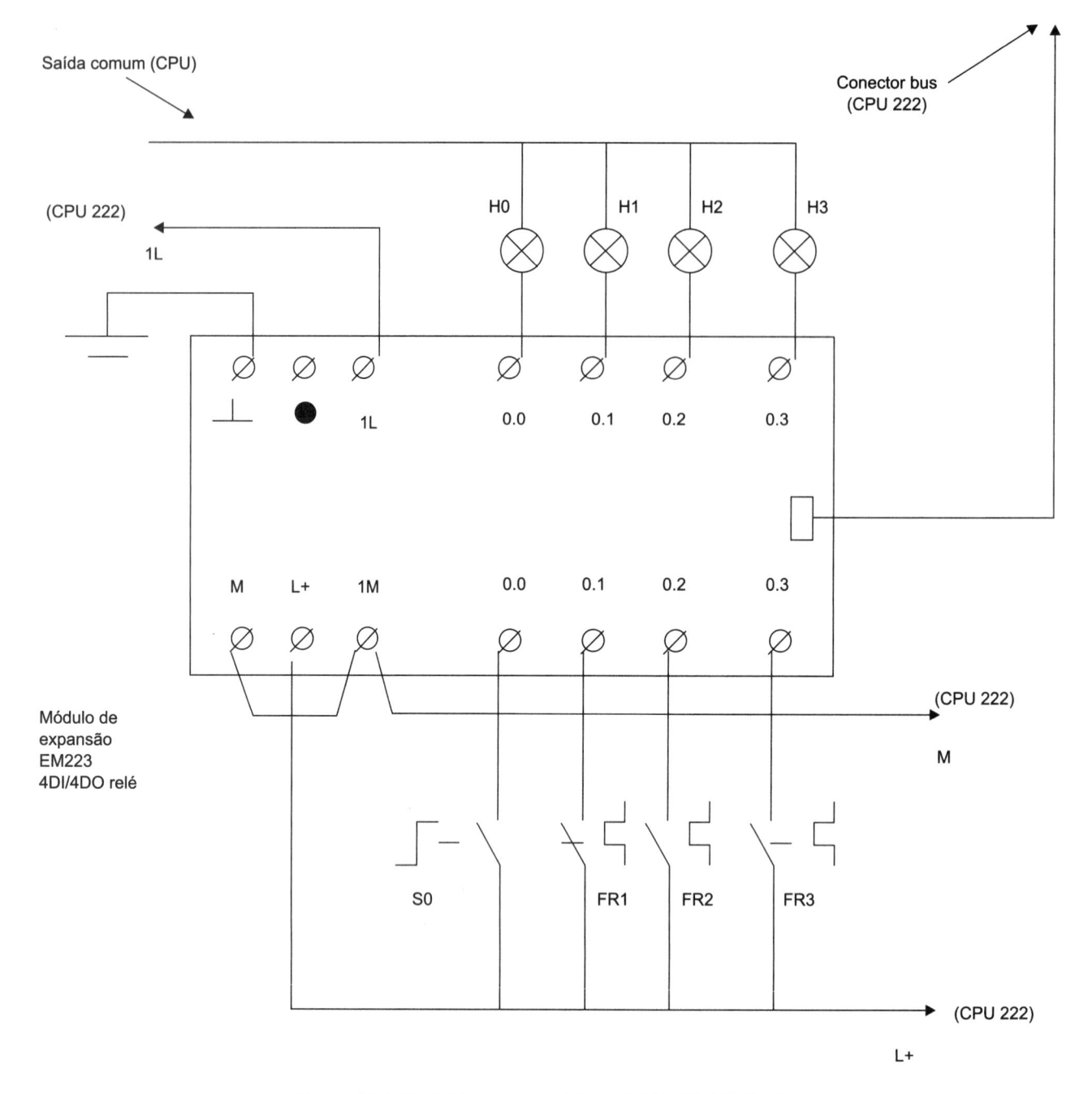

Figura 10.14B Cablagem do módulo EM223 4DI/4DO) relé.

10.4 Aplicação: Inspeção e Controle de uma Linha de Transporte Discretizada Controlada pelo PLC S7-200

Com referência à linha de transporte discretizada da Figura 10.15, tratamos da seguinte situação: uma série de pequenos eletrodomésticos é submetida a vários testes de tipo mecânico e visual nas estações 1 e 3. Se os dois testes resultam positivos as peças são descartadas na estação 5, por meio do expulsor Y1.

Para armazenar os dois estados relativos aos dois testes precisamos de dois *shift registers* (registradores de deslocamento), um para a inspeção mecânica e outro para a inspeção visual.

Na Figura 10.16 apresentamos o esquema eletropneumático de potência constituído de um cilindro a duplo efeito DE comandado por uma eletroválvula pneumática monoestável Y1.

Na Figura 10.17 apresentamos o esquema elétrico de potência com os respectivos dispositivos de proteção.

Apresentamos nas Figuras 10.18A e 10.18B o esquema Ladder e AWL resolutivo da aplicação.

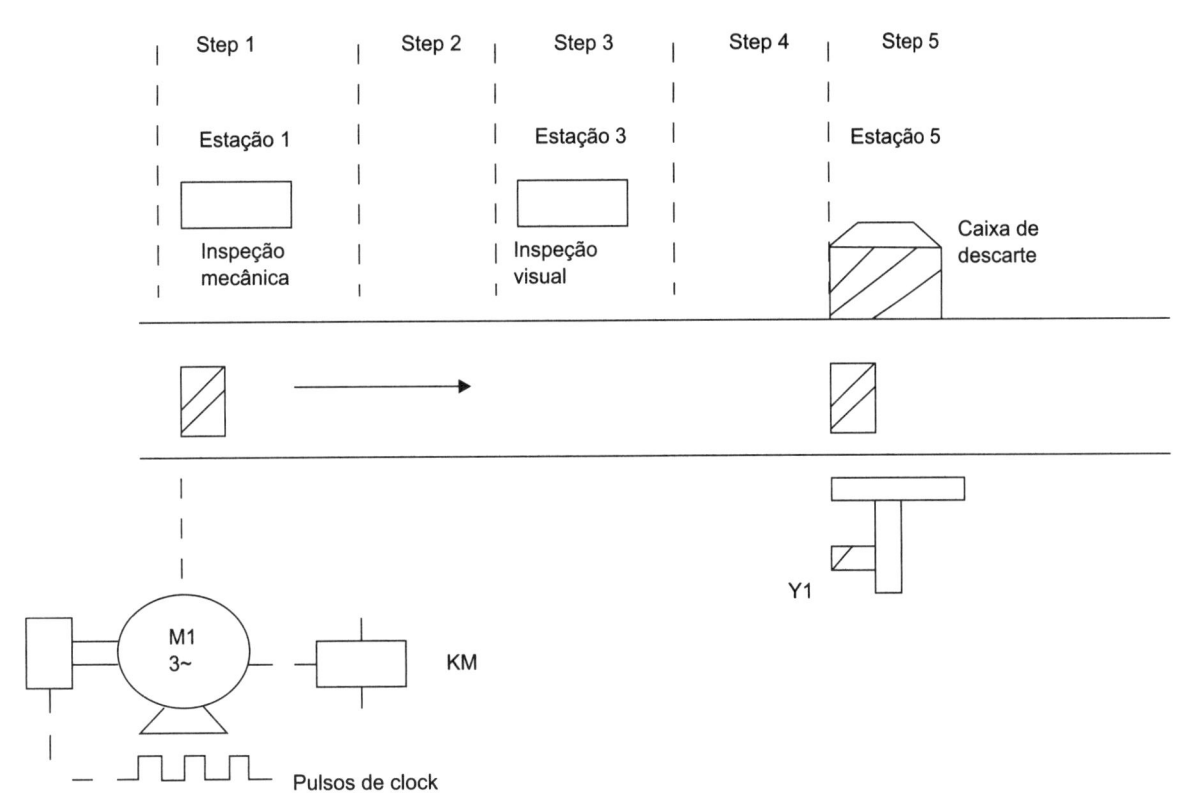

Figura 10.15

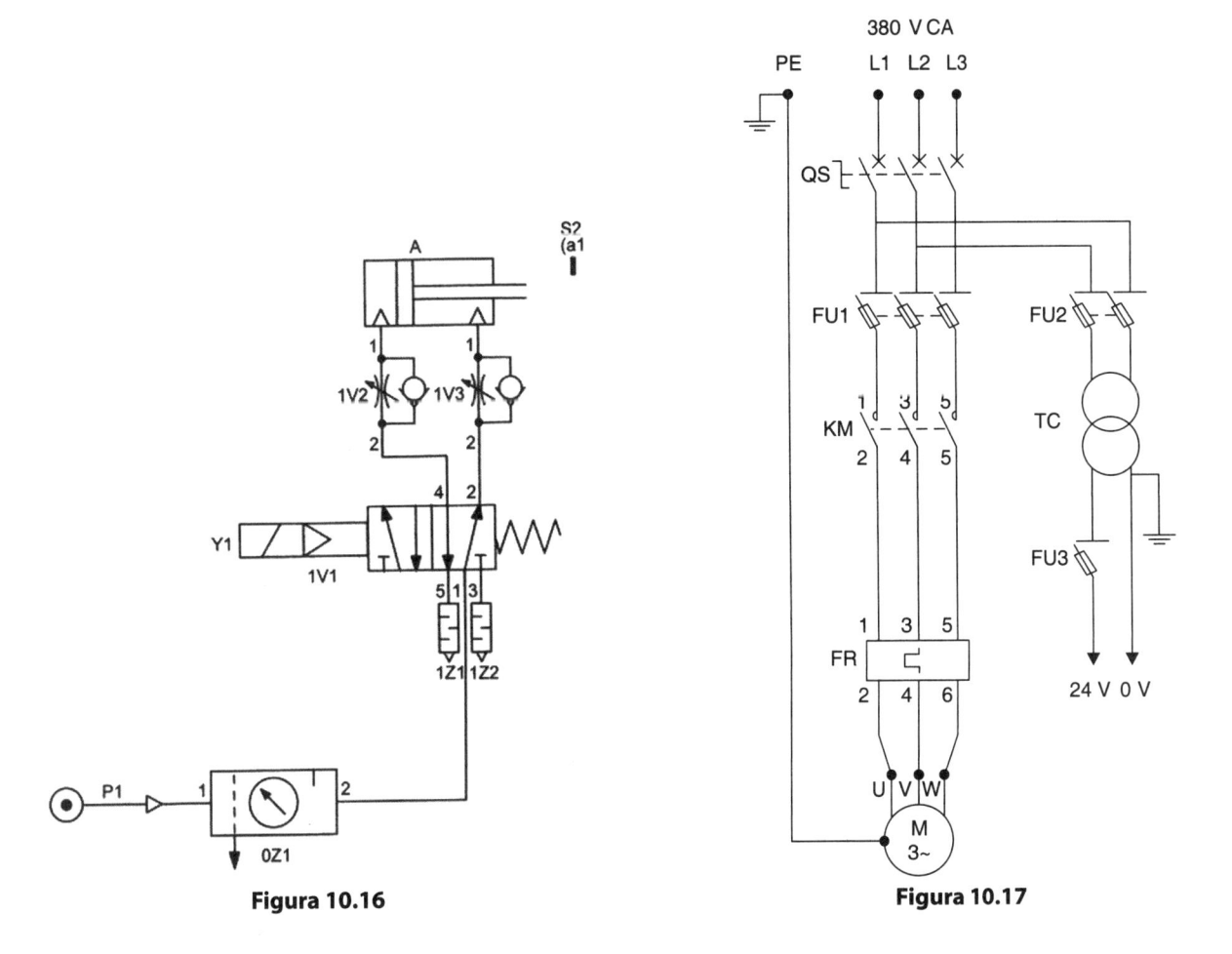

Figura 10.16
Figura 10.17

Tabela 10.4 Tabela dos Símbolos

Símbolos	Endereço	Comentário
Clock	I0.0	Entrada sensor detecção movimento esteira transportadora
S3	I0.1	Botão reset
S1	I0.2	Botão start esteira transportadora
Insp_mec	I0.3	Botão inspeção mecânica
Insp_visual	I0.4	Botão inspeção visual
S2	I0.5	Botão de stop esteira transportadora
FR	I0.6	Térmica motor esteira transportadora
KM	Q0.0	Motor esteira transportadora
Y1	Q0.1	Eletroválvula monoestável pneumática
H1	Q0.2	Sinalização de esteira em movimento
H2	Q0.3	Sinalização de esteira parada
REG 1	VW200	Word
REG 2	VW250	Word
REG 3	VW300	Word
REG 4	VW350	Word

Esquema Ladder e AWL da Inspeção e Controle de uma Linha de Transporte Discretizada Controlada pelo PLC S7-200 (Figuras 10.18A e 10.18B)

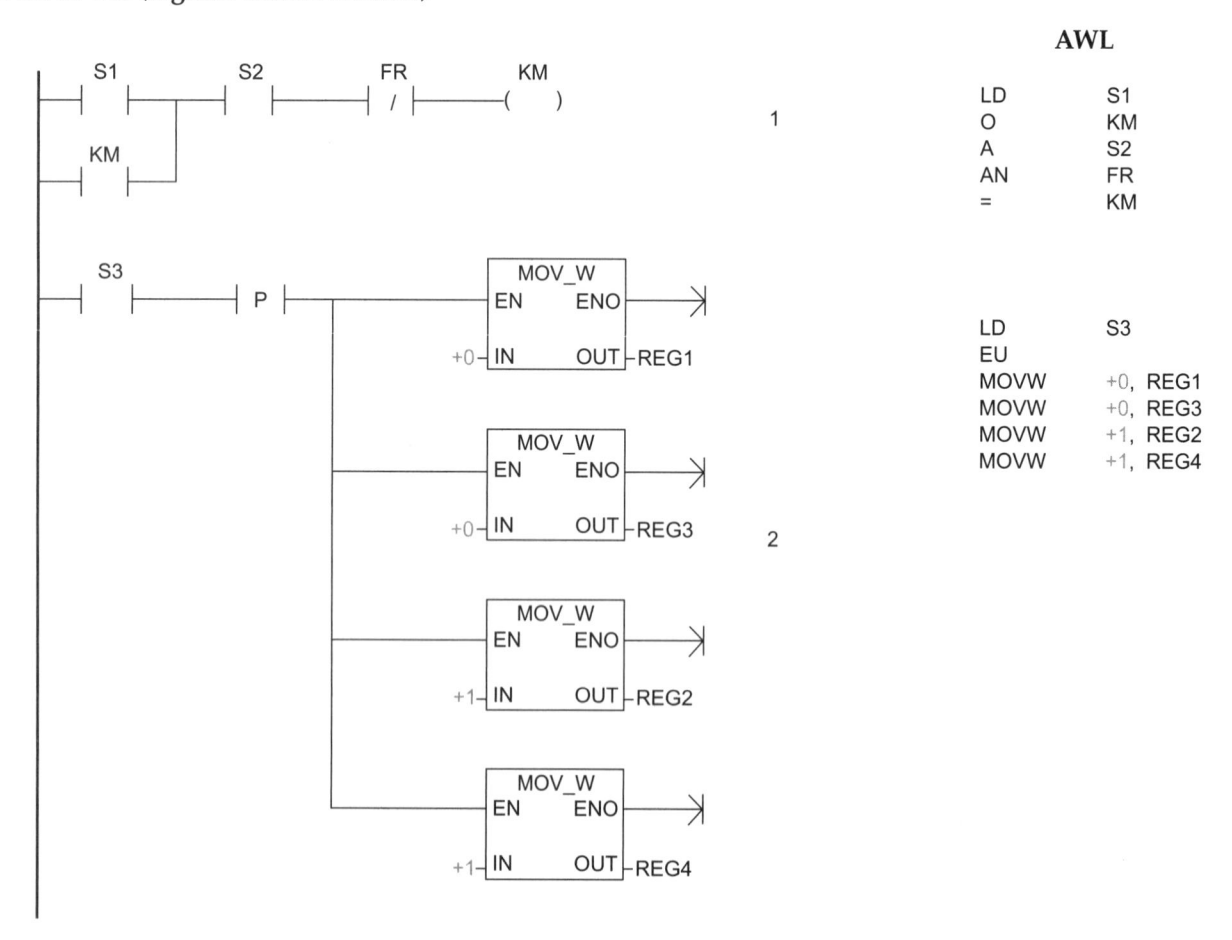

Figura 10.18A

AWL

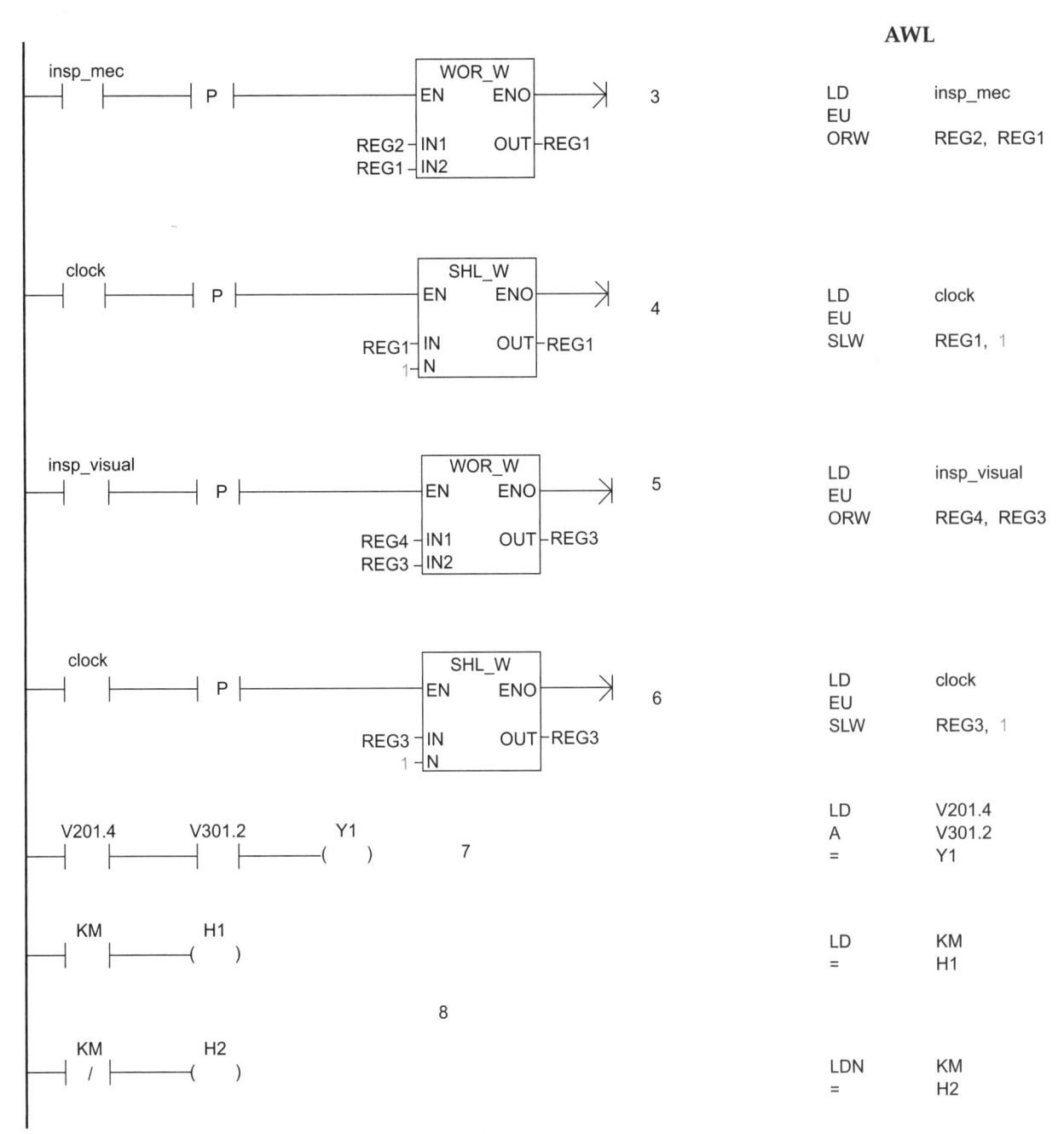

Figura 10.18B

No esquema Ladder resolutivo das Figuras 10.18A e 10.18B são utilizados dois *shift registers* em combinação com uma instrução de lógica combinatória do tipo WOR_W. A lógica do programa é aquela já discutida na Seção 8.10.

Os pequenos eletrodomésticos sobre a esteira transportadora, uma vez testados por um operador, obterão uma informação discreta segundo a lógica.

0 = peça testada boa
1 = peça testada defeituosa

Os bits em nível lógico "1" são inseridos nos registros a 16 bits REG1 e REG3 por meio das entradas impulsivas (botões) insp_mec e insp_visual situados nas estações de verificação 1 e 3. As entradas de clock para os *shift registers* são geradas por um transdutor tipo *encoders* para a detecção do movimento da esteira transportadora. O transdutor é instalado de modo tal que detecte a presença dos dentes de uma roda acoplada ao motor trifásico (roda dentada). Quando a esteira transportadora for acionada a roda dentada rodará, gerando, por meio do transdutor (*encoders*), um trem de pulsos em saída que será ligado a uma entrada do PLC.

Temos assim um transdutor que converte um deslocamento angular (roda dentada) em um deslocamento linear da esteira transportadora.

Na Figura 10.19 vemos um exemplo de transdutor acoplado a uma roda dentada.

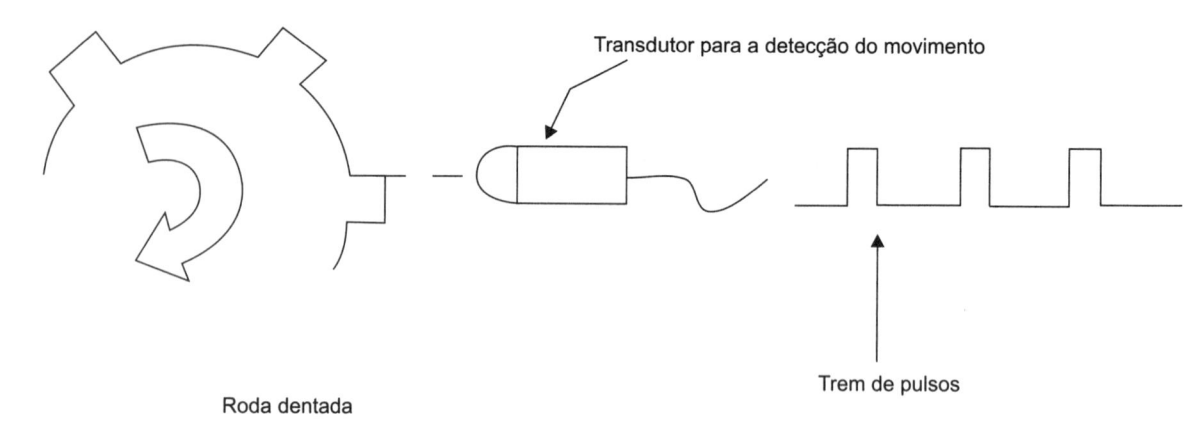

Roda dentada

Transdutor para a detecção do movimento

Trem de pulsos

Figura 10.19

É importante precisar que a velocidade da roda dentada deverá ser muito baixa, de modo que a frequência dos pulsos gerados pelo transdutor seja abaixo de 10 Hz. Caso contrário, será necessário utilizar entradas do PLC de tipo especial para a contagem veloz.

A entrada de clock faz deslocar os bits "1" do *shift register* de uma posição à esquerda a cada borda de subida do sinal de clock.

Faremos agora uma breve descrição do esquema Ladder das Figuras 10.18A e 10.18B.

* Na primeira linha de programa temos um botão S1 de partida da esteira e S2 de parada da esteira, acionada pelo contator KM.
* Na segunda linha de programa temos um botão de reset S3 do sistema. Pressionando S3, são carregadas as Words de comparação REG2 e REG4 e as Words de amostras REG1 e REG3.
* Na terceira e quarta linhas de programa temos a entrada para a inspeção mecânica e para a entrada de clock em combinação com o *shift register* e a instrução WOR_W. Se na estação 1 surge uma peça defeituosa, o operador pressiona o botão insp-mec, que detecta o produto defeituoso, enviando assim um pulso à instrução WOR_W, que se habilita. Depois de 5 pulsos de clock, devido ao mecanismo roda dentada e transdutor teremos sobre a esteira transportadora no STEP 5 a seguinte situação do registro REG1(VW200) (Figura 10.20).

V201.4
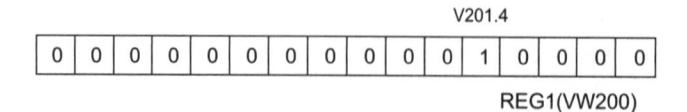
REG1(VW200)

Figura 10.20

* Na quinta e sexta linhas de programa temos a entrada para a inspeção visual e para a entrada de clock em combinação com o *shift register* e a instrução WOR_W. Se na estação 3 surge uma peça defeituosa, o operador

pressiona o botão insp-visual, que detecta o produto defeituoso, enviando assim um pulso à instrução WOR_W, que se habilita. Depois de 5 pulsos de clock, devido ao mecanismo roda dentada e transdutor teremos sobre a esteira transportadora no STEP 5 a seguinte situação do registro REG3(VW300) (Figura 10.21).

V301.2
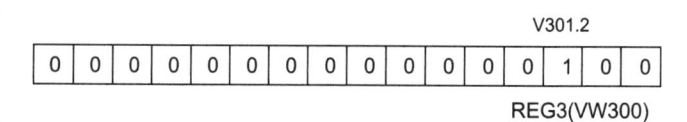
REG3(VW300)

Figura 10.21

* Na sétima linha de programa temos os dois bits V201.4 e V301.2 em série com a saída do expulsor Y1. A consequência é que, no caso de as peças estarem defeituosas, os dois bits serão energizados simultaneamente, ativando assim a eletroválvula monoestável Y1. As peças serão removidas do ciclo de produção.
* Na oitava linha de programa temos a sinalização das lâmpadas H1 e H2 de esteira de parada e de movimento.

Na Figura 10.22 apresentamos a cablagem da CPU 222 AC/DC/relé da inspeção e controle de uma linha de transporte discretizada.

10.5 Aplicação: Instalação Automatizada com Cálculos de Percentual de Descarte em uma Linha de Produção Controlada pelo PLC S7-200

Uma linha de produção de televisores tem a tarefa de calcular o percentual de descarte dos televisores defeituosos. No exemplo que consideramos da linha de produção, a esteira transportadora é comandada por dois botões de start e stop.

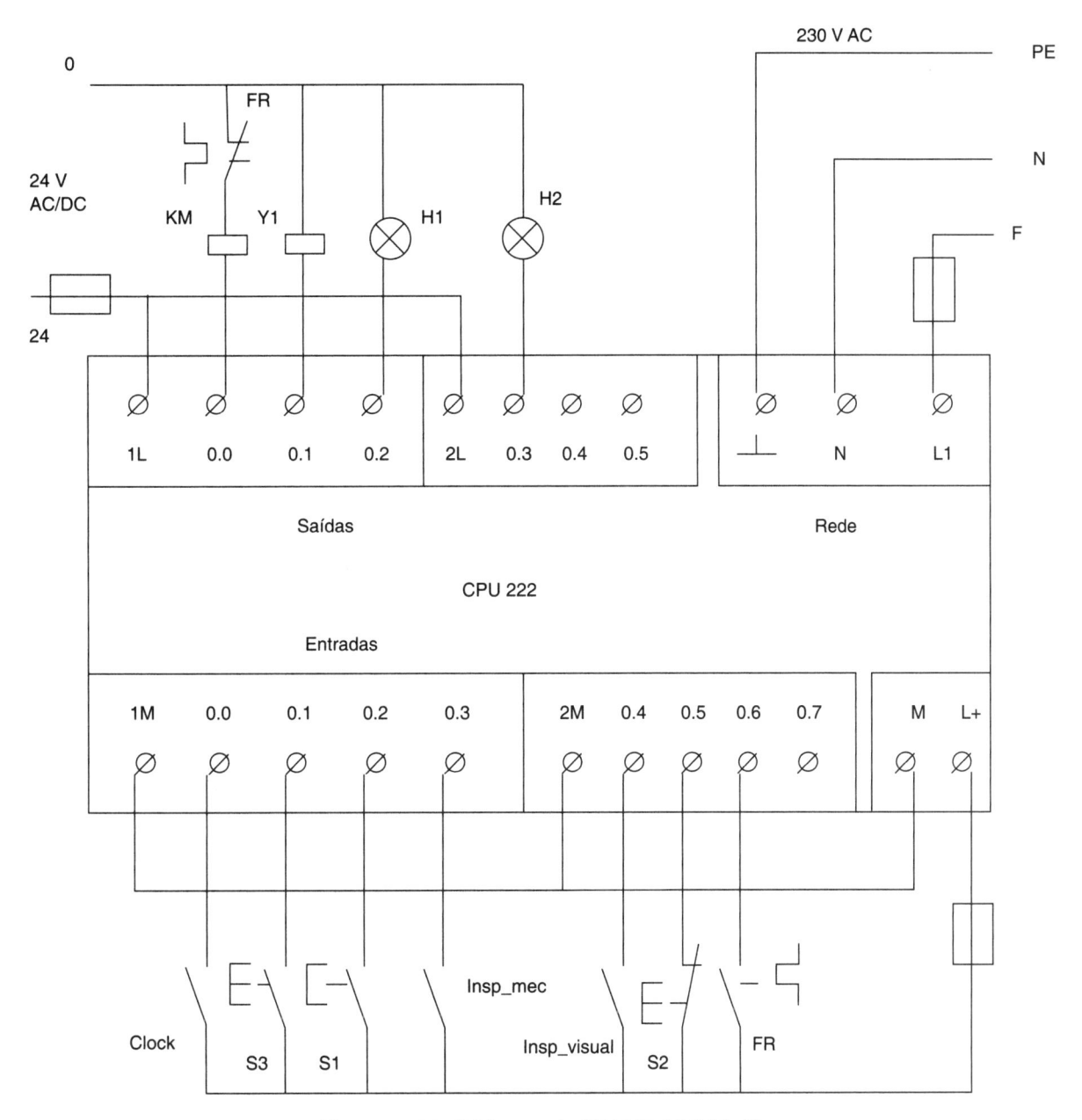

Figura 10.22 Cablagem da CPU 222 AC/DC/relé.

Duas fotocélulas servem para a contagem dos televisores totais e daqueles defeituosos.

Com uma série de cálculos se estabelece que se o percentual de descarte é maior que 10 %, deve ser ativada uma sinalização de alarme intermitente, avisando o operador da situação precária da qualidade dos televisores para que possa ser solucionado. A visualização do percentual de descarte será feita com um clássico display. Outra opção é a utilização de um simples painel operador tipo a TD200. A Figura 10.23 ilustra a estrutura da instalação, que prevê:

- um botão S1 de partida esteira por meio do contator KM, atua também os reset dos contadores;
- um botão S2 de parada ciclo;

- uma fotocélula B1 na esteira principal que detecta os televisores e uma fotocélula B2 na esteira perpendicular que detecta os televisores defeituosos. Os televisores defeituosos são colocados em uma esteira perpendicular por um técnico operador situado na estação das peças defeituosas;
- uma sinalização intermitente H1 evidencia uma situação de alarme se ocorre um percentual de descarte maior que 10 %;
- duas sinalizações luminosas da esteira principal parada e em movimento.

Os cálculos efetuados são do tipo em ponto flutuante. Na Figura 10.24 apresentamos o esquema elétrico de potência com os respectivos dispositivos de proteção.

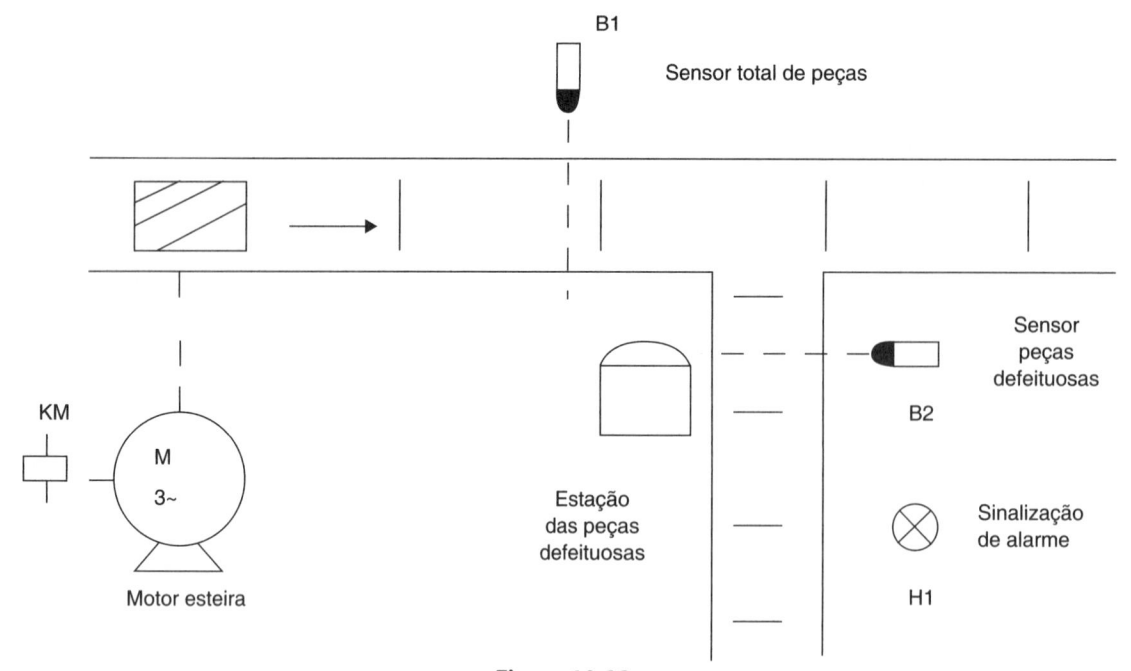

Figura 10.23

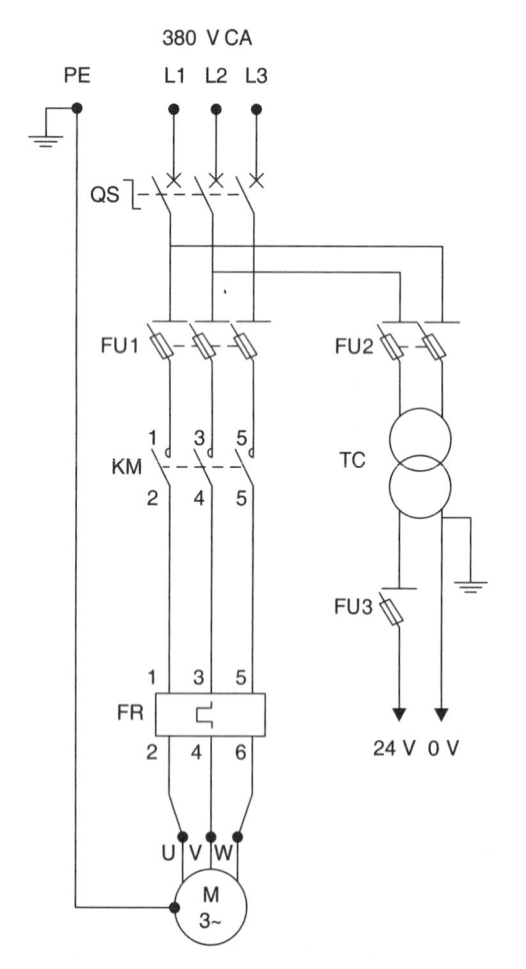

Figura 10.24

Vejamos nas Figuras 10.25A, 10.25B e 10.25C o esquema Ladder e AWL resolutivo da aplicação.

Tabela 10.5 Tabela dos Símbolos

Símbolos	Endereço	Comentário
S1	I0.0	Botão start e reset cálculo
S2	I0.1	Botão stop
B1	I0.2	Sensor peças total produtos
B2	I0.3	Sensor peças defeituosas
FR	I0.4	Térmica motor esteira
H1	Q0.1	Lâmpada alarme
KM	Q0.0	Contator motor esteira
K1	Q1.7	Saída display unidade
K2	Q1.6	Saída display unidade
K3	Q1.5	Saída display unidade
K4	Q1.4	Saída display unidade
K5	Q1.3	Saída display dezenas
K6	Q1.2	Saída display dezenas
K7	Q1.1	Saída display dezenas
K8	Q1.0	Saída display dezenas
REG1	VW100	Word
REG2	VW200	Word
V1	VD10	Double Word
V2	VD20	Double Word
REG3	VD30	Double Word

(continua)

Tabela 10.5 Tabela dos Símbolos (*Continuação*)

Símbolos	Endereço	Comentário
Y	VD40	Double Word
Yinteiro	VD50	Double Word
REG4	VW300	Word
REG5	VW0	Word saída display
CNT1	C0	Contador

(*continua*)

Tabela 10.5 Tabela dos Símbolos (*Continuação*)

Símbolos	Endereço	Comentário
CNT2	C1	Contador
K1A	M0.0	Merker
K2A	M0.1	Merker
H2	Q0.2	Sinalização esteira em movimento
H3	Q0.3	Sinalização esteira parada

Esquema Ladder e AWL Instalação Automatizada com Cálculos de Percentual de Descarte em uma Linha de Produção (Figuras 10.25A, 10.25B e 10.25C)

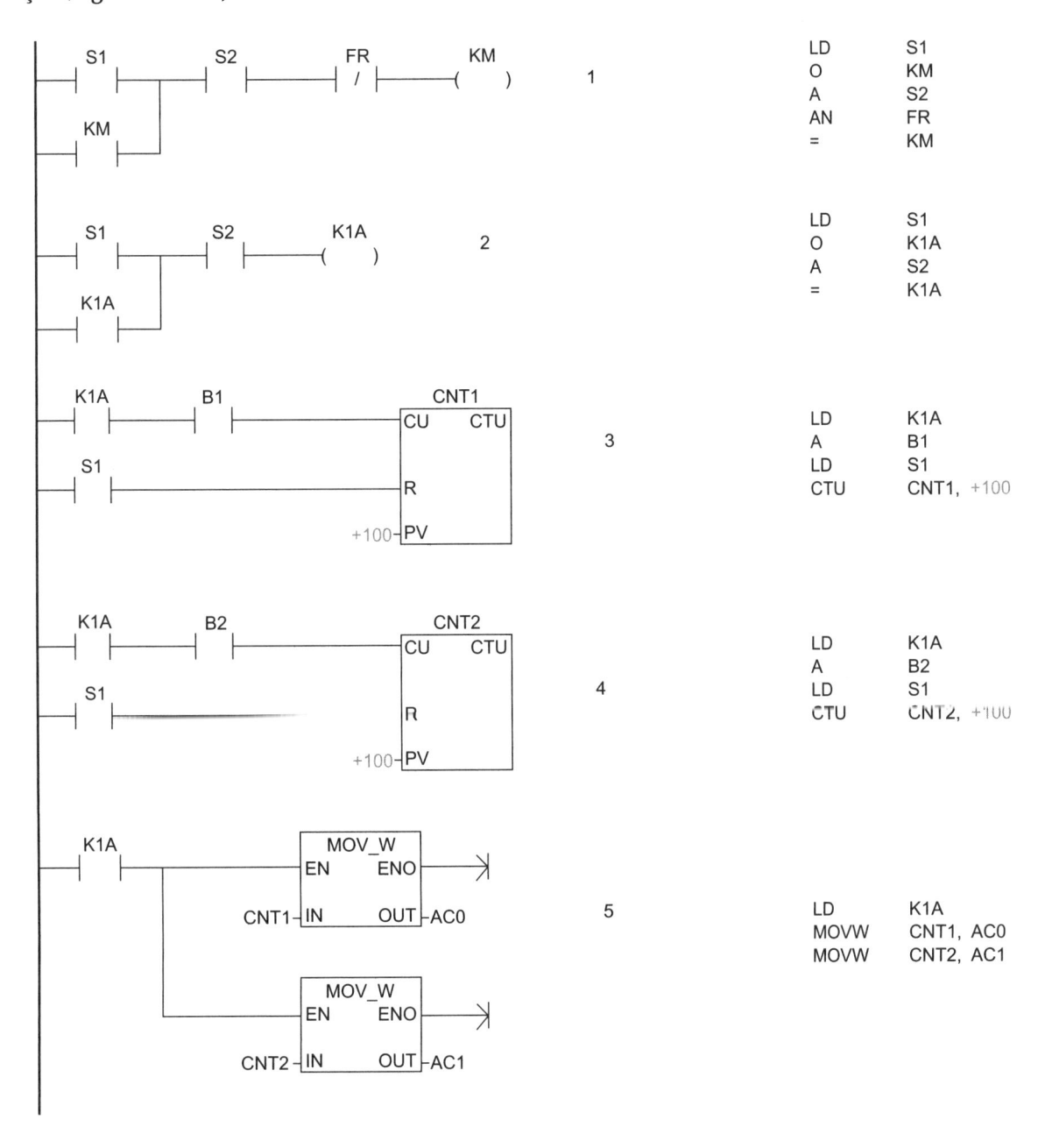

Figura 10.25A

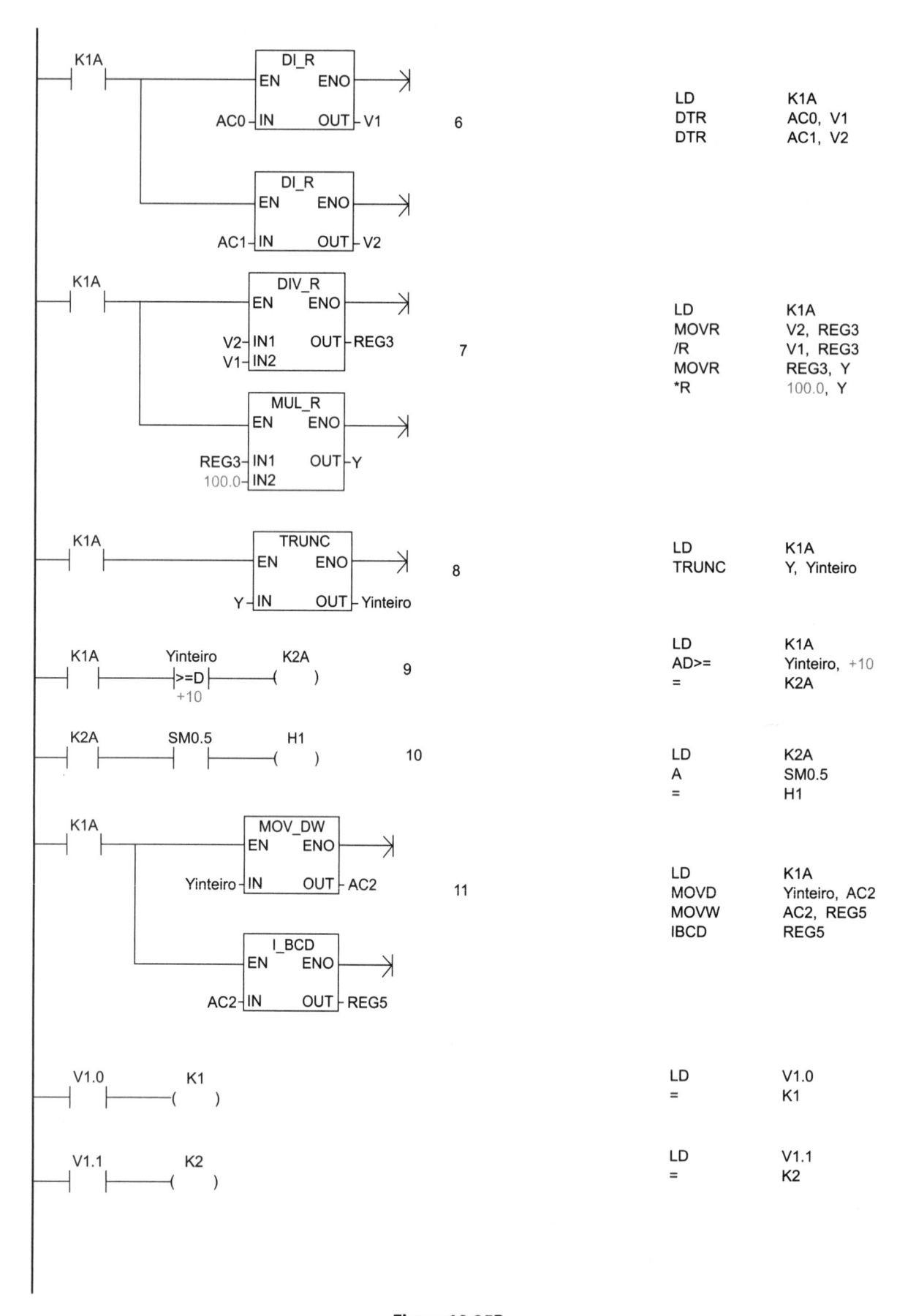

Figura 10.25B

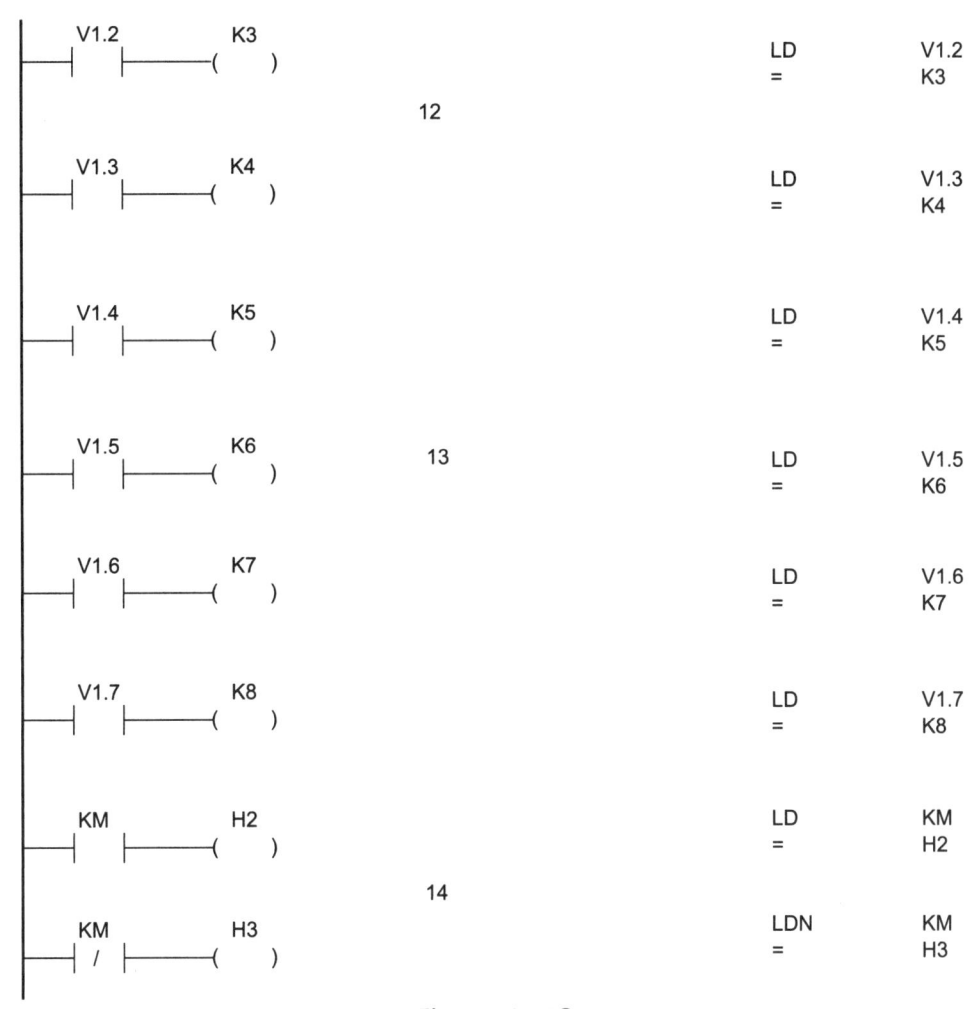

Figura 10.25C

- Na primeira linha de programa temos os botões S1 de start e S2 de stop da esteira por meio do contator KM.
- Na segunda linha de programa temos o botão S1 de start e reset do sistema.

Pressionando-se o botão S1 se energiza o Merker K1A, que habilita as instruções de cálculos. Pressionando-se S2 se desabilitam as instruções de cálculos.

- Na terceira linha de programa temos a contagem total das peças por meio da fotocélula B1. A contagem é efetuada por um contador CNT1. O botão S1 reseta o contador a qualquer momento.
- Na quarta linha de programa temos a contagem das peças defeituosas por meio da fotocélula B2. A contagem é efetuada por um contador CNT2. O botão S1 reseta o contador a qualquer momento.
- Na quinta linha de programa temos o carregamento da contagem dos contadores CNT1 e CNT2 nos acumuladores a 32 bits AC0 e AC1.

Essa passagem é fundamental porque os registros de CNT1 e CNT2 são em formato a 16 bits (Words).

- Na sexta linha de programa temos a conversão do conteúdo dos acumuladores AC0 e AC1 no formato em ponto flutuante (DI_R). O resultado é transferido para os registros em formato double Word (32 bits) V1 e V2.
- Na sétima linha de programa temos os cálculos em ponto flutuante da seguinte equação:

$$Y = V2/V1 * 100$$

Com a divisão entre as peças defeituosas e as peças totais multiplicada por 100 se obtém o valor total da percentual das peças defeituosas:

a. REG3 = V2/V1
b. Y = REG3 * 100 = V2/V1 * 100

Uma divisão entre números reais, transferida no registro temporário REG3 a 32 bits, em seguida a uma multiplicação entre números reais transferida no registro Y a 32 bits.

- Na oitava linha de programa temos uma instrução de trancamento TRUNC que elimina a parte decimal e restitui somente a parte inteira do número real. No nosso caso, o número real Y é transformado em um número inteiro a 32 bits (Yinteiro).

– Na nona linha de programa temos uma operação de comparação entre duas double Word, ou seja, Yinteiro e a constante 10.

Lembramos que 10 é o porcentual de descarte fixado no nosso ciclo de produção. Com Yinteiro>=10 se energiza o Merker K2A, que ativará um alarme na instrução sucessiva.

– Na décima linha de programa temos o H1 intermitente que se ativa em caso de alarme, ou seja, quando o Merker K2A é energizado.
– Na décima primeira linha de programa temos a conversão do valor Yinteiro em um equivalente em có-

digo BCD. O resultado é transferido no registro a 16 bits REG5.
– Nas linhas 12 e 13 do programa temos a saída das dezenas e unidades do display.
– Na décima quarta linha temos a sinalização de esteira parada e em movimento.

Nas Figuras 10.26A e 10.26B apresentamos a cablagem da CPU 222 AC/DC/relé da instalação automatizada e o módulo de expansão EM222 8D0 a 24 V DC.

Caso a absorção do display não seja elevada, a alimentação a 24 V DC do display pode ser ligada à fonte de alimentação interna da CPU 222 (parafusos L+, M).

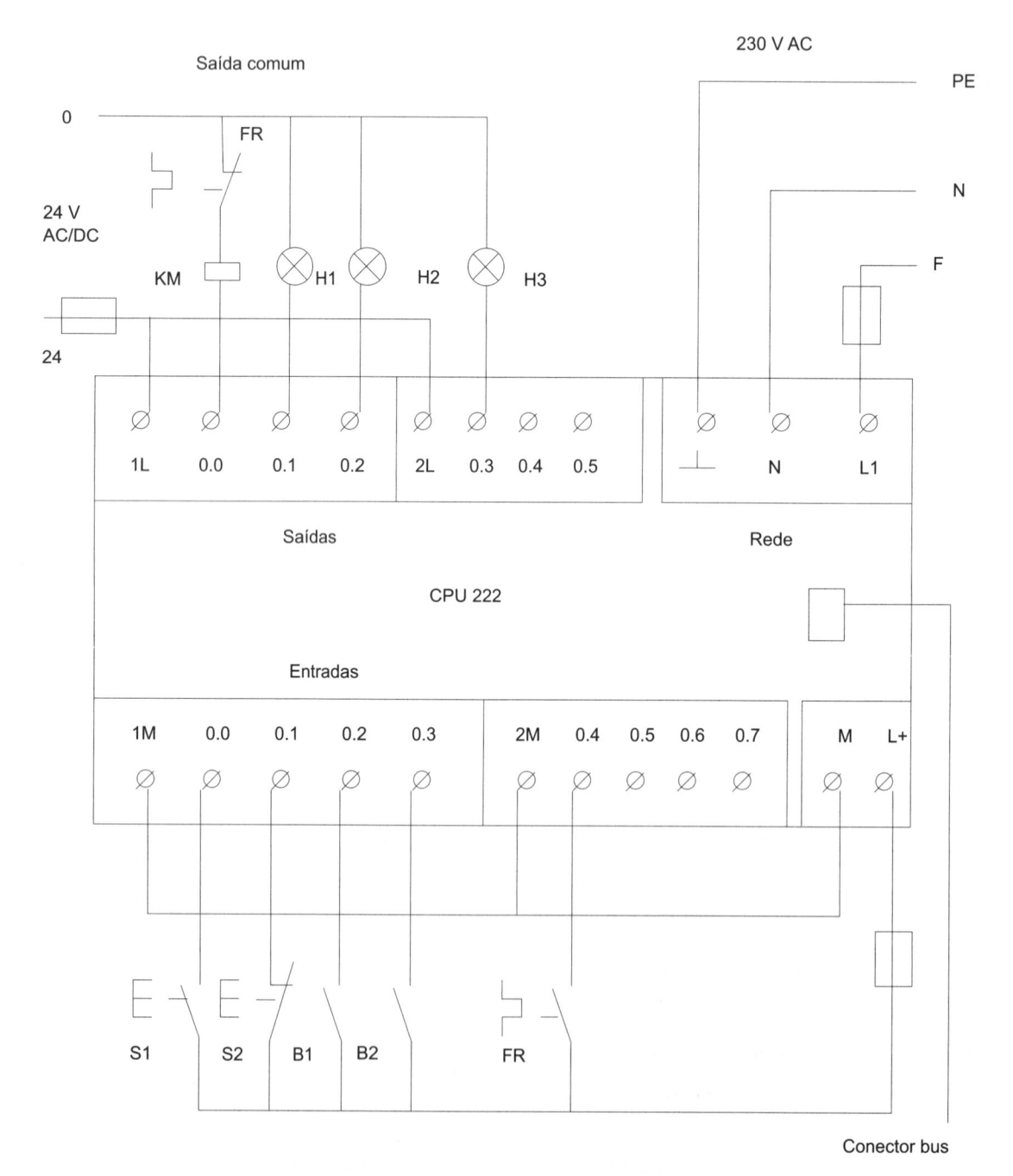

Figura 10.26A Cablagem da CPU 222 AC/DC/relé.

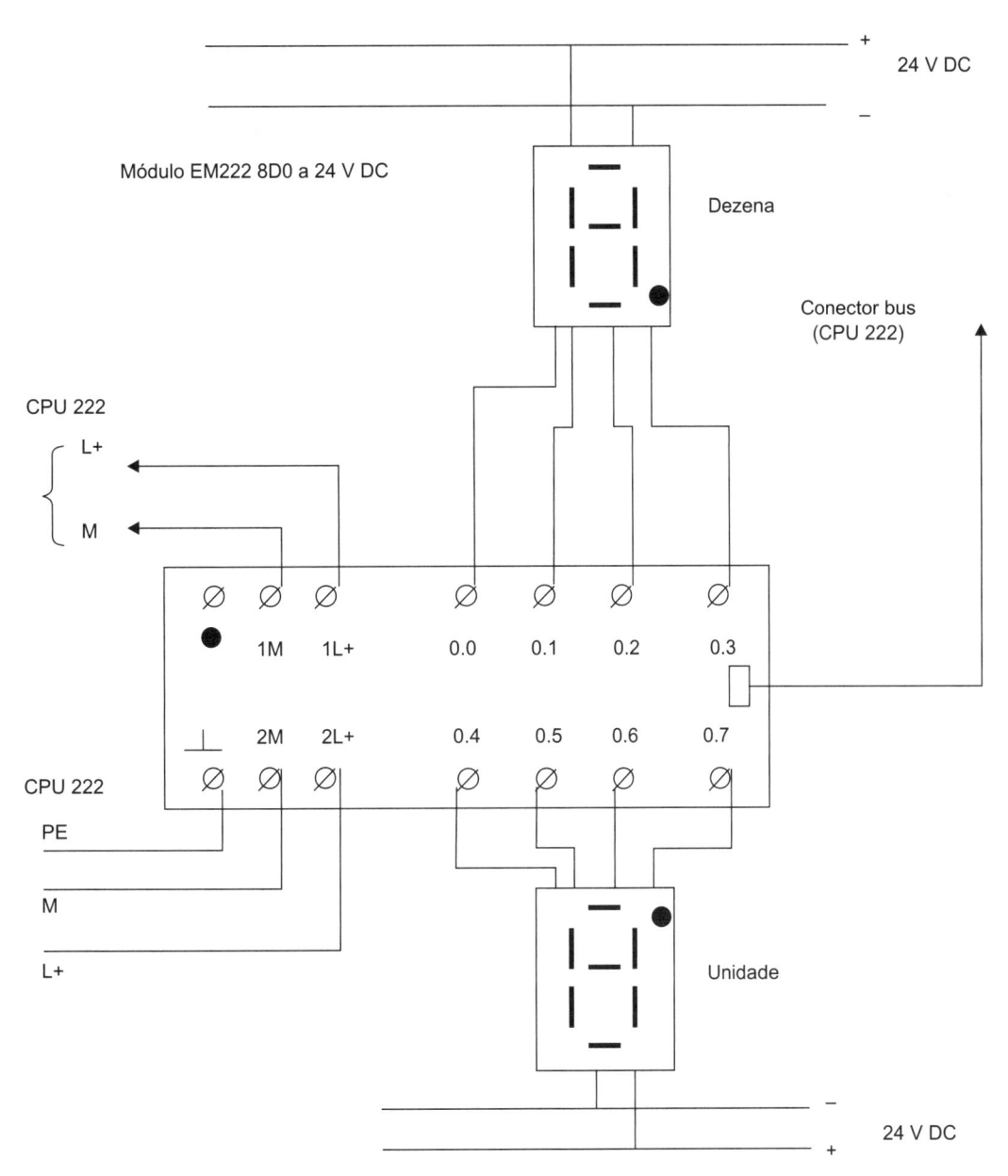

Figura 10.26B Cablagem do módulo EM222, 8 saídas digitais a 24 V DC.

10.6 Aplicação: Estação de Marcação de Peças com Seleção da Dimensão Geométrica

Nessa aplicação, temos uma linha de produção com estação de marcação de peças e seleção da dimensão geométrica (Figura 10.27).

Quando chegam na estação transportadas por uma esteira, as caixas são bloqueadas por 50 segundos.

Para marcar a caixa, suas características geométricas (altura, largura, profundidade) devem estar corretas. Essas dimensões são controladas por 3 fotocélulas, uma para cada característica geométrica.

Se as dimensões geométricas não são corretas, a caixa passa pela estação de descarte sem nenhuma intervenção. Por outro lado, se as dimensões geométricas

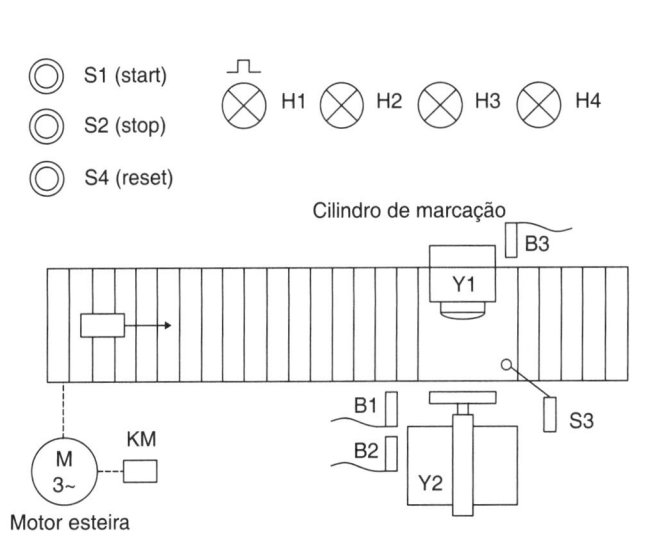

Figura 10.27

estão corretas, individualizadas pelo sinal ativo (on) por parte das 3 fotocélulas ativas simultaneamente, a caixa é marcada com o logo da empresa por 25 segundos.

Uma sinalização intermitente é ativada no caso de uma das fotocélulas não ser ativada (off) e, nesse caso, a caixa passa pela estação de descarte.

Um botão de reset zera a contagem das caixas, enquanto uma chave fim de curso mecânica para a esteira e assinala a presença da caixa sobre a plataforma.

Os dispositivos para a atuação dessa tarefa de automação são:

- um botão S1 de partida de ciclo e S2 de parada da esteira;
- um motor M, comandado pelo contator KM;
- o marcador automático acionado por um cilindro e uma eletroválvula Y1.

A eletroválvula Y1 fica energizada por 25 segundos para realizar a operação de marcação do logo. Como a eletroválvula Y1 é do tipo monoestável, quando é desenergizada o cilindro retorna automaticamente à posição de recuo.

Um torno é acionado por uma segunda eletroválvula Y2, cujo sinal de ativação é dado pela chave fim de curso S3. Cada acionamento da chave fim de curso S3 permite também parar a esteira e fazer a contagem da cada caixa. A operação de marcação do logo acontece somente depois que o torno aciona o bloqueio da caixa sobre a plataforma.

A abertura do torno acontece por meio da desenergização da própria eletroválvula monoestável Y2 e, no momento que a caixa é liberada, pode prosseguir ao longo da esteira.

A operação de marcação pode ser ativada somente quando as 3 fotocélulas B1, B2, B3 detectarem a presença da caixa. Com as 3 fotocélulas ativas, é verificada se as 3 dimensões (altura, largura, profundidade) de cada caixa estão corretas.

Na eventualidade de uma das dimensões geométricas não estar correta, a operação de marcação não pode ser executada e, nesse caso, é ativada a lâmpada espiã do tipo intermitente H1.

Após a sinalização da lâmpada espiã H1, são ligadas as lâmpadas H2 (errata dimensão altura) ou H3 (errata dimensão largura) ou H4 (errata dimensão profundidade) por 25 segundos, indicando ao operador qual dimensão está errada. No caso de todas as dimensões estarem erradas, tem-se a ligação simultânea das 3 lâmpadas.

O torno após 50 segundos recua. Pressionando de novo o botão S1, a esteira parte novamente, zerando, assim, todas as sinalizações luminosas. Um botão S4 é empregado para o reset do contador total das peças.

Na Figura 10.28 apresentamos o esquema eletropneumático de potência constituído de dois cilindros a duplo efeito DE comandados por duas eletroválvulas pneumáticas monoestáveis Y1 e Y2.

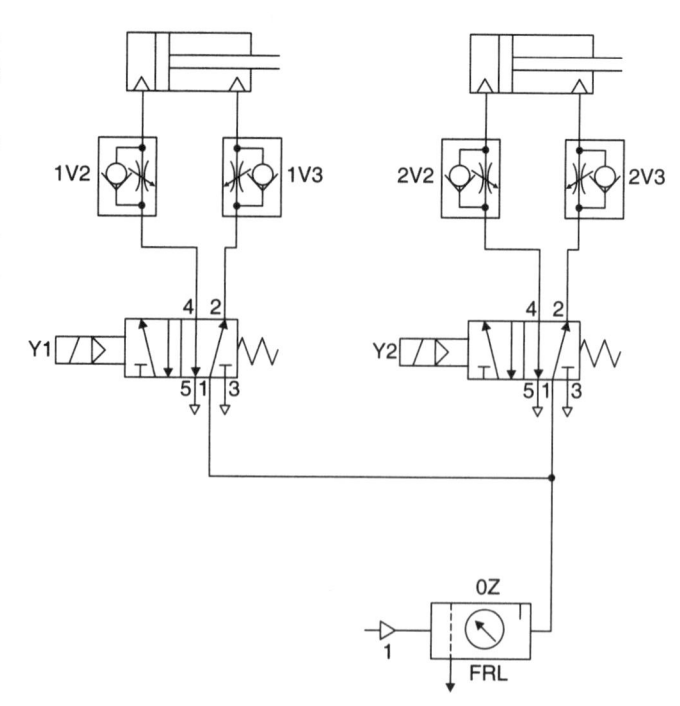

Figura 10.28

Na Figura 10.29 apresentamos o esquema elétrico de potência com seus respectivos dispositivos de proteção.

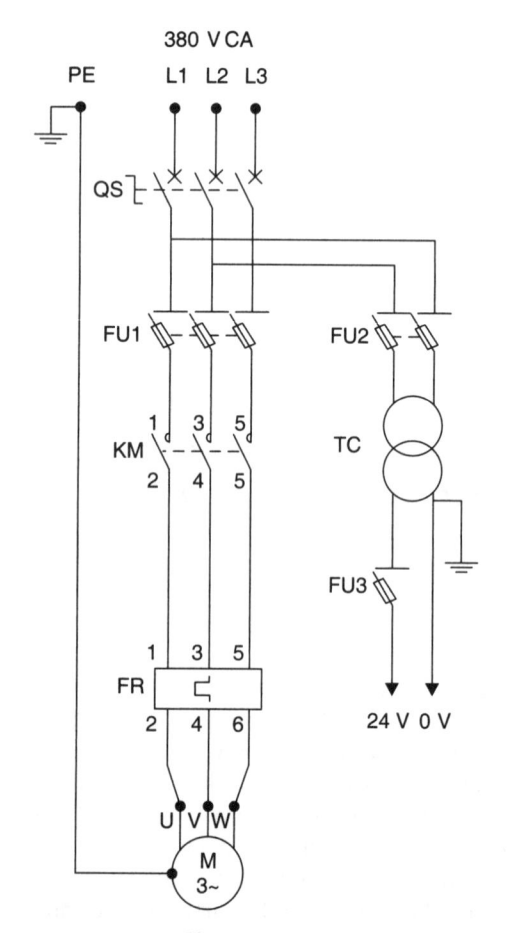

Figura 10.29

Tabela 10.6 Tabela dos Símbolos

Símbolos	Endereço	Comentário
S1	I0.0	Botão start esteira
S2	I0.1	Botão stop esteira
S3	I0.2	Chave fim de curso
S4	I0.3	Botão reset sinalização e contagem
B1	I0.4	Fotocélula altura
B2	I0.5	Fotocélula largura
B3	I0.6	Fotocélula profundidade
FR	I0.7	Térmica motor
KM	Q0.0	Contator motor
Y1	Q0.1	Eletroválvula monoestável de marcação Y1
Y2	Q0.2	Eletroválvula monoestável torno Y2
H1	Q0.3	Lâmpada espiã
H2	Q0.4	Sinalização dimensão altura
H3	Q0.5	Sinalização dimensão largura
H4	Q1.0	Sinalização dimensão profundidade
KT1	T37	Temporizador
CNT	C0	Contador
K1A	M0.0	Merker
K2A	M0.1	Merker
K3A	M0.2	Merker

Esquema Ladder da Estação de Marcação de Peças com Seleção da Dimensão Geométrica (Figuras 10.30A, 10.30B, 10.30C e 10.30D)

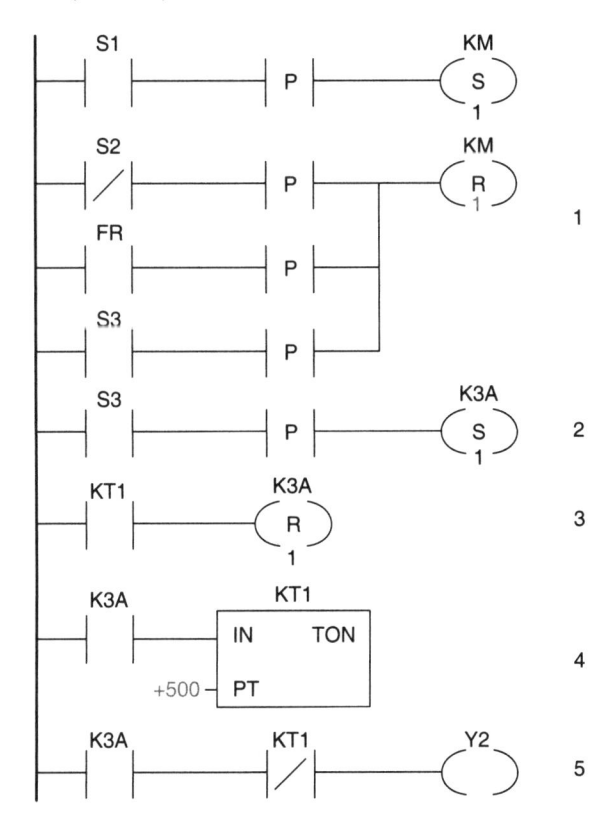

Figura 10.30A

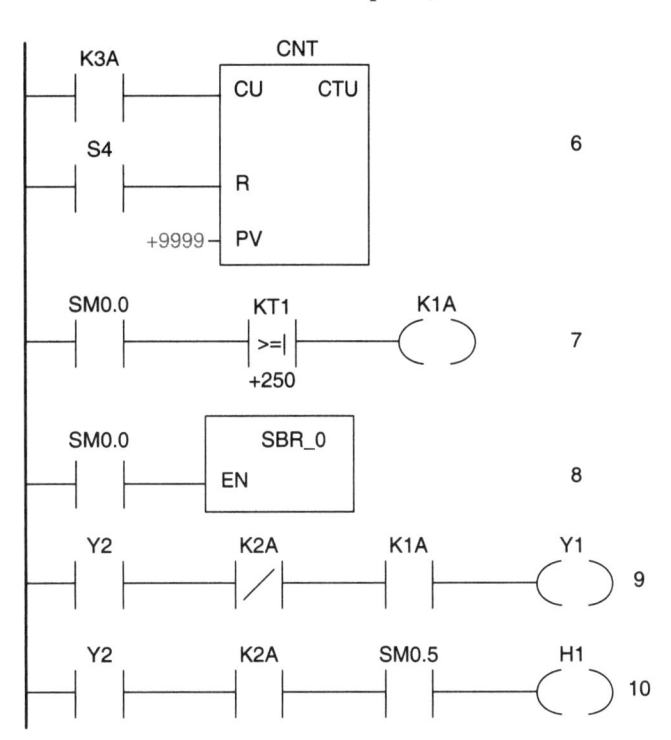

Figura 10.30B

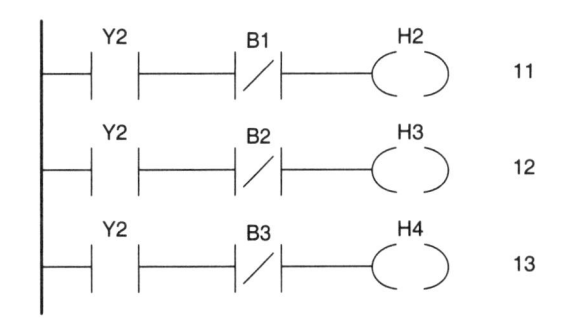

Figura 10.30C

- **SBR_0: mascaramento das entradas**

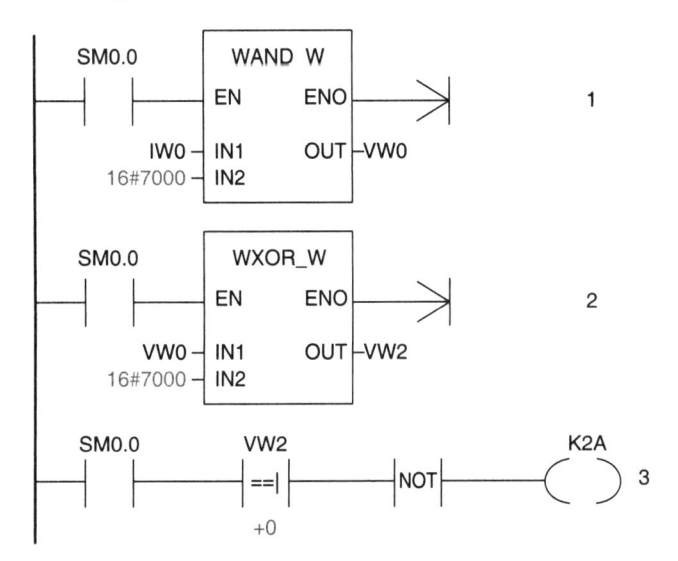

Figura 10.30D

– Na primeira linha de programa, temos o botão S1 de start da esteira transportadora, por meio do contator KM. Pressionando os botões S2 de parada, térmica FR ou a chave fim de curso S3, temos a parada da esteira transportadora a qualquer momento.

– Nas linhas 2,3,4 de programa, a chave fim de curso S3, quando detecta a caixa, provoca o set da bobina Merker K3A. Por sua vez, o próprio contato Merker K3A, fechando-se, habilita o timer KT1. Após 50 segundos o timer KT1 comuta e habilita o reset da bobina Merker K3A, que desativa o mesmo timer KT1. O timer KT1 é assim habilitado somente por 50 segundos, ou seja, o tempo de bloqueio do torno.

– Na quinta linha de programa, a fechadura do contato K3A provoca a energização da eletroválvula Y2, para o bloqueio da caixa. A eletroválvula Y2 fica ativa somente por 50 segundos; após esse tempo, o contato timer KT1 se abre e desativa a eletroválvula Y2.

– Na sexta linha de programa, cada vez que o contato Merker K3A é setado, temos o incremento de uma unidade do contador CNT. Pressionando o botão S4, temos o reset do contador CNT a qualquer momento.

– Na sétima linha de programa, se o resultado da comparação é verdadeiro, o timer KT1 efetua uma contagem de 25 segundos e, então, a bobina Merker K1A é energizada.

– Na oitava linha de programa, temos a subroutine SBR_0, que atua no procedimento de mascaramento das entradas. A subroutine SBR_0 energiza o Merker K2A somente se o produto é defeituoso.

– Na nona linha de programa, se a eletroválvula Y2 é acionada e o timer KT2 contou 25 segundos, significa que os contatos Y2 e K1A estão fechados e, por consequência, a válvula marcadora Y1 é energizada.

– Na décima linha de programa, se o contato Y2 é fechado e simultaneamente a caixa resulta defeituosa, o contato Merker K2A comuta desligando Y1 e ligando

a lâmpada espiã H1 intermitente, por meio do contato especial SM0.5.

– Nas linhas 11,12,13 do programa, temos a sinalização das dimensões corretas da caixa. Se as fotocélulas B1, B2, B3 são ativas, é verificada a exatidão das dimensões da caixa (altura, largura, profundidade) e, nesse caso, as lâmpadas H1, H2, H3 são desligadas. Pelo contrário, a detecção de uma dimensão geométrica errada provoca a ligação de uma das 3 lâmpadas espiãs H2, H3, H4.

* **SBR_0: mascaramento das entradas**

– Na primeira linha de programa, temos a operação de mascaramento das entradas, já amplamente descrita na aplicação da Seção 8.9. Temos então uma operação lógica do tipo AND (WAND_W) entre o registro do processo da imagem de entrada IW0 (entradas de I0.0 até I1.7) e uma constante numérica 7000 hex. Lembramos brevemente que esse valor é expresso na notação hexadecimal (7000 hex = 0111000000000000). O registro é apresentado na Figura 10.31.

Os bits de nível "1" são I0.4, I0.5, I0.6, que representam as entradas das fotocélulas B1, B2, B3.

A operação lógica do tipo AND transfere o resultado lógico na Word VW0. Essa operação lógica tem a função de filtragem (mascaramento) das entradas interessadas, ou seja, I0.4, I0.5, I0.6.

– Na segunda linha de programa, temos uma operação lógica do tipo XOR (WXOR_W), entre a Word VW0 e a constante 7000 hex. O resultado é transferido na Word VW2.

No caso de as 3 fotocélulas B1, B2, B3 (entradas I0.4, I0.5, I0.6) serem simultaneamente de nível "1", significa que a caixa possui as dimensões geométricas corretas e, então, o estado dos registros é representado conforme a Figura 10.32.

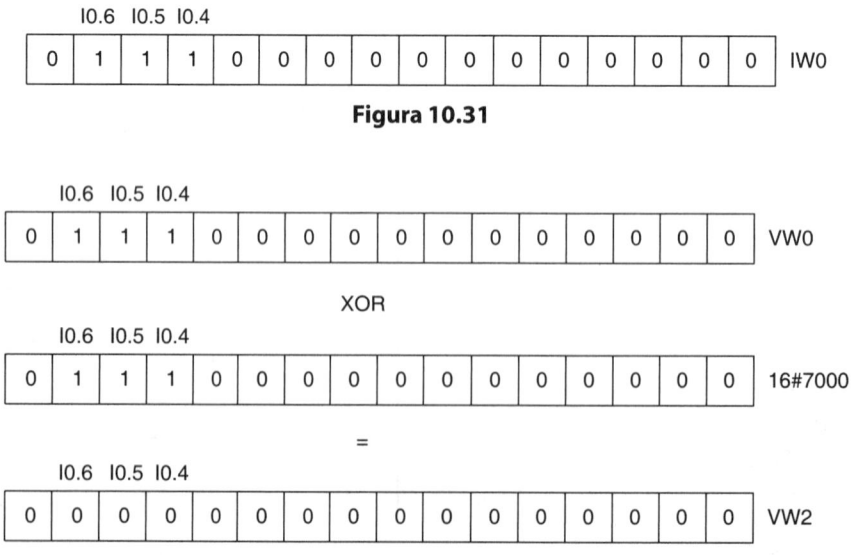

Figura 10.31

Figura 10.32

Notamos que o conteúdo da Word VW2, no caso de as dimensões estarem corretas, é zero (todos os bits zerados). Caso contrário (dimensões não corretas), a Word VW2 possui um valor diferente de zero.

– Na terceira linha de programa, é executada uma comparação entre a Word VW2 e a constante numérica 0. Se a comparação é verdadeira, à esquerda da instrução NOT, temos o valor a nível lógico "1", enquanto à direita temos o valor complementar "0", ou seja, a bobina Merker K2A desenergizada. Em poucas palavras significa que, no caso da bobina Merker K2A desenergizada, as dimensões da caixa estão corretas.

Nas Figuras 10.33A e 10.33B apresentamos o cabeamento da CPU 222 AC/DC/relé e o módulo de expansão EM223 4 DI/4 DO da Estação de Marcação de Peças com Seleção da Dimensão Geométrica.

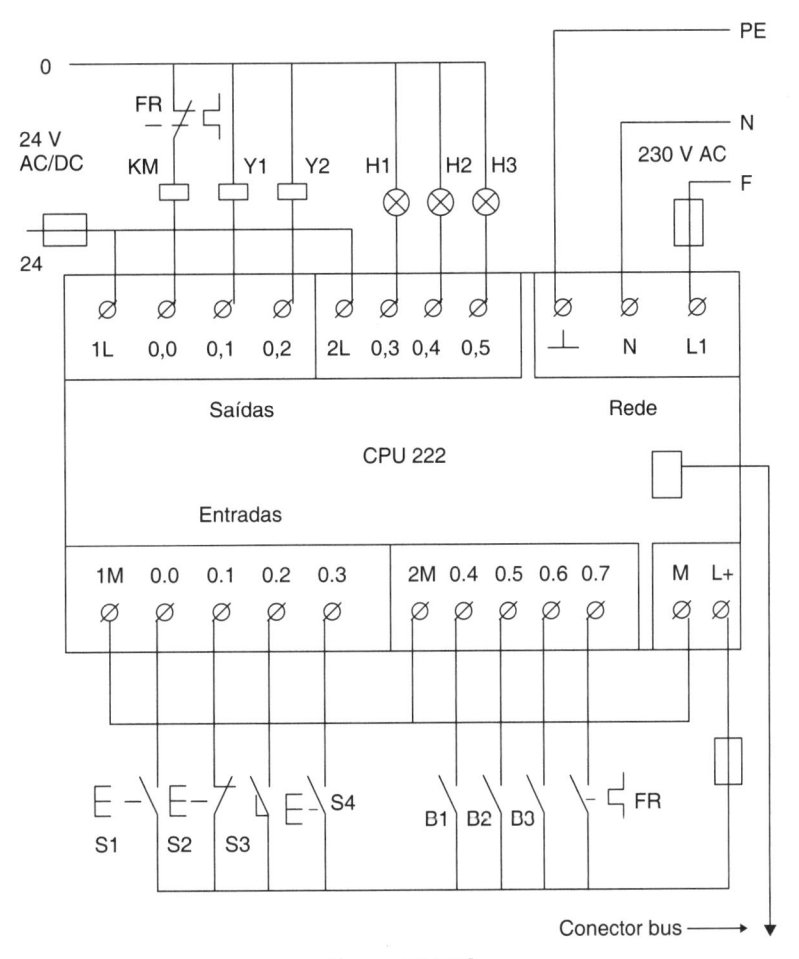

Figura 10.33A

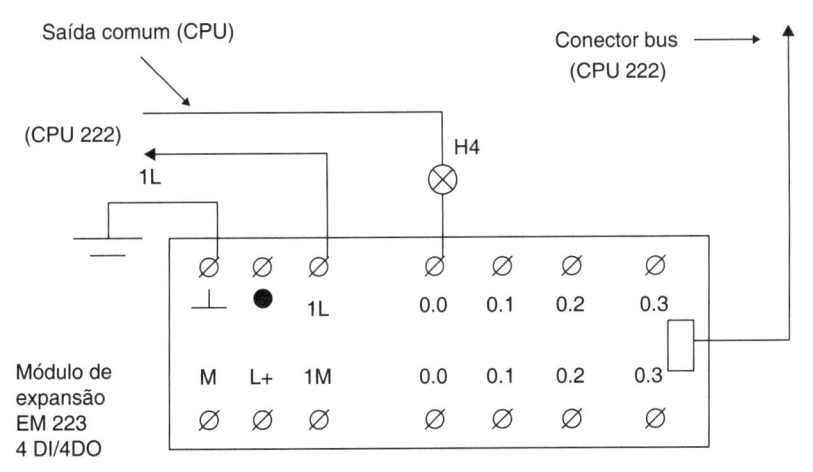

Figura 10.33B

Questões práticas

1. Programe o PLC S7-200 para o controle do seguinte ciclo industrial (Figura 10.34).

   Pressionando o botão de start S0, o sistema se ativa, e um boxe que contém peças mecânicas de alumínio parte sobre uma esteira transportadora, atingindo a posição A.

   Em cada boxe são empilhadas as peças de alumínio. A altura do boxe é detectada pelo sensor B0. Tendo cada peça uma altura constante, o sensor B0 detecta 4 peças de alumínio a cada boxe.

   O sensor B0 ativado funciona como chave de consenso automático da esteira; a esteira parte, e o boxe chega à posição B. Na posição B é aplicado um *spray* para pintura por 30 segundos.

   Depois da pintura, a esteira reparte automaticamente e o boxe chega à posição C e para. Nesta posição, o operador remove o boxe da esteira transportadora.

   O processo para em qualquer momento ao se pressionar o botão de stop S1.

   Nota importante: Só um boxe pode ficar na esteira transportadora para ser trabalhado.

   Com base na Figura 10.34, projete:

   a. Esquema elétrico de potência da instalação
   b. Tabela dos símbolos
   c. A programação na linguagem Ladder e AWL
   d. Breve descrição da programação efetuada
   e. Cablagem do PLC S7-200 no quadro elétrico.

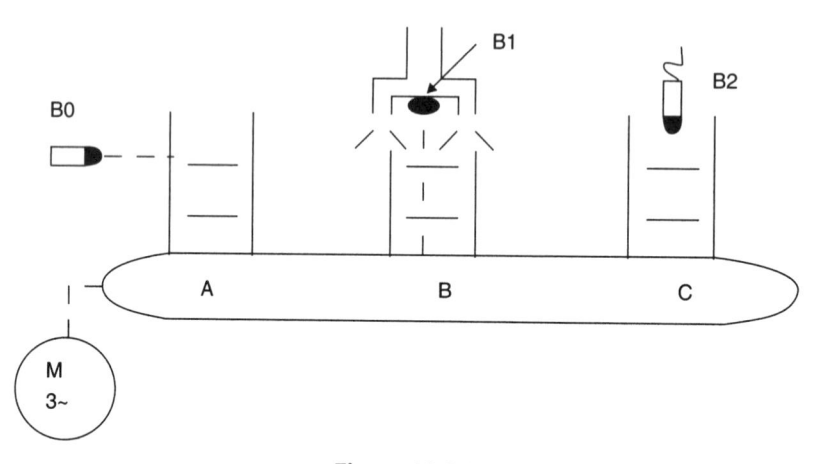

Figura 10.34

2. Programe o PLC S7-200 para o controle do seguinte ciclo industrial (Figura 10.35).

   Um sistema com esteira transportadora é empregado na confecção de pequenas caixas. Quando o recipiente vazio está colocado, ao se pressionar o botão de start S0 a esteira parte. Depois de ter carregado 8 caixinhas no recipiente, a esteira para e substitui o recipiente cheio por um vazio.

   Existem as seguintes sinalizações.

   – Se no recipiente estão presentes menos de 5 caixinhas, uma luz amarela H1 deve ligar.

   – Se no recipiente estão presentes mais de 5 caixinhas, uma luz branca H2 deve ligar.
   – Se no recipiente estão presentes mais de 7 caixinhas, uma buzina soa por 5 segundos. Um alarme avisa o operador da substituição do recipiente.

   Com base na Figura 10.35, projete:

   a. Esquema elétrico de potência da instalação
   b. Tabela dos símbolos
   c. A programação na linguagem Ladder e AWL
   d. Breve descrição da programação efetuada
   e. Cablagem do PLC S7-200 no quadro elétrico

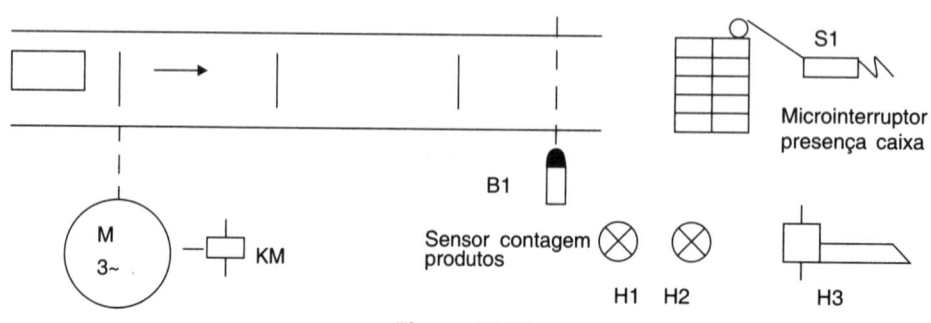

Figura 10.35

3. Programe o PLC S7-200 para o controle do seguinte ciclo industrial (Figura 10.36):

A instalação é dotada de duas esteiras transportadoras 1 e 2 que levam 2 tipos de peças A e B na esteira transportadora principal 3. Essa esteira 3 transporta as peças A e B num recipiente que é substituído quando o sensor B3 detecta 5 peças. Um cilindro pneumático a duplo efeito DE, acionado por uma eletroválvula monoestável Y, age como expulsor do recipiente.

O cilindro pneumático é dotado de 2 fins de curso a0 e a1 para detectar a saída e o recuo do cilindro.

As duas esteiras 1 e 2 param quando a soma das peças de A e B detectadas pelos sensores B2 e B1 atinge o valor de 10. No mesmo tempo, a esteira 3 continua a funcionar até quando o sensor B3 detecta 5 peças e então a esteira 3 para. Ao parar a esteira 3, espera-se que o operador substitua o recipiente cheio por um vazio.

Depois da substituição do recipiente, o ciclo recomeça com a partida das esteiras 1, 2, 3.

A instalação é dotada de dois botões de partida e parada de esteiras.

Com base na Figura 10.35, projete:

a. Esquema elétrico de potência da instalação
b. Tabela dos símbolos
c. A programação na linguagem Ladder e AWL
d. Breve descrição da programação efetuada
e. Cablagem do PLC S7-200 no quadro elétrico.

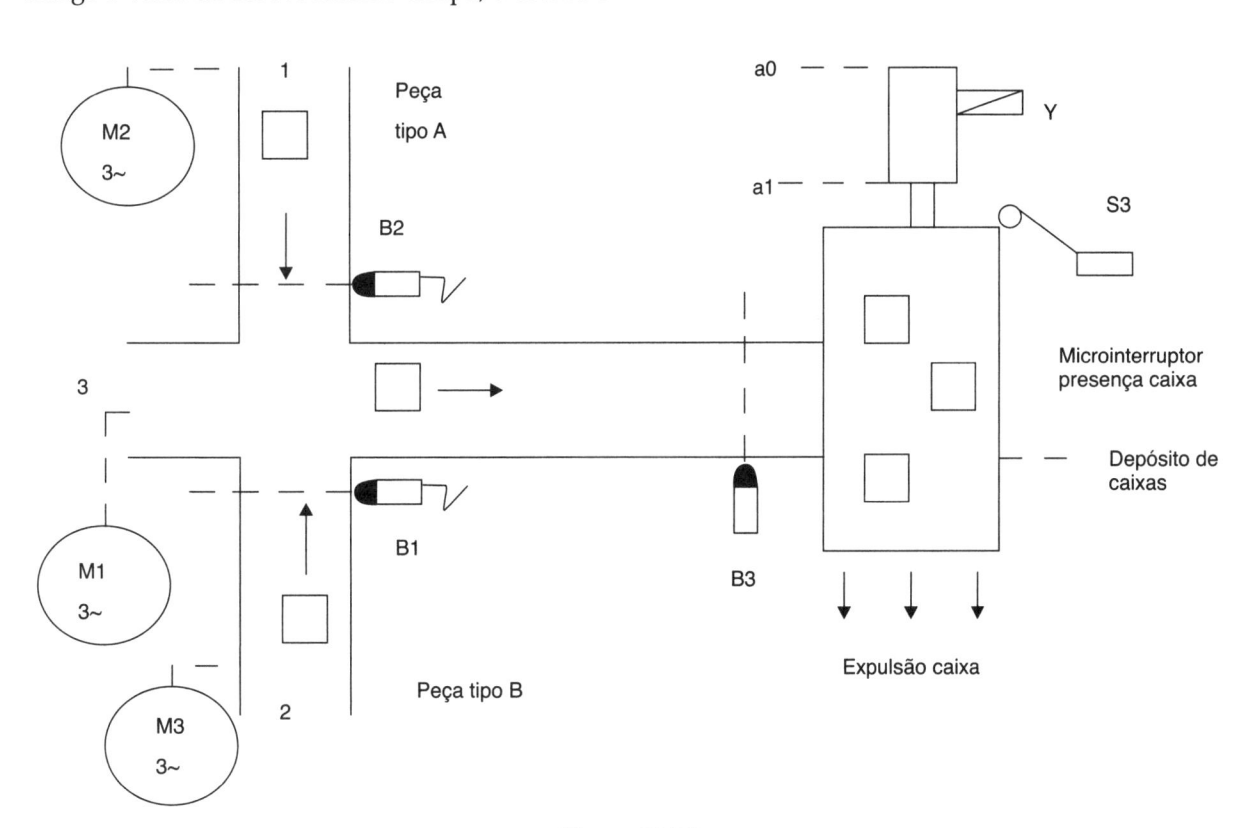

Figura 10.36

Instalação do Controlador Lógico Programável

11.0 Generalidades

O projeto e instalação de um sistema automático com PLC deve seguir obrigatoriamente algumas etapas, conforme indicadas na sequência:

1. **Análise da máquina a ser automatizada**

   Individualizar os dispositivos de atuação (motores, eletroválvulas etc.) e de entradas (dispositivos de comando manual, sensores, transdutores etc.), além dos órgãos de segurança.

   Cabe também definir as modalidades de funcionamento solicitadas e as características de segurança conforme o ambiente de trabalho.

2. **Desenho do diagrama de blocos do sistema a ser controlado**

   Realizar a primeira escrita do programa, tendo em conta os dispositivos de segurança.

3. **Escolha do controlador lógico programável**

   Veja a Seção 11.3.

4. **Escrita definitiva do programa**

   No que se refere às fases principais da escrita definitiva do programa, aconselha-se a leitura do Capítulo 10, *Automação Industrial – PLC: Teoria e Aplicações – Curso Básico*, 2ª edição, LTC, do mesmo autor.

5. **Instalação do quadro elétrico**

   Veja as Seções 11.4, 11.5, 11.6, 11.7 e 11.8.

11.1 Análise da Máquina

Com certeza, a parte mais difícil da análise de uma máquina industrial refere-se à identificação dos pontos de entrada e saída I/O do controlador programável. É fundamental, portanto, consultar os diagramas de processo, mecânicos e elétricos da máquina industrial ou da instalação.

Atualmente não existe uma norma ou regra técnica para resolver este problema, e cada caso deve ser solucionado singularmente.

Por exemplo, ligar um contato de relé térmico para cada motor a uma entrada do PLC, além de aumentar o cabeamento, é uma solução custosa, mas, em contrapartida, há a vantagem de se ter a continuidade do serviço, porque ocorre o desligamento somente do motor com falha elétrica, enquanto os outros permanecem funcionando. Assim, a análise dos pontos de entrada e saída I/O deve ser efetuada com a colaboração do projetista da máquina ou especialista do processo a ser automatizado.

11.1.1 Modalidade de funcionamento

Na fase de projeto, devem estar bem definidas as modalidades de funcionamento da máquina a ser automatizada, como, por exemplo, as modalidades de funcionamento *manual* e *automático*.

Nesse sentido, deve-se documentar o funcionamento da máquina, conforme a posição da *chave de funcionamento automático/manual*, normalmente posicionada abaixo do *botão de emergência*. A comutação da posição da *chave automático/manual* não deve em nenhum caso provocar qualquer ação da máquina, mas somente comutar a modalidade de funcionamento.

No que se refere às normas de segurança e modalidade de funcionamento no ambiente industrial, com algumas aplicações práticas, recomenda-se a leitura do Capítulo 16, *Automação Industrial – PLC: Teoria e Aplicações – Curso Básico*, 2ª edição, LTC, do mesmo autor.

11.2 Desenho do Diagrama de Blocos

É aconselhável desenhar o diagrama de blocos do sistema de controle com vários blocos, cada um dedicando-se a uma função específica. Normalmente, cada bloco corresponde a uma subroutine.

Na Figura 11.1 temos um exemplo.

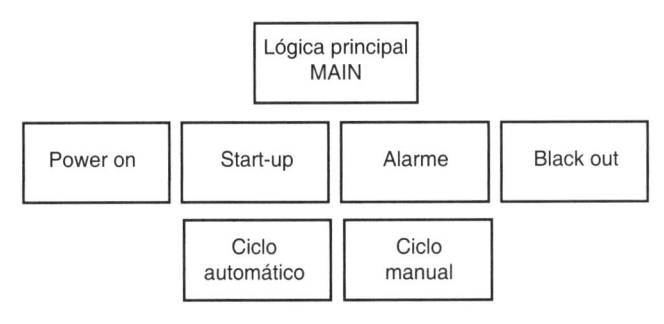

Figura 11.1

Estruturar o projeto dessa forma não só facilita a identificação das falhas, como também aumenta a compreensão sobre o projeto. Em geral, a subdivisão do programa em blocos lógicos aumenta a confiabilidade do sistema.

Lógica principal (Main)

Permite a gestão de todas as subroutines e de funções importantes para todo o sistema de controle. O resto do programa principal deve ser composto de uma série de "chamadas às subroutines".

Consenso ao funcionamento (Power On)

Uma subroutine de consenso ao funcionamento (Power-On) é sempre aconselhável, nesse caso somente depois que todas as funções de controle de segurança estiverem corretas, podemos ativar o consenso ao funcionamento (Power On). Por exemplo:

– controle de todas as chaves de alimentação e relés térmicos;
– controle de todos os parâmetros de funcionamento dentro do limite imposto (temperatura, pressão etc.);

– controle que todas as seguranças estejam em ordem (barreiras de posicionamento, botões de emergência etc.).

Fase de partida (Start-up)

Quando ligamos o controlador programável, às vezes é necessário proceder com a fase de partida (Start-up) para o bom funcionamento da máquina industrial.

A subroutine é chamada novamente, de forma automática pelo programa principal (Main), somente na fase inicial. Normalmente temos o zeramento de todos os *timers*, contadores etc.

Nesta fase pode ser útil armazenar na memória os set-points de funcionamento, tais como medidas iniciais, contagem de peças etc. e, simultaneamente, armazenar esses valores em um painel operador do tipo IHM.

Em muitos tipos de máquinas industriais, faz-se necessário por exemplo:

– abrir as válvulas de ar comprimido na fase inicial;
– esquentar o óleo para o bom funcionamento dos sistemas hidráulicos na fase de partida;
– trocar o ar na área de trabalho;
– ligar as bombas do círculo de água para o resfriamento do sistema.

Alarme

É obrigatória a programação de uma série de sinalizações, para individualizar e corrigir as falhas o mais rapidamente possível. A subroutine alarme deve ser programada após a aprovação de um responsável técnico do processo.

O planejamento de um alarme para situações indesejadas prevê, entre outros aspectos, o seguinte:

– Quais informações estarão descritas no alarme, no caso de uso de dispositivos do tipo painel operador IHM.
– Como o alarme irá indicar ao operador a informação desejada (por exemplo, alarme visual, sonoro, banner na área de trabalho).
– Como o alarme será disparado (por exemplo, por nível de um líquido, valor de tempo e contagem etc.).

Fase de falta de energia elétrica (Black Out)

Na fase de programação, às vezes deve ser considerada a fase de Black Out do sistema, ou seja, o desligamento imprevisto da instalação automatizada por falta de energia elétrica.

Todos os PLCs são dotados de memória de retenção, de modo que os dados estejam armazenados em caso de falta de energia elétrica. Com essas memórias, todos os dados são preservados, para que, no retorno da energia, seja possível iniciar o processo no ponto em que foi interrompido.

Assim, onde se deseja zerar tudo em qualquer caso, devemos prever o botão de reset total.

O comportamento do controlador do sistema operacional em caso de falta de energia elétrica está descrito na Seção 11.10.

11.3 Critério de Escolha do Controlador Lógico Programável

Uma parte fundamental de qualquer projeto de automação industrial é a escolha do controlador lógico programável. Para fazer a escolha correta, é importante considerar os seguintes pontos:

– Número e tipo de sinal que se deve elaborar, ou seja, o número dos input/output I/O digitais ou analógicos necessários para realizar a automação. É aconselhável escolher placas I/O com 20 % de pontos I/O a mais do que aquele que realmente se precisa, já considerando eventuais ampliações futuras.
– Disponibilidade de módulos especiais: módulos de contagem rápido, controle eixo, módulos para a conexão em rede com outros PLC ou PC.
– Quantidade de memória disponível (KWords disponível) e a possibilidade de eventuais expansões.
– O scan do PLC, para uma velocidade suficientemente elevada para o tipo de automação que se deve realizar.
– Um aspecto frequentemente omitido, porém importante, é a assistência técnica. Pode ocorrer a necessidade de se consultar técnicos especializados da empresa fabricante do controlador programável.
– A possibilidade de programar o controlador com vários tipos de linguagens de programação. Porém, em relação à preparação técnica do pessoal da empresa, deve ser lembrado que cursos e aprimoramentos têm custo para qualquer empresa.
– O custo ligado à parada da máquina em caso de defeito do equipamento elétrico. A reposição do equipamento em tempo útil é um fator fundamental.

11.4 Normas para a Instalação dos PLCs nos Quadros Elétricos

Um controlador programável é constituído de uma parte hardware e de uma parte software que executam diversos procedimentos de instalação e manutenção. Para o correto funcionamento de um PLC, já contando que a segurança da instalação e do pessoal é fator determinante, faz-se necessário considerar também outros aspectos:

• A correta instalação, a proteção contra o distúrbio de natureza elétrica e, por fim, o ambiente com suas características críticas (temperatura, pressão, umidade).
• Antes da instalação, é importante ler as instruções de montagem, no manual do controlador.

• O controlador é colocado geralmente em um quadro elétrico que normalmente encontra-se junto a outros aparelhos eletrônicos, tais como relé, contator, conversor de frequência etc., pertencentes a circuitos de comando e de potência.
• O instalador qualificado deve estar atento na instalação de uma máquina industrial, observando os requisitos da norma IEC 60204-1 – Segurança do maquinário, equipamento elétrico das máquinas. Parte 1: Regras gerais.

11.5 Cabeamento dos Condutores nos Quadros Elétricos para Automação Industrial

Neste caso, é preciso distinguir os condutores dos *circuitos de sinal*, que são, em geral: sinais elétricos de alta sensibilidade, os circuitos de *alimentação a baixa tensão* e o circuito de *alimentação de potência*.

Resulta indispensável, como aconselhado pelos manuais de instalação dos PLCs, em particular Siemens e Omron, subdividir os vários condutores em grupos:

• **Grupo 1 (circuito de sinal)**
  – Condutores blindados para transmissão de dados ou entrada a alta velocidade (tipo *encoders*).
  – Condutores blindados para sinais analógicos.
  – Condutores não blindados para tensão contínua e alternada com valores menores ou iguais a 60 V.
  – Condutores blindados para tensão contínua e alternada com valores menores ou iguais de 230 V.

• **Grupo 2 (circuito de baixa tensão)**
  – Condutores não blindados para tensão contínua e alternada maior de 60 V e menor ou igual de 230 V.

• **Grupo 3 (circuito de potência)**
  – Condutores não blindados para tensão contínua e alternada com valores maiores ou iguais de 230 V ou menores ou iguais 1 kV.

Esses grupos de condutores devem ser dispostos separadamente no quadro elétrico utilizando-se canaletas rigidamente separadas.

Os manuais técnicos indicam a distância mínima para o cabeamento externo dos cabos elétricos de potência. Essa distância serve para salvaguardar o PLC dos distúrbios elétricos e magnéticos (Figura 11.2).

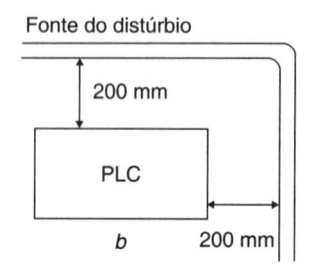

Figura 11.2

A Figura 11.2 indica a distância mínima do PLC para as canaletas do cabeamento externo.

Na Figura 11.3 temos dois tipos de instalações com canaletas metálicas. À esquerda, uma canalização separada e paralela e, à direita, uma canalização comum e horizontal, com a distância aconselhada pelos construtores de equipamentos industriais.

Notamos como as canaletas são rigidamente subdivididas nos 3 grupos de condutores descritos anteriormente. Lembramos que os circuitos de sinal (cabos de entrada do PLC, cabos para ligação com transdutores, cabos para sinal analógico) podem sofrer, em qualquer momento, influência eletromagnética externa, em razão, normalmente, dos cabos de potência (de força motriz) para a ligação de motores, dos circuitos de aquecimento e de outros equipamentos industriais.

Resumindo, nos grandes quadros elétricos industriais de comando e controle é aconselhável separar completamente a *seção de potência* da *seção de comando*. Essa separação pode ser feita com quadros elétricos a

coluna múltipla ou a *gaveta*. Cada compartimento a coluna ou a gaveta é rigidamente separado da seção de potência e de comando. Como exemplo, vejamos a Figura 11.4, de quadro elétrico a gaveta.

11.6 Fenômeno Capacitivo

Em caso de PLC com saídas a relé em corrente alternada AC ligadas a longa distância com bobinas de contatores, ocorre um fenômeno indesejado chamado de *fenômeno capacitivo*.

Este fenômeno acontece com os cabos elétricos que ligam o PLC e os contatores a longa distância. De fato, uma bobina poderia permanecer no estado de energização depois de um comando de reset ou se energizar sem nenhum comando de um operador, gerando, assim, sérios problemas relacionados com a segurança.

Os manuais técnicos fornecem tabelas do comprimento máximo dos cabos para evitar esses problemas. Veja Figura 11.5, em que o capacitor parasita está indicado com C.

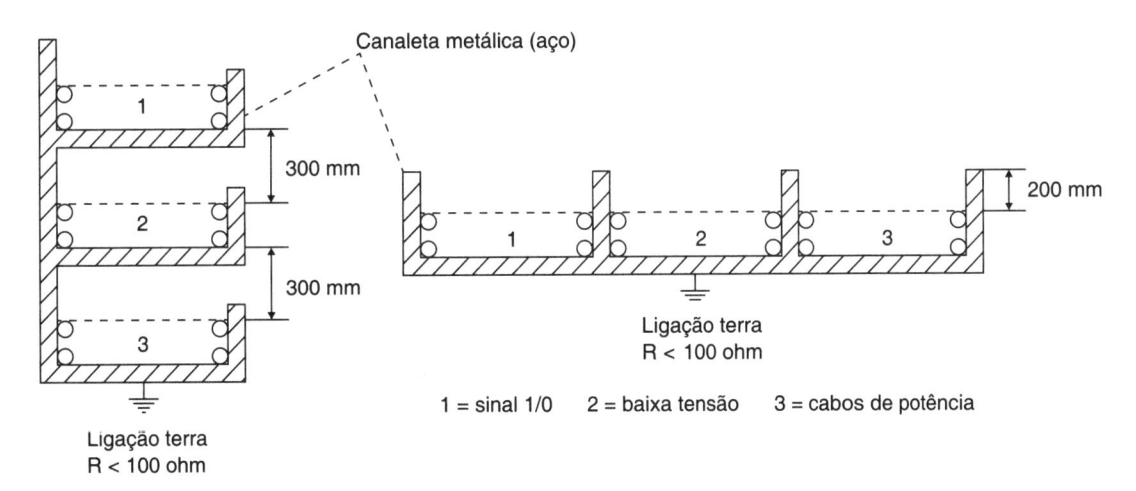

Figura 11.3

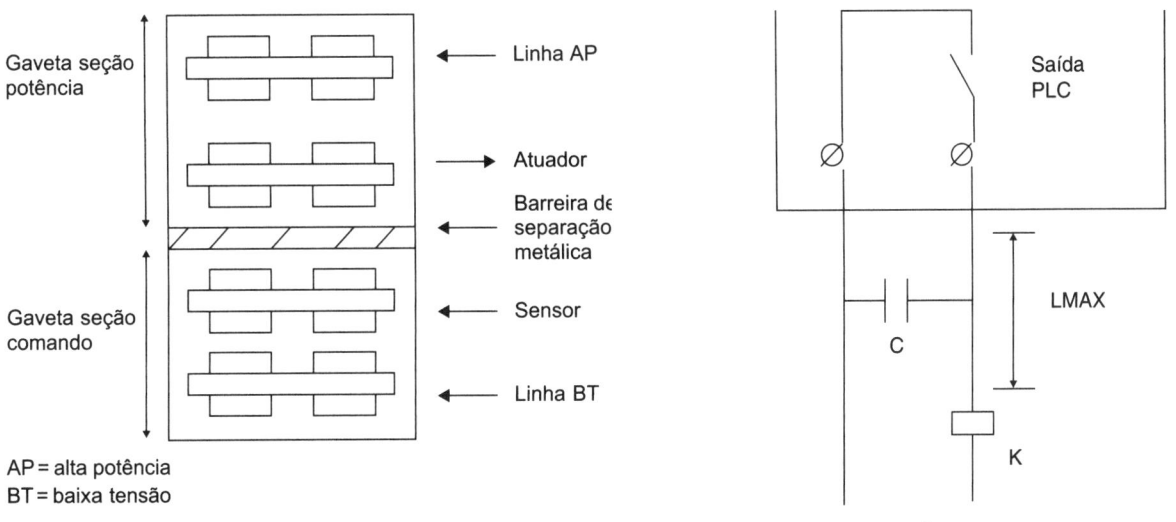

Figura 11.4

Figura 11.5

11.7 Exemplo de Pequeno Quadro Elétrico de Comando com PLC

Na Figura 11.6 representamos um pequeno quadro elétrico típico para instalações industriais.

A colocação dos vários elementos é delimitada em zonas ou setor para um cabeamento interno racional. Esse tipo de disposição dos componentes é puramente indicativo e depende de vários fatores, tais como: complexidade do quadro, seu deslocamento com eventuais ligações a outros pequenos quadros elétricos.

É importante ao menos individualizar e delimitar zonas comuns para a disposição dos elementos indicados na Seção 11.5.

Na Figura 11.7 temos uma foto de um pequeno quadro elétrico industrial cabeado.

Na Figura 11.8 notamos a montagem do PLC em horizontal. A unidade central (CPU) é do tipo compacto, e a instalação do PLC é efetuada na parte mais baixa do quadro elétrico, evitando que o PLC seja atingido pelo fluxo de calor produzido pelo equipamento elétrico presente no quadro.

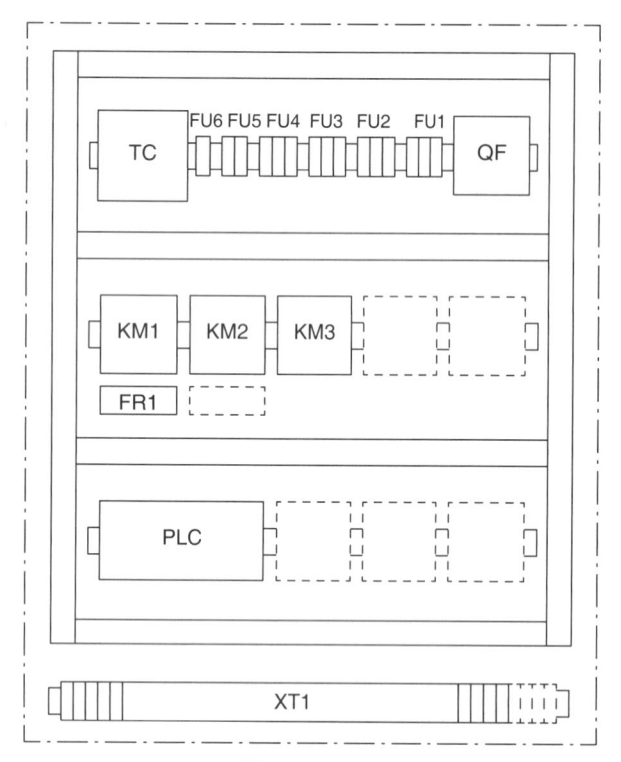

Figura 11.6

Figura 11.7

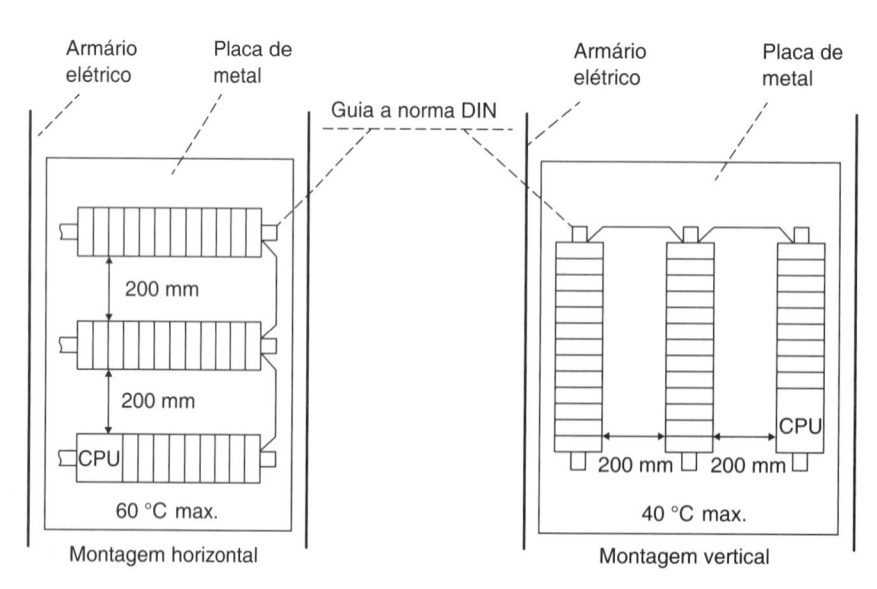

Figura 11.8

Lembramos que colocar um dispositivo eletrônico em um ambiente a temperatura elevada significa aumentar a probabilidade de que ocorram defeitos.

Na Figura 11.6 distinguimos uma *zona de potência* (parte alta), uma zona de *órgão de manobra* (parte central) e uma *zona de controle* (parte baixa). Nota-se como as zonas de potência e de controle são suficientemente distanciadas.

A canalização e separação para os três tipos de cabos estão explicadas na Seção 11.2.

Na Figura 11.7 vemos, no alto, um transformador de alimentação dos circuitos auxiliares; ao centro temos os órgãos de manobra e proteção (contatores, relé térmicos, disjuntor termomagnéticos); na parte baixa, temos o controlador lógico programável e, na parte mais inferior, os terminais de conexão rigidamente separados dos sinais de controle e de baixa tensão.

11.8 Condições Ambientais do Quadro Elétrico de Comando com PLC

Algumas condições ambientais devem ser garantidas para que o controlador opere de modo correto. Devem ser garantidas as condições ligadas à temperatura, umidade e outros parâmetros. É indispensável então consultar o manual de instalação de cada PLC.

Na montagem das CPUs e módulos de expansões, seja na montagem horizontal ou na vertical, é preciso respeitar algumas distâncias mínimas entre os componentes a fim de garantir o correto esfriamento do equipamento eletrônico. Veja, por exemplo, a Figura 11.8 para a montagem dos PLCs Siemens.

11.9 Ligação à Terra

O melhor modo para o aterramento de um controlador programável é garantir que todas as conexões comuns do PLC e dos equipamentos a ele ligados sejam conectadas a um único ponto de massa. Esse ponto é conectado diretamente do ponto de terra ao sistema. Em cada caso, consultar o manual de instalação do controlador.

11.10 Comportamento do Controlador em Caso de Falta de Energia Elétrica

O PLC normalmente é dotado de um circuito para desligar o seu funcionamento se o seu nível de tensão abaixa em 85 % do valor normal. Nesse caso, todas as saídas são desligadas automaticamente.

O controlador programável ativa novamente o seu funcionamento no momento em que a alimentação volta a ser maior de 85 % do valor normal (partida a quente).

Em caso de partida a quente, cada controlador programável tem um procedimento diferente no sistema operacional. Se a falta for temporária (microinterrupção), o PLC se comporta de diversos modos, dependendo do tempo (milissegundos) de interrupção da tensão elétrica. Também nesse caso a consulta ao manual de sistema é indispensável.

11.11 Segurança na Fase de Instalação

Em geral, o PLC não pode ser usado para funções de segurança e emergência.

Para máquinas que requerem dispositivos de segurança com botão de emergência, é necessário projetar circuitos em lógica cabeada eletromecânica totalmente independente do PLC. O controlador pode ser utilizado para:

- sinalizar ao operador qual dispositivo de segurança causou a parada;
- sinalizar a possibilidade de reencaminhar a máquina, uma vez acabado o período de emergência.

A *parada* e *parada de emergência* são de relevante importância para os equipamentos elétricos quando diretamente ligados ao uso do controlador programável.

Lembramos que, para aplicações sobre a questão ligada à emergência, recomendamos ao leitor o Capítulo 16, de *Automação Industrial – PLC: Teoria e Aplicações – Curso Básico*, LTC, do mesmo autor.

11.12 Interface com a Rede Elétrica e com os Dispositivos de I/O

Os esquemas elétricos desta seção se referem à ligação com a rede elétrica e com os dispositivos I/O de um PLC genérico.

Consideramos o controlador programável inserido em um quadro elétrico a bordo de uma máquina submetido à prescrição da norma IEC 60204-1.

11.12.1 Transformadores e fonte de alimentação

Qualquer que seja a tensão de funcionamento de um quadro elétrico é sempre preferível um transformador com tensão primária monofásica a 400 V AC. Para o secundário é aconselhável ter dois enrolamentos separados, com tensão geralmente de 24 V AC e 230 V AC para a alimentação dos circuitos auxiliares e do controlador programável (Figura 11.9). Não é aconselhável um transformador trifásico com enrolamentos secundários ligado em estrela com neutro (centro estrela) porque a norma IEC 60204-1 veta o seu uso.

De fato, o uso de um transformador com enrolamentos secundários separados limita um eventual aumento da tensão em linha. Esta instabilidade se manifesta com maior frequência entre as fases e o fio neutro e, com menor frequência, entre fase e fase.

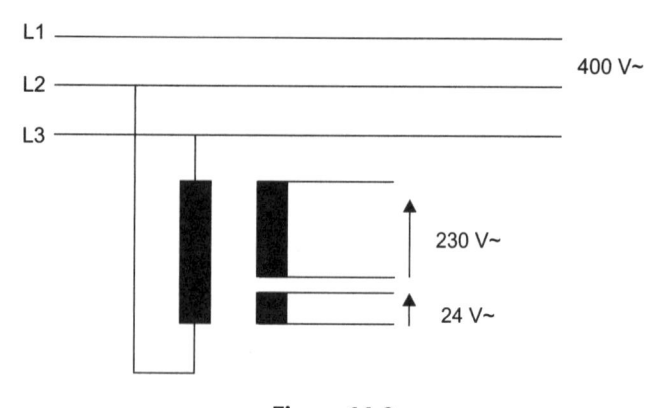

Figura 11.9

11.12.2 Alimentação das entradas

Para a alimentação das entradas se deve considerar uma absorção média para cada entrada de 10-15 mA e calcular a máxima quantidade de entradas que possam ser ativas simultaneamente. Para os PLCs com poucas entradas, é suficiente utilizar a alimentação interna do PLC que fornece geralmente 200-250 mA. Se as entradas precisam de uma corrente maior, ocorre uma fonte de alimentação externa.

11.12.3 Alimentação das saídas

A tensão das saídas é geralmente padronizada.

Para circuitos auxiliares, temos em corrente alternada: 24 V, 110 V, 220 V. Na Tabela 11.1 vemos um resumo do tipo de alimentação para os circuitos das saídas.

Tabela 11.1

Tipo	Tensão	Possível Aplicação
CA	220 V	Quadros de pequena dimensão com contatores modulares (DIN)
CA	24 V	Quadros típicos de automação industrial
CA	110 V	Quadros de grande porte de automação industrial, indispensável quando a tensão auxiliar alimenta cabos de comprimento considerável e, sobretudo, quando devemos energizar contatores de grande dimensão
CC	24 V	Instalação de pequena dimensão alimentada por baterias
CC	48 V	Instalação de média dimensão alimentada por baterias

Para quadros elétricos de pequeno tamanho, é possível utilizar bobinas a 220 V, assim, se evita o uso do transformador. Para o dimensionamento do transformador, é preciso calcular a soma das potências absorvidas pelos relés e contatores.

11.12.4 Exemplo aplicativo

Os esquemas das Figuras 11.10A e 11.10B preveem o controlador programável inserido em um quadro elétrico a bordo de uma máquina submetido à prescrição da norma IEC 60204-1.

A alimentação do quadro elétrico é efetuada por meio da chave geral trifásica QF1, com tensão a 400 V. O transformador possui o secundário com 2 enrolamentos separados para a tensão de 220 V e 24 V, respectivamente, para a alimentação dos circuitos auxiliares e do controlador programável.

A alimentação das entradas é fornecida pela fonte de alimentação interna ao PLC, por meio da chave monofásica QF2.

A proteção das chaves QF1 e QF2 é efetuada por fusíveis com tamanho adequado.

É possível em substituição aos fusíveis usar disjuntores termomagnéticos automáticos.

A alimentação das saídas é separada, ou seja, as saídas O1, O2, O3 são alimentadas a 24 V; a saída O4 pode ser alimentada com tensão diferente desde que dentro do limite estabelecido pelos construtores.

Na maioria das vezes, as saídas separadas são possíveis somente com saídas a relé.

Na Figura 11.10A vê-se um contato auxiliar normalmente aberto K em série ao parafuso 1L que alimenta as saídas do PLC. A chave K deve ser inserida quando se prevê uma *parada de emergência de categoria 0*.

Na parada de emergência de categoria 0, prevista pela norma IEC 60204-1, a suspensão da alimentação dos atuadores é imediata (parada não controlada). Essa solução da parada de emergência de categoria 0 pode ser estabelecida pelo projetista no caso de as saídas O1, O2, O3 serem julgadas muito perigosas para a segurança.

No funcionamento normal deve-se pressionar o botão S1 (Figura 11.10B), que, por meio da energização da bobina de segurança K, faz fechar o seu contato auxiliar K em série ao parafuso 1L, que alimenta assim as saídas do PLC. Pressionando-se o botão de emergência a cogumelo S2, se desenergiza a bobina de segurança K, abrindo assim o seu contato auxiliar em série a 1L, desenergizando as saídas do PLC.

A ordem de emergência é enviada também na entrada I4 do PLC por meio do teste sobre o estado do contato auxiliar normalmente aberto K. Para assegurar a proteção das pessoas contra os perigos do contato direto e indireto, é aconselhável o uso de um transformador de segurança para circuitos do tipo PELV (*protection extra-low voltage*).

Para isolar os circuitos de baixa tensão 220 V do circuito auxiliar (circuito de saída do PLC a 24 V), a norma IEC 60204-1 prevê que o transformador com enrolamentos separados com tensão menor de 50 V deve ter um parafuso ligado à terra (PE). A esse parafuso ligado à terra devem ser ligadas todas a saídas comuns do PLC. A mesma norma IEC 60204-1 proíbe qualquer

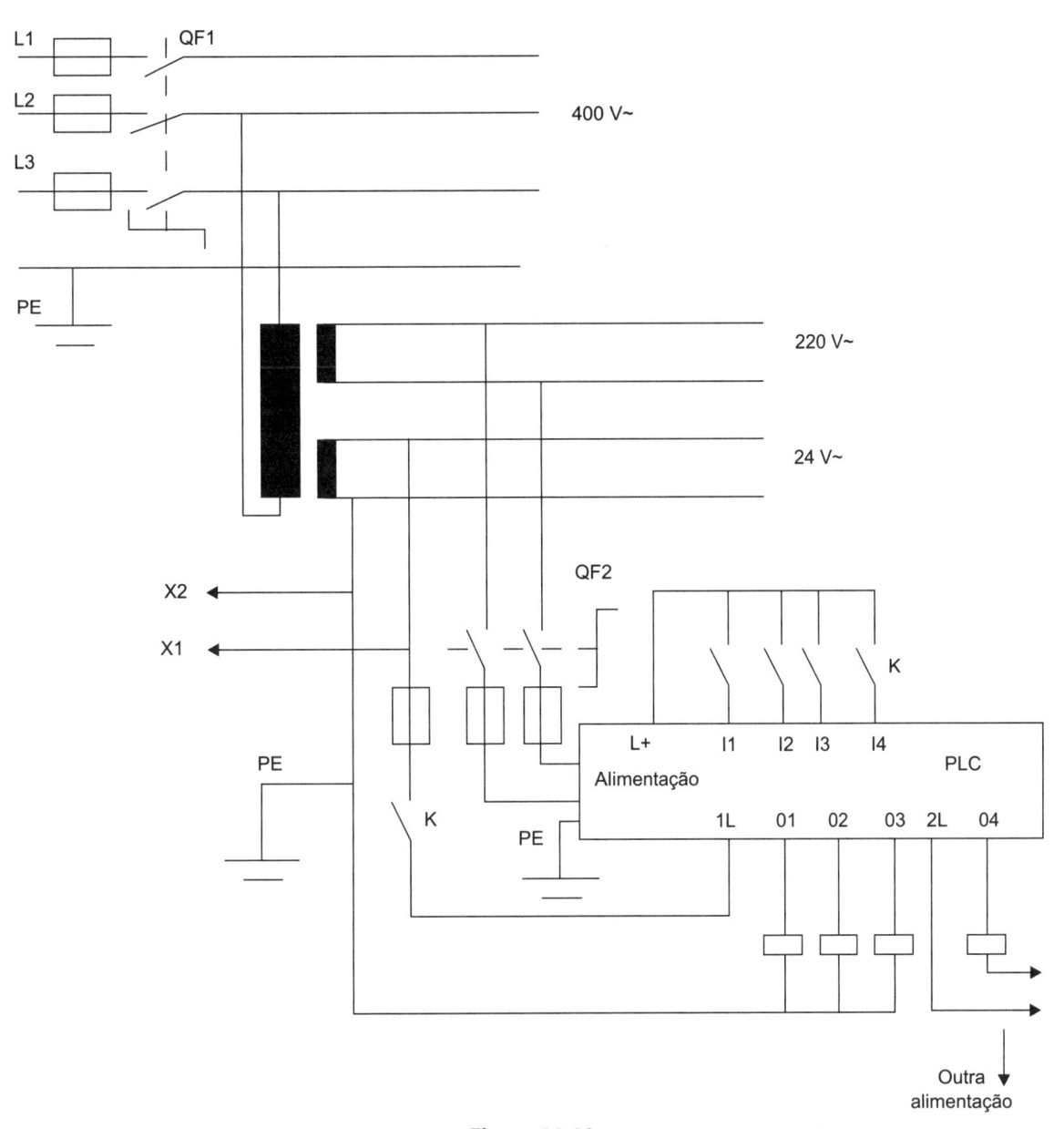

Figura 11.10

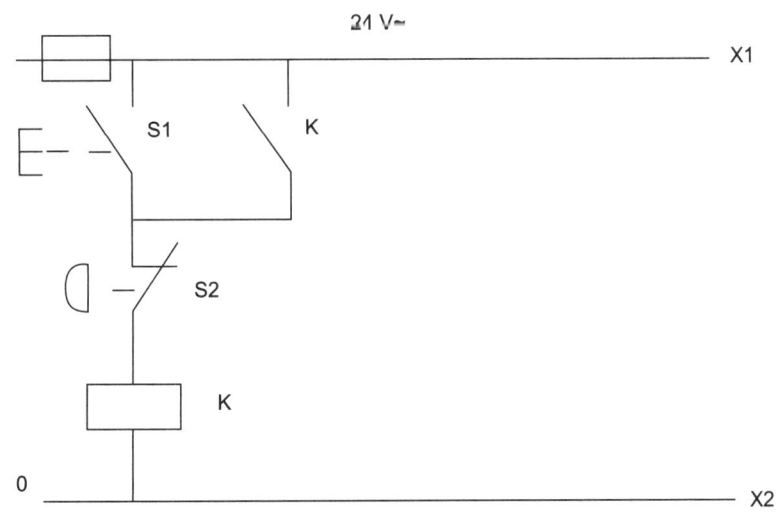

Figura 11.10B (Continuação do esquema da Figura 11.10A)

dispositivo de interrupção da corrente no condutor elétrico comum de saída do PLC. Caso não se utilize um transformador de segurança no circuito de saída do PLC a 24 V, o circuito de comando, segundo a norma IEC 60204-1 é do tipo FELV (*functional extra-low voltage*), prevê a utilização de transformadores normais (não de segurança).

Nesse caso, para garantir a proteção das pessoas contra os perigos dos contatos direto e indireto, é indispensável o uso de um interruptor do tipo diferencial contra as correntes de fuga à terra. Esse interruptor diferencial é ligado em série com a chave geral QF1 (não desenhado na Figura 11.10A).

11.12.5 Considerações práticas sobre a interface do PLC com os sensores discretos

Em geral, não temos problemas de conexão das entradas dos PLCs com sensores dotados de chaves eletromecânicas do tipo relé. Já os sensores do tipo discreto (sensores de proximidade, fotocélulas e outros dispositivos) requerem uma particular atenção. De fato, os sensores discretos têm saídas geralmente a transistor.

Existem no comércio dois tipos de sensores com saída estática:

- PNP
- NPN.

O do tipo PNP atua na saída com transistor do tipo PNP; o do tipo NPN atua na saída com transistor do tipo NPN.

Mais detalhes devem ser relatados em um curso de eletrônica, porém podemos dizer que, com a lógica PNP, temos na saída do sensor um estado lógico "1" correspondente a um sinal positivo *versus* massa, geralmente +5 V, +10 V, +24 V em corrente contínua.

Com a lógica NPN temos na saída do sensor um estado lógico "1" correspondente a um sinal negativo *versus* massa, geralmente –5 V, –10 V, –24 V em corrente contínua. O tipo de sensor PNP ou NPN que vamos conectar na entrada do PLC depende do tipo de placas de entradas do PLC usado, *que dever*ão *ter as mesmas polaridades*.

Em poucas palavras, um sensor do tipo PNP, se ligado nas entradas de um PLC, deve ter uma placa do tipo PNP, ou seja, da mesma polaridade. Assim como um sensor do tipo NPN, se ligado nas entradas de um PLC, deve ter uma placa do tipo NPN.

Nas Figuras 11.11A e 11.11B temos a ligação entre os sensores discretos do tipo NPN e PNP nas entradas de um PLC genérico.

Notamos, na Figura 11.11A, que o comum das entradas do PLC é positivo (COM+) e, em consequência, a placa de entrada do PLC é do tipo NPN, e o sensor que se pode ligar deve ser do mesmo tipo NPN.

Na Figura 11.11B, vemos que o comum das entradas do PLC é negativo (COM–) e, em consequência, a

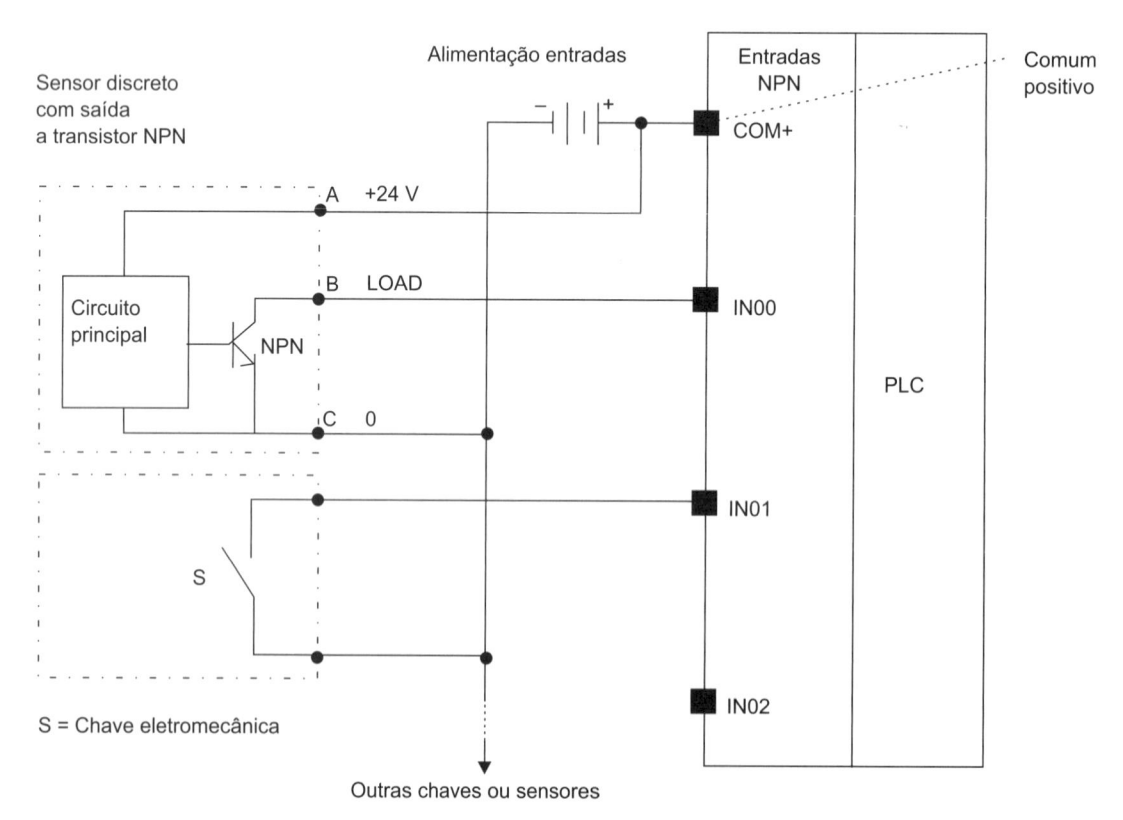

Figura 11.11A

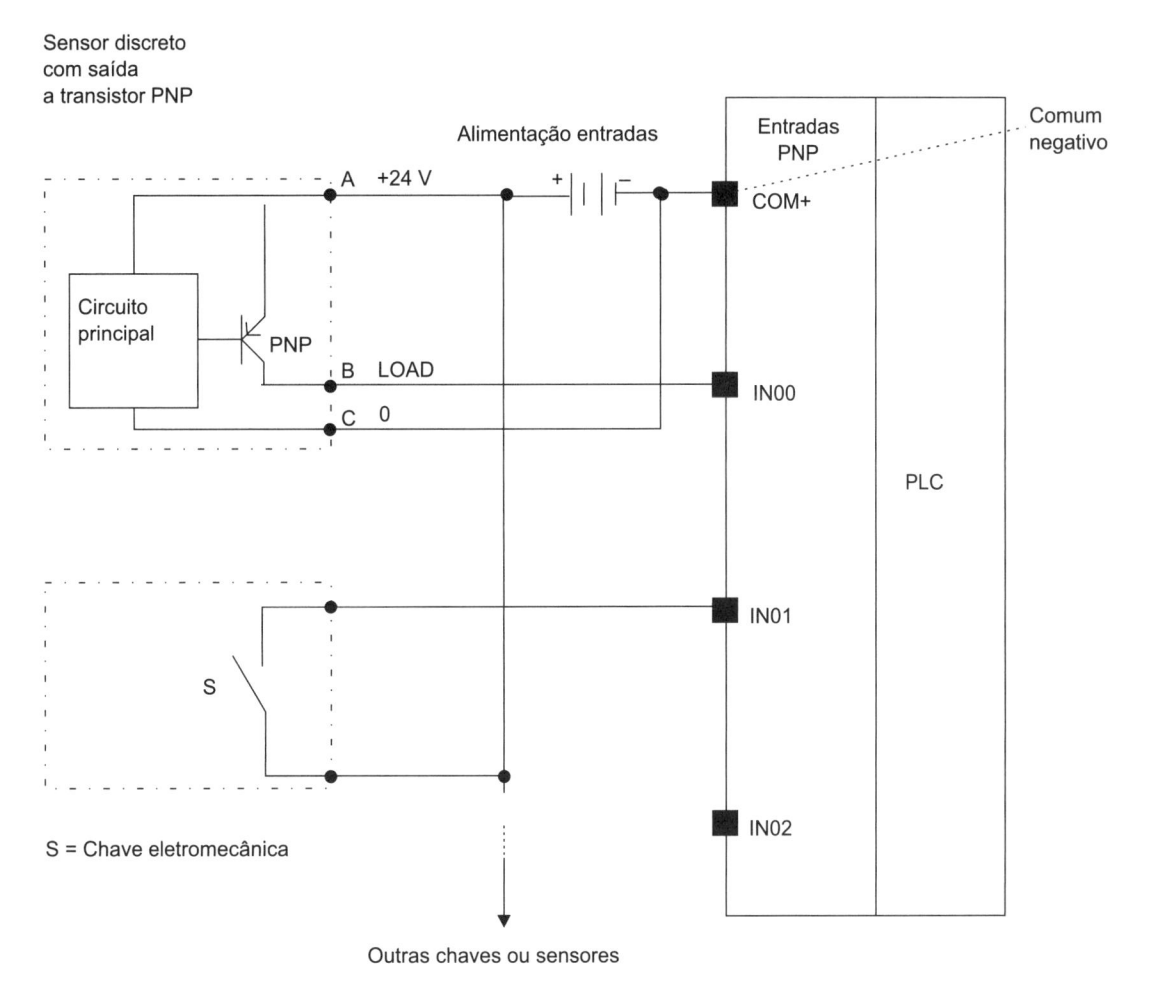

Figura 11.11B

placa de entrada do PLC é do tipo PNP, e o sensor que se pode ligar deve ser do mesmo tipo PNP.

Geralmente os fabricantes japoneses de PLCs utilizam com frequência placas de entrada do tipo NPN, enquanto os fabricantes europeus de PLCs usam placas de entradas do tipo PNP.

É claro que nos manuais técnicos das placas deverá estar indicada a polaridade NPN ou PNP.

Para concluir, podemos dizer que os PLCs Simatic da Siemens, se não diversamente especificado, têm polaridade PNP.

11.13 Manutenção e Pesquisa dos Defeitos

É recomendável efetuar uma manutenção ordinária a cada 6 meses e, no máximo, a cada ano para qualquer dispositivo ou equipamento industrial. A filosofia de base de qualquer intervenção em caso de defeito é a de isolar a parte defeituosa com a substituição do módulo defeituoso o mais rápido possível para diminuir o tempo de parada de máquina.

Procura-se compreender a causa dos defeitos por meio das funções de autodiagnóstico presentes em qualquer controlador programável. Com o autodiagnóstico é possível uma redução considerável do tempo de parada de máquina.

Identificamos 3 tipos de falhas muito comuns na CPU:

- **Falha de inicialização**

Provoca uma mensagem na unidade de programação durante a fase do autodiagnóstico sinalizada por meio de LEDs. Os manuais de sistema fornecem as indicações do significado do estado dos LEDs relativas a essa condição de falha.

- **Falha fatal**

Provoca uma parada imediata da CPU, e todas as saídas são automaticamente desligadas.

- **Falha não fatal (*alarm*)**

Provoca um alarme, porém o programa é normalmente executado. O operador rapidamente deverá remover a causa do alarme. Se é um alarme "a tempo", a remoção deve acontecer muito rapidamente para evitar a parada da CPU.

Em todo caso, a consulta do manual de sistema resulta sempre indispensável.

Questões práticas

1. Qual é, geralmente, o limite de tensão abaixo do qual o PLC não funciona?

   a. 85 % da tensão nominal.
   b. 60 % da tensão nominal.
   c. 45 % da tensão nominal.

2. A função de parada de emergência de categoria 0 pode ser controlada por um PLC?

   a. sim.
   b. não.
   c. depende da condição de periculosidade.

3. Como se comporta um controlador programável em caso de falha fatal?

   a. todas as saídas são comutadas a ON.
   b. a execução do programa continua.
   c. todas as saídas são comutadas a OFF.

4. Um sensor de proximidade do tipo PNP deve ser ligado a uma placa de entrada digital de um PLC. Qual tipo de placa de entrada você escolheria?

   a. do tipo NPN.
   b. do tipo PNP.
   c. tanto PNP quanto NPN funcionam igualmente.

5. Descreva brevemente o tipo de cabeamento aconselhado para os quadros elétricos de automação industrial.

12 Operações de Tabelas

12.0 Aprofundamento sobre os Blocos de Dados

As operações com os blocos de dados permitem ao usuário elaborar com uma operação individual grande quantidade de dados. Os arrays são blocos de dados que existem em um registro da memória especificado. O array, às vezes, é chamado de registro com índice.

Um array, em poucas palavras, é um conjunto ordenado de registros simples, individualizado a partir de um registro da memória exatamente identificado.

No caso mais simples temos um *array monodimensional*: trata-se de um array com um só índice. Podemos pensar em um array monodimensional como uma fila de gavetas numeradas, cada uma das quais é um registro simples. Na Figura 12.1 temos um exemplo de array monodimensional. Existem também arrays *bidimensionais*: trata-se de um array com dois índices. Nesse caso temos gavetas horizontais e verticais formando uma figura geométrica tipo retângulo. Na Figura 12.2 temos um exemplo de array bidimensional.

No Capítulo 2 vimos instruções para a transferência dos dados (MOVE, FILL, BLKMOV). Um array pode ser constituído de registros em formato byte (8 bits) ou Word (16 bits). Aprofundaremos agora o assunto para aplicações em automação industrial.

Array monodimensional

VB50	VB51	VB52	VB53	VB54

Figura 12.1

Matriz (array bidimensional)

VB50	VB51	VB52	VB53
VB54	VB55	VB56	VB57
VB58	VB59	VB60	VB61
VB62	VB63	VB64	VB65
VB66	VB67	VB68	VB69
VB70	VB71	VB72	VB73

Figura 12.2

12.1 Operações de Tabelas: Generalidades

As operações de tabelas permitem ao usuário carregar dados em uma tabela. A tabela é o equivalente de um array citado na Seção 12.0. Vimos que uma tabela ou array pode ser constituído de registros em colunas em sequência em formato byte, Word ou double Word. Nessa modalidade, é possível extrair os dados na mesma sequência em que foram empilhados ou na ordem inversa. Na Figura 12.3 temos um exemplo de tabela monodimensional.

A tabela da Figura 12.3 é composta de 5 registros em colunas em sequência. Em cada registro é armazenado um número, ou seja, os dados da nossa tabela. Uma vez formada a tabela, existem dois modos para extrair os dados da tabela:

• **Modo FIFO**

Os dados são extraídos da tabela na mesma ordem em que foram empilhados, segundo a lógica do primeiro a entrar/primeiro a sair (em inglês *First In-First Out*).

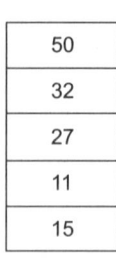

Figura 12.3

• **Modo LIFO**

Os dados são extraídos da tabela na ordem inversa àquela em que foram empilhados, segundo a lógica do último a entrar/primeiro a sair (em inglês, *Last In-First Out*). Na Figura 12.4 temos o funcionamento das lógicas FIFO e LIFO.

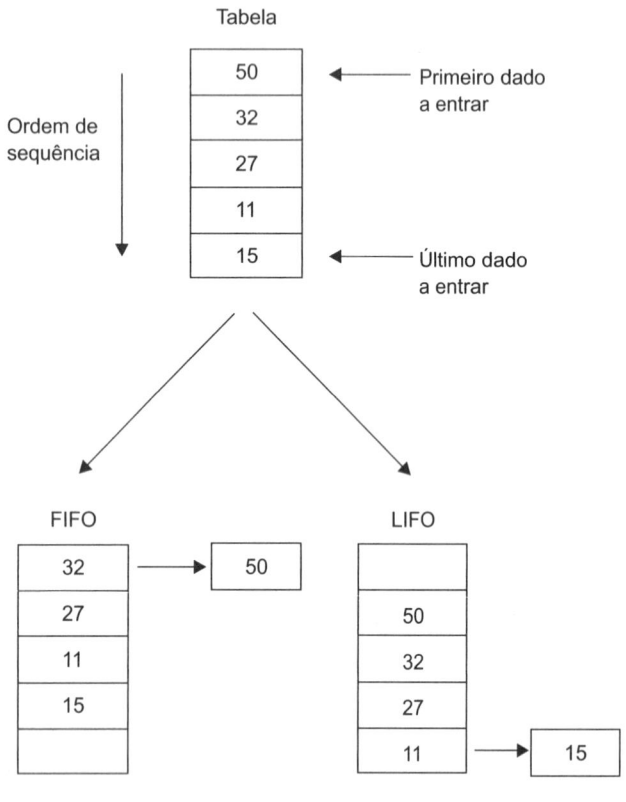

Figura 12.4

As operações das tabelas são utilizadas todas as vezes que se tem a necessidade de elaborar grande quantidade de dados em modo serial segundo uma sequência fixa.

Lembramos como exemplo os sequenciadores a tambor do Capítulo 9: era suficiente definir uma sucessão de registros em memória com o estado das saídas que se queria e depois, para habilitar a sequência, enviar os bits de cada registro, um por vez, nas saídas do PLC. A cada step correspondia um registro constituído de uma Word ou double Word.

12.2 Operações de Tabelas com a CPU S7-200

Nos PLCs S7-200, para criar uma tabela utiliza-se a instrução "Registra valor na tabela" AD_T_TBL. Em seguida os dados podem ser pegos de uma tabela com as instruções LIFO e FIFO.

Uma tabela pode conter um máximo de 100 dados, chamados, em linguagem Simatic, de *registrações*. São excluídos os parâmetros que especificam o número de registrações e o número efetivo das registrações. Na Tabela 12.1 temos um resumo das instruções de tabela da CPU S7-200.

Tabela 12.1

KOP	Descrição
AD_T_TBL EN DATA TABLE	O boxe "registra valores na tabela" (AD_T_TBL) acrescenta valores de Words (DATA) na tabela (TABLE). O primeiro valor da tabela indica o comprimento máximo da tabela (TL). O segundo valor da tabela (EC) indica o número de registrações efetivas na tabela. Os novos dados são respectivamente acrescentados à tabela depois da última registração. A cada vez que são acrescentados novos dados na tabela, é incrementado de 1 o número de registrações (EC). Se o número máximo de registrações é excedido, o Merker especial tabela cheia (SM1.4) é setado.
LIFO EN TABLE DATA	O boxe "cancela último valor da tabela" (LIFO) remove a última registração da tabela (TABLE) e emite o valor no endereço (DATA). Para cada operação executada, o número de registrações (EC) da tabela é decrementado de 1. Se se quer remover uma registração de uma tabela já vazia, o Merker tabela vazia (SM1.5) é setado.
FIFO EN TABLE DATA	O boxe "cancela primeiro valor na tabela" (FIFO) remove a primeira registração da tabela (TABLE) e emite o valor no endereço (DATA). Todas as outras registrações da tabela se deslocam de um lugar para o alto. Para cada operação executada, o número de registrações (EC) da tabela é decrementado de 1. Se se quer remover uma registração de uma tabela já vazia, o Merker tabela vazia (SM1.5) é setado.

Um exemplo de instruções tabelares é apresentado na Figura 12.5. As Figuras 12.6, 12.7 e 12.8 têm um resumo dos estados dos registros com o emprego de cada uma das instruções tabelares.

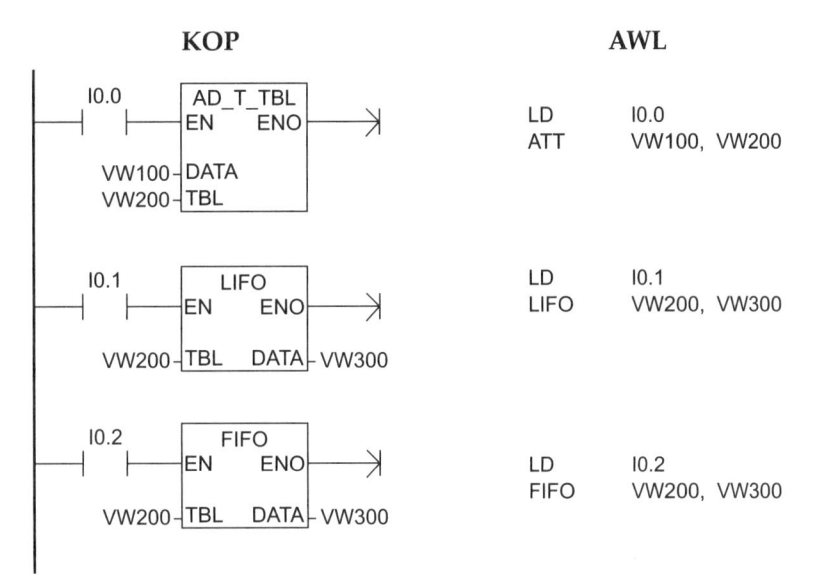

Figura 12.5

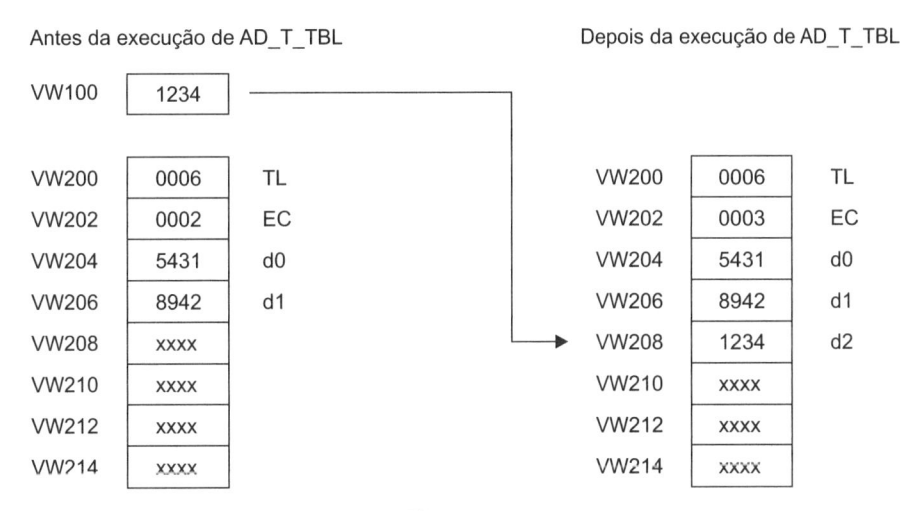

Figura 12.6

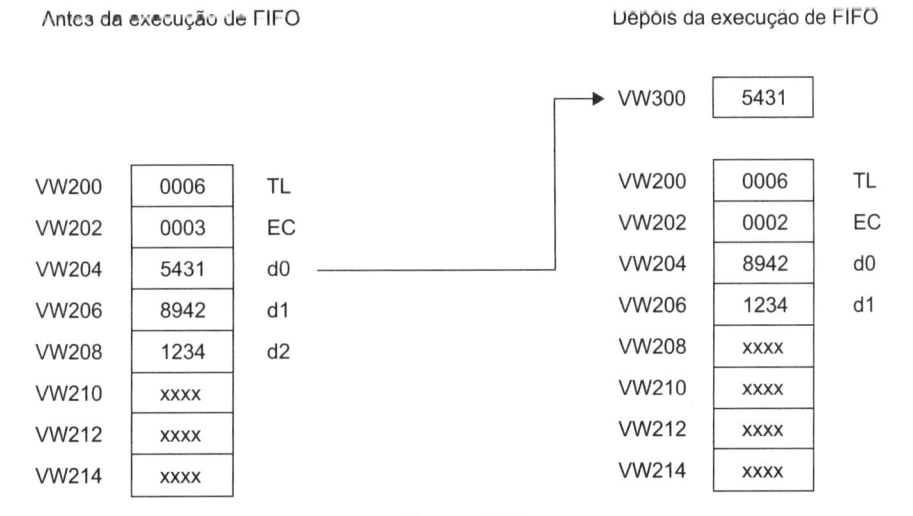

Figura 12.7

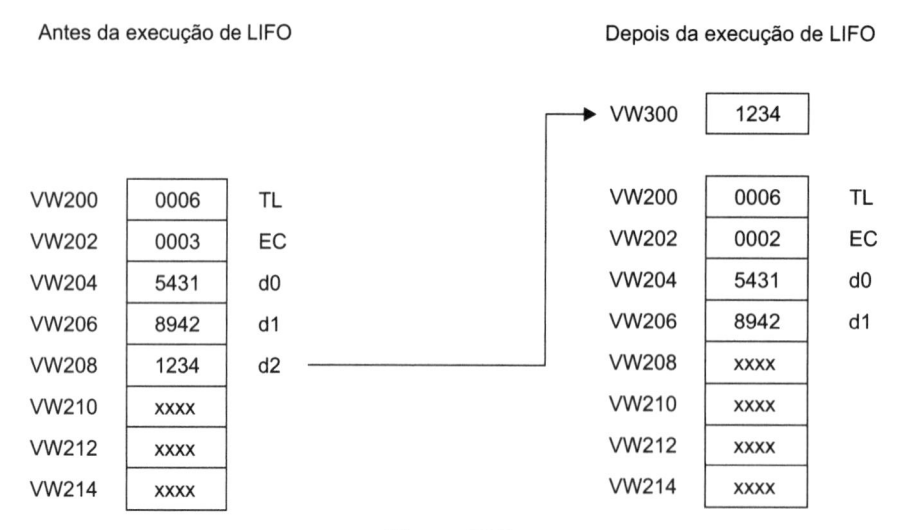

Figura 12.8

12.3 Regras para a Definição de uma Tabela com a CPU S7-200

Para a definição de uma tabela com a CPU S7-200, é preciso definir os seguintes parâmetros (Figura 12.6):

- Os valores máximos das registrações que se quer efetuar, armazenados em um registro que, por convenção, é chamado de *REGmax* (TL).
- O registro que se incrementa automaticamente de 1 unidade a cada registração realmente efetuada é, por convenção, chamado de *REGregist* (EC).
- Os registros que contêm os dados que por convenção chamamos de REG0, REG1, REG2... (d0, d1...).

É importante dizer que todos os registros REGmax, REGregist; REG0, REG1, REG2... devem ser obrigatoriamente sequenciais.

Exemplo: Se REGmax é a Word VW100, os outros registros a seguir devem ser VW102, VW104, VW106, VW108 e assim por diante. Assim, querendo uma tabela como a da Figura 12.9, a sequência dos registros é:

REGmax	7	VW100
REGregist	7	VW102
REG0	15	VW104
REG1	18	VW106
REG2	52	VW108
REG3	27	VW110
REG4	36	VW112
REG5	11	VW114
REG6	22	VW116

Figura 12.9

Tabela 12.2 Tabela dos Símbolos

Símbolos	Endereço	Comentário
REGmax	VW100	Número máximo de registrações (TL)
REGregist	VW102	Número de registrações efetivas (EC)
REG0	VW104	Registração 1 (d0)
REG1	VW106	Registração 2 (d1)
REG2	VW108	Registração 3 (d2)
REG3	VW110	Registração 4 (d3)
REG4	VW112	Registração 5 (d4)
REG5	VW114	Registração 6 (d5)
REG6	VW116	Registração 7 (d6)

12.4 Aplicação: Linha de Produção com Reconhecimento Automático dos Produtos

A linha de produção que descreveremos agora é uma linha de produção com reconhecimento automático de peças mecânicas em ferro soldadas, com alturas de 30 cm e 60 cm.

Nas Figuras 12.10A e 12.10B temos uma vista de lado e do alto da linha de produção.

Como se nota nas figuras, as peças mecânicas que passam na frente das fotocélulas B1 e B2 detectam a altura.

- Se se ativa somente B1, a peça tem altura de 30 cm e 60 cm, altura não correta, então a peça mecânica deve ser descartada.
- Se se ativam simultaneamente B1 e B2, a peça tem mais de 60 cm, altura correta. Esses valores de 30 cm e 60 cm serão armazenados em uma tabela com a instrução AD_T_TBL.

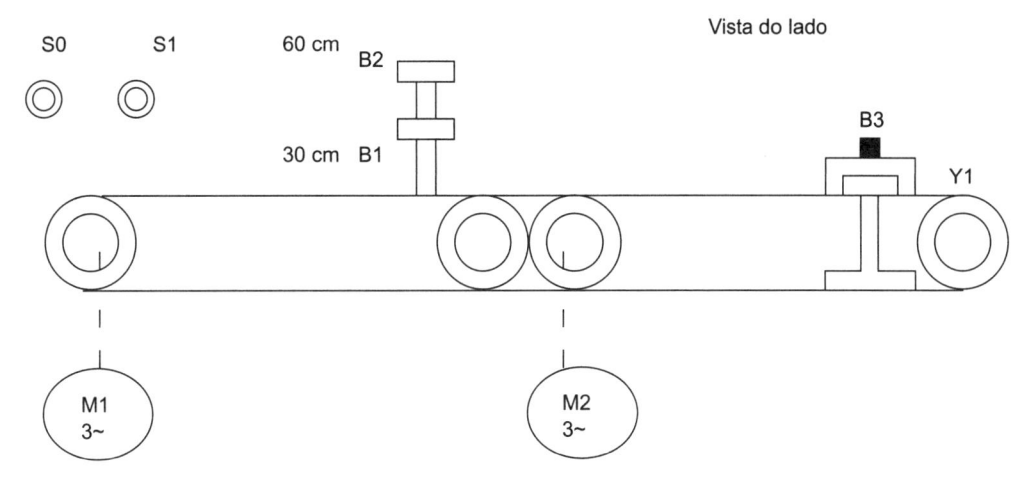

Figura 12.10A

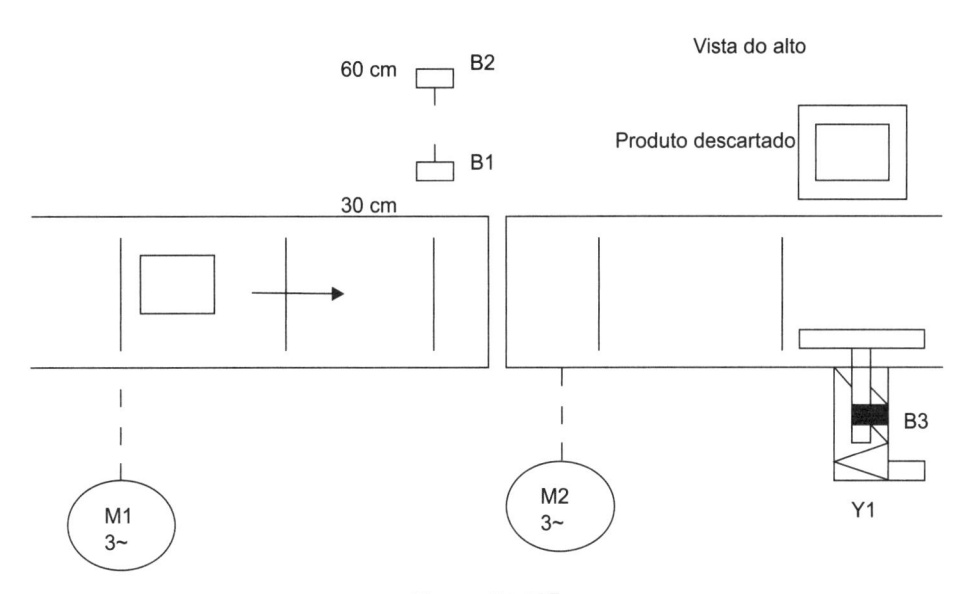

Figura 12.10B

Se o valor que sai da tabela é 30 e a fotocélula B3 é ativa, temos como consequência a expulsão das peças por meio do cilindro Y1 enquanto a peça deve ser descartada. Se o valor que sai da tabela é 60 e a fotocélula B3 é ativa, as peças passam ao longo da esteira sem serem descartadas.

Tabela 12.3 Tabela dos Símbolos

Símbolos	Endereço	Comentário
S0	I0.0	Botão de start
S1	I0.1	Botão de stop
B1	I0.2	Fotocélula detecta objeto alto 30 cm
B2	I0.3	Fotocélula detecta objeto alto 60 cm
B3	I0.4	Fotocélula detecta objeto esteira 2
K1M	Q0.0	Contator motor esteira 1
K2M	Q0.1	Contator motor esteira 2

(continua)

Tabela 12.3 Tabela dos Símbolos (*Continuação*)

Símbolos	Endereço	Comentário
Y1	Q0.2	Eletroválvula expulsão objeto
REGdados	VW10	Word dados
REGsaida	VW20	Word saída
REGmax	VW100	Word registração máxima
REGregist	VW102	Word registração efetiva
REG0	Vw104	Registração 0
REG1	VW106	Registração 1
REG2	VW108	Registração 2
REG3	VW110	Registração 3
REG4	VW112	Registração 4
REG5	VW114	Registração 5
FR1	I0.5	Térmica motor 1
FR2	I0.6	Térmica motor 2

Esquema Ladder da Linha de Produção com Reconhecimento Automático dos Produtos (Figuras 12.11A e 12.11B)

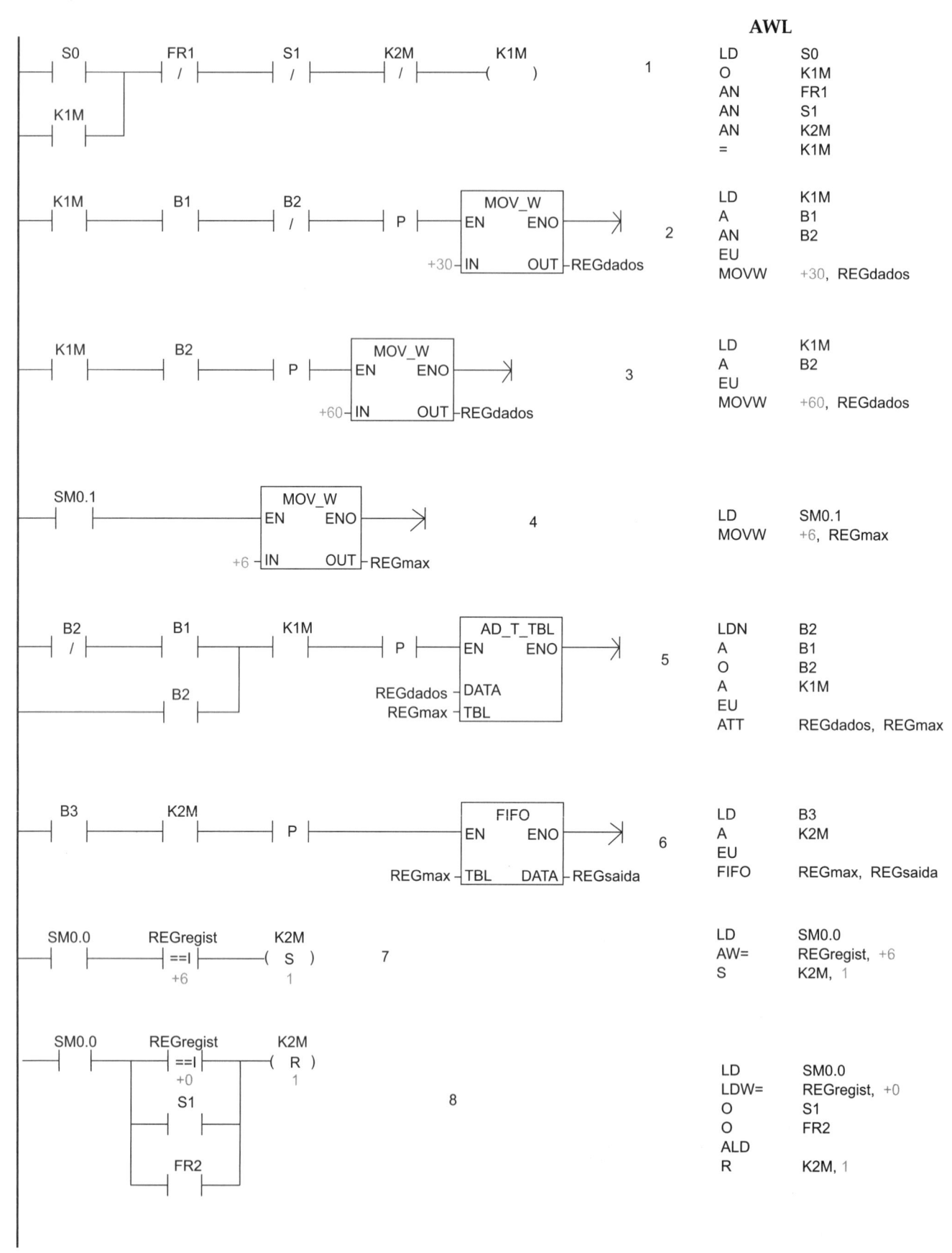

Figura 12.11A   Figura 12.11B

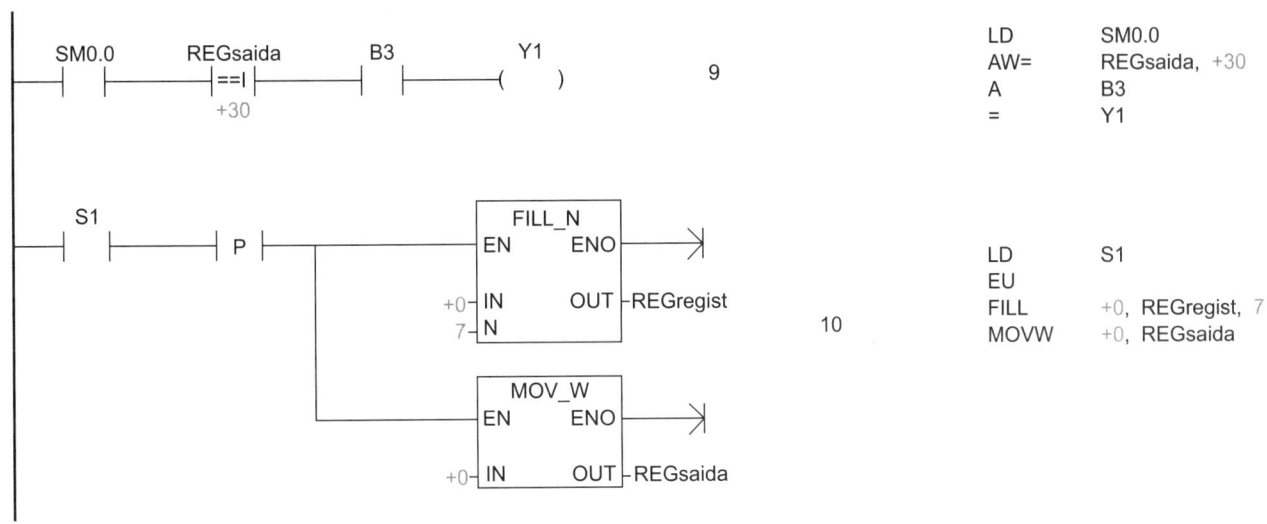

Figura 12.11A *(Continuação)*   **Figura 12.11B** *(Continuação)*

- Na primeira linha de programa temos o botão S0, que ativa a esteira transportadora 1 por meio do contator K1M. Com o botão S1 se para tudo em qualquer momento;
- Na segunda linha de programa os pulsos da fotocélula B1 transferem o valor 30 no registro REGdados de peça de descarte;
- Na terceira linha de programa os pulsos da fotocélula B2 transferem o valor 60 no registro REGdados de peça boa;
- Na quarta linha de programa o Merker especial SM0.1, ativo no primeiro ciclo de scan do PLC carrega o valor máximo das registrações, ou seja, 6 no registro REGmax;
- Na quinta linha de programa a cada pulso da fotocélula B1 se empurra na tabela a detecção das peças de descarte de 30 cm. A fotocélula B2 não detecta nenhum objeto porque tem mais de 30 cm de altura.

A tabela incrementa de 1 unidade os números das registrações no registro REGregist.

Se o objeto que transita na esteira tem uma medida de 60 cm, a detecção das fotocélulas B1 e B2 ocorre simultaneamente. Serão assim armazenadas na tabela as peças boas de 60 cm.

A tabela incrementa de 1 unidade os números das registrações no registro REGregist.

- Na sexta linha de programa a fotocélula B3 ativa a instrução FIFO, que extrai da tabela os valores 30 e 60 em sequência.
- Na sétima linha de programa, quando o registro REGregist contém todas as registrações, no total de 6, devido à passagem de todas as 6 peças mecânicas de ferro na esteira transportadora 1 detectadas pelas fotocélulas B1 e B2, a esteira 1 para por meio do contato auxiliar normalmente fechado K2M em série com a bobina K1M (veja a primeira linha de programa).

Simultaneamente, seta-se o contator K2M e a esteira 2 parte, com o deslocamento das peças mecânicas na esteira transportadora 2.

- Na oitava linha de programa, se o número das registrações é igual a zero (tabela vazia) devido à passagem de todas as 6 peças mecânicas na esteira 2 detectadas pela fotocélula B3, reseta-se a saída K2M e a esteira 2 para. Pressionando novamente o botão S0, a sequência parte outra vez (ciclo semiautomático).
- Na nona linha de programa, quando a fotocélula B3 detecta a peça de passagem e o registro de saída REGsaida da instrução FIFO é igual a 30 (peça de descarte), se energiza a eletroválvula monoestável Y1 de expulsão da peça. Ao contrário, se o registro de saída REGsaida é igual a 60 (peça boa), a eletroválvula monoestável Y1 não se energiza e a peça passa tranquilamente ao longo da esteira.
- Na décima linha de programa, ao pressionar o botão S1 se zera todo o sistema. Todos os registros e também as esteiras transportadoras 1 e 2 são resetados.

12.5 Aplicação: Linha Automática para Pacote Postal com Mesa Rodante

A linha automática para pacote postal com mesa rodante que será descrita agora é uma linha de reconhecimento de caixas de correios tipo pacote postal com dois tamanhos diferentes:

- pacote postal 20×20×20 cm
- pacote postal 40×40×40 cm

O pacote postal 20×20×20 será desviado na esteira 3; já o pacote postal 40×40×40 passa ao longo da esteira 2 normalmente.

Na Figura 12.12, temos uma vista do alto da instalação.

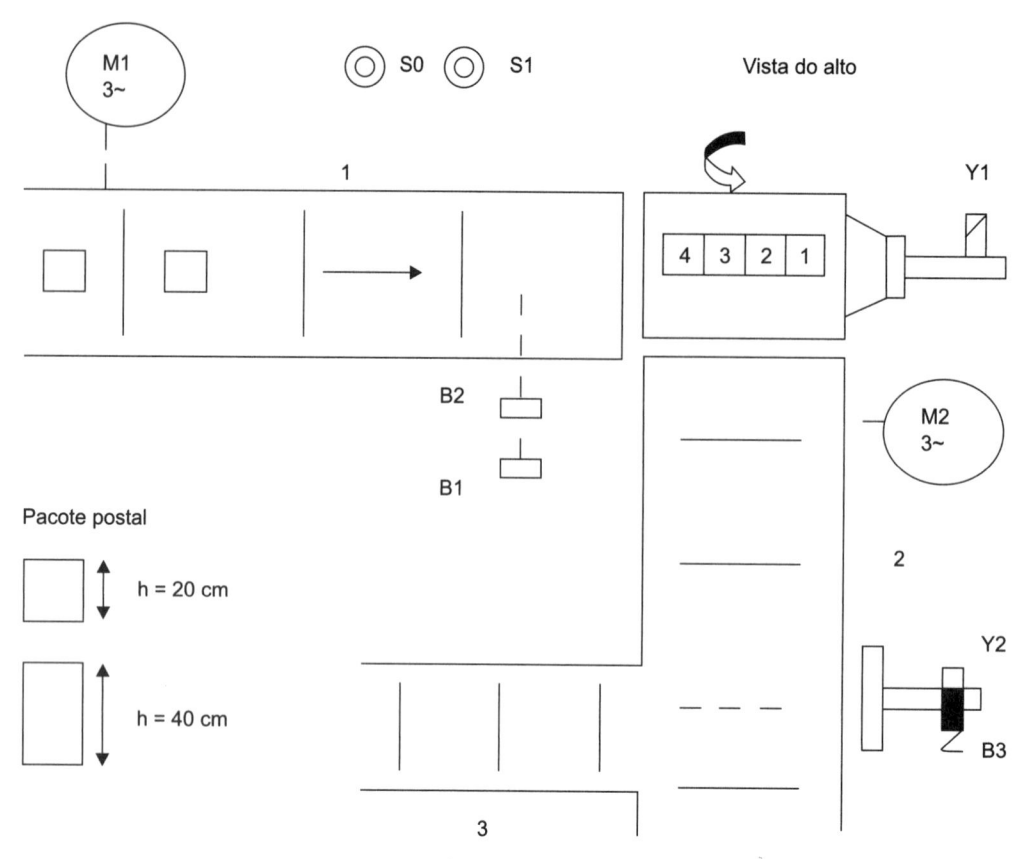

Figura 12.12

Como notamos na Figura 12.12, os pacotes postais, ao passarem na frente das fotocélulas B1 e B2, serão detectados pela altura.

— Se se ativa a fotocélula B1, o pacote postal é 20×20×20, com altura de 20 cm;
— Se se ativam simultaneamente as fotocélulas B1 e B2, o pacote postal é de 40×40×40, com altura de 40 cm.

Esses valores de 20 e 40 serão armazenados em uma tabela e extraídos com a instrução LIFO. Usa-se a LIFO porque os últimos pacotes que saem sobre a mesa rodante são também os primeiros que são desviados na esteira 2.

Nesse caso a instrução LIFO é aquela que se adapta melhor à nossa aplicação. Os pacotes postais desviados na esteira 2, ao chegarem ao ponto de detecção da fotocélula B3, se na tabela sai o valor 20, são desviados na esteira 3; se, ao contrário, na tabela sai o valor 40, o pacote prossegue sem interrupção ao longo da esteira 2.

Tabela 12.4 Tabela dos Símbolos

Símbolos	Endereço	Comentário
S0	I0.0	Botão de start
S1	I0.1	Botão de stop
B1	I0.2	Fotocélula detecta pacote postal 20 cm
B2	I0.3	Fotocélula detecta pacote postal 40 cm

(continua)

Tabela 12.4 Tabela dos Símbolos (*Continuação*)

Símbolos	Endereço	Comentário
B3	I0.4	Fotocélula detecta pacote esteira 2
K1M	Q0.0	Contator motor esteira 1
K2M	Q0.1	Contator motor esteira 2
Y1	Q0.2	Eletroválvula monoestável mesa rodante
REGdados	VW10	Word dados
REGsaida	VW20	Word saída
REGmax	VW100	Word registração máxima
REGregist	VW102	Word registração efetiva
REG0	VW104	Registração 0
REG1	VW106	Registração 1
REG2	VW108	Registração 2
REG3	VW110	Registração 3
REG4	VW112	Registração 4
REG5	VW114	Registração 5
FR1	I0.5	Térmica motor 1
FR2	I0.6	Térmica motor 2
Y2	Q0.3	Eletroválvula monoestável desvio pacote na esteira 3

Esquema Ladder da Linha Automática para Pacote Postal com Mesa Rodante (Figuras 12.13A e 12.13B).

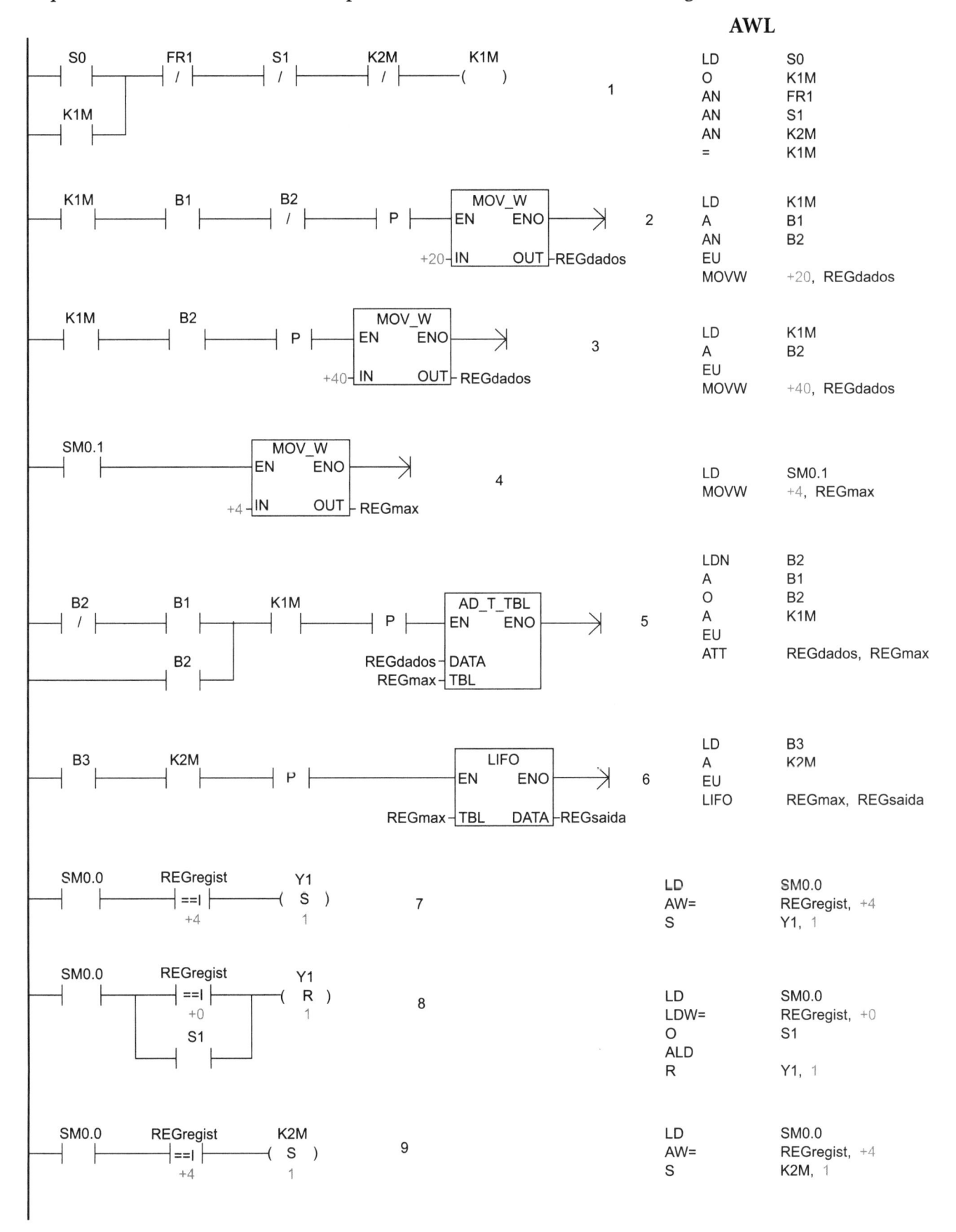

Figura 12.13A   **Figura 12.13B**

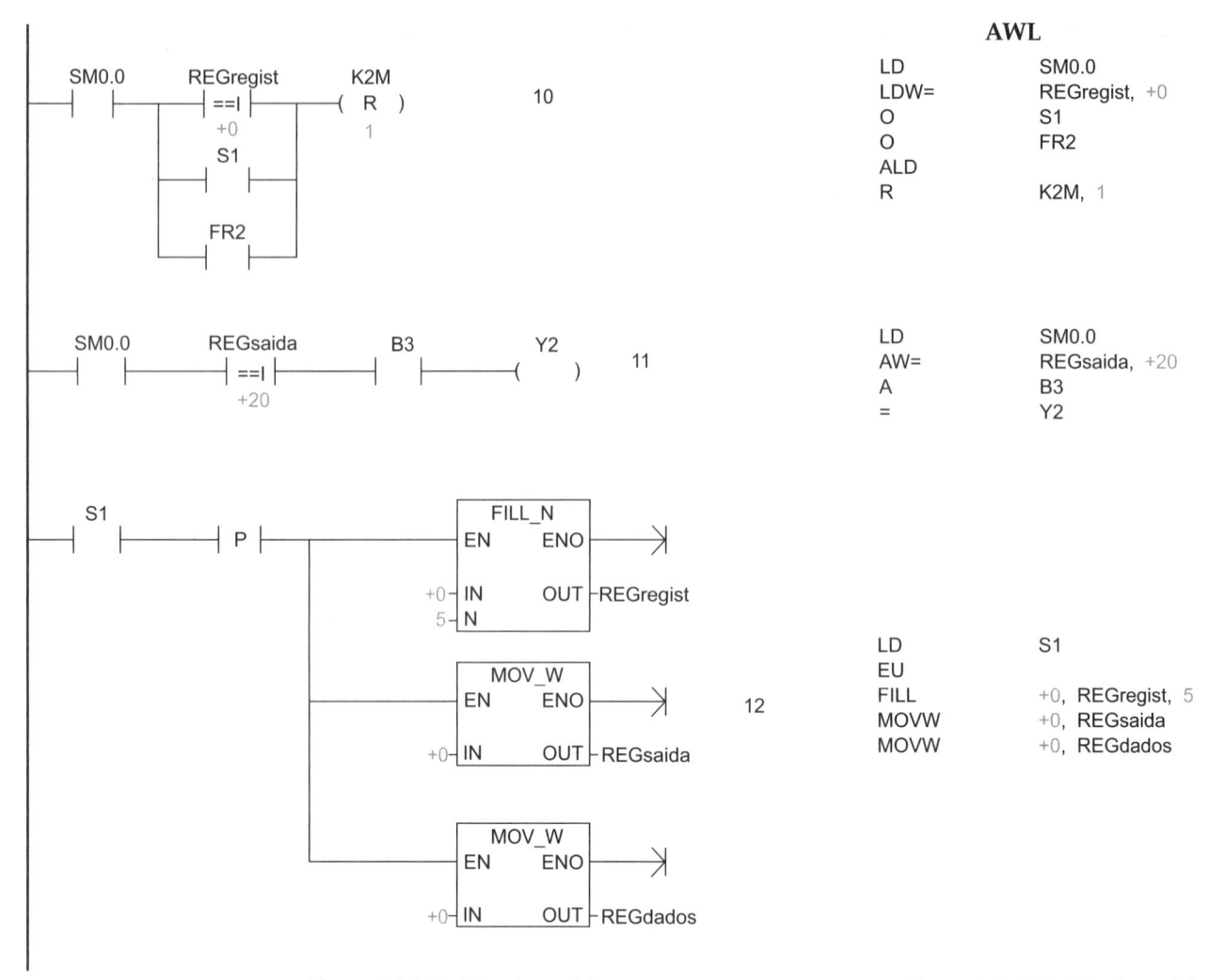

Figura 12.13A (*Continuação*) **Figura 12.13B** (*Continuação*)

– Na primeira linha de programa, temos o botão S0, que ativa a esteira transportadora 1 por meio do contator K1M. Com o botão S1 se para tudo em qualquer momento;
– Na segunda linha de programa os pulsos da fotocélula B1 transferem o valor 20 no registro "REGdados" do pacote 20×20×20;
– Na terceira linha de programa os pulsos da fotocélula B2 transferem o valor 40 no registro "REGdados" do pacote 40×40×40;
– Na quarta linha de programa o Merker especial SM0.1 ativo no primeiro ciclo de scan do PLC carrega o valor máximo das registrações, ou seja, 4 no registro REGmax;
– Na quinta linha de programa a cada pulso da fotocélula B1 se empurra na tabela a detecção do pacote do tamanho de 20 cm. A fotocélula B2 não detecta nenhum objeto porque tem mais de 20 cm de altura.

A tabela incrementa de 1 unidade os números das registrações no registro REGregist.

Se o pacote que transita na esteira tem uma medida de 40 cm, a detecção das fotocélulas B1 e B2 é

simultânea. Assim, será armazenado na tabela o pacote do tamanho de 40 cm.

A tabela incrementa de 1 unidade os números das registrações no registro REGregist.

– Na sexta linha de programa a fotocélula B3 ativa a instrução LIFO, que extrai da tabela os valores 20 e 40 em sequência.
– Na sétima linha de programa, quando o registro "REGregist" contém todas as registrações, no total de 4, devido à passagem de todos os quatro pacotes, seta-se a eletroválvula monoestável Y1 com todos os pacotes carregados sobre o depósito da mesa rodante, que, energizando-se, determina uma rotação de 90° no sentido anti-horário da mesa rodante. Seta-se também no mesmo instante o contador K2M, e a esteira 2 parte (veja nona linha de programa). Os pacotes da mesa rodante são desviados na esteira 2 na ordem inversa em que foram carregados.

Notamos também que a esteira transportadora 1 para devido à energização do contato normalmente fechado K2M em série com a bobina K1M (veja primeira linha de programa).

– Na oitava linha de programa, se o número das registrações é igual a zero (tabela vazia) devido à passagem de todos os quatro pacotes na esteira 2 detectada pela fotocélula B3, então se reseta a saída Y1 da eletroválvula que desaciona a mesa rodante, determinando uma rotação de 90°, dessa vez no sentido horário, e retornando, assim, à mesma na situação inicial (se se reseta também a saída K2M, a esteira 2 para. Veja décima linha de programa).

– Na nona linha de programa, depois de 4 registrações, seta-se a saída K2M e a esteira 2 parte.

– Na décima linha de programa, se o número das registrações é igual a zero, se reseta a saída K2M e a esteira 2 para.

– Na décima primeira linha de programa, quando a fotocélula B3 detecta o pacote de passagem, e no registro "REGsaída" aparece o valor 20 (pacote 20×20×20), se energiza a eletroválvula monoestável Y2, que desvia o pacote na esteira transportadora 3. Se, ao contrário, no registro de saída "REGsaída" aparece o valor 40 (pacote 40×40×40), não se energiza a eletroválvula monoestável Y2 e o pacote passa sem interferência ao longo da esteira 2.

– Na décima segunda linha de programa, pressionando-se o botão S1, zera-se todo o sistema, todos os registros são resetados, bem como as esteiras transportadoras 1 e 2. Pressionando-se novamente o botão S1, a sequência reinicia (ciclo semiautomático).

12.6 Aplicação: Controle de um Manipulador Programável (Robô) com Dois Eixos com Utilização das Instruções Tabelares – Ciclo Semiautomático

Essa aplicação permite a construção de um array ou tabela bidimensional de tipo booleano para a programação de um robô com 2 eixos. Recordando o que foi visto no Capítulo 9, essa aplicação simula um sequenciador a tambor EDRUM em função do tempo do tipo programável.

Imaginamos ter uma tabela bidimensional com o qual se deve programar um manipulador programável. Esse manipulador programável (robô) tem 6 saídas e possui 10 estados possíveis com 10 tempos diferentes. Veja Tabela 12.5.

Na Tabela 12.5 temos uma tabela que representa os 10 estados representados em binário com 10 tempos diferentes representados em decimal. Na Tabela 12.6 são representados os estados e os tempos em decimal.

A interpretação da tabela bidimensional é muito simples: o manipulador programável no primeiro step assume o estado 0 para 5 segundos, no step 2 assume o estado 8 para 8 segundos, no step 3 assume o estado 12

para 3 segundos e assim por diante. É importante lembrar da conversão binária decimal do Capítulo 1.

Tabela 12.5

Tempo	Y6	Y5	Y4	Y3	Y2	Y1
5	0	0	0	0	0	0
8	0	0	1	0	0	0
3	0	0	1	1	0	0
12	0	0	1	1	1	0
15	0	0	1	1	1	1
3	0	0	1	1	0	1
4	0	0	1	1	0	0
7	0	0	1	0	0	0
2	0	0	0	0	0	0
0	0	0	0	0	0	0

$$(0)_{10} = (000000)_2$$
$$(8)_{10} = (001000)_2$$
$$(12)_{10} = (001100)_{2\,...}$$

Tabela 12.6

Steps	Tempo (s)	Estados
1º	5	0
2º	8	8
3º	3	12
4º	12	14
5º	15	15
6º	3	13
7º	4	12
8º	7	8
9º	2	0
10º	0	0

Lembramos que a tabela pode ser composta de registros em formato Word (16 bits). Em consequência, podemos controlar 16 saídas discretas simultaneamente. De fato, cada bit representa uma saída discreta. No nosso caso, o manipulador programável apresenta 6 saídas discretas. Por isso usaremos só 6 bits dos 16 bits efetivamente disponíveis (estamos usando registro em formato Word). É claro que, utilizando todos os 16 bits disponíveis, deveremos ter um PLC com 16 saídas. O manipulador programável é apresentado nas Figuras 12.14A e 12.14B.

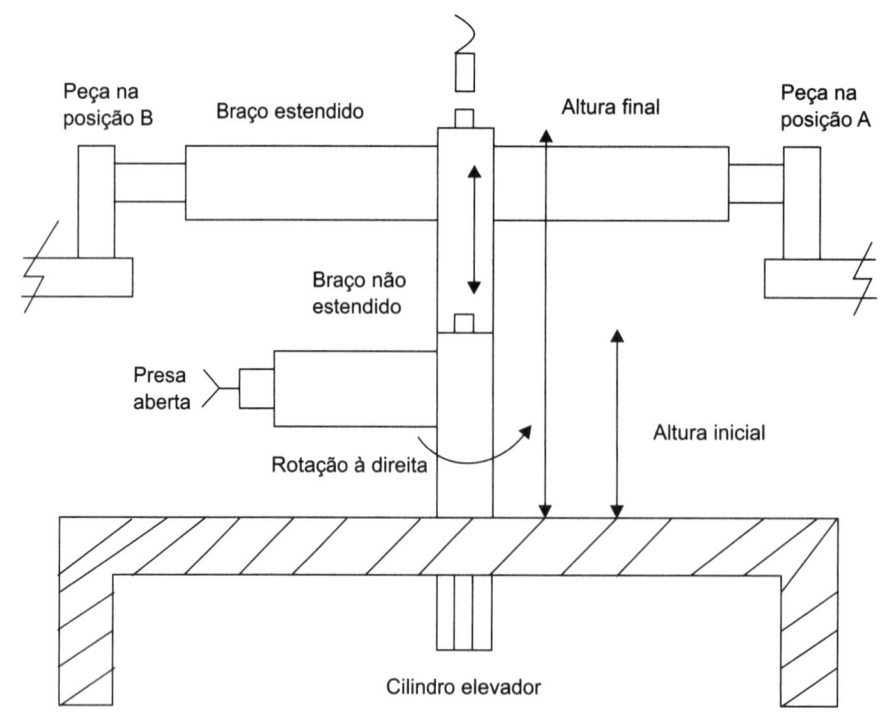

Figura 12.14A

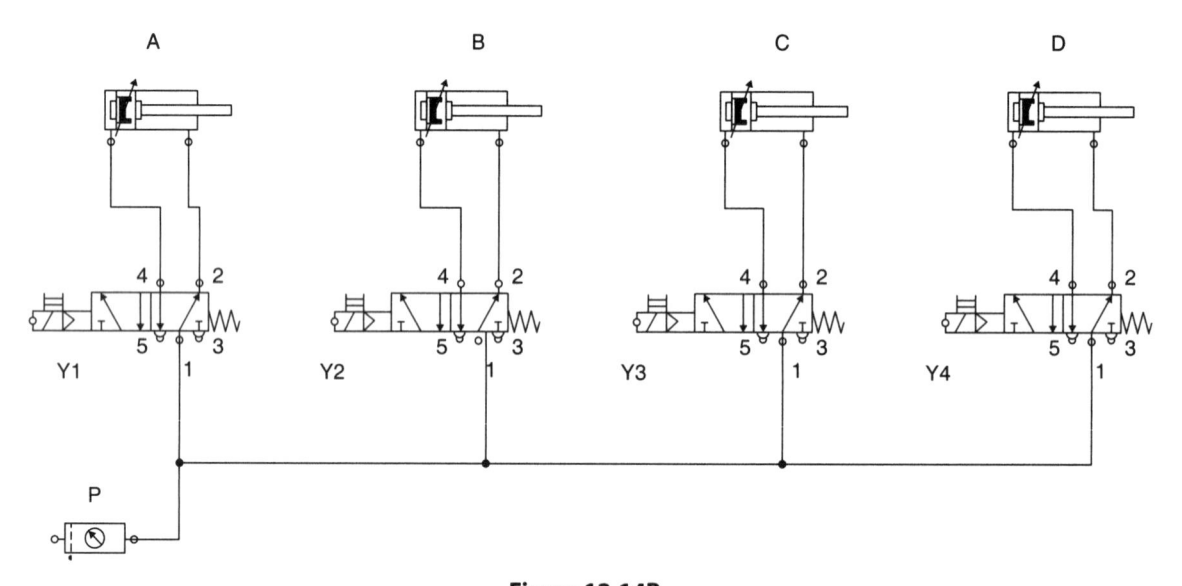

Figura 12.14B

Como apresentado na Figura 12.14B, o manipulador tem quatro eletroválvulas eletropneumáticas monoestáveis Y1, Y2, Y3 e Y4 que controlam quatro cilindros pneumáticos a duplo efeito. Energizando cada eletroválvula, temos as seguintes ações:

1. Elevação robô
2. Extensão do braço mecânico
3. Fechamento da presa mecânica da peça na posição B
4. Rotação de 180° no sentido anti-horário
5. Abertura da presa mecânica para depositar a peça na posição A
6. Rotação de 180° no sentido horário
7. Recuo do braço mecânico
8. Abaixa robô

A passagem de um step para outro ocorre em função do tempo. Lembramos que, por serem as eletroválvulas do tipo monoestáveis dotadas de uma só bobina, temos a necessidade de manter a corrente elétrica na bobina (solenoide) para que permaneça no estado acionado com cilindro fora. Cessada a corrente elétrica no solenoide, uma mola interna a faz retornar à situação de repouso com o cilindro recuado, ou seja, desacionada. A Tabela 12.7 resume todos os estados em função do tempo do robô.

Tabela 12.7

Tempo (s)	Step	Y4 Cilindro elevador	Y3 Extensão do braço	Y2 Fechamento da presa	Y1 Rotação à direita
5	1	0	0	0	0
8	2	1	0	0	0
3	3	1	1	0	0
12	4	1	1	1	0
15	5	1	1	1	1
3	6	1	1	0	1
4	7	1	1	0	0
7	8	1	0	0	0
2	9	0	0	0	0
0	10	0	0	0	0

12.6.1 Programação do editor de blocos de dados para as variáveis, saídas e preset dos timers

A seguir mostramos o conteúdo completo do editor de blocos de dados que deverá ser escrito no editor Data Block.

```
//DATA PAGE COMMENTS
//
//Press F1 for help and example data page
// COMENTÁRIO DOS BLOCOS DE DADOS
//registros dos estados
VW10    0           //step 1
VW12    8           //step 2
VW14    12          //step 3
VW16    14          //step 4
VW18    15          //step 5
VW20    13          //step 6
VW22    12          //step 7
VW24    8           //step 8
VW26    0           //step 9
VW28    0           //step 10
//
//registros dos tempos
VW40    50          //step 1
VW42    80          //step 2
VW44    30          //step 3
VW46    120         //step 4
VW48    150         //step 5
VW50    30          //step 6
VW52    40          //step 7
VW54    70          //step 8
VW56    20          //step 9
VW58    0           //step 10
```

12.6.2 Programação com a linguagem Ladder do manipulador programável (robô) com dois eixos com utilização das instruções tabelares – ciclo semiautomático

O esquema Ladder resolutivo é apresentado nas Figuras 12.15A, 12.15B e 12.15C.

Tabela 12.8 Tabela dos Símbolos

Símbolos	Endereço	Comentário
S0	I0.0	Botão de start
S1	I0.1	Botão de stop
Y1	Q0.0	Eletroválvula monoestável rotação direita
Y2	Q0.1	Eletroválvula monoestável fechamento da presa mecânica
Y3	Q0.2	Eletroválvula monoestável extensão braço mecânico
Y4	Q0.3	Eletroválvula cilindro elevador
Y5	Q0.4	Eletroválvula não utilizada
Y6	Q0.5	Eletroválvula não utilizada
K1A	M0.0	Merker relé auxiliar
	VW10	Word data block
	VW12	Word data block
	VW14	Word data block
	VW16	Word data block
	VW18	Word data block
	VW20	Word data block
	VW22	Word data block
	VW24	Word data block
	VW26	Word data block
	VW28	Word data block
	VW40	Word data block
	VW42	Word data block
	VW44	Word data block
	VW46	Word data block
	VW48	Word data block
	VW50	Word data block
	VW52	Word data block
	VW54	Word data block
	VW56	Word data block

(continua)

Tabela 12.8 Tabela dos Símbolos (*Continuação*)

Símbolos	Endereço	Comentário
	VW58	Word data block
REGmax1	VW200	Word número máximo de registrações estados
REGregist1	VW202	Word número efetivo de registrações estados
REG0EST	VW204	Registração 1
REG1EST	VW206	Registração 2
REG2EST	VW208	Registração 3
REG3EST	VW210	Registração 4
REG4EST	VW212	Registração 5
REG5EST	VW214	Registração 6
REG6EST	VW216	Registração 7
REG7EST	VW218	Registração 8
REG8EST	VW220	Registração 9
REG9EST	VW222	Registração 10
REGmax2	VW300	Word número máximo de registrações tempo

(continua)

Tabela 12.8 Tabela dos Símbolos (*Continuação*)

Símbolos	Endereço	Comentário
REGregist2	VW302	Word número efetivo de registrações tempo
REG0TEMPOS	VW304	Registração 1
REG1TEMPOS	VW306	Registração 2
REG2TEMPOS	VW308	Registração 3
REG3TEMPOS	VW310	Registração 4
REG4TEMPOS	VW312	Registração 5
REG5TEMPOS	VW314	Registração 6
REG6TEMPOS	VW316	Registração 7
REG7TEMPOS	VW318	Registração 8
REG8TEMPOS	VW320	Registração 9
REG9TEMPOS	VW322	Registração 10
REGsaidatempos	VW400	Word saída tempo
REGsaidaestado	VW500	Word saída estado
K1T	T37	Timer
CNT	C0	Contador

Esquema Ladder do Manipulador Programável (Robô) com Dois Eixos com Utilização das Instruções Tabelares – Ciclo Semiautomático (Figuras 12.15A, 12.15B e 12.15C)

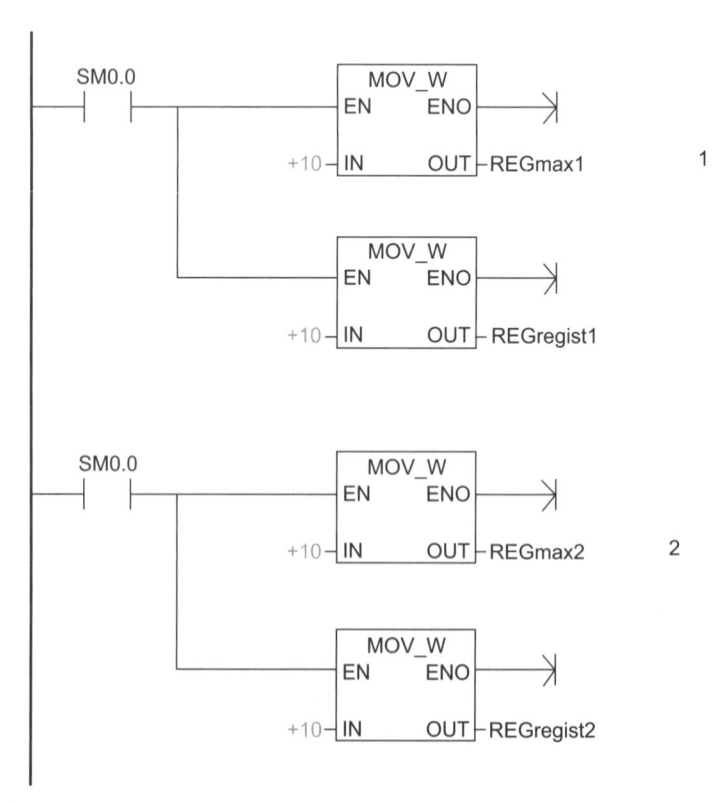

Figura 12.15A

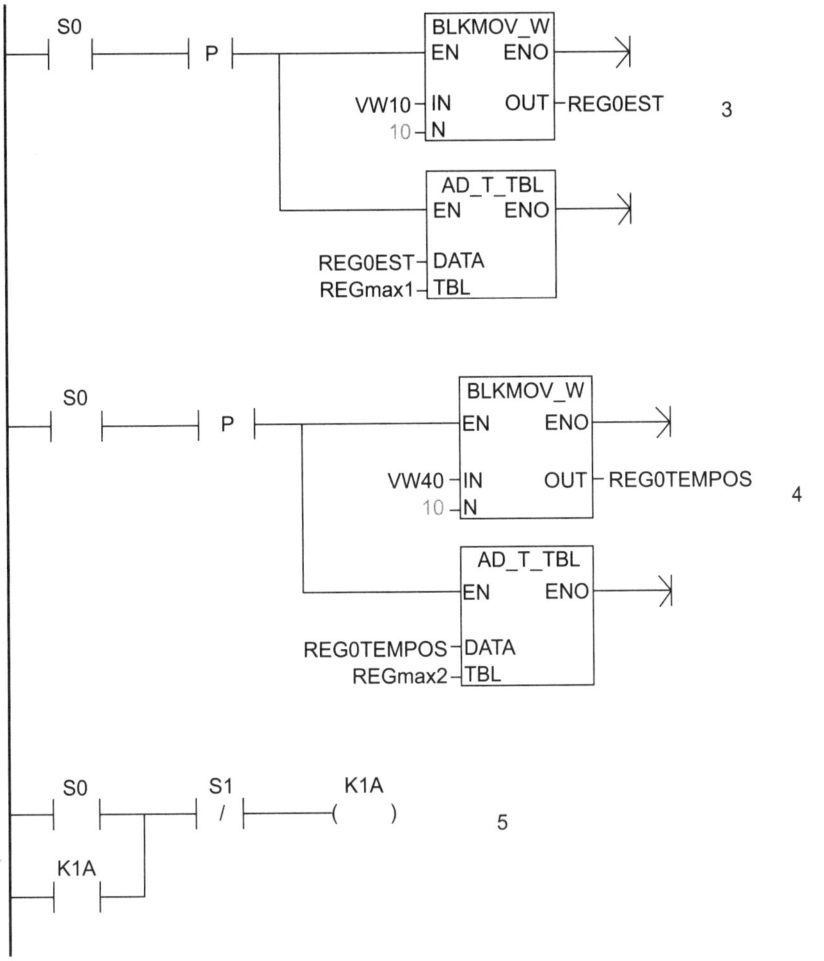

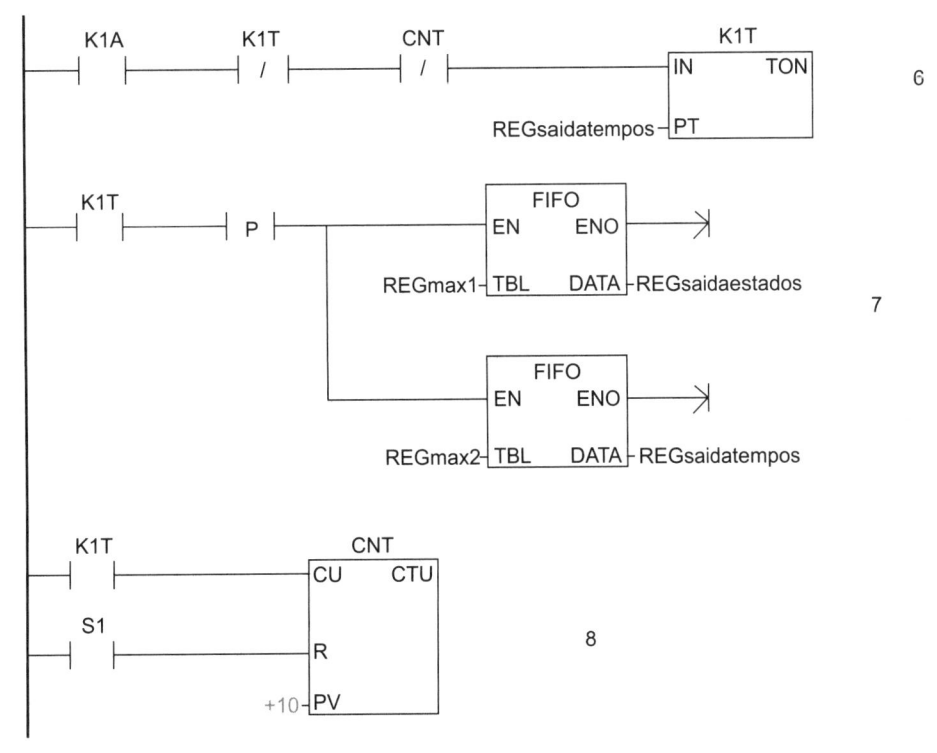

Figura 12.15A (*Continuação*)

Figura 12.15B

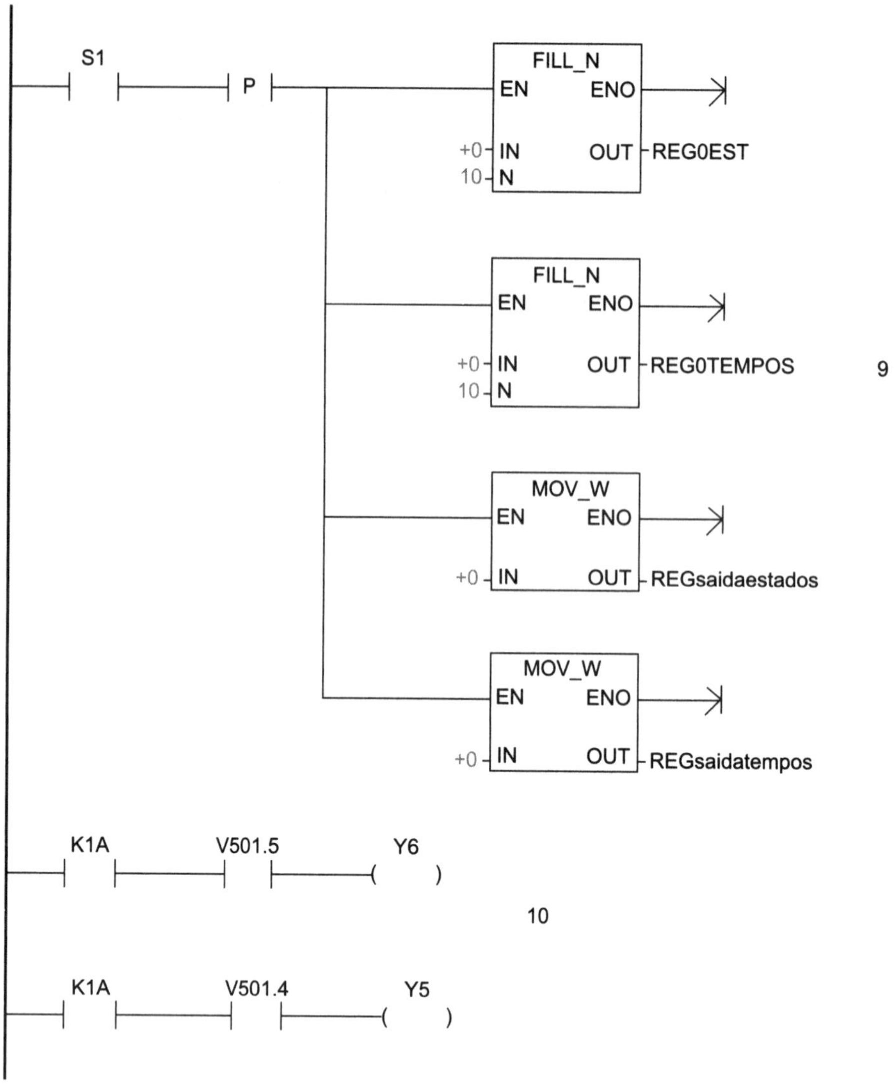

Figura 12.15B (*Continuação*)

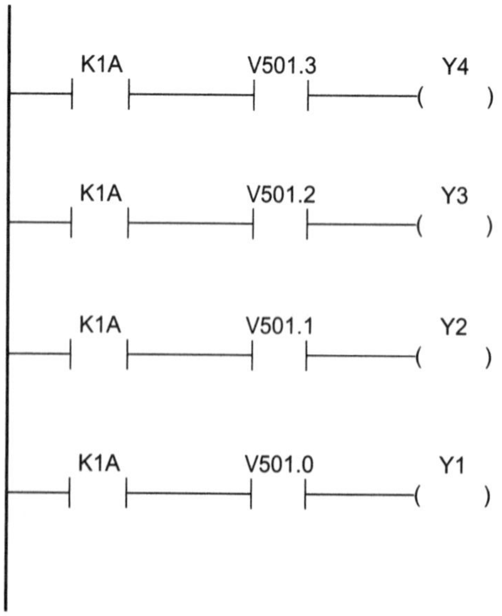

Figura 12.15C

– Na primeira linha de programa se definem o número máximo das registrações REGmax1 e o número efetivo das registrações REGregist1 relativos aos estados do robô.

– Na segunda linha de programa se definem o número máximo das registrações REGmax2 e o número efetivo das registrações REGregist2 relativos aos tempos do robô.

– Na terceira linha de programa, com a instrução BLK-MOV_W, se transfere a tabela dos estados inteira (veja Data Block) partindo do registro inicial VW10 no registro de destino REG0EST (VW204), num total de 10 registros partindo de VW10.

Uma vez que temos a instrução AD_T_TBL, criamos a nossa tabela dos estados partindo do registro REG0EST(VW204).

– Na quarta linha de programa, com a instrução BLK-MOV_W, se transfere a tabela dos tempos inteira (veja Data Block) partindo do registro inicial VW40 até o registro de destino REG0TEMPOS (VW304), num total de 10 registros partindo de VW40.

– Na quinta linha de programa, com o botão S0, inicia-se o ciclo semiautomático. Com o botão S1 se para o ciclo em qualquer momento.

– Na sexta linha de programa temos o timer K1T, que funciona por impulsos, se autorreseta sempre que o tempo de cada step é concluído.

– Na sétima linha de programa, sempre que o tempo de cada step é concluído, o timer K1T comuta, autorresetando-se e enviando um pulso por meio do seu contato auxiliar normalmente fechado K1T à instrução FIFO relativa aos estados e tempos.

A cada pulso se extraem das tabelas tempos/estados os dados relativos aos estados e aos tempos do nosso robô, simultaneamente.

– Na oitava linha de programa temos o contador crescente CNT, que se incrementa de 1 unidade a cada pulso proveniente do timer K1T (valor de preset 10). Atingido o valor de preset, o seu contato auxiliar normalmente fechado CNT se abre e o ciclo termina (veja sexta linha de programa).

– Na nona linha de programa, com o botão S2 de stop se resetam todos os registros.

– Na décima linha de programa todos os bits do registro REG saída estados (VW500) são enviados às saídas do PLC.

12.7 Endereçamento Indireto com a CPU S7-200

O endereçamento indireto usa um apontador para acessar os dados na memória. Os apontadores são valores em formato double Word que contêm o endereço de uma outra locação de memória. Com os apontadores, é possível utilizar somente os endereços da memória V ou L ou os registros dos acumuladores (AC1, AC2, AC3). Para acessar de modo indireto os dados de um endereço da memória deve-se criar um apontador inserindo um *ampersand* ("e comercial") (&) antes do endereço a que se quer endereçar. O operador de entrada de uma operação deve ter na frente um &, que indica que se quer acessar a locação da memória e não o seu conteúdo.

Um asterisco (*) antes de um operando indica que se quer acessar seu conteúdo.

12.7.1 Uso dos apontadores para o endereçamento indireto

O endereçamento indireto é um daqueles casos em que os exemplos práticos são absolutamente indispensáveis para se compreender os conceitos.

Suponhamos uma tabela monodimensional como aquela representada nas Figuras 12.16A e 12.16B, com os registros dos dados em formato byte. Com um comutador virtual (apontador) o objetivo é acessar o conteúdo das tabelas monodimensionais variando o valor de um outro registro que contém o endereço do registro da tabela que se quer acessar.

O conteúdo é subdividido em registros em formato byte, em que VW10=VB10+VB11, VW12=VB12+VB13 e assim sucessivamente.

Para o apontamento do comutador virtual, ao primeiro registro do array se deverá apontar o endereço inicial &VB10 (lembramos que o & [*ampersand*] indica que é o endereço da tabela que interessa e não o seu conteúdo).

Para o apontamento com o comutador virtual ao segundo registro, se deverá apontar para o endereço &VB12.

Para comutar o endereço registro &VB10 ao endereço sucessivo, o registro &VB12 precisa incrementar de 2 um valor constante chamado de *offset* (veja Figura 12.16B).

Exemplo:

Quando queremos apontar um endereço registro inicial &VB10 a uma outra locação da tabela, devemos incrementar o apontador de &VB10+offset.

Com o acumulador *AC2 se acessa o conteúdo do registro individual da tabela. Assim, apontando o endereço &VB10, teremos acesso ao seu conteúdo com a utilização do acumulador *AC2.

No nosso caso, ao endereço &VB10 o nosso acumulador terá o valor *AC2=04, ao endereço &VB12 terá o valor *AC2=07 e assim por diante. Em geral, com o operador "*" aplicado a um registro, se acessa o seu conteúdo. Com o operador "&" aplicado a um registro, se acessa o seu endereço na memória.

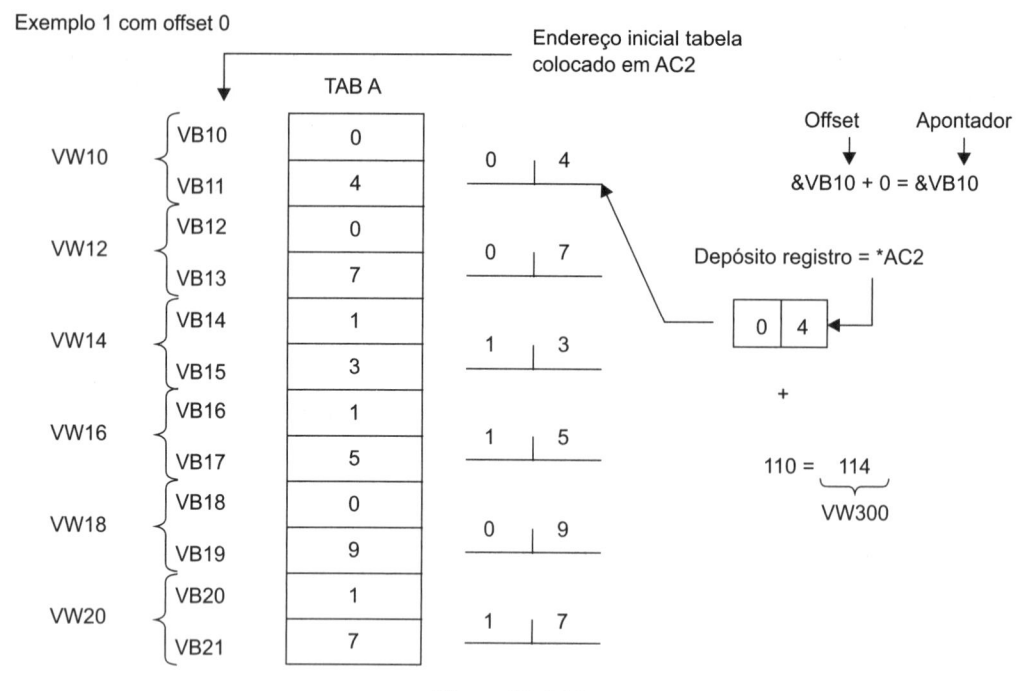

Figura 12.16A

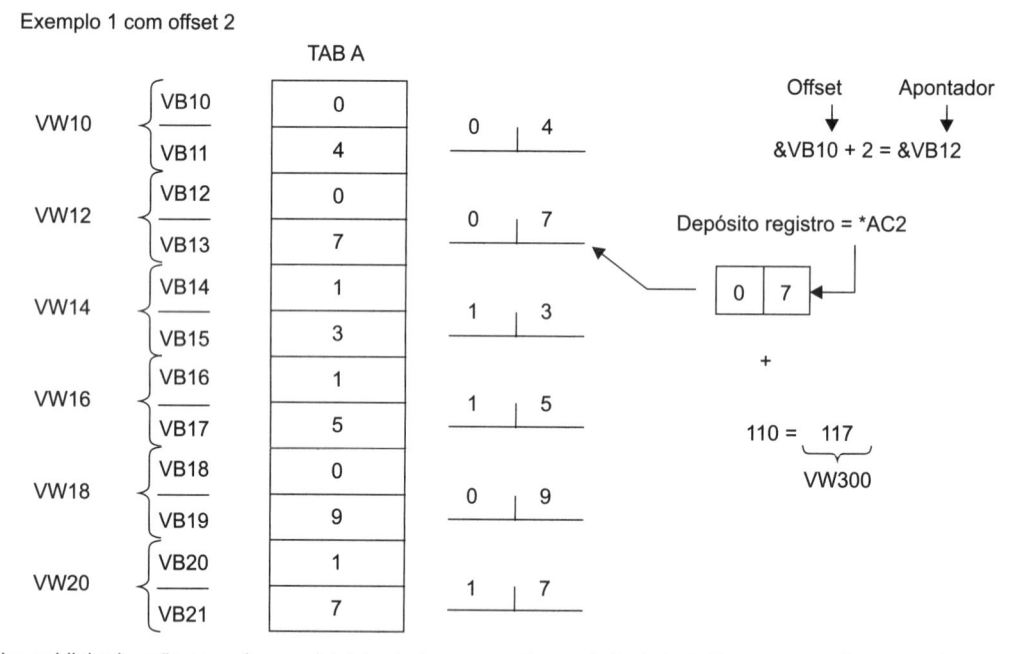

Aqueles sublinhados são os endereços iniciais, dado que o endereço indireto trabalha com os registros em formato byte.

Figura 12.16B

Para acessar os dados da tabela monodimensional em formato byte, Word, double Word, valores atuais de timers e contadores, precisamos:

– acessar os *bytes* indiretamente. Para isso se deve incrementar ou decrementar o offset de 1;

– acessar as *Words* indiretamente. Para isso se deve incrementar ou decrementar o offset de 2;

– acessar a *double Word* indiretamente. Para isso se deve incrementar ou decrementar o offset de 4;

– acessar os *valores atuais de timers e contadores* indiretamente.

Para isso se deve incrementar ou decrementar o offset de 2.

Deduzimos que, variando o offset de 2 da Tabela A (Figuras 12.16A e 12.16B), podemos acessar as Words da Tabela A com o seu conteúdo. (Veja Tabela 12.9.)

Mostraremos a seguir um programa simples em linguagem Ladder que executa o endereçamento indireto com referência à Tabela A. Veja Figuras 12.17A e 12.17B. O carregamento dos dados da tabela A é apresentado na Figura 12.17A.

Tabela 12.9

Tabela A	Offset	Endereço
VW10 = 4	0	VB10 + 0 = VB10
VW12 = 7	2	VB10 + 2 = VB12
VW14 = 13	4	VB10 + 4 = VB14
VW16 = 15	6	VB10 + 6 = VB16
VW18 = 9	8	VB10 + 8 = VB18
VW20 = 17	10	VB10 + 10 = VB20

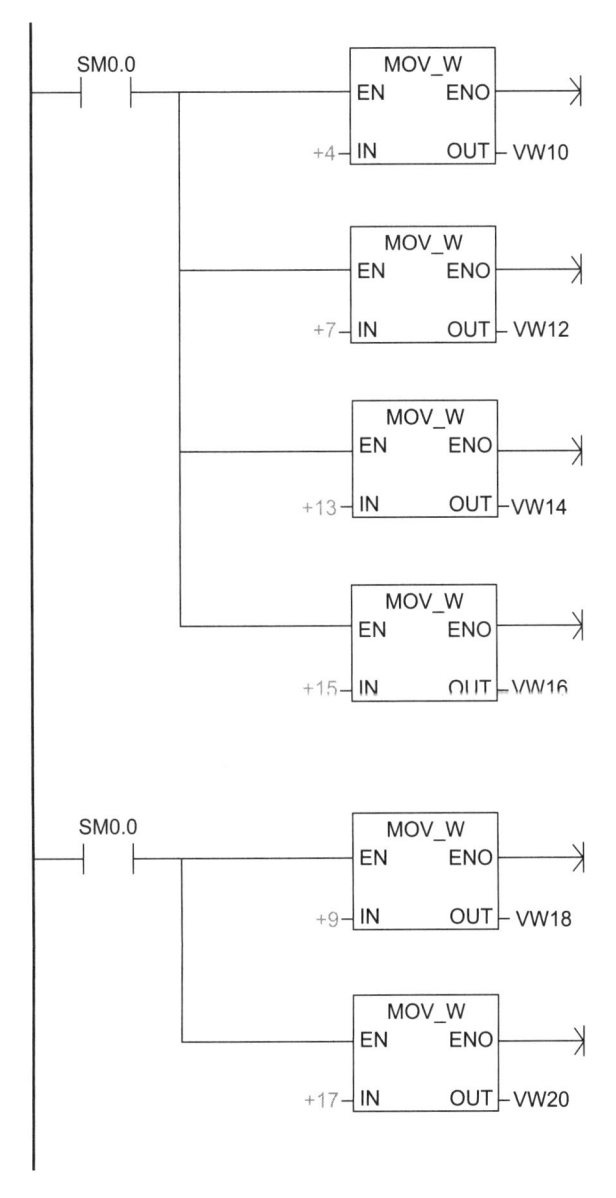

Figura 12.17A

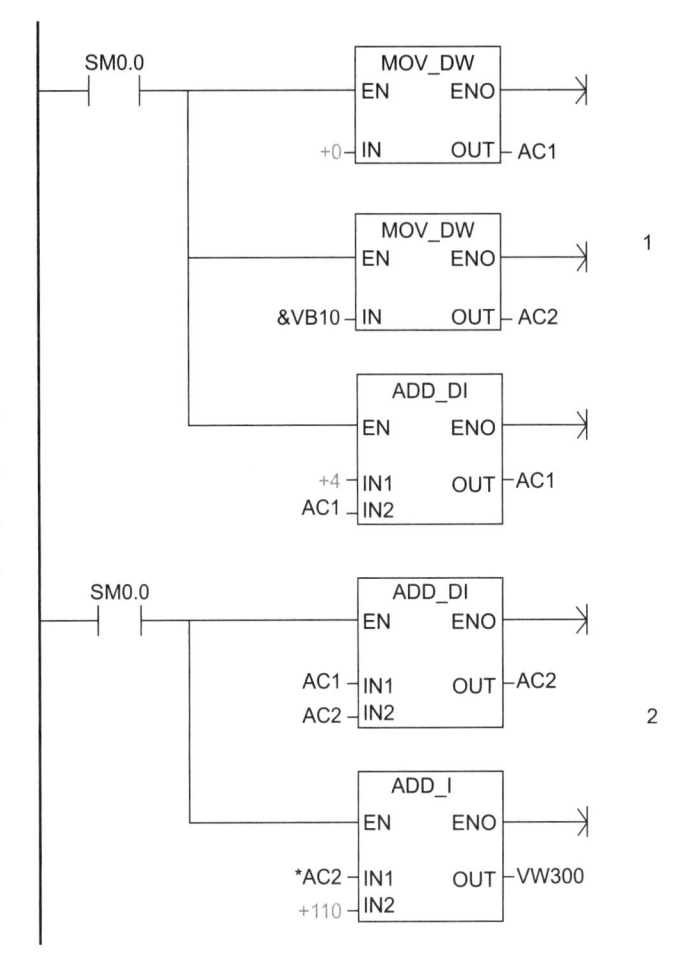

Figura 12.17B

Com referência à Figura 12.17B:

– Na primeira linha de programa se zera o apontador AC1. Aponta-se o endereço inicial da tabela A com o símbolo &VB10 e se põe o conteúdo no acumulador AC2. Soma-se o offset ao conteúdo atual do apontador AC1 e se carrega o resultado no mesmo AC1 (Figura 12.18):

$$\boxed{4} \quad + \quad \overset{\text{AC1}}{\boxed{0}} \quad = \quad \overset{\text{AC1}}{\boxed{4}}$$

Figura 12.18

– Na segunda linha de programa, soma-se o conteúdo do apontador AC1 àquele do acumulador AC2 (que contém o endereço inicial &VB10) e se carrega o conteúdo em AC2 (Figura 12.19):

$$\overset{\text{AC1}}{\boxed{4}} \quad + \quad \overset{\text{AC2}}{\boxed{VB10}} \quad = \quad \overset{\text{AC2}}{\boxed{VB14}}$$

Figura 12.19

Soma-se o conteúdo do acumulador *AC2 a uma constante (110) e se carrega o resultado na VW300 (Figura 12.20):

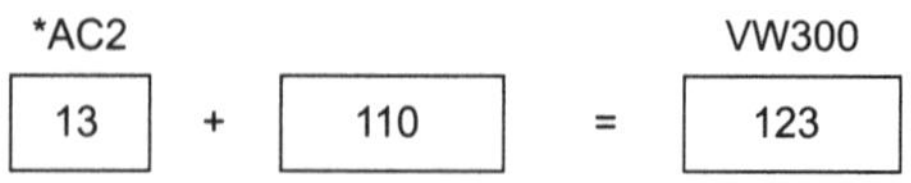

*AC2				VW300
13	+	110	=	123

Figura 12.20

Lembramos que o conteúdo do acumulador *AC2 é aquele dos bytes VB14 + VB15 = VW14 que corresponde, na Tabela A, ao valor 13.

Desses programas simples se deduz que, variando o conteúdo do apontador AC1 (comutador virtual) e mantendo o offset constante, se acessa o endereço e o conteúdo de qualquer registro da Tabela A em qualquer momento. As possíveis aplicações do endereçamento indireto são muitas.

Imaginemos, por exemplo, a comunicação entre a CPU S7-200, onde são armazenados, em uma tabela, todos os valores de velocidade ou frequência que deverão ser transferidos em um inversor de frequência para o controle de um motor trifásico, ou na gestão das comunicações entre a CPU S7-200 e um modem.

Outro exemplo é a linearização dos sinais que chegam de um transdutor.

De fato, muitas grandezas físicas, tais como, por exemplo, a temperatura detectada das termorresistências tipo PT100 ou similares em determinadas faixas de temperatura são não lineares. Com o endereçamento indireto, consegue-se linearizar, ou melhor dizendo, corrigir a temperatura com valores de correções armazenados em uma tabela.

Questões práticas

1. Um array ou tabela de dados é:

   a. um conjunto ordenado de dados numéricos
   b. um conjunto ordenado de registros simples
   c. um conjunto ordenado de dados alfanuméricos

2. Um apontador no endereçamento indireto é:

   a. um registro especial para o interrupt
   b. um registro que acessa o conteúdo de outro registro
   c. um registro que contém o endereço de outro registro

3. Descreva brevemente a diferença entre a instrução LIFO e FIFO na programação das tabelas.

13 Interrupt

13.0 Generalidades

Os interrupts permitem a interrupção momentânea da execução de um programa para permitir que a CPU execute uma routine de interrupt. Depois de um interrupt, a elaboração cíclica do programa é interrompida para executar uma routine de interrupt. Ao término dessa routine, a CPU volta ao ponto do programa original, antes da interrupção, e prossegue a sua elaboração normal.

Em alguns PLCs os interrupts são chamados *alarme*. Na Figura 13.1 demonstramos o funcionamento de um interrupt. Os interrupts mais comuns são aqueles de tipo *periódico* e *a evento*. Um interrupt *periódico* é um sinal a tempo que obriga a CPU a interromper momentaneamente a elaboração cíclica de um programa principal para executar um outro programa. Um interrupt a evento ou I/Q é um sinal de alarme que ocorre quando um sinal proveniente de um processo comuta de estado e obriga a CPU a interromper momentaneamente a elaboração cíclica de um programa principal para executar um outro programa. A função de interrupt é

habilitada e executada pela CPU somente se no programa é escrita a instrução ENI.

Dispõe-se também de uma instrução para desabilitar as funções de interrupt. Essa instrução chamase DISI. Todas as funções de interrupt terminam com uma instrução que se chama RETI. Os interrupts são utilizados normalmente para executar no PLC uma sequência de instruções que, naquele momento, é mais importante que aquela que estava sendo executada.

13.1 Funções de Interrupt com a CPU S7-200

As operações de interrupt permitem ao usuário uma elaboração rápida baseada em um evento ou tempo.

A CPU 222 suporta:

– 8 eventos de interrupt a evento I/Q (interrupt borda de subida e descida sobre I0.0 até I0.3)
– 2 interrupts periódicos
– 2 interrupts de comunicação serial (recepção e transmissão)
– 4 interrupts para a contagem veloz (PV=CVsobre HSC0, HSC3, HSC4, HSC5)
– 2 interrupts de sequência a impulso (PTO)

A CPU 224 suporta:

– 8 eventos de interrupt a evento I/Q (interrupt borda de subida e descida sobre I0.0 até I0.3)
– 2 interrupts periódicos
– 2 interrupts de comunicação serial (recepção e transmissão)
– 6 interrupts para a contagem veloz (PV=CV sobre HSC0, HSC1, HSC2, HSC3, HSC4, HSC5)
– 2 interrupts de sequência a impulso (PTO)

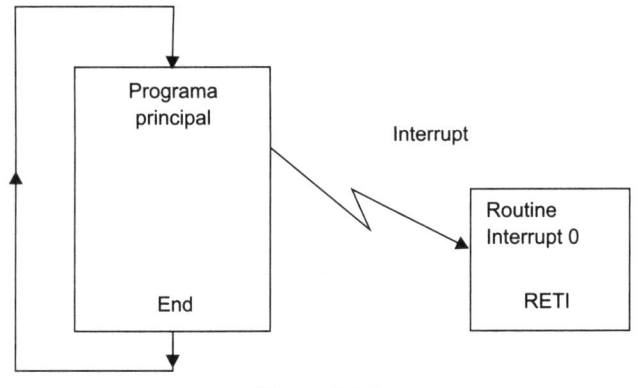

Figura 13.1

As prioridades dos interrupt são definidas segundo o seguinte esquema:

- interrupt de comunicação: prioridade alta;
- interrupt a evento I/Q: prioridade média;
- interrupt periódico: prioridade baixa.

Os interrupts são elaborados pelo controlador programável com base no esquema de prioridade citado e na sequência em que se verifica.

Em qualquer momento é possível ter uma só routine de interrrupt em atividade. Se a CPU está executando, por exemplo, um interrrupt periódico, tal routine tem a máxima prioridade e não pode ser interrompida por um outro interrupt. Os interrupts que intervêm durante a elaboração de outro interrupt são armazenados em uma lista de espera e elaborados em outro momento sucessivo. A lista de espera para os interrupts de comunicação armazenam na memória o caractere recebido e a indicação de paridade desse mesmo caractere. Na Tabela 13.1 estão resumidos os comprimentos das três listas de espera dos interrupts.

Tabela 13.1

Fila de espera para interrupt	Profundidade da fila de espera para a CPU 222 e 224
Interrupt de comunicação	4
Interrupt I/Q	16
Interrupt periódico	8

Potencialmente, pode-se ter um número maior de interrupt em relação à Tabela 13.1. O sistema dispõe de alguns bits de overflow para lista de espera com os quais identifica os eventos de interrupt que não podem ser atendidos. Na Tabela 13.2 estão ilustradas as definições dos bits do sistema definido em caso de overflow de lista de espera. Os bits de sistema SM4.0, SM4.1, SM4.2 são utilizados somente em routines de interrupt. Esses bits são resetados quando a lista de espera está vazia e o controle é restituído ao programa principal.

Tabela 13.2

Descrição tipo overflow na fila de espera (0 = nenhum overflow, 1 = overflow)	Bit de sistema
Para interrupt de comunicação	SM4.0
Para interrupt HSC, de saída de pulsos, a evento	SM4.1
Para interrupts periódicos	SM4.2

13.2 Gestão dos Interrupts

Os contatos, as bobinas e os acumuladores não podem ser influenciados pelos interrupts. O sistema operacional salva e carrega no stack lógico os acumuladores e os bits especiais de sistema SM.

Com essa modalidade, são impedidas falhas no programa principal causadas por uma routine de interrupt.

Quando o sistema se encontra no modo operativo RUN, é possível habilitar todos os eventos de interrupt com a instrução ENI (habilita todos os interrupts). Com a instrução DISI (desabilita todos os interrupts) se pode colocar todos os interrupts em uma lista de espera. Não se pode, todavia, chamar de novo uma routine de interrupt com essa operação. Antes de poder chamar de novo uma routine de interrupt, deve ser estabelecida uma conexão entre o evento de interrupt e o segmento de programa que se quer executar em seguida a um evento. Usa-se a instrução ATCH para associar um evento de interrupt (especificado por um número) a um segmento de programa (especificado por um número da routine de interrupt).

É possível associar mais eventos de interrupt a uma só routine de interrupt. Já um evento individual não pode ser associado simultaneamente a mais routine de interrupt. Se ocorre um evento quando os interrupts são habilitados, somente a última routine é elaborada.

Pode-se desabilitar os eventos de interrupt individual anulando a associação entre o evento de interrupt e a routine de interrupt com a instrução DTCH. Tal instrução põe o interrupt em estado de inatividade, ou seja é ignorado, não é elaborado.

Cada interrupt é identificado com INT_0, INT_1, INT_2 ... e assim por diante. Pode-se sair de uma routine de interrupt por meio da instrução RETI.

É aconselhável configurar o próprio programa de modo que, depois de se ter executado uma tarefa de interrupt específica, se retorne ao programa principal no tempo mais breve possível. Com essa consideração, é melhor que o programa de interrupt seja pequeno, assim será possível elaborá-lo rapidamente.

Se o procedimento não ocorrer desse modo, podem-se verificar circunstâncias inprevisíveis, que poderão tornar incontrolada a situação do programa principal.

Para a routine de interrupt, vale o seguinte ditado: "Quanto mais breve, melhor." A Figura 13.2 apresenta a subdivisão típica de um programa com a CPU S7-200.

Temos algumas limitações no uso da routine de interrupt com a CPU S7-200. Essas limitações podem ser resumidas nos seguintes itens:

- Todas as routine de interrupt são colocadas no final do programa principal;
- O usuário não pode usar as operações DISI, ENI, HDEF, END em uma routine de interrupt;
- Deve-se acabar cada routine de interrupt mediante uma operação de fim absoluto por meio da instrução RETI;

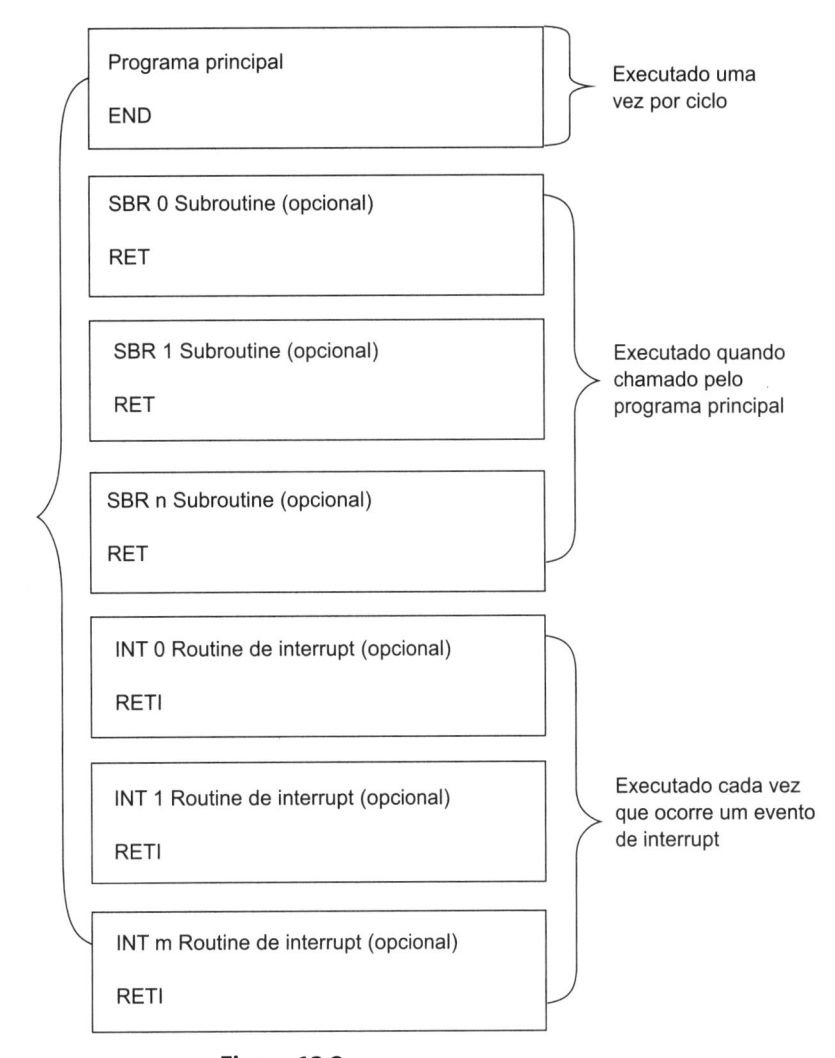

Figura 13.2

– O software de programação do STEP 7-Micro/WIN 32 põe automaticamente, a cada fim de uma routine de interrupt, a instrução de fim absoluto RETI (o usuário então não deve acrescentar a linha da instrução RETI de fim da routine).

13.3 Interrupt de Comunicação

A interface de comunicação serial RS485 do controlador programável S7-200 pode ser controlada por um programa. Um modo de fazer operar a interface de comunicação é definido como "comunicação livremente programável", em inglês, *freeport*.

Na comunicação do tipo livremente programável, ou freeport, o próprio programa define a velocidade de transmissão, os bits para cada caractere e a paridade. Para o controle da comunicação da parte do programa estão disponíveis os interrupts de recepção e transmissão. No caso mais simples, pode-se enviar uma mensagem a uma impressora ou a um display usando simplesmente a função de transmissão. Outro exemplo,

nesse caso operando a função de recepção, inclui a conexão com um leitor de código de barra, balança digital ou outros dispositivos. Em cada caso é preciso escrever o programa com um protocolo que é usado pelo dispositivo com o qual o controlador programável deve se comunicar.

Para se habilitar a comunicação, define-se o código 01 no campo de seleção do protocolo no registro de sistema especial SMB30. É importante dizer que quando o controlador programável está operando na comunicação livremente programável, não é possível a comunicação com o dispositivo de programação.

Alguns bits de sistema especial são usados na comunicação, por exemplo, o byte SMB30 configura a comunicação freeport. Cada caractere recebido é carregado no registro de sistema SMB2, e, se é detectado um erro de paridade, o bit SM3.0 é setado. O bit SM4.5 assinala quando a transmissão acaba. A passagem à comunicação freeport pode ser controlada com o bit de sistema SM0.7. Quando SM0.7 é igual a 0, a chave hardware do PLC está na posição TERM; quando SM0.7 é igual a 1, a chave hardware está na posição RUN.

13.4 Transmissão e Recepção

Com a instrução XMT pode-se simplificar a transmissão dos dados. Esta permite ao usuário transmitir um array de 1 ou mais caracteres (com o máximo de 255). Depois da transmissão do último caractere, o array gera um interrupt. É claro que a routine de interrupt deve ser associada ao evento de transmissão completada. Para permitir uma completa flexibilidade na gestão do protocolo, a recepção é controlada pelos dados de interrupt. Cada caractere recebido gera um interrupt. O caractere recebido é carregado no registro de sistema SMB2. Com um cabo serial PC/PPI se pode converter os sinais elétricos da interface RS232 de um computador pessoal (PC) em sinais compatíveis com a interface RS485. Se usamos esse cabo para a comunicação freeport, devemos prever um intervalo de pelo menos 2 caracteres entre as mensagens de direção oposta (recepção e transmissão).

13.5 Interrupt a Evento

Os interrupts a eventos são habilitados pela borda de subida e descida de uma entrada ou pelos pulsos elétricos provenientes dos transdutores. Nas CPUs S7-222 e S7-224, as entradas de I0.0 até I0.3 podem gerar um interrupt a evento na borda de subida e descida.

Os eventos de borda de subida e descida podem ser detectados por cada um desses pontos de entrada. Esse evento de borda de subida e descida pode ser também usado para indicar uma condição de falha grave que precisa imediatamente ser reelaborada. Os interrupts para contagem veloz permitem ao usuário efetuar as seguintes tarefas:

– Elaborar um valor atual de contagem que atinja um valor de preset;
– Uma mudança na direção de contagem. Como exemplo: uma inversão na direção de rotação de uma roda dentada de uma esteira transportadora ou de qualquer outro mecanismo;

– Uma resetagem externa do contador veloz.

Cada um dos eventos permite ao contador veloz executar tarefas em tempo real em reação a eventos velozes que não podem ser controlados pelo ciclo de scan do PLC.

Os interrupts de sequência a impulso PTO/PWM fornecem um completo controle do número de pulsos gerados na saída do PLC. Em geral a saída para a sequência de pulsos é usada pelo controle de motores de passos (steps motors).

Tendo os pulsos uma frequência muito elevada, deve-se escolher um PLC com saída de tipo estático (a transistor, mosfet); no caso da CPU S7-200, deve-se escolher o tipo DC/DC/DC.

13.6 Interrupts Periódicos

As CPUs S7-222 e S7-224 têm dois interrupts periódicos ou a tempo. As ações executadas para um interrupt periódico são do tipo cíclico. O tempo de ciclo é definido com base em incrementos de 1 milissegundo partindo do 5 até 255. É necessário escrever o tempo de ciclo do interrupt periódico 0 no registro de sistema SMB34 para o interrupt periódico 1, no registro SMB35.

O evento de interrupt a tempo transfere o controle em uma routine de interrupt apropriada cada vez que transcorre o tempo prefixado. Usam-se frequentemente os eventos de interrupt a tempo para controlar as amostras das entradas analógicas a intervalos regulares. Quando se associa uma routine de interrupt a um evento de interrupt, o interrupt periódico é habilitado e o tempo começa a transcorrer. Se se deseja modificar o tempo de ciclo, deve-se mudar a base do tempo ciclo para depois associar a routine de interrupt ao novo evento de interrupt periódico. Nas Tabelas 13.3A, 13.3B e 13.3C temos o resumo simplificado dos eventos de interrupt, prioridade e do tipo de eventos. Na Tabela 13.4 estão apresentadas as instruções para as funções de interrupt disponíveis para a CPU S7-200.

Tabela 13.3A Interrupt de comunicação

Descrição do interrupt	Classe de prioridade	Número de evento	CPU 222	CPU 224
Porta 0: receber caractere		8	sim	sim
Porta 0: transmissão concluída		9	sim	sim
Porta 0: receber mensagem concluída	alta	23	sim	sim
Porta 1: receber mensagem concluída		24	não	não
Porta 1: receber caractere		25	não	não
Porta 1: transmissão concluída		26	não	não

Tabela 13.3B Interrupt a evento I/Q

Descrição do interrupt	Classe de prioridade	Número de evento	CPU 222	CPU 224
Borda de subida I0.0		0	sim	sim
Borda de descida I0.0		1	sim	sim
Borda de subida I0.1		2	sim	sim
Borda de descida I0.1	média	3	sim	sim
Borda de subida I0.2		4	sim	sim
Borda de descida I0.2		5	sim	sim
Borda de subida I0.3		6	sim	sim
Borda de descida I0.3		7	sim	sim
HSC0 CV = PV		12	sim	sim
HSC1 CV = PV		13	não	sim
HSC1- mudança de direção		14	não	sim
HSC1- resetamento externo		15	não	sim
HSC2 CV = PV	média	16	não	sim
HSC2- mudança de direção		17	não	sim
HSC2- resetamento externo		18	não	sim
PLS0- contagem de pulsos PTO completo		19	sim	sim
PLS1- contagem de pulsos PTO completo		20	sim	sim

Tabela 13.3C Interrupt periódico

Descrição do interrupt	Classe de prioridade	Número de evento	CPU 222	CPU 224
Interrupt a tempo 0	baixa	10	sim	sim
Interrupt a tempo 1		11	sim	sim

Tabela 13.4

KOP	Descrição
ATCH EN INT EVENT	O boxe "conecta interrupt" (ATCH) associa um evento de interrupt (EVENT) a um número de routine de interrupt (INT) e habilita evento de interrupt.
DTCH EN EVENT	O boxe "separa interrupt" (DTCH) separa um evento de interrupt (EVENT) de todas as routine de interrupt e inibe o evento de interrupt.
INT: n	A tag "início routine de interrupt" (INT) assinala início da routine de interrupt (n).
(ENI)	A bobina "habilita todos os interrupts" (ENI) habilita de modo global a elaboração de todos os eventos de interrupt associados.
(DISI)	A bobina "inibe todos os interrupts" (DISI) inibe de modo global a elaboração de todos os eventos de interrupt associados.
(RETI)	A bobina "inibe todos os interrupts" (DISI) inibe de modo global a elaboração de todos os eventos de interrupt associados.

13.7 Exemplo no Uso das Funções de Interrupt

A seguir temos um exemplo simples de interrupt periódico para a leitura de um valor analógico AIW0 (Figuras 13.3A, 13.3B e 13.3C):

MAIN:

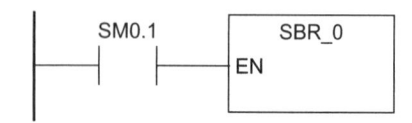

Figura 13.3A

SBR_0:

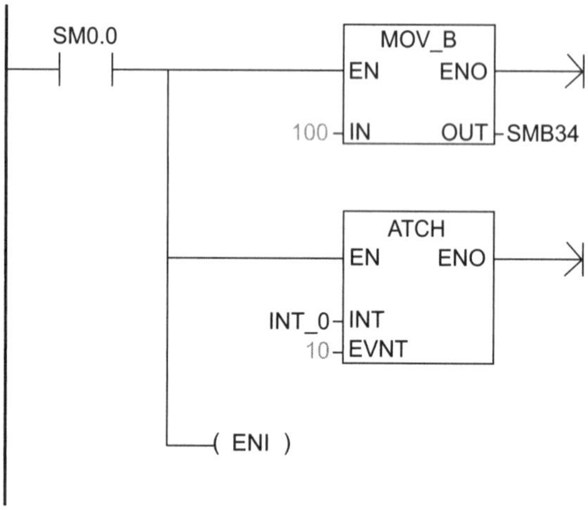

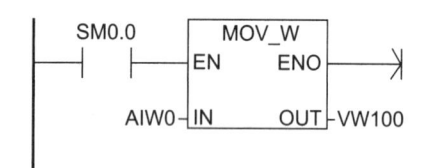

Figura 13.3B

INT_0

Figura 13.3C

MAIN:

No primeiro ciclo de scan do PLC chama-se a subroutine SBR_0.

SBR_0:

Define-se em 100 milissegundos o intervalo de tempo do interrupt periódico 0.

Associa-se a instrução ATCH ao evento 10 (veja Tabela 13.3C) ao interrupt 0.

Habilita-se o interrupt com a instrução ENI.

INT_0:

No interrupt 0 temos a leitura do valor analógico AIW0. A cada 100 milissegundos é carregado na Word VW100.

13.8 Aplicação: Gestão de um Interrupt a Evento

Esse programa é um exemplo simples de interrupt a evento. Esse programa conta com contagem crescente ou decrescente com base no evento borda de subida e descida da entrada I0.0.

A cada comutação da entrada I0.0, ativa-se uma routine de interrupt I/Q a evento. A routine de interrupt, a evento seta ou reseta um Merker, permitindo assim a contagem crescente ou decrescente de um contador. O esquema Ladder resolutivo é apresentado nas Figuras 13.4A, 13.4B e 13.4C.

MAIN:

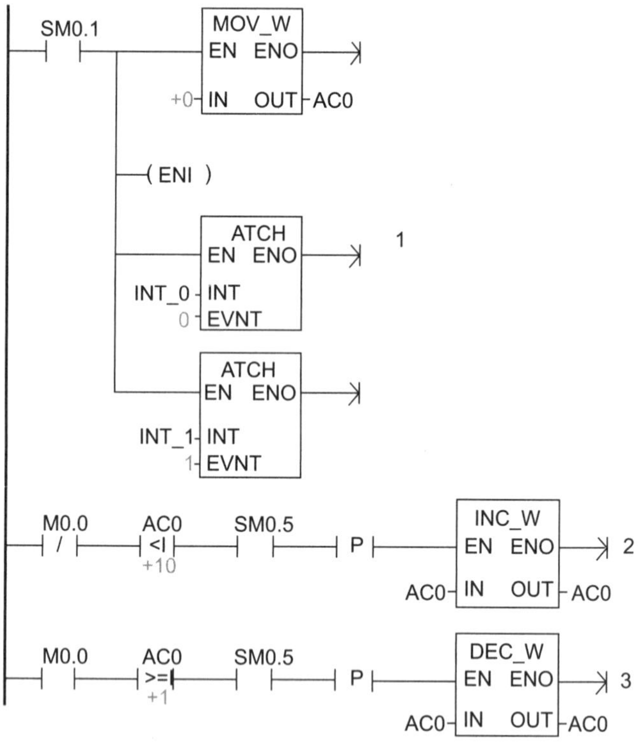

Figura 13.4A

INT_0:

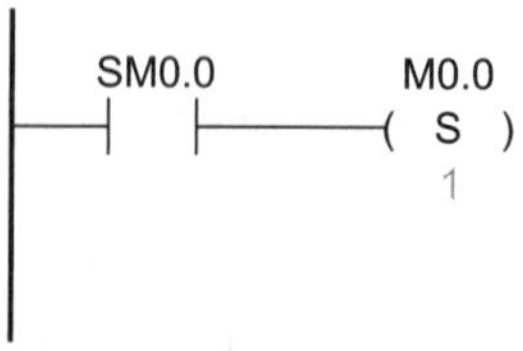

Figura 13.4B

INT_1:

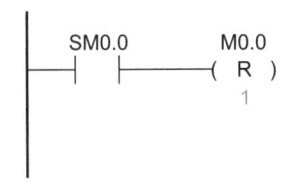

Figura 13.4C

MAIN:

– Na primeira linha de programa temos o bit SM0.1 ativo no primeiro ciclo de scan que zera o acumulador a 32 bits AC0 e habilita com ENI a routine de interrupt INT_0 e INT_1.

Com a instrução ATCH temos:

– A conexão do evento 0 (veja Tabela 13.3B) com INT_0;
– A conexão do evento 1 (veja Tabela 13.3B) com INT_1.

Lembramos que, como vemos na Tabela 13.3B, o evento 0 é ligado à borda de subida da entrada I0.0 e o evento 1 é ligado à borda de descida da mesma entrada I0.0.

– Na segunda linha de programa temos o contato auxiliar do Merker M0.0 normalmente fechado em série ao contato de comparação "menor que", sendo inicialmente AC0=0 menor que 10, a comparação é verdadeira. Em consequência, o contador de incremento unitário INC_W é incrementado de 1 unidade a cada 0,5 segundo por meio do bit especial SM0.5, incrementando assim o acumulador AC0.
– Na terceira linha de programa, se o contato auxiliar do Merker M0.0 comuta devido à borda de subida da entrada I0.0 e o valor de AC0>1, a comparação do contato de comparação "maior ou igual" é verdadeira. Em consequência, o contador de decremento unitário DEC_W é decrementado de 1 unidade a cada 0,5 segundo por meio do bit especial SM0.5, decrementando assim o acumulador AC0.

INT_0 e INT_1:

O conteúdo dos INT_0 e INT_1 é executado somente na ocorrência de uma borda de subida ou descida da entrada I0.0.

Se temos uma borda de subida de I0.0, é setado o Merker M0.0 (ativo INT_0), decrementando assim a contagem.

Se temos uma borda de descida de I0.0, é resetado o Merker M0.0 (ativo INT_1), incrementando assim a contagem.

Deduz-se que, no momento em que o Merker M0.0 é setado ou resetado, o seu contato auxiliar nas segunda e terceira linhas de programa comutará, ativando assim a contagem crescente ou decrescente.

13.9 Aplicação: Gestão de um Interrupt Periódico

Nessa aplicação, o interrupt periódico ou a tempo é utilizado para gerar 2 frequências diferentes na saída do controlador programável. Ele funciona ativando a entrada I0.1 e fazendo reduzir a frequência à metade. Ao se ativar a entrada I0.0, volta-se à frequência inicial.

Demonstraremos a modalidade de gestão dos interrupts periódico e como se modifica a base dos tempos.

A base dos tempos do interrupt 0(INT_0) é carregada no bit especial SMB34. A base dos tempos do interrupt 1(INT_1) é carregada no bit especial SMB35. A base dos tempos pode ser aumentada de 1 ms. O valor mínimo admitido pela base dos tempos é de 5 ms, e o valor máximo é de 255 ms. O interrupt 0 seta a saída, o interrupt 1 reseta a mesma saída. Nas Figuras 13.5A, 13.5B, 13.5C e 13.5D temos o esquema Ladder.

MAIN:

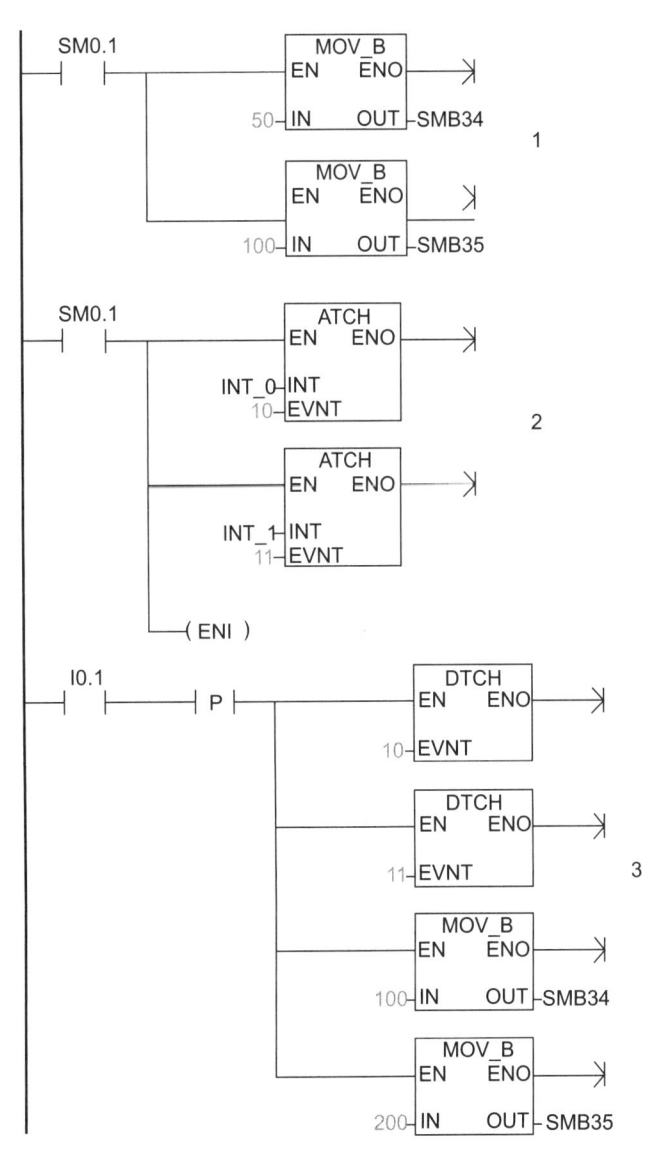

Figura 13.5A

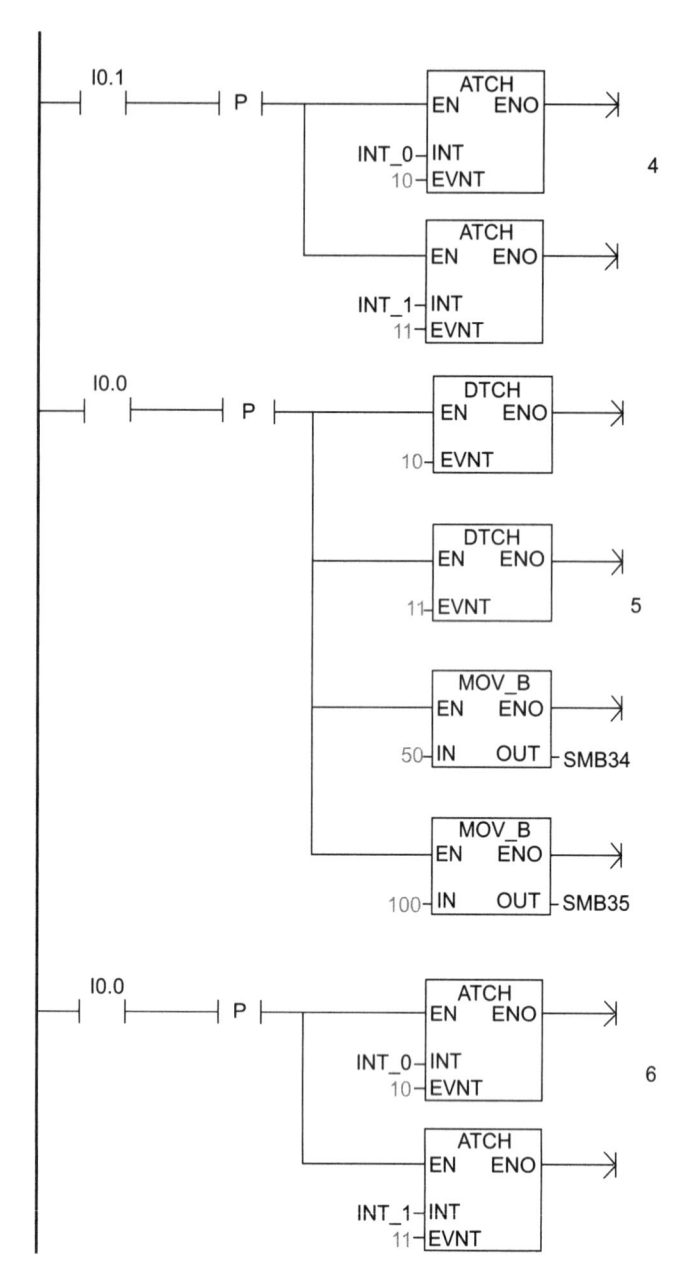

Figura 13.5B

INT_0:

Figura 13.5C

INT_1:

Figura 13.5D

MAIN:

– Na primeira linha de programa temos o bit SM0.1 ativo no primeiro ciclo de scan, e se define a base dos tempos iniciais.
Carrega-se o valor 50 em SMB34 (base dos tempos, 50 ms) e o valor 100 em SMB35 (base dos tempos, 100 ms).
– Na segunda linha de programa, com a instrução ATCH, temos:

   – a conexão do evento 10 (veja Tabela 13.3C) com INT_0
   – a conexão do evento 11 (veja Tabela 13.3C) com INT_1

Com a instrução ENI, são habilitados todos os interrupts.

– Na terceira linha de programa, com a borda de subida da entrada I0.1, a base dos tempos é duplicada. Para executar a tarefa, as conexões entre os eventos de interrupt inicial e a routine de interrupt devem ser desligadas. A instrução DTCH desliga essa conexão.

Agora que é possível definir a nova base dos tempos, a conexão deve ser restabelecida sucessivamente com a instrução ATCH (veja a quarta linha de programa).
Com a instrução DTCH temos:

– o desligamento do evento 10 com INT_0
– o desligamento do evento 11 com INT_1

Carregam-se as novas bases do tempo

– 100 em SMB34 (100 ms)
– 200 em SMB35 (200 ms)
– Na quarta linha de programa, a instrução ATCH restabelece a conexão:

   – do evento 10 com INT_0
   – do evento 11 com INT_1

– Na quinta linha de programa, com a borda de subida da entrada I0.0, a instrução DTCH desliga novamente a conexão:

   – do evento 10 com INT_0
   – do evento 11 com INT_1

Restabelece-se a base do tempo inicial:

– 50 em SMB34 (50 ms)
– 100 em SMB35 (100 ms)
– Na sexta linha de programa, a instrução ATCH restabelece a conexão:

   – do evento 10 com INT_0
   – do evento 11 com INT_1

INT_0:

No interrupt INT_0, a saída K1 é setada quando é chamada a routine de interrupt INT_0.

INT_1:

No interrupt INT_1 a mesma saída K1 é resetada quando é chamada a routine de interrupt INT_1.

Na Figura 13.6, a saída K1 é setada ou resetada com a base do tempo definida pelos interrupts INT_0, INT_1.

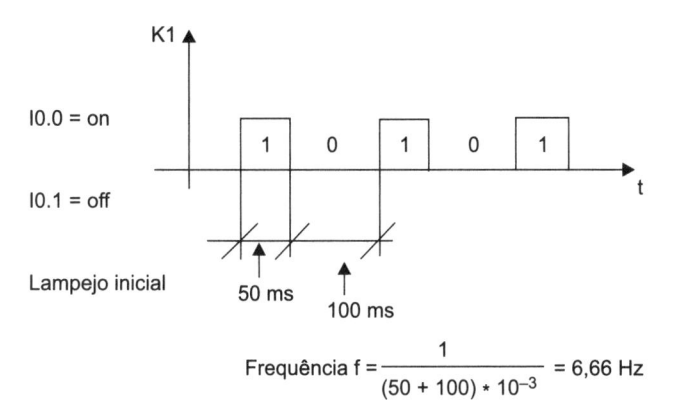

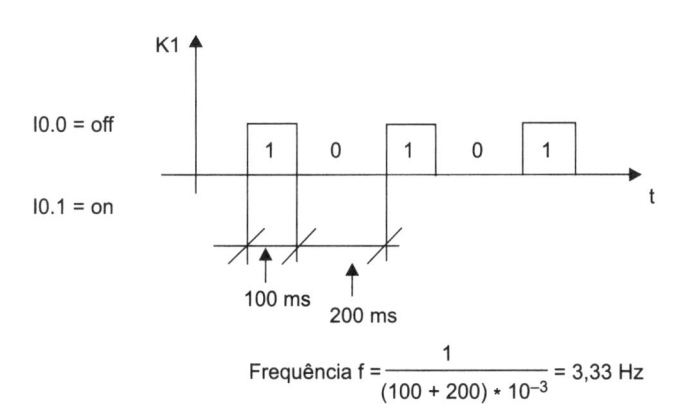

"1" = seta K1 com base nos tempos definidos pelo INT_0

"0" = reseta K1 com base nos tempos definidos pelo INT_1

Figura 13.6

13.10 Aplicação: Interrupt de Comunicação – Leitura de um Código de Barras

A aplicação a seguir ilustra o recebimento dos dados para a leitura de um código de barras utilizando a comunicação do tipo freeport. No caso de não se dispor, para a experimentação, de um leitor de código de barras, é possível usar o "Terminal program" do Windows. Para isso precisamos configurar o transmedidor (leitor de código de barras ou "Terminal program") para uma velocidade de 9.600 bits/s (baud), nenhuma paridade, 8 bits para caractere. A transmissão dos dados acontece por meio do cabo RS232/PPI multimaster, que é mais avançado do que o cabo clássico PC/PPI. Dispõe-se também do cabo USB/PPI multimaster. O cabo RS232/PPI multimaster liga a interface RS232 do leitor de código de barras à interface RS-485 da CPU S7-200. Para o funcionamento em modalidade freeport, os Dip-Switch do cabo RS232/PPI multimaster devem ser delineados em posição (switch 5=0). Veja Figura 13.7.

Se, por exemplo, recebemos de um leitor de código de barras um caractere tipo "A", é energizada uma saída.

No byte especial SMB30 são definidos a modalidade freeport, a velocidade de transmissão, a paridade e os bits para caractere.

A recepção dos dados é realizada por meio de um interrupt.

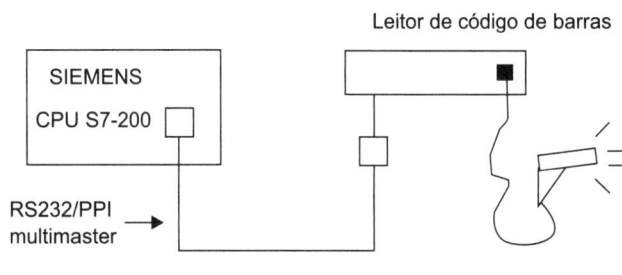

Figura 13.7

Quando os dados se deslocam no cabo RS232/PPI multimaster, deflagra-se um evento de interrupt na recepção (evento 8) associado à routine de interrupt INT_0. Nas Figuras 13.8A e 13.8B temos o esquema Ladder.

MAIN:

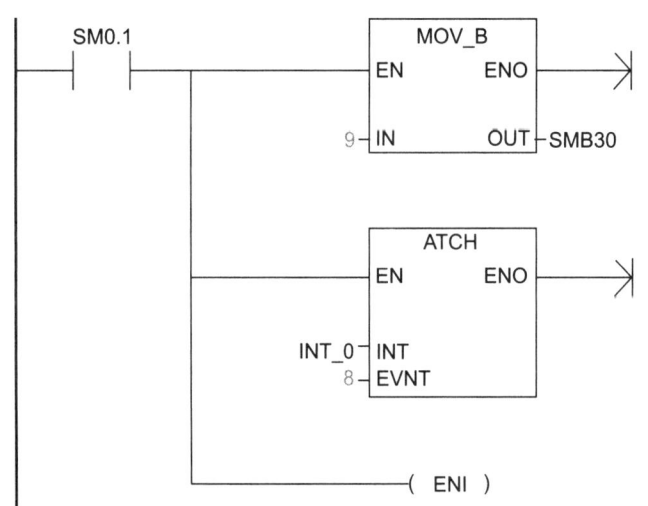

Figura 13.8A

INT_0:

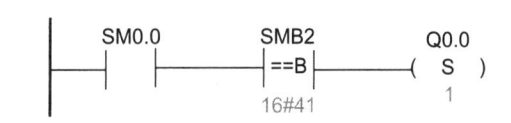

Figura 13.8B

MAIN:

No programa principal MAIN temos o bit especial SM0.1 ativo no primeiro ciclo de scan do PLC.

Consultando o manual do sistema, carregando o valor 9 no byte especial SMB30, temos:

- a modalidade de comunicação do tipo freeport
- velocidade de transmissão igual a 9.600 baud
- nenhuma paridade
- 8 bits para caractere

Com a instrução ATCH se associa o evento 8 (veja Tabela 13.3A) ao interrupt INT_0.

Com a instrução ENI são habilitados todos os interrupts.

INT_0:

Na routine de interrupt, o caractere recebido é armazenado no byte especial SMB2 e comparado com o caractere "A"; se forem idênticos, se energiza a saída Q0.0.

O caractere "A" em ASCII corresponde, em código hexadecimal, a "41". (Veja Tabela 1.9B.)

Questões práticas

1. Um interrupt periódico é:

   a. sinal de alarme ativado de uma entrada do PLC.
   b. sinal de alarme ativado de um sinal a tempo.
   c. não é um alarme, mas um programa especial para contagem veloz.

2. A instrução ENI:

   a. desabilita os interrupts em um programa.
   b. especifica o evento associado ao interrupt.
   c. habilita os interrupts em um programa.

3. Com a modalidade de comunicação do tipo freeport:

   a. se define uma série de parâmetros para a comunicação de modo livre.
   b. se define uma série de parâmetros para conexão em uma rede Profibus.
   c. se define um interrupt de comunicação para comunicações velozes.

4. Descreva brevemente a diferença entre o interrupt periódico e o interrupt a evento.

14 Sistemas de Comandos Analógicos em Automação Industrial

14.0 Introdução

Neste capítulo abordaremos os sistemas de comando analógico em automação industrial. O enfoque será muito prático e próximo da realidade industrial atual.

Uma introdução sobre esse tema está disponível no Capítulo 3 de *Automação industrial: PLC – Teoria e aplicações – Curso básico*, 2. ed. LTC, 2011, do mesmo autor.

14.1 Transdutor e Condicionador de Sinal

Na automação industrial e na indústria de processos, apresentam-se problemas de gestão de grandezas físicas como temperatura, pressão, pesos, fluxos de líquidos e outras variáveis ligadas a fenômenos físicos.

Esses fenômenos físicos são transformados em sinais elétricos por um instrumento particular de medida chamado *transdutor*. Em seguida, esses sinais elétricos detectados pelo sistema de controle são elaborados para posteriormente comandar os atuadores na base de um programa. Veja Figura 14.1

Neste capítulo abordamos esse assunto demonstrando o processo de gestão desse sistema partindo de um sinal proveniente de um transdutor até a programação para o controle de saídas analógicas e digitais.

Em qualquer instrumento de medida, geralmente se distinguem dois componentes: o *transdutor*, que converte a grandeza física em um sinal elétrico, e o *condicionador de sinal*, que adapta o sinal elétrico do transdutor aos padrões dos sinais analógicos. Às vezes, para

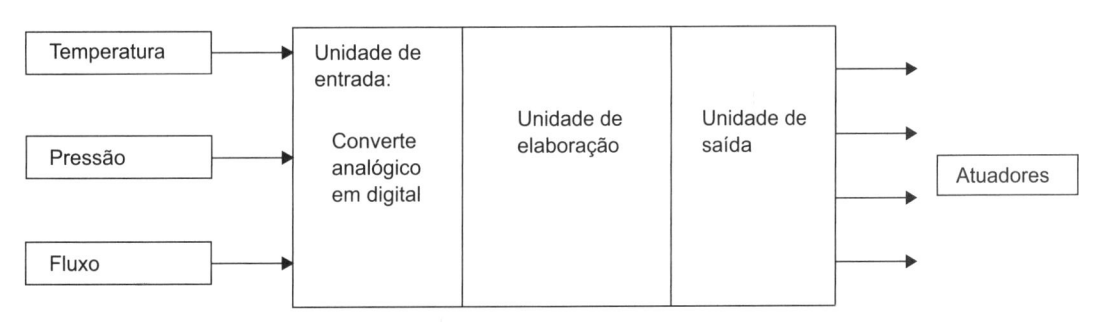

Figura 14.1

algumas medidas, como, por exemplo, temperatura, se utiliza o transdutor sozinho, sem condicionador de sinal, e a conversão e linearização do sinal são realizadas internamente ao sistema de controle.

Os instrumentos dotados de condicionador de sinal têm a vantagem de efetuarem compensações locais da medida. Por exemplo: um transdutor de fluxo de líquido pode possuir uma sonda de temperatura ambiente para corrigir a medida segundo a variação da densidade de fluxo.

Nos condicionadores de sinais, os construtores programam as linearizações dos erros fornecendo ao usuário final um produto pronto para o uso, com um certificado de garantia.

14.2 Medidas Analógicas

Os sinais analógicos, diferentes daqueles digitais ou discretos podem assumir qualquer valor "elétrico" no próprio campo de trabalho.

Um sinal discreto, por definição, pode assumir somente dois estados, um alto, que representa o estado "1" (por exemplo, 12 V), e um baixo, que representa o estado "0" (por exemplo, 0 V), como representado na Figura 14.1A.

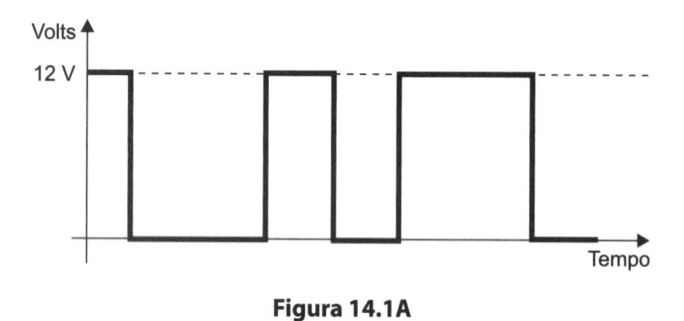

Figura 14.1A

Um sinal analógico pode assumir todos os valores entre um valor mínimo e um valor máximo no campo de trabalho (veja Figura 14.1B). Pode representar os valores de uma grandeza física, assim como se apresenta na realidade. Exemplos de transdutores são:

– transdutor de temperatura
– transdutor de pressão e de fluxo
– transdutores de peso
– sonda de umidade
– transdutor de torção e esforço mecânico
– transdutor de oxigênio, óxido de carbono e outras medidas químicas

Em alguns casos não existe um simples transdutor, especialmente quando a medida da grandeza física é muito complexa, como no caso de análises químicas. Veja Figura 14.2.

Nesse caso, temos uma placa eletrônica dedicada a análises químicas. O sinal analógico não sai de um

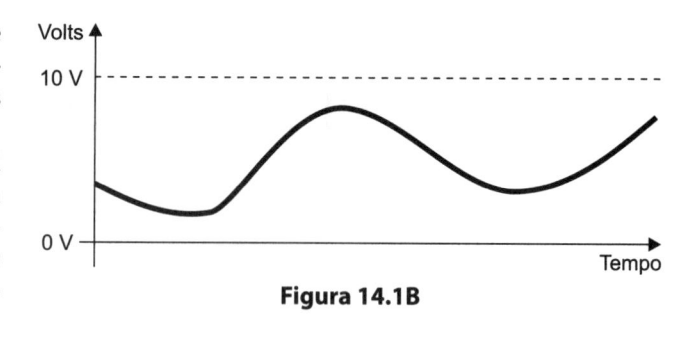

Figura 14.1B

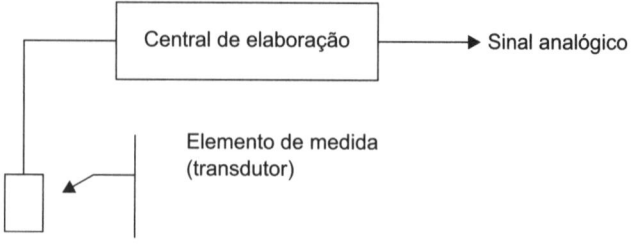

Figura 14.2

transdutor diretamente, mas de uma placa ao microprocessador que elabora o sinal. Nesse caso, frequentemente ocorre na medida de pH, propriedades de gás, líquidos e outros.

As placas eletrônicas dedicadas são, às vezes, indispensáveis porque, para se ter uma boa medida, é necessário combinar vários tipos de transdutores simultaneamente.

14.3 Sinal Analógico Padronizado

Vimos que um sinal analógico é um sinal elétrico que representa a medida de um fenômeno físico que varia entre um campo específico. Esse campo específico é padronizado pela maioria das empresas fabricantes do PLC. Os sinais analógicos estão sempre em corrente contínua, viajando em dois cabos elétricos acoplados (+, –). Os valores das grandezas elétricas padronizadas são:

– Em tensão   0-10 V, 0-5 V, ±10 V
– Em corrente   0-20 mA, 4-20 mA

Certamente que outras empresas que fabricam PLC podem ter valores diferentes de grandeza além destes citados.

14.4 Sinal em Tensão

Os sinais em tensão são aqueles mais simples e com baixo custo em relação aos equipamentos que utilizam sinais elétricos.

Como aspecto negativo, os cabos normalmente têm poucos metros de comprimento e são facilmente sujeitos a distúrbios de tipo eletromagnéticos, transitórios, elétricos, e ainda distúrbios de tipo elétrico, como por exemplo a irradiação de inversores de frequência.

Um uso típico desses sinais em tensão é nos quadros elétricos de baixa potência, em que o comprimento dos cabos elétricos para sinais analógicos não supera a medida de 15 a 20 metros e os distúrbios eletromagnéticos não são muito elevados.

Como já explicamos no Capítulo 11, para o uso de cabos para sinais analógicos é obrigatório o uso de cabos blindados.

14.5 Sinal em Corrente

É o sistema mais utilizado para a transmissão de sinais analógicos no campo de 4-20 mA.

Suas principais características são:

– Elevada imunidade aos distúrbios eletromagnéticos (mesmo que o cabo não seja blindado);
– Flexibilidade elevada no range da fonte de alimentação (por exemplo, de 12 até 30 V em DC);
– Boa tolerância às flutuações na tensão de alimentação;
– Estabilidade de sinal mais elevada em relação àquele em tensão;
– Possibilidade de comprimento dos cabos até 200 m;
– Possibilidade de detectar uma falha no cabo elétrico ou no transdutor (praticamente quando o sinal é menor que 4 mA);
– Possibilidade de levar o mesmo sinal a mais destinatários (por exemplo, display, PLC...), ligando-os em série, formando um *loop de corrente*. É necessário que a soma das impedências internas de cada destinatário não seja maior do que a carga máxima que o instrumento de medida pode alimentar. Esse valor é tipicamente de 500 ohms. Veja Figura 14.3.

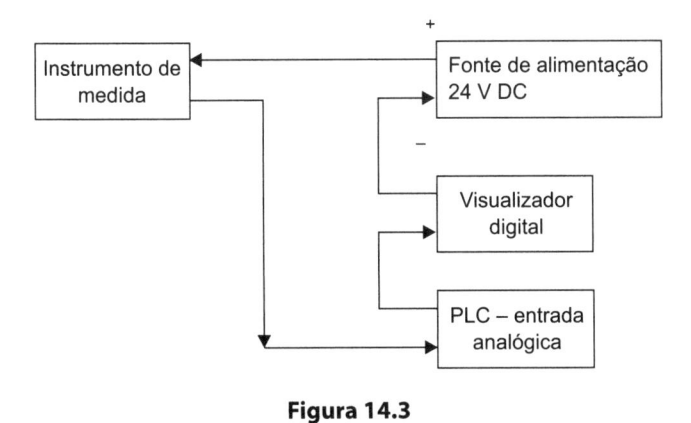

Figura 14.3

14.6 Placas Analógicas: Generalidades

Em geral, as placas analógicas se apresentam como indicado na Figura 14.4, onde estão visíveis os parafusos de ligação para os transdutores, chamados de *canais* CH0 e CH1, o tipo de placa e o tipo de campo de medida do sinal analógico (0-10 V).

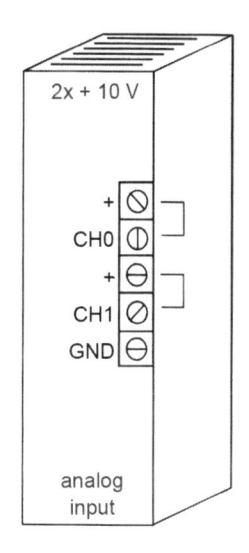

Figura 14.4

Cada canal tem dois parafusos (positivo e negativo) que se ligam aos transdutores. Nesse caso, podemos ligar dois transdutores. Na Figura 14.4, a placa de entrada analógica se refere a um controlador programável do tipo modular.

Geralmente os números de canais variam de 1 até um máximo de 8 para cada placa. Existem no comércio placas para cada requisito. Os tipos de campo de medida mais utilizados são 4-20 mA e 0-10 V.

14.6.1 Placas analógicas especiais: interface dos pares termoelétricos e RTD

Existem também placas analógicas especiais para detectar sinais de temperatura diretamente dos sinais analógicos fornecidos dos pares termoelétricos (por exemplo, do tipo K, J) ou das termorresistências tipo PT100, chamadas também de RTD (*resistance thermal detector*). Esses módulos especiais, depois de terem efetuado o condicionamento do sinal (filtragem, linearização, amplificação), realizam a conversão em um sinal digital. Um circuito particular providencia a compensação da temperatura da junção fria, que, se não compensada, pode alterar a medida. Geralmente o sinal fornecido por um termopar é muito baixo (na faixa de 0,20 a 100 mV). Lembramos que um termopar é constituído de duas junções de condutores desiguais em contato entre si. Entre esses condutores se estabelece uma diferença de potencial que ocorre em função da temperatura do ambiente em que fica o termopar.

No setor industrial, um certo número de termopares identificados por algumas letras é padronizado. Cada termopar tem o campo de trabalho definido. O ponto no qual os metais estão em contato entre si é chamado de junção quente. Os terminais deixados livres com a polaridade + e – são chamados de junção fria. Veja Figura 14.5.

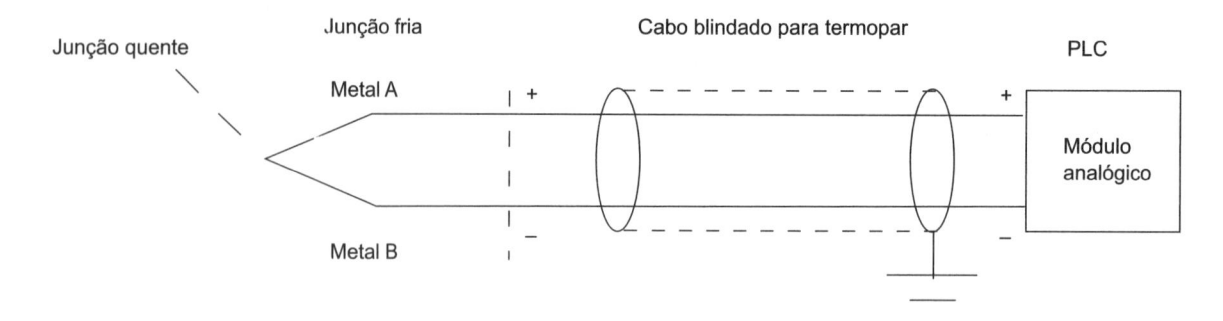

Tipo	Metal A/metal B	Medida (°C)	Características
E	Cromo/Constantan	De −240 a +900	Saída alta pode oxidar-se
J	Ferro/Constantan	De 0 a +750	Estável se oxida a 600 °C
K	Cromo/Alumínio	De 0 a +1250	Inerte, bom campo
T	Cobre/Constantan	De −200 a +350	Preciso, inerte
R	Platina/Ródio	De 0 a +1760	Estável, inerte, baixa saída, alta temperatura

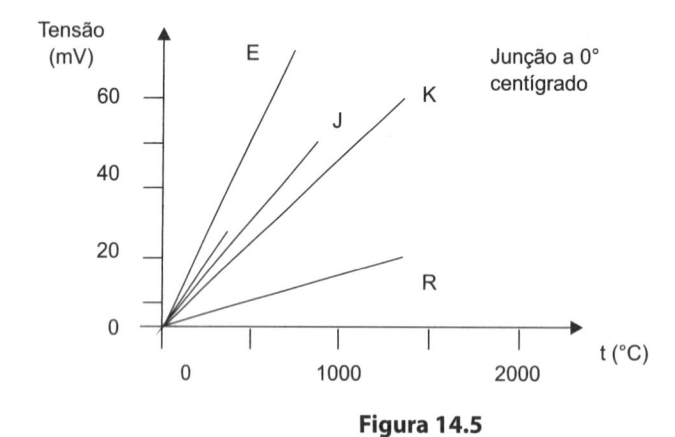

Figura 14.5

A ligação entre os pares termoelétricos e o controlador programável é realizada com o uso de cabos blindados e compensados.

14.6.2 Exemplo de ligação de transdutores a placas analógicas de entrada

Um exemplo de ligação de dois transdutores com uma placa analógica de entrada é mostrado na Figura 14.6.

Um transdutor do tipo potenciométrico fornece uma tensão variável entre 0 e 10 V na entrada CH0 em relação ao deslocamento de um cursor ligado a um órgão mecânico em movimento entre 0 e 200 mm.

O transdutor de peso ligado a um condicionador de sinal (amplificador) para aumentar a amplitude do sinal fornece uma tensão entre 0 e 10 V na entrada CH1 proporcional ao peso em entrada variando entre 0 e 20 kg.

Na Figura 14.7 temos uma série de exemplos de placas do tipo digitais com saída de relé, transistor e SCR. Note-se a diferença com a placa analógica. Na Figura 14.8 temos duas fotos de placas digitais com 16 e 32 pontos de saídas.

14.6.3 Configuração da base local

A diferença entre os PLCs modulares em relação aos PLCs compactos utilizados até agora (veja CPU S7-200) está na estrutura flexível. Nos PLCs modulares, as placas digitais e analógicas podem ser retiradas e inseridas conforme a conveniência do uso. São dotados de uma base, o RACK, que sustenta mecanicamente os elementos que compõem o controlador programável.

O RACK principal é aquele no qual está presente a fonte de alimentação mais a CPU, chamada normalmente de *base local*. Cada posição do RACK é chamada de *slot*.

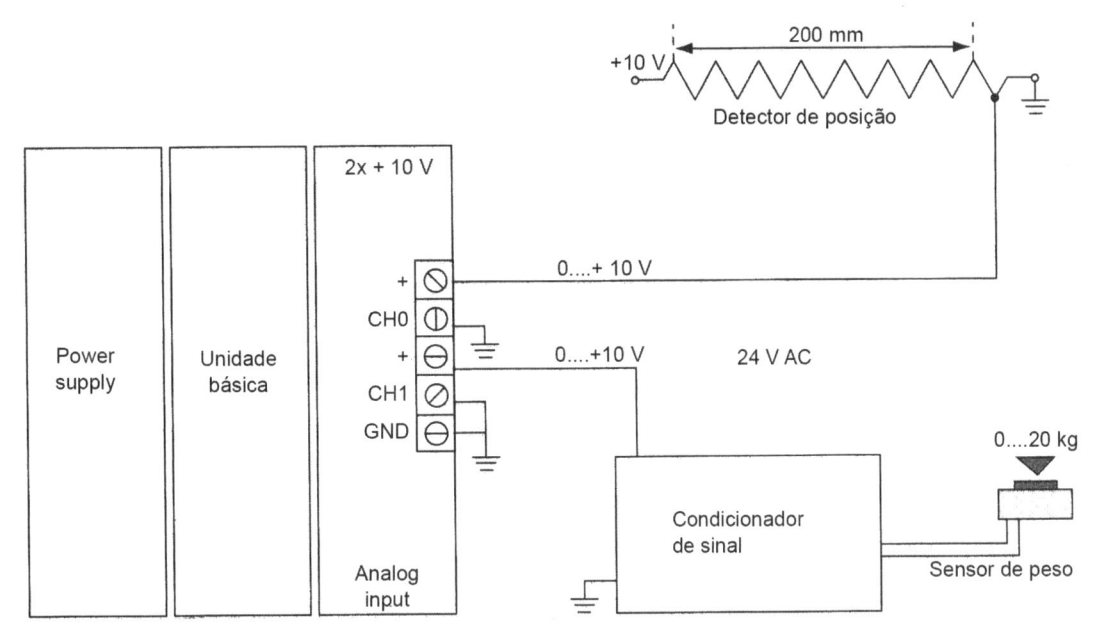

Figura 14.6

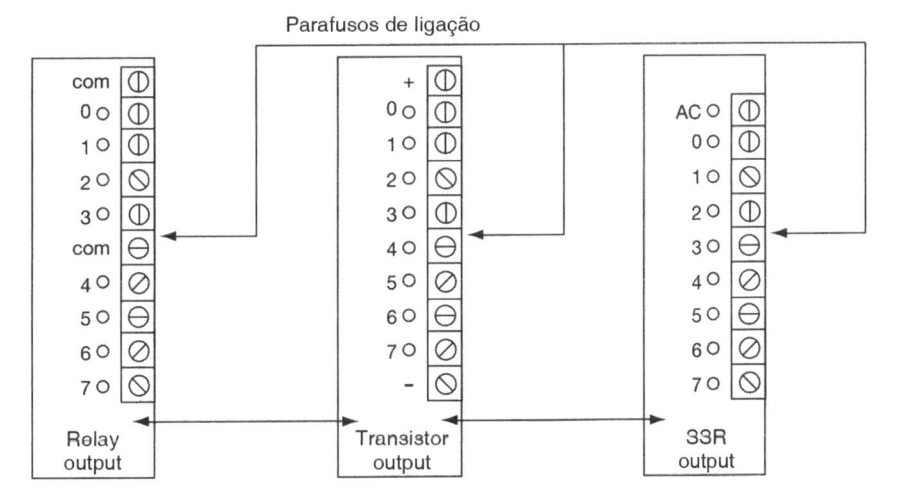

Figura 14.7

Placa de saída
16 pontos

Placa de saída
32 pontos

Figura14.8

Cada slot tem seu próprio número de identificação. Geralmente a configuração de uma base local genérica se apresenta como na Figura 14.9.

O primeiro slot à esquerda é o da fonte de alimentação (Power supply); a seguir vem o slot da CPU. Em geral esses slots não podem ser ocupados por nenhum outro tipo de placa. Os slots em sequência são relativos às placas analógicas e digitais. Tomando como referência a configuração modular da Figura 14.9, temos:

– Power supply: fonte de alimentação das CPU e módulos
– CPU: placa com microprocessador
– digital input: placa de entrada discreta de 8 pontos-24 V DC
– analog input: placa de entrada analógica de 2 canais-campo de medida 0-10 V

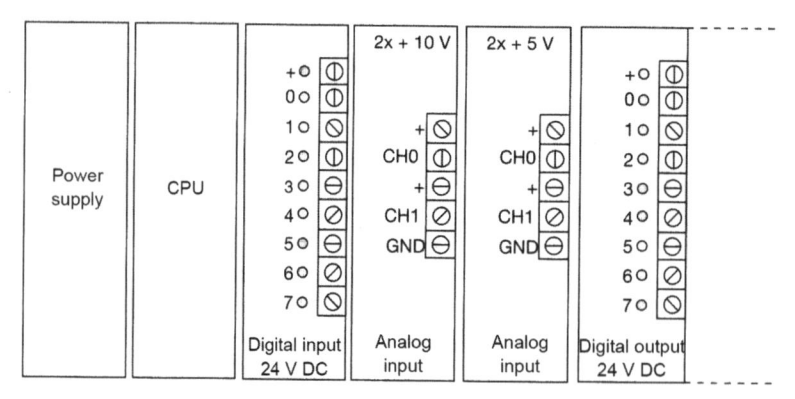

Figura 14.9

– analog input: placa de entrada analógica de 2 canais-campo de medida 0-5 V
– digital output: placa de saída discreta de 8 pontos-24 V DC

Na Figura 14.10 temos um exemplo de base local de um PLC modular Siemens da antiga série S5-100U:

1. Fonte de alimentação + CPU.
2. Unidade com várias placas (analógica, digital, especial).
3. Módulos bus. Servem para a ligação da CPU com os vários módulos remotos.
4. Guia normalizada segundo norma DIN.

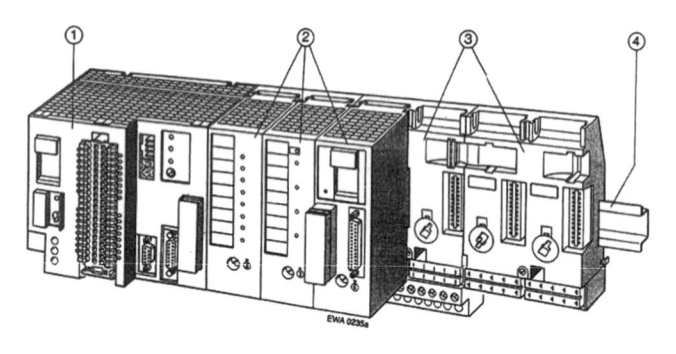

Figura 14.10

14.6.4 Configuração da expansão local

A configuração com *expansão local* é utilizada quando os números dos pontos de entrada e saída digitais ou canais analógicos fornecidos pela base local não são suficientes para a instalação automatizada. Na Figura 14.11 temos um exemplo de base local, chamada, às vezes, de Rack 0, ligada à expansão Rack 1 de um PLC modular Siemens da antiga série S5-100U. No Rack 1, por haver uma expansão, não temos CPU ou fonte de alimentação. A comunicação é feita com um cabo de conexão apropriado fornecido pelo fabricante. Os endereçamentos da expansão são idênticos aos da base local. A expansão é simplesmente um prolongamento da base local.

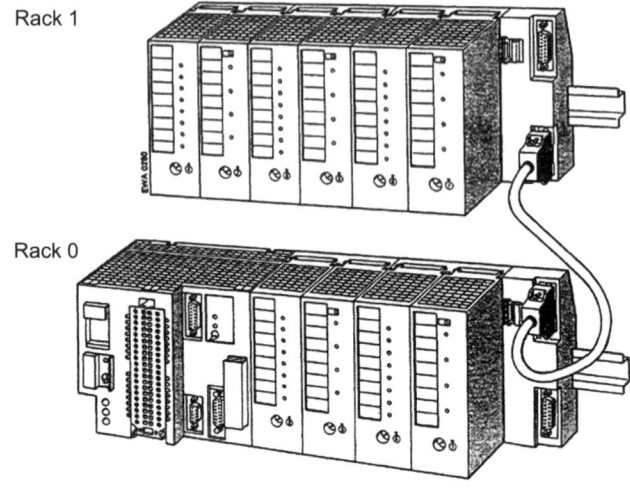

Figura 14.11

Na Figura 14.12 temos um exemplo de cabeamento completo das entradas e saídas da CPU modular Siemens S5-100U.

14.6.5 Endereçamento das placas digitais e analógicas

Por endereçamento, em automação industrial, se entende a conexão entre os sensores ou chaves, no caso de entrada ou bobina de relé, contatores, atuadores em geral no caso de saída, com um bit específico do registro das imagens das entradas e saídas do PLC.

Vimos que para os controladores programáveis do tipo compacto com expansão (tipo CPU S7-200) para os endereçamentos dos pontos de entrada e saída era muito simples endereçar, dado que a identificação era simplesmente sequencial. Portanto, partindo do primeiro parafuso à esquerda, se começava com a entrada I0.0, I0.1 e assim por diante. A mesma coisa com a saída Q0.0, Q0.1 etc.

As entradas e saídas analógicas são fixas e não modificáveis, como veremos no próximo capítulo.

Tal tipo de configuração é chamado de *configuração manual*. De fato, os endereços dos pontos de entrada e

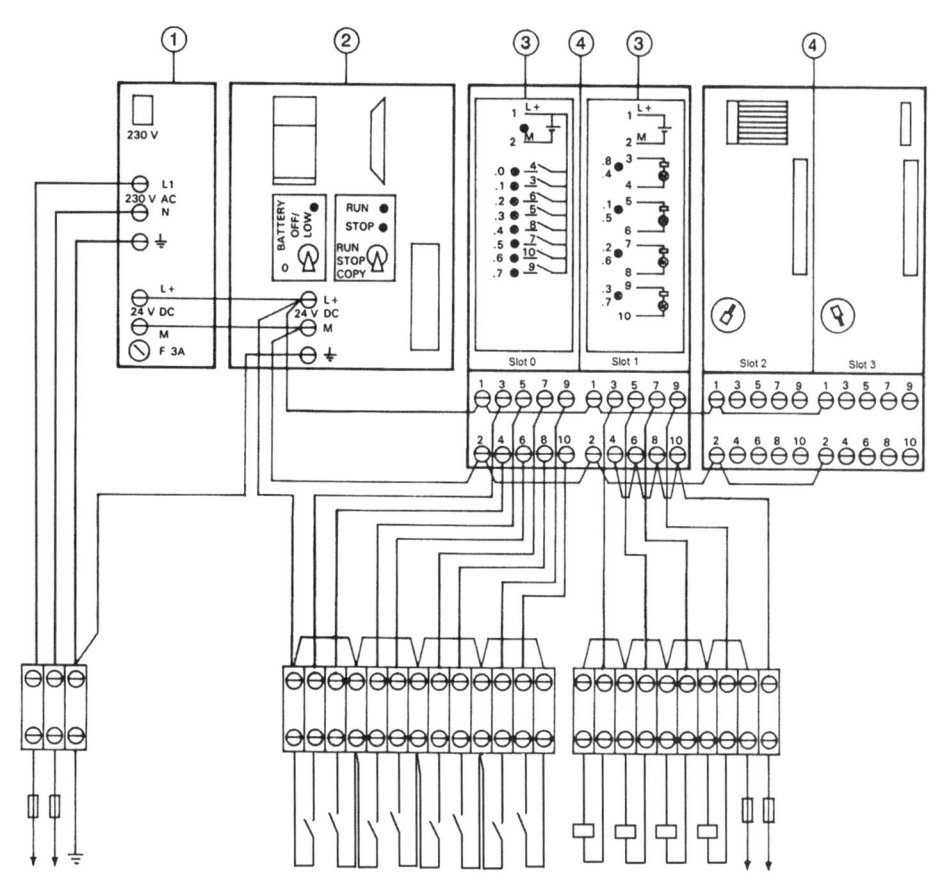

Figura 14.12

saída são determinados por usuários via hardware, ou seja, segundo a sequência na qual são inseridos os módulos.

No caso dos controladores programáveis do tipo modular, geralmente a configuração e os endereçamentos são mais complexos. Por esse motivo, os fabricantes de PLCs têm introduzido nos próprios sistemas operacionais o conceito de *configuração automática*.

A configuração e o endereçamento dos PLCs são realizados automaticamente pelo sistema operacional dos PLCs sem intervenção do usuário.

14.7 Exemplo de Configuração e Endereçamento de um PLC Modular Tipo Siemens S7-300

A configuração e o endereçamento de um PLC modular tipo Siemens S7-300 são completamente automáticos. O sistema operacional STEP 7 executa de modo automático todos os procedimentos. O editor de configuração hardware do STEP 7 permite a declaração de diversos elementos que vão constituir o controlador lógico programável. São eles: Rack, fonte de alimentação, tipo de CPU, placas várias.

A janela de diálogo do STEP 7 permite ainda a visualização gráfica dos objetos configurados em rede tipo

Profibus. Na Figura 14.13 temos a janela da configuração hardware do STEP 7 na versão em inglês. À direita da janela do STEP 7 podemos escolher entre diferentes tipos de CPU, fonte de alimentação e placas de vários tipos.

Com referência à Figura 14.13, cada slot selecionado aparece nas linhas a seguir. Temos:

Os slot de inserir (*slot*), os tipos de módulos (*module*), os códigos de ordenação (*order number*), os endereços para uma eventual configuração em remoto (*address MPI*), os endereços das entradas I (*address I*), os endereços das saídas Q (*address Q*), os comentários (*comment*).

Vejamos agora o significado das linhas:

SLOT e módulo

- 1 slot: fonte alimentação tipo PS 307-5A
- 2 slot: CPU tipo 315-2 DP
- 3 slot: inutilizado, não aparece no hardware
- 4 slot: placa digital de entrada de 32 pontos tipo DI-32xDC24V
- 5 slot: placa digital de saída de 32 pontos tipo DO-32xDC24V/0,5A
- 6 slot: placa analógica de entrada de 8 canais tipo AI-8x12bit
- 7 slot: placa analógica de saída de 4 canais tipo AO-4x12bit

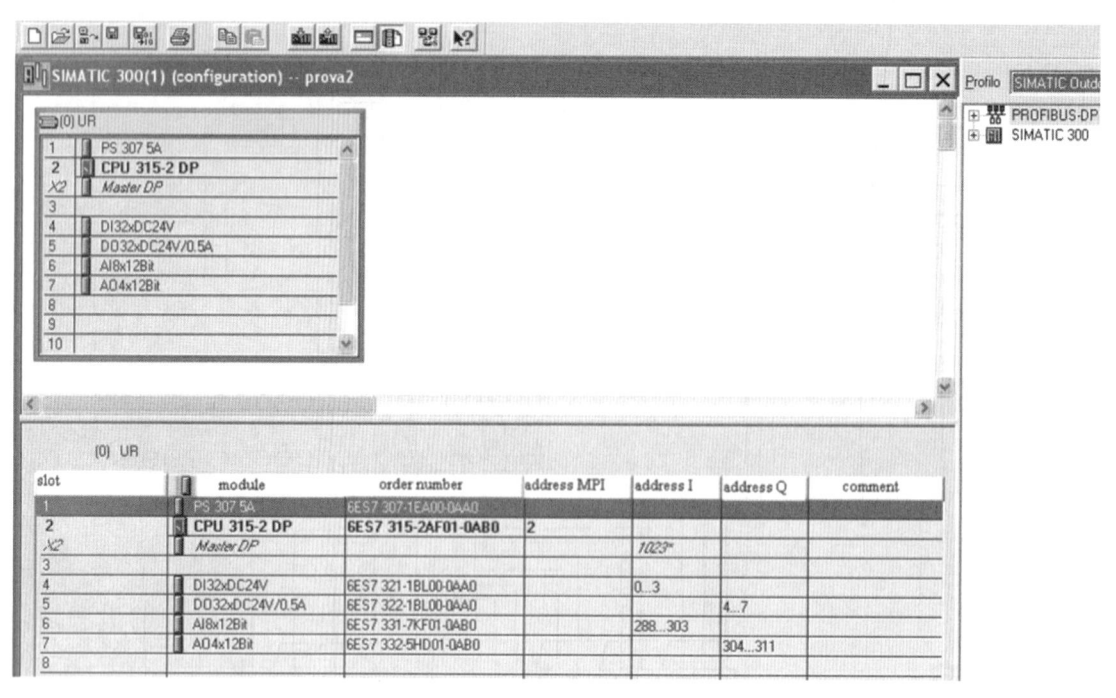

Figura 14.13

Order number

Código de ordenação Siemens dos vários módulos

Address MPI

Reservado à rede Profibus e MPI

Address I

SLOT 4: entrada discreta I de 0....3
SLOT 6: entrada analógica de 12 bits, PIW de 288....303

Address Q

SLOT 5: saída discreta Q de 4....7
SLOT 7: saída analógica de 12 bits, PQW de 304....311

Comentário sobre os endereçamentos I/Q

– No slot 4 temos uma placa digital de 32 pontos de entrada, exatamente byte 0, byte 1, byte 2, byte 3: no total, 8 (byte) × 4 = 32 pontos
– No slot 5 temos uma placa digital de 32 pontos de saída, exatamente byte 4, byte 5, byte 6, byte 7. No total, 8 (byte) × 4 = 32 pontos.
– No slot 6 temos uma placa analógica de entrada que parte da área de memória de 288 até 303.

Esse modo de endereçamento das entradas e saídas analógicas é executado com base na área de memória, e não com base nos pontos de entrada e de saída, como no caso do sinal discreto. Isso é devido ao fato de que cada entrada ou saída analógica ocupa na memória 16 bits, ou seja, uma Word. Isso significa, no nosso caso, que essas placas de entradas aceitam valores provenientes de um transdutor no campo de memória que vão do byte 288 até o byte 303.

Por exemplo, o nosso canal 0 (CH0) será (Figura 14.14):

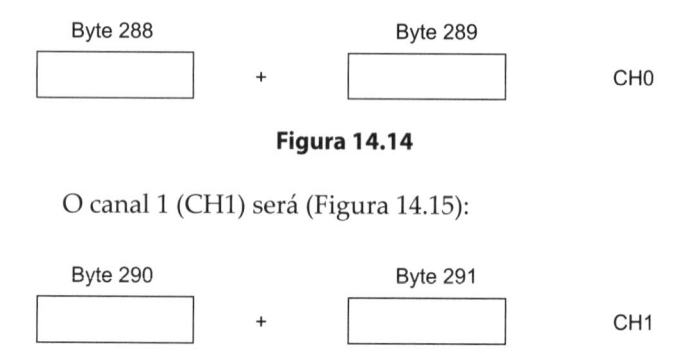

Figura 14.14

O canal 1 (CH1) será (Figura 14.15):

Figura 14.15

E assim por diante.

No programa, devemos escrever a Word PIW 288 para acessar o canal 0, PIW 290 para acessar o canal 1 e assim sucessivamente.

– No slot 7 temos uma placa analógica de saída que parte da área de memória de 304 até 311.

Com o mesmo mecanismo teremos:

O canal 0 (CH0) será (Figura 14.16):

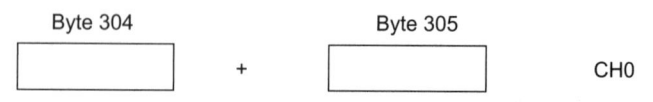

Figura 14.16

O canal 1 (CH1) será (Figura 14.17):

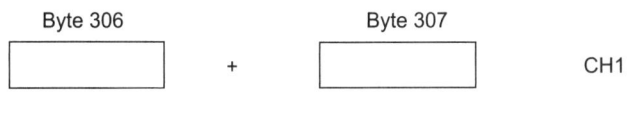

Byte 306   +   Byte 307   CH1

Figura 14.17

No programa devemos escrever a Word PQW 304 para acessar o canal 0, PQW 306 para acessar o canal 1, e assim sucessivamente.

Na Figura 14.18 temos uma simples correspondência concentual entre as linhas da tabela de configuração hardware apresentada na Figura 14.18 e o PLC modular Siemens S7-300 (os módulos inseridos são diferentes daqueles da Figura 14.13).

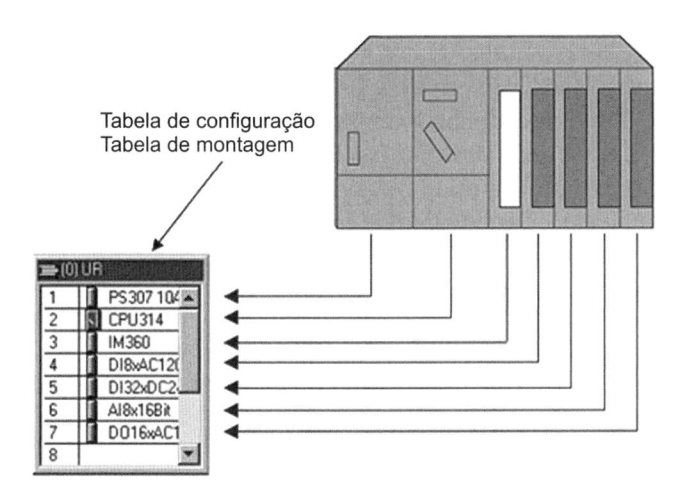

Tabela de configuração
Tabela de montagem

Figura 14.18

14.8 Conversão Analógica/Digital nos PLCs

Como indicado na Figura 14.1 os sistemas de controle são dotados, nas entradas, de conversores analógicos/digitais que *convertem o sinal elétrico na entrada em um verdadeiro número que representa o valor do sinal analógico detectado*.

Normalmente esse número não exprime o sinal elétrico em ampères ou volts, mas em uma medida em unidade física real (metro, grau, litro). Porém trata-se de uma Word que varia de um valor mínimo até um valor máximo no mesmo campo de um sinal elétrico analógico.

Exemplo: Se se quer detectar uma temperatura de 50° até 350°, o conversor converterá esse valor armazenando-o em uma Word do PLC de um valor mínimo, por exemplo, 0, até um valor máximo, por exemplo, 1.000. Em poucas palavras, ao valor numérico 0 corresponde à temperatura de 50 °C, e ao valor 1.000 corresponde à temperatura de 350 °C. Cada PLC possui valores diferentes dessa Word. Nesse caso, é indispensável a consulta ao manual do sistema.

As características técnicas de um conversor analógico/digital são:

– Velocidade de conversão;
– Resolução expressa em número de bits (na prática, é a precisão do conversor).

Um bom conversor é geralmente constituído de uma saída de 14 bits, porém, talvez para conter custos, se utilizem placas analógicas de 12 bits ou ainda de 10 bits. Isso significa que nem todos os 16 bits de uma Word são, na realidade, utilizados.

Lembramos que o bit de sinal da Word não é considerado no total da resolução do conversor.

A velocidade de conversão de um conversor é, na maioria das vezes, suficiente para detectar sinais analógicos, desde que tenha um campo de 20-60 Hz.

Os conversores agem também como filtro enquanto eliminam eventuais variações muito rápidas de um sinal elétrico de entrada. Nos PLCs modernos, temos a possibilidade de definir os valores de filtragem das entradas analógicas. Com a CPU S7-200, temos, por exemplo, o ícone de blocos de sistema (*System Block*).

Vejamos uma série de exemplos sobre a precisão de um conversor a segundos dos números de bits para sinais em entrada do tipo 0-10 V e 4-20 mA. Veja Tabela 14.1.

Tabela 14.1

Nº de bits	Valor máximo	Resolução de 0-20 mA	Resolução de 0-10 V
12	$2^{12} = 4096$	0,00488 mA	2,44 mV
13	$2^{13} = 8192$	0,00244 mA	1,22 mV
14	$2^{14} = 16384$	0,00122 mA	0,61 mV
15	$2^{15} = 32768$	0,00061 mA	0,305 mV

Nota se na Tabela 14.1, que a resolução é na prática a "mínima variação possível" do conversor, ou seja, 20 mA/valor máximo ou 10 V/valor máximo. Em automação, a resolução de um conversor e uma medida não muito importante. É, *no entanto, fundamental a resolução em unidade de medida do sistema internacional*.

Precisamos, nesse momento, dar um pouco de atenção aos sinais 4-20 mA porque a resolução na medida real é diferente daquela do tipo em tensão do tipo 0-10 V. Nesse caso, os primeiros 4 mA são convertidos pelo sistema, mas não fazem parte da medida real.

Na Tabela 14.2 temos, por exemplo, um conversor a 12 bits. Os valores entre 0...819 não constam na medida, e em consequência a resolução em unidade de medida do sistema internacional é: 4096 – 819 = 3277. Por exemplo, em uma medida de comprimento com campo entre 0 e 10 metros, a resolução é 10/3277 = 0,003 metro.

Os fabricantes desses dispositivos colocam na própria documentação uma tabela similar à da Tabela 14.2, que indica a resolução e as características do conversor.

Tabela 14.2

Nº de bits	Valor de 0-4 mA	Valor útil de 4-20 mA	Resolução sobre unidade de engenharia
12	0...819	819...4096	Fundo escada/3277 (contagem)
13	0...1638	1638...8192	F.e./6554
14	0...3277	3277...16384	F.e./13107
15	0...6554	6554...32768	F.e./26214

14.9   Gestão das Falhas com Sinais 4-20 mA

O sinal 4-20 mA permite detectar situações de falha muito rapidamente. De fato, os range entre 0-4 mA não são válidos e representam uma situação de falha na transmissão de um sinal analógico.

Precisamos, então, configurar o sistema de controle para que o sistema se desative no caso em que os valores da corrente de entrada de um PLC, por exemplo, sejam menores que 4 mA.

Na prática podemos dizer que, quando a Word analógica na entrada a uma placa analógica armazena um valor menor que aquele escrito na Tabela 14.3, significa que aquela entrada analógica está em uma situação de falha ou mau funcionamento.

Tabela 14.3

Nº de bits	Valor de erro 0-4 mA
12	< 819
13	< 1632
14	< 3277
15	< 6554

14.10   Casos Particulares de Placas Analógicas

Em alguns modelos de conversores, apesar de haver um número de bits menor que 15, pode ser mantido um valor numérico entre 0 e 32678, ou seja, o máximo possível.

Como já foi dito, a consulta ao manual de sistema é indispensável.

Por exemplo, os módulos analógicos dos PLC S7-200 Siemens possuem um campo númerico entre 0 e 32000. As placas analógicas do PLC S7-300/400 Siemens possuem um campo númerico entre 0 e 27648. A série LOGO é ainda diferente: tem um campo numérico entre 0 e 1000.

14.11   Conversão em Unidade de Medida do Sistema Internacional

Nos sistemas de controle de última geração, a conversão de um sinal analógico na entrada em uma medida do sistema internacional é efetuada diretamente na lógica interna do módulo analógico. Nos sistemas mais tradicionais como os PLCs, a conversão de um sinal analógico na medida real deve ser feita com cálculos a serem inseridos em um programa.

Em poucas palavras, trata-se de converter a Word de entrada analógica em um valor de medida do sistema internacional.

Em geral, nos processamentos analógicos é preciso converter a Word de entrada analógica em um valor numérico incluído entre um valor mínimo e um valor máximo. Esses valores mínimo e máximo podem ser uma grandeza física ou simplesmente um valor numérico incluído entre 0 e 1 ou qualquer outro valor.

Esse procedimento, na linguagem Simatic Siemens, é chamado de *normalização*. Para compreender esses aspectos muito importantes da elaboração de um sinal analógico, daremos um exemplo prático:

Um sistema de controle automático é composto de:

– Um transdutor de pressão com saída 4-20 mA e um campo de trabalho com entrada 0-10 bar;
– Um PLC com placa analógica de 14 bits e campo numérico 0-16384.

A hipótese é de que venha transmitido um sinal de 16,3 mA do transdutor.

Queremos a conversão do sinal analógico em unidade de medida do sistema internacional.

Na Tabela 14.2 para um conversor a 14 bits temos os valores entre 0 e 3277 que não constam na medida mas que o conversor detecta. Esses valores que não constam na medida são, às vezes, chamados de *offset*.

– O campo máximo de contagem do conversor será o valor máximo menos o offset: 16384 – 3277 = 13107.

Para esclarecer ainda mais todos esses conceitos, é melhor desenhar um esquema de resumo para calcular a medida real partindo de um valor numérico do conversor analógico/digital (veja Figura 14.19).

A mesma coisa pode ser feita para um sinal analógico de saída. Podemos, nesse caso, por ser a normalização um procedimento linear, representar em um gráfico a pressão (bar) em função da corrente (mA). Veja Figura 14.20.

Esses gráficos representam uma reta que não parte de zero. Em geometria analítica, representam uma reta que passa para 2 pontos e serve para se obter uma dada corrente na saída do transdutor I0, em relação

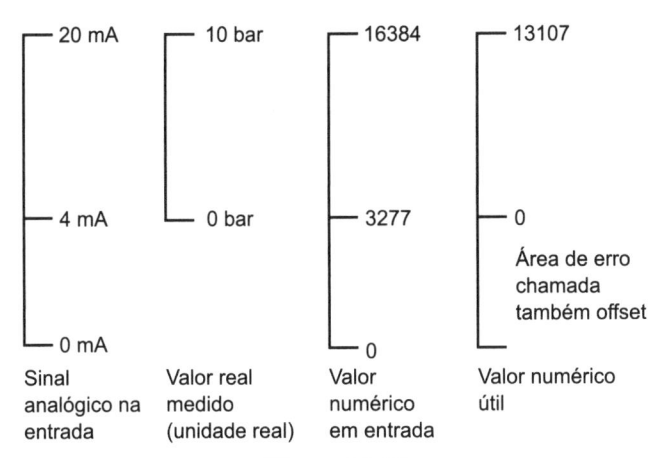

Figura 14.19

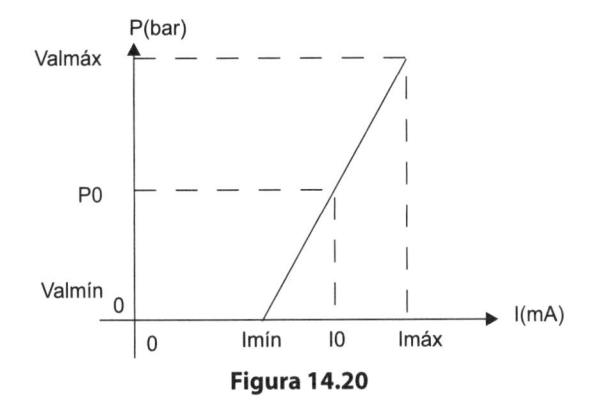

Figura 14.20

Valmáx = máximo valor de grandeza em entrada (10 bar)
Valmín = mínimo valor de grandeza em entrada (0 bar)
Imáx = máximo valor de grandeza convertida (20 mA)
Imín = mínimo valor de grandeza convertida (4 mA)

à grandeza física em entrada, ou seja, a pressão P0. A equação é:

$$P0 = \frac{I0 - Imín}{Imáx - Imín} * (Valmáx - Valmín) + Valmín \ (Eq.\ 1)$$

em que:

$$P0 = \frac{16,3 - 4}{20 - 4} * (10 - 0) + 0 = 7,68\ bar$$

Na Figura 14.21 temos um resumo do resultado.

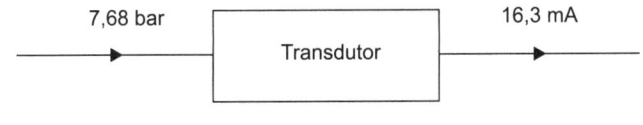

Figura 14.21

Resumindo, com uma corrente na saída do transdutor de I0 = 16,3 mA, a medida real na entrada do transdutor é P0 = 7,68 bar.

A Equação 1 tem uma validade geral.

14.12 Normalização de uma Entrada Analógica

A seguir temos dois exemplos de normalização de uma entrada analógica.

Exemplo 1

Um sistema de controle automático é composto de:

– Um transdutor de temperatura com saída 4-20 mA e campo de trabalho na entrada 0°-1000° Celsius;
– Um PLC S7-200 Siemens com módulo analógico de 12 bits e campo numérico 0-32000;
– Supõe-se que o módulo analógico de entrada armazena na própria Word analógica o valor AIWx = 12800.

Pede-se a conversão do sinal analógico em entrada AIWx = 12800 na temperatura real em graus Celsius do sistema de controle.

Para esclarecer ainda melhor todos esses conceitos, desenharemos um esquema de resumo para calcular a medida real partindo de um valor numérico do conversor analógico/digital. Veja Figura 14.22.

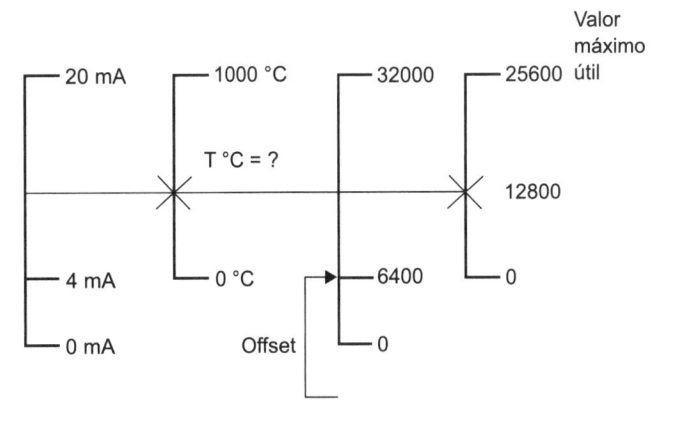

Figura 14.22

Para o cálculo do offset, usamos a seguinte proporção:

$$32000 : 20\ mA = Offset : 4\ mA$$

$$Offset = \frac{32000}{20\ mA} * 4\ mA = 6400$$

Para o cálculo do campo máximo de contagem do conversor, temos:

$$Vmáxútil = 32000 - 6400 = 25600$$

Para o cálculo da temperatura em grau Celsius, podemos utilizar a Equação 1 da Seção 14.11. A representação gráfica é mostrada na Figura 14.23 e indica a temperatura em função do campo numérico do conversor.

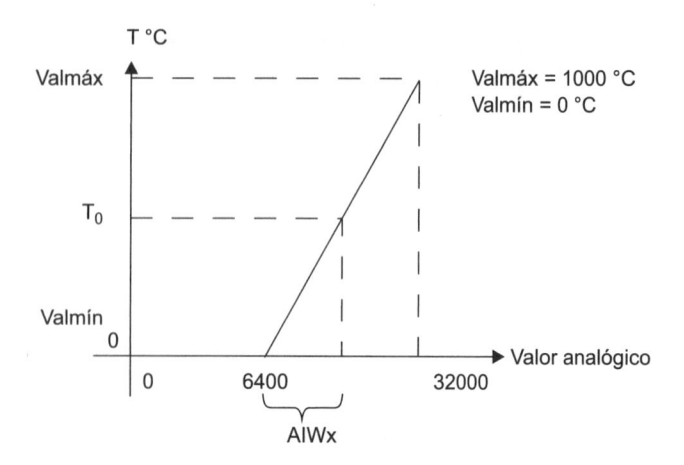

Figura 14.23

A equação é:

$$T0 = \frac{AIWx - 6400}{32000 - 6400} * (Valmáx - Valmín) + Valmín \quad (Eq.\ 2)$$

$$T0 = \frac{12800 - 6400}{32000 - 6400} * (1000\ °C - 0\ °C) + 0\ °C = 250\ °C$$

Se o valor mínimo da grandeza física a converter é Valmín = 0 e não temos offset no campo de medida (0), a Equação 2 se simplifica, como vemos:

$$T0 = \frac{AIWx}{32000} * Valmáx$$

O gráfico é o da Figura 14.24.

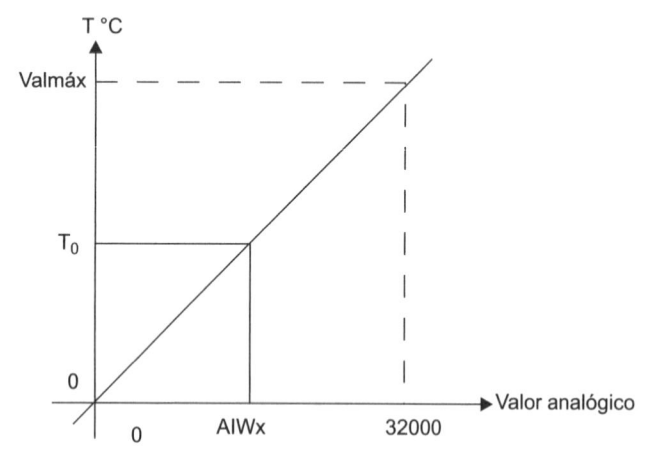

Figura 14.24

Exemplo 2

Um sistema de controle automático é composto de:

- Um transdutor de nível de líquido de um reservatório com saída 0-10 V e campo de trabalho na entrada 10 m – 100 m;
- Um PLC S7-300 Siemens com placa analógica de entrada de 12 bits e campo numérico 0-27648;

– Supõe-se que a placa analógica de entrada armazena na própria Word analógica o valor AIWx = 10520.

Queremos a conversão do sinal analógico na entrada AIWx = 10520 no nível de líquido real em metros do sistema de controle.

Para esclarecer ainda mais todos esses conceitos, é melhor desenhar um esquema de resumo para calcular a medida real partindo de um valor numérico do conversor analógico/digital. Veja Figura 14.25.

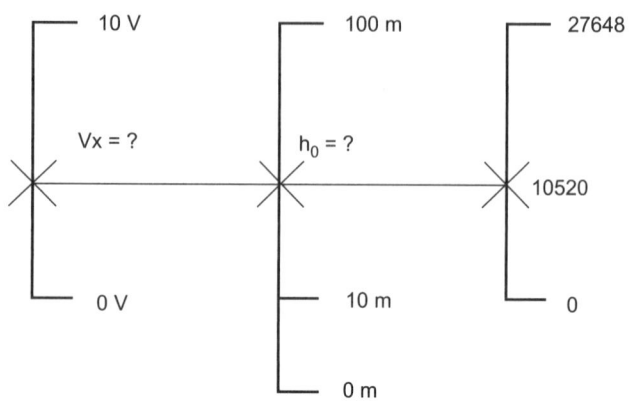

Figura 14.25

Para o cálculo do nível de líquido h_0 no reservatório utilizaremos a Equação geral 1, já citada nos exemplos anteriores:

$$h_0 = \frac{AIWx}{27648 - 0} * (Valmáx - Valmín) + Valmín \quad (Eq.\ 3)$$

$$h_0 = \frac{10520}{27648 - 0} * (100\ m - 10\ m) + 10\ m = 44,244\ m$$

Se queremos saber a qual tensão Vx da placa analógica de entrada corresponde, é suficiente definir as seguintes proporções:

$$10\ V : 27648 = Vx : 10520$$

$$Vx = \frac{10520}{27648} * 10\ V = 3,805\ V$$

14.13 Exemplo de Programação para a Normalização de uma Entrada Analógica

Com referência ao Exemplo 1 da Seção 14.12, escrevemos um pequeno programa que normaliza a entrada analógica AIW0. O esquema Ladder e AWL é o da Figura 14.26.

Com referência ao Exemplo 2 da Seção 14.12, escrevemos um pequeno programa que executa o cálculo do nível do líquido h_0 no reservatório. O esquema Ladder e AWL é o da Figura 14.27.

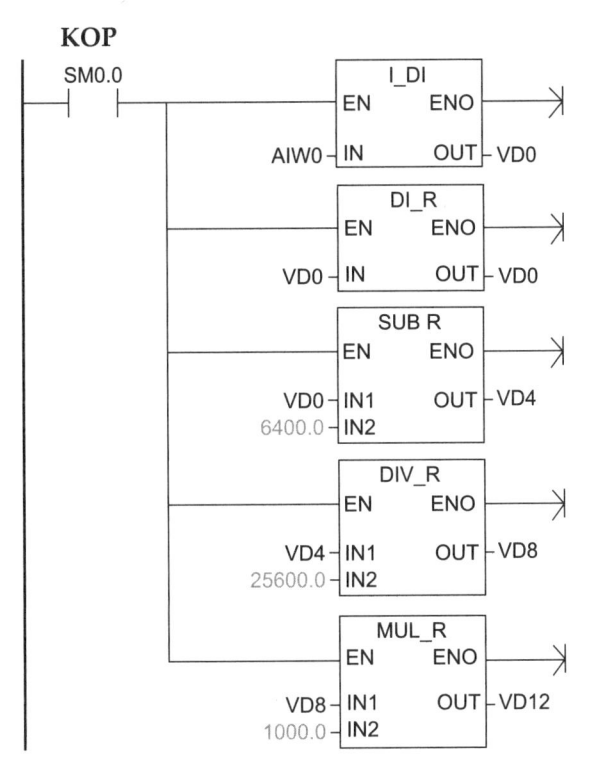

Figura 14.26

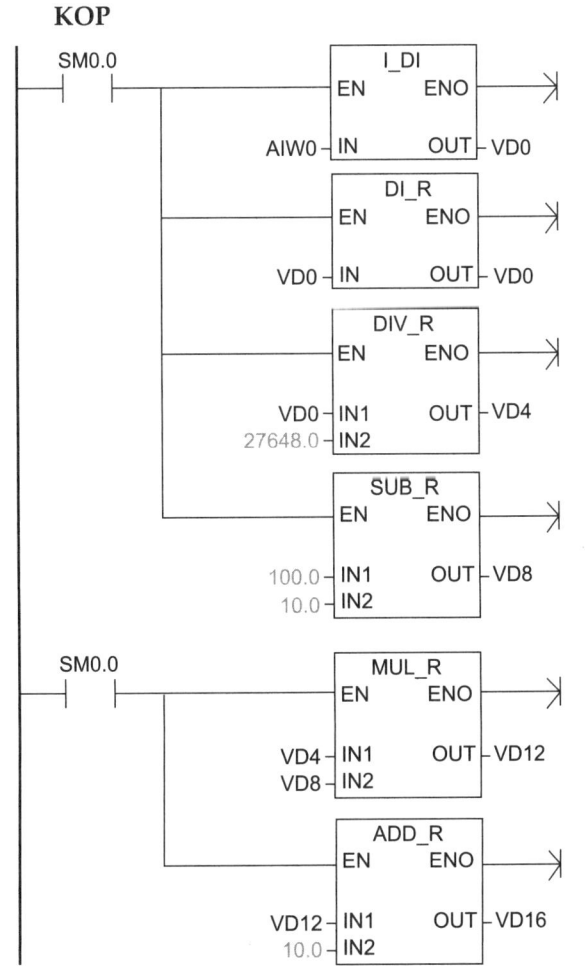

Figura 14.27

14.14 Normalização de uma Saída Analógica

Temos agora o problema inverso ao do Exemplo 2 da Seção 14.12. Em uma double Word VD20 de um PLC é armazenado o valor em unidade do sistema internacional do nível de um líquido de um reservatório. O valor da medida máxima Valmáx = 100 metros e o valor da medida mínima Valmín = 10 metros.

Temos um PLC S7-300 Siemens com placa analógica de entrada de 12 bits e campo numérico 0-27648.

Supondo que a double Word VD20 armazena um valor de VD20 = 44,244 metros, queremos a conversão do sinal analógico correspondente em saída na Word analógica AQWx.

Aplicamos a Equação 2 de modo inverso:

$$AQWx = \frac{VD20 - Valmín}{Valmáx - Valmín} * 27648$$

$$AQWx = \frac{44,244 - 10}{100 - 10} * 27648 = 10520$$

14.15 Exemplo de Programação para a Normalização de uma Saída Analógica

Com referência à Seção 14.14, escrevemos um pequeno programa que normaliza e executa o cálculo da Word analógica em saída AQWx. O esquema Ladder e AWL é o da Figura 14.28.

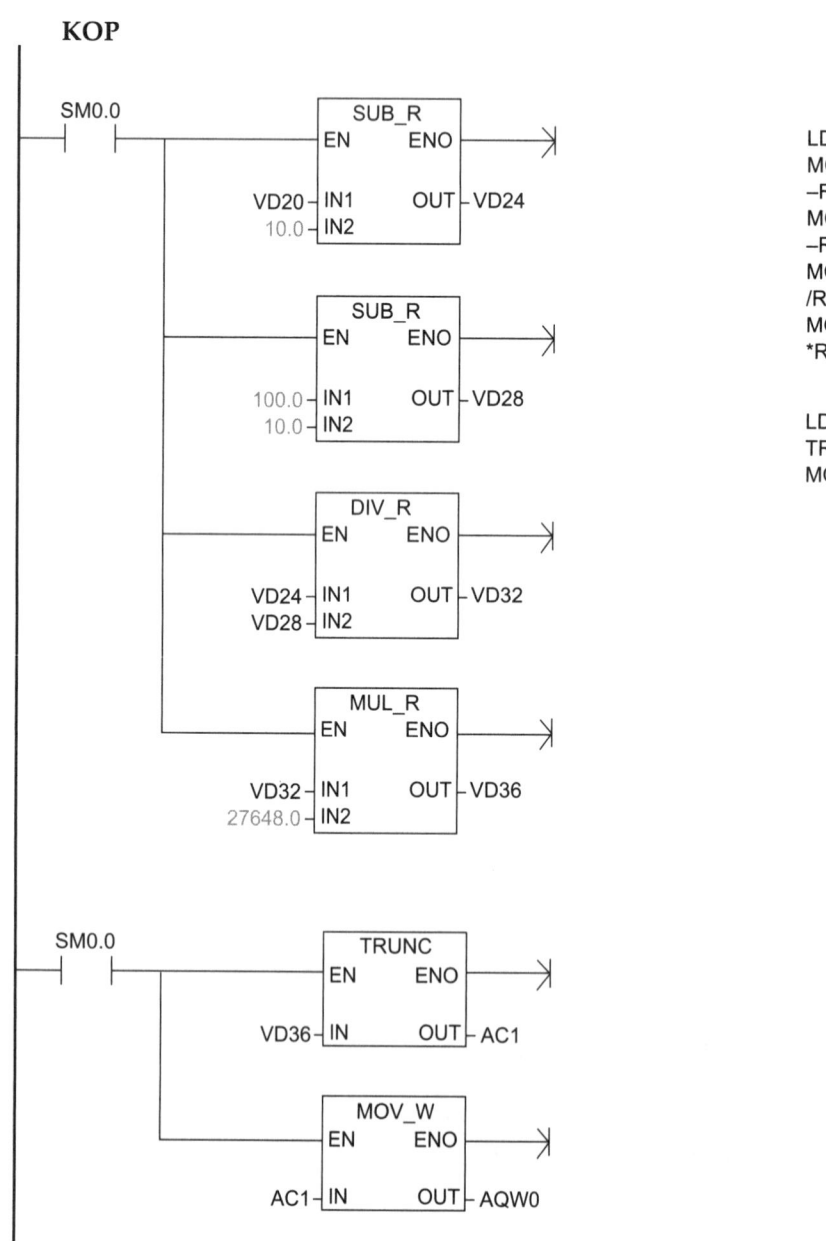

KOP

AWL

```
LD      SM0.0
MOVR    VD20, VD24
-R      10.0, VD24
MOVR    100.0, VD28
-R      10.0, VD28
MOVR    VD24, VD32
/R      VD28, VD32
MOVR    VD32, VD36
*R      27648.0, VD36

LD      SM0.0
TRUNC   VD36, AC1
MOVW    AC1, AQW0
```

Figura 14.28

14.16 Como Testar os Sinais Analógicos 4-20 mA

Vimos que o sinal analógico 4-20 mA é um ótimo tipo de transmissão para os sinais analógicos.

Se o sinal está entre 0 e 4 mA, significa que a transmissão dos sinais analógicos tem uma falha ou o cabo está interrompido. Os valores entre 4-20 mA são válidos para a medida.

14.16.1 Sinais ativos e passivos

Por sinal analógico ativo se entende o sinal que é alimentado pelo instrumento que efetua a transmissão. Esse sinal não é ligado a fonte de alimentação externa.

São sinais passivos aqueles instrumentos que para funcionar precisam de uma fonte de alimentação externa.

14.16.2 Características de um instrumento transmissor e receptor

Os instrumentos que funcionam com sinais analógicos 4-20 mA são alimentados geralmente a 24 V DC (podem ter um campo de trabalho maior, por exemplo, de 12 até 30 V DC).

Na Figura 14.30 temos a ligação de um sinal analógico 4-20 mA de um instrumento transmissor a uma placa de entrada analógica de um controlador programável com cabo blindado.

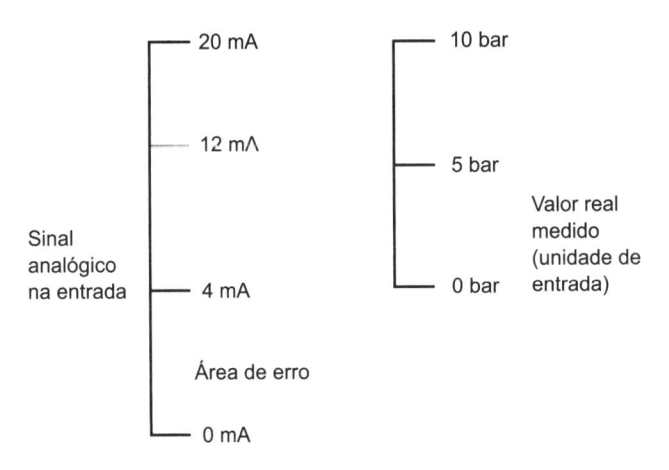

Figura 14.29

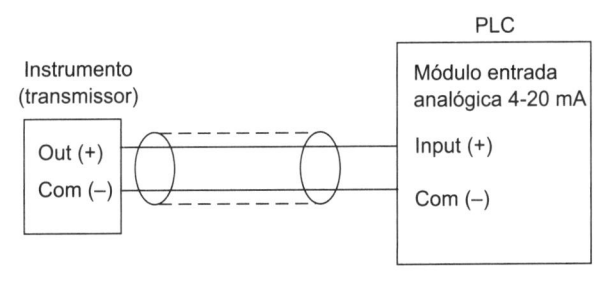

Figura 14.30

14.16.3 Esquema de conexão de um sinal passivo

A seguir temos um esquema típico de uma conexão de um sinal analógico 4-20 mA de um instrumento transmissor de dois instrumentos que recebem e utilizam o mesmo sinal. Em série temos também a fonte de alimentação. Veja Figura 14.31.

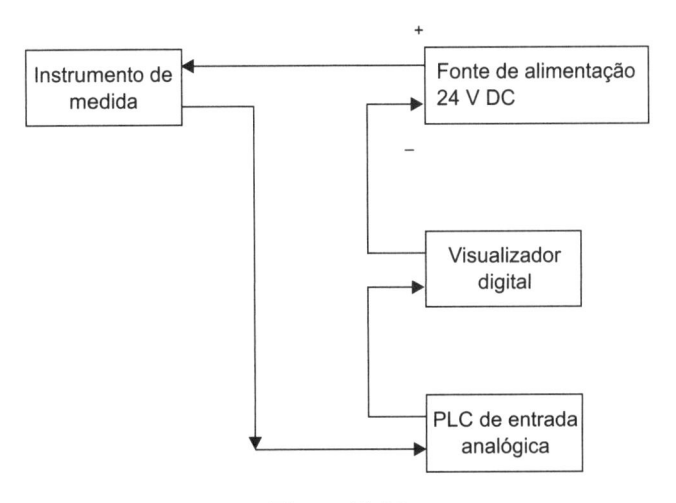

Figura 14.31

Essa modalidade que liga mais de um instrumento em série é muito delicada. De fato, precisa controlar que a soma das impedâncias de entrada de cada recebedor não seja maior do que a carga máxima que o instrumento de medida pode alimentar. Esse valor é tipicamente de 500 ohms.

Vejamos um exemplo com referência à Figura 14.31. Se a impedância de entrada do visualizador digital é de 150 ohms, então a do PLC é de 250 ohms. Assim, temos um total de 400 ohms. Esse valor não supera o valor máximo do instrumento de medida. De fato, o instrumento de medida tem uma impedância de entrada de 500 ohms.

14.16.4 Como testar os sinais de um transmissor ativo

Para testar se os instrumentos que transmitem um sinal analógico 4-20 mA funcionam, precisamos utilizar uma simples resistência do tipo eletrônico a baixa potência, por exemplo, de 220 ohms.

É possível usar também outros valores. O importante é não superar o valor de 500 ohms.

As resistências alternativas podem ser: 270, 330, 390, 470 ohms.

Na Figura 14.32 temos um exemplo de ligação de um tester com um instrumento transmissor de sinal analógico 4-20 mA.

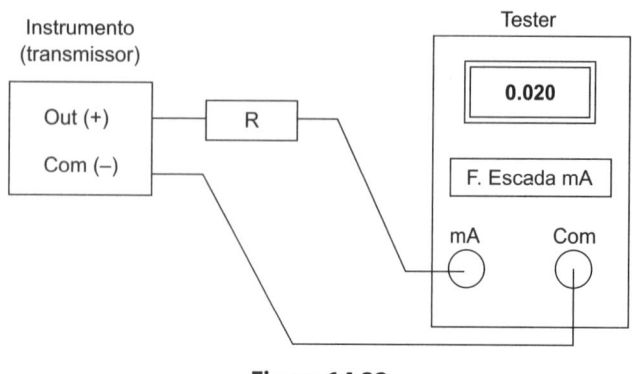

Figura 14.32

Questões práticas

1. Descreva brevemente a diferença entre um transdutor e um condicionador de sinal.

2. Cada posição de um RACK de um controlador programável é chamada de:

   a. base local
   b. slot
   c. ponto de entrada e saída

3. O que se entende por configuração manual de um PLC?

a. que a configuração é efetuada automaticamente pelo sistema operacional do PLC.

b. que a configuração é efetuada automaticamente do sistema operacional do PLC, mas com uma programação mínima da parte do usuário.

c. que a configuração é determinada por via hardware segundo a sequência na qual são inseridos os módulos do PLC.

4. Um sistema de controle automático é composto de uma balança com:

   – um transdutor de peso com saída 4-20 mA e campo de trabalho em entrada 0 kg-100 kg;
   – um PLC com módulo analógico de 12 bits e campo numérico 0-1000;
   – supõe-se que o módulo analógico de entrada armazena na própria Word analógica o valor AIWx = 350.

   Queremos a conversão do sinal analógico em entrada AIWx = 350 no peso real em kg da balança.

5. Com referência à Questão 4, escreva um pequeno programa na linguagem Ladder e AWL que execute o cálculo do peso real em kg da balança.

15 Aplicações Práticas II: Comandos Analógicos com as CPUs S7-200

15.0 Introdução

Neste capítulo demonstraremos uma série de aplicações práticas utilizando o controlador programável Siemens S7-200, conforme a norma IEC 61131-3 e os módulos analógicos.

Nas CPUs S7-200 temos 3 módulos de expansão do tipo analógico:

- EM231, 4 canais com entradas analógicas
- EM232, 2 canais com saídas analógicas
- EM235, 4 canais de entradas analógicas/1 canal de saída analógica.

15.1 Breve Descrição dos Módulos Analógicos

Os módulos de expansão analógica do tipo EM231 e EM235 são unidades a 12 bits econômicas e velozes. Podem converter uma entrada analógica no correspondente valor digital em 149 microssegundos.

As unidades do tipo EM231 e EM235 fornecem um valor digital não elaborado (não linearizado ou filtrado) correspondente ao valor de tensão ou corrente analógica presente nos parafusos de entrada. Por serem essas entradas muito velozes, essas unidades são capazes de seguir variações muito rápidas do sinais analógicos de entrada.

15.2 Formato da Word de Dados de Entrada dos Módulos EM231 e EM235

A Figura 15.1 indica o formato da Word de entrada dos módulos EM231 e EM235. A Word é formada de 16

bits, mas os bits realmente utilizados para a conversão analógica/digital são 12.

Os 12 bits realmente convertidos estão alinhados à esquerda. O bit mais significativo MSB é o bit de sinal: 0 (zero) indica um valor da Word positivo. No formato chamado *unipolar*, o campo numérico varia de um valor positivo. Os três zeros à direita fazem variar a Word analógica de um valor igual a 8 cada vez que o valor do conversor analógico/digital varia de 1.

No formato chamado *bipolar*, o campo numérico varia de um valor positivo e negativo. Os quatro zeros à direita fazem variar a Word analógica de um valor igual a 16 cada vez que o valor do conversor varia de 1. No formato bipolar, o campo numérico da Word analógica de entrada varia de –32.000 até +32.000. No formato unipolar, o campo numérico da Word analógica de entrada varia de 0 até +32.000.

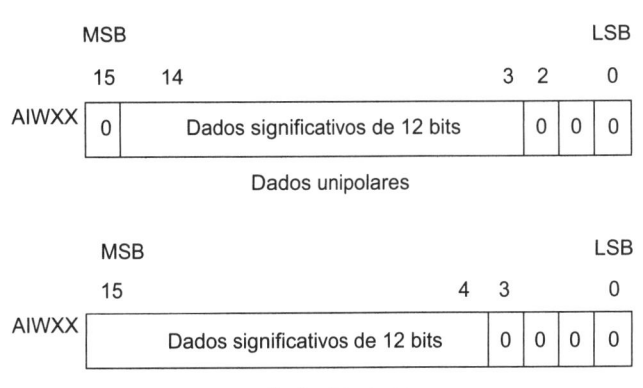

Figura 15.1

15.3 Formato da Word de Dados de Saída dos Módulos EM232 e EM235

A Figura 15.2 indica o formato da Word de saída dos módulos EM232 e EM235. A Word é formada de 16 bits, mas os bits realmente utilizados para a conversão digital/analógico são 12. Veja Figura 15.2.

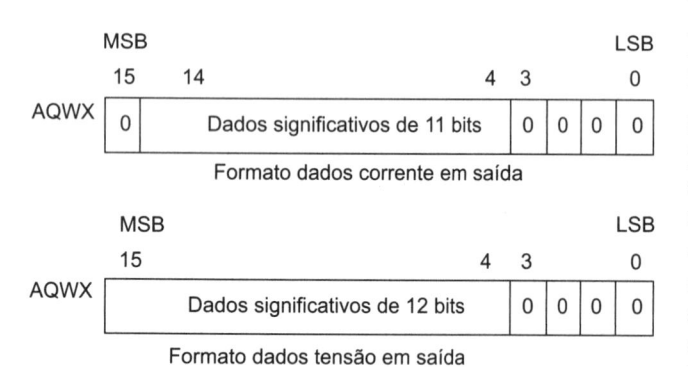

Figura 15.2

Os 12 bits realmente convertidos são alinhados à esquerda. O bit mais significativo MSB e o bit de sinal: 0 (zero) indicam um valor da Word positivo. Os quatro zeros à direita são cortados antes do carregamento no registrador do conversor digital/analógico. Esses bits não influenciam o valor da saída analógica.

Com saída em tensão de ±10 V, o campo numérico da Word analógica de saída varia de –32.000 até +32.000. Com saída em corrente de 0-20 mA, o campo numérico da Word analógica de saída varia de 0 até +32.000.

Esses dois valores de campo para a saída em tensão e corrente são os únicos disponíveis e não manipuláveis com os Dip-switches.

15.4 Ajuste das Entradas Analógicas

A regulação do ajuste analógico influi no estado do amplificador relativo ao multiplexador analógico. O ajuste influi sobre todas as entradas analógicas. Para garantir um bom ajuste, é aconselhável ativar a filtragem para todas as entradas analógicas das unidades e selecionar pelo menos 64 amostras para o cálculo do valor médio. Com a CPU S7-200, para se efetuar a filtragem das entradas analógicas, recomenda-se ir no ícone Bloco de sistema (*System Blocks*) com o seguinte percurso: **System Blocks>Input Filters>Analog.** Selecionar as entradas que se quer filtrar e o número de amostras. Na Figura 15.3 temos a tela do bloco de sistema relativo à filtragem das entradas analógicas.

Depois, para o ajuste hardware, proceder como indicado a seguir:

1. Desligar as unidades analógicas e selecionar o campo de entrada em tensão ou corrente com o Dip-switch de configuração (Figura 15.4B).
2. Ligar a CPU e a unidade analógica e esperar pelo menos 15 minutos para que o conversor se estabilize.
3. Ligar o transdutor ou um transmissor de corrente ou de tensão e aplicar um sinal de valor zero a um parafuso das entradas (canal analógico).

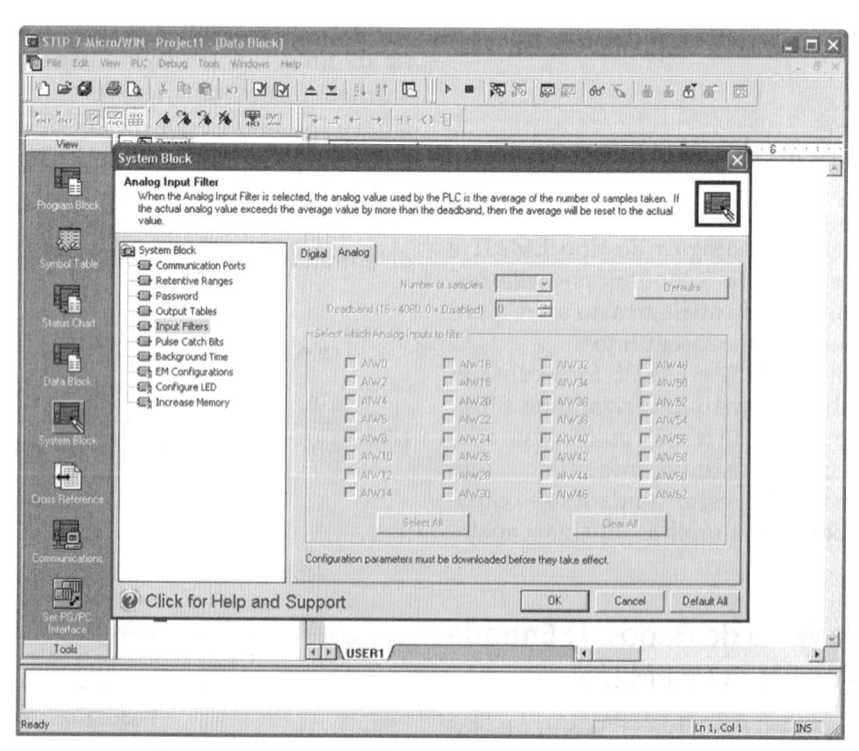

Figura 15.3

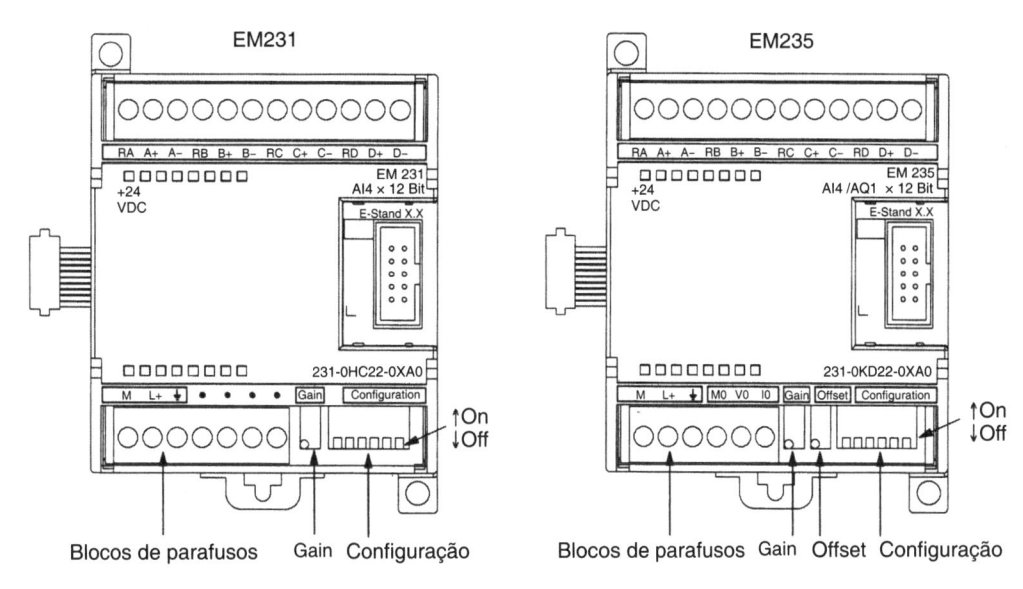

Figura 15.4A

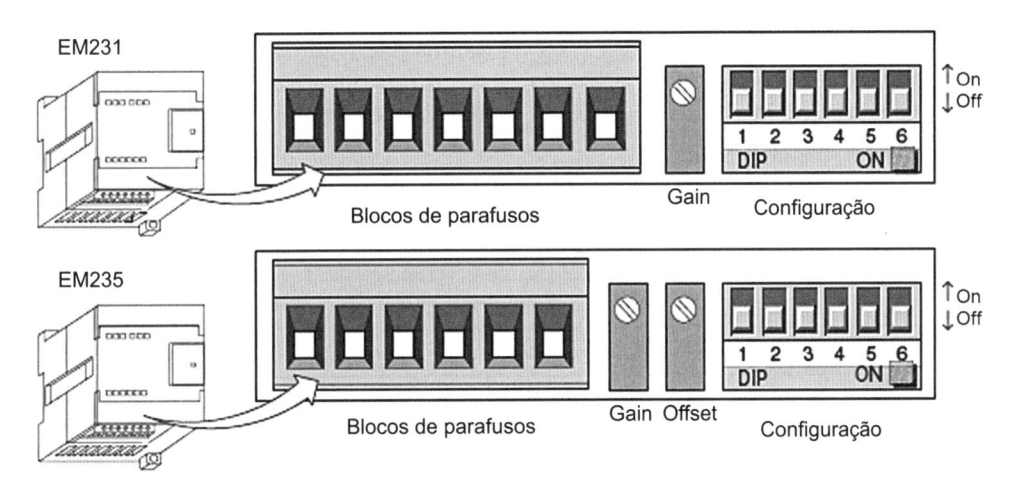

Figura 15.4B

4. Ler a Word analógica do canal interessado.
5. Regular o potenciômetro OFFSET até chegar ao valor zero ou ao valor de partida.
6. Ligar o sinal máximo do transmissor (fundo da escada) ao mesmo canal interessado e ler o valor da Word analógica.
7. Regular o potenciômetro GAIN até chegar ao valor máximo 32.000 ou ao valor máximo desejado.
8. Repetir as regulações OFFSET e GAIN segundo as várias necessidades.

15.4.1 Potenciômetro de ajuste e Dip-switch de configuração dos módulos EM231 e EM235

Como indicado nas Figuras 15.4A e 15.4B os potenciômetros de ajuste e os Dip-switches de configuração dos módulos EM231 e EM235 se encontram à direita do bloco nos parafusos inferiores da unidade.

Notamos, na Figura 15.4A, as entradas analógicas em alto com RA, RB, RC, RD comuns das entradas e, respectivamente:

– canal CH0 parafusos A+, A-(Word AIW0)
– canal CH1 parafusos B+, B-(Word AIW2)
– canal CH2 parafusos C+, C-(Word AIW4)
– canal CH3 parafusos D+, D-(Word AIW6).

A seguir, com blocos de parafusos, as saídas analógicas (somente para o módulo EM235), respetivamente:

– I0 saída em corrente, campo 0-20 mA (Word AQW0)
– V0 saída em tensão, campo ±10 V (Word AQW0).

No Capítulo 14, vimos que os endereçamentos das entradas e saídas analógicas com a CPU S7-200 são do tipo compacto e fixo e não modificáveis.

• Configuração do módulo EM231

A Tabela 15.1 indica como configurar as entradas do módulo EM231 com o Dip-switch. Com os switches 1,

2, 3 se seleciona o campo de entrada em tensão ou corrente das entradas analógicas. Todas as entradas são configuradas pelo mesmo valor de campo. Na Tabela 15.1, ON corresponde a fechado e OFF, a aberto.

Tabela 15.1

	Unipolar		Entrada fundo escada	Resolução
SW1	SW2	SW3		
	OFF	ON	De 0 a 10 V	2,5 mV
ON	ON	OFF	De 0 a 5 V	1,25 mV
	ON	OFF	De 0 a 20 mA	5 µA

	Bipolar		Entrada fundo escada	Resolução
SW1	SW2	SW3		
OFF	OFF	ON	±5 V	2,5 µV
	ON	OFF	±2,5 V	1,25 mV

Na Figura 15.5, temos um exemplo de posição dos Dip-switches para um campo de medida de 0-10 V.

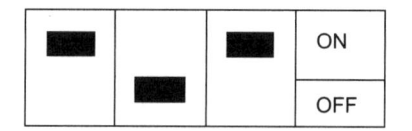

Figura 15.5

• Configuração do módulo EM235

A Tabela 15.2 indica como configurar as entradas do módulo EM235 com o Dip-switch. Com os switches 1 até 6, se seleciona o campo de entrada em tensão ou corrente das entradas analógicas. Todas as entradas são configuradas pelo mesmo valor de campo. Na Tabela 15.2, ON corresponde a fechado e OFF, a aberto. A Tabela 15.2 indica também a seleção entre os campos unipolar e bipolar (switch 6).

Na Figura 15.6 temos alguns exemplos de posições dos Dip-switches para um campo de medida de 0-10 V, 0-1 V, 0-20 mA, ±10 V.

Concluindo a introdução teórica deste capítulo, podemos dizer que para um maior aprofundamento do assunto é absolutamente indispensável a consulta do manual do sistema.

Tabela 15.2

Unipolar						Entrada fundo escada	Resolução
SW1	SW2	SW3	SW4	SW5	SW6		
ON	OFF	OFF	ON	OFF	ON	De 0 a 50 V	12,5 µV
OFF	ON	OFF	ON	OFF	ON	De 0 a 100 mV	25 µV
ON	OFF	OFF	OFF	ON	ON	De 0 a 500 mV	125 µV
OFF	ON	OFF	OFF	ON	ON	De 0 a 1 V	250 µV
ON	OFF	OFF	OFF	OFF	ON	De 0 a 5 V	1,25 mV
ON	OFF	OFF	OFF	OFF	ON	De 0 a 20 mA	5 µA
OFF	ON	OFF	OFF	OFF	ON	De 0 a 10 V	2,5 mV

Bipolar						Entrada fundo escada	Resolução
SW1	SW2	SW3	SW4	SW5	SW6		
ON	OFF	OFF	ON	OFF	OFF	±25 mV	12,5 µV
OFF	ON	OFF	ON	OFF	OFF	±50 mV	25 µV
OFF	OFF	ON	ON	OFF	OFF	±100 mV	50 µV
ON	OFF	OFF	OFF	ON	OFF	±250 mV	125 µV
OFF	ON	OFF	OFF	ON	OFF	±500 mV	250 µV
OFF	OFF	ON	OFF	ON	OFF	±1 V	500 µV
ON	OFF	OFF	OFF	OFF	OFF	±2,5 V	1,25 mV
OFF	ON	OFF	OFF	OFF	OFF	±5 V	2,5 mV
OFF	OFF	ON	OFF	OFF	OFF	±10 V	5 mV

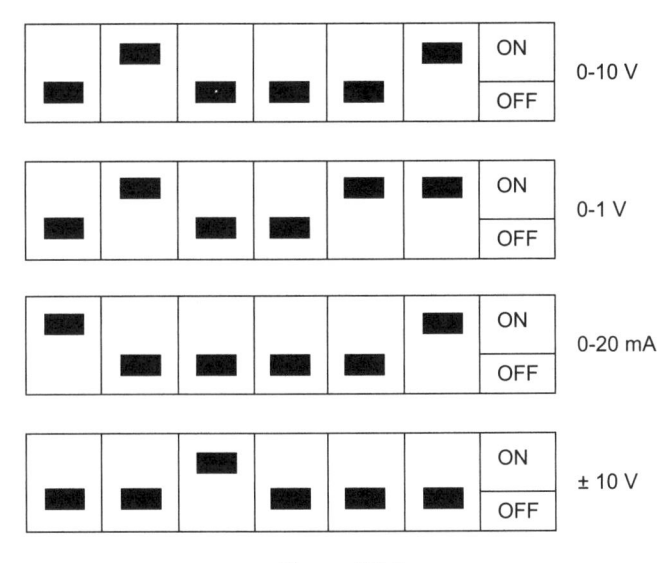

Figura 15.6

15.5 Aplicação: Linha de Produção de Macarrão com Controle do Peso

A seguinte aplicação prevê uma linha de produção de macarrão com o controle do peso. O pacote de macarrão de 1 kg é pesado por uma balança eletrônica com uma tolerância de ±100 g.

Se o peso está entre 900 e 1.100 g, o peso está correto. O pacote não será desviado e passará ao longo da esteira principal 1.

Se o peso for menor que 900 g ou maior que 1.100 g o pacote de macarrão será desviado para a esteira 2 por meio do expulsor Y1.

O pacote de macarrão viaja ao longo da esteira 1 no interior de uma guia de transporte. Na Figura 15.7 é apresentada a instalação automatizada.

A balança é constituída de uma célula de carga (transdutor de peso) com um campo de trabalho de 0-2 kg. O valor do peso detectado pela célula de carga é enviado às entradas do módulo analógico EM235 para ser processado.

O módulo analógico EM235 é configurado com os Dip-switches como definido a seguir:

– Campo de medida das entradas 0-10 V
– Formato unipolar

Com uma saída de 0 volt da célula de carga, a Word analógica de entrada AIW0 terá o valor zero; com saída de 5 volts, 16.000, e de 10 volts terá o valor 32.000. Esses valores no programa deverão ser normalizados. Como consequência, a Word analógica de entrada AIW0 com valor numérico 0 (zero) deverá corresponder ao peso de 0 kg; com o valor numérico 16.000,

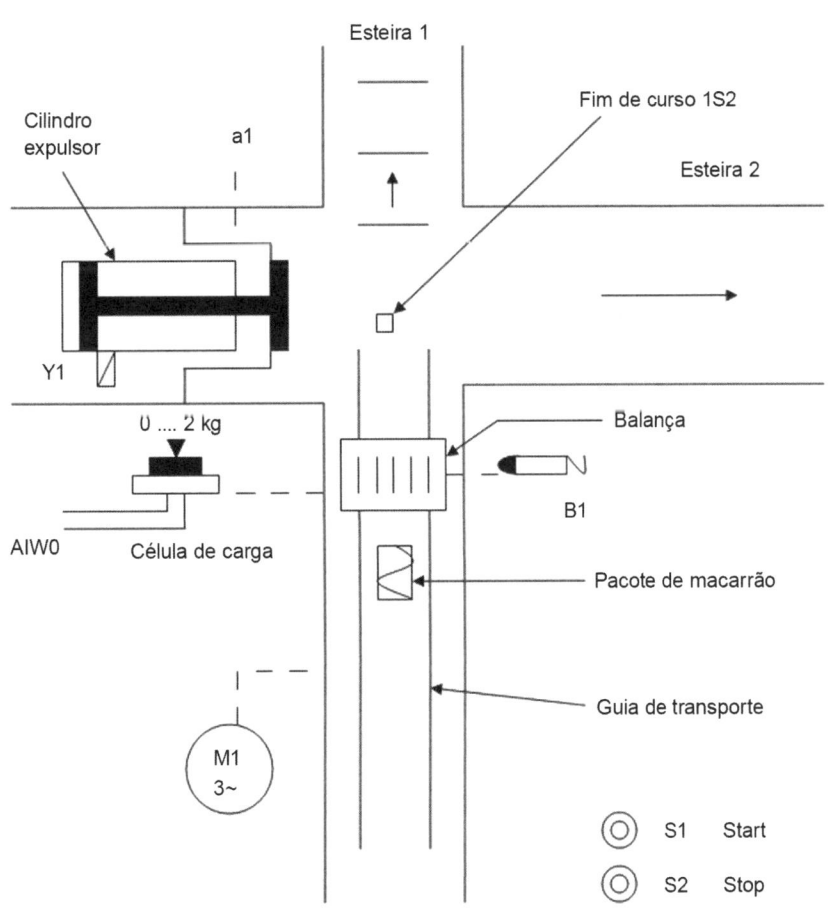

Figura 15.7

deverá corresponder ao peso de 1 kg (1.000 g), e com o valor numérico 32.000, deverá corresponder ao peso de 2 kg (2.000 g).

Na Figura 15.8A temos o circuito de potência pneumático.

O circuito de potência pneumático da Figura 15.8A permite controlar, de modo semiautomático, um cilindro A a duplo efeito DE por meio da válvula pneumática 1V3 do tipo 5/2 biestável a comando pneumático, e prevê um ciclo A+/A-.

O circuito pneumático é alimentado por um grupo LUBRIFIL 0Z1 e apresenta uma válvula eletropneumática Y1 do tipo 3/2 monoestável. A válvula eletropneumática Y1 recebe o comando do controlador programável, que gera um sinal elétrico discreto quando o pacote de macarrão não corresponde ao padrão de exigência previsto. Esse sinal discreto determina, assim, o desvio na esteira 2.

O circuito pneumático tem o seguinte funcionamento:

O pacote de macarrão que se movimenta sobre a esteira 1 ao longo da guia de transporte chega à balança (que dá o peso). Nesse ponto, se o peso não está correto, se energiza a eletroválvula Y1, que comuta, e assim o ar comprimido passa do orifício 1 ao 2, energizando-o.

Assim ocorre com a válvula pneumática sucessiva 1V2 do tipo 5/2 biestável(orifício 14). A válvula 1V2 comuta e o ar comprimido passa do orifício 1 ao 4.

O pacote de macarrão prosegue ao longo da esteira 1, chegando a tocar o fim de curso 1S2 energizando a válvula pneumática 3/2 monoestável, que comuta. Então, o ar comprimido passa do orifício 1 ao 2, energizando a válvula pneumática 1V3 do tipo 5/2 biestável (orifício 14). Na sequência, a válvula pneumática 1V3 comuta, então o ar comprimido passa do orifício 1 ao 4, acionando o cilindro A a Duplo Efeito DE, que sai, determinando assim o desvio do pacote de macarrão ao longo da esteira 2.

A saída do cilindro toca a chave fim de curso 1S1(a1), energizando-a. Assim se energiza a válvula pneumática 3/2 monoestável, que, por sua vez, comuta. Então, o ar comprimido passa do orifício 1 ao 2. Saindo o ar do orifício 2, temos:

1. A comutação da válvula pneumática 1V2 (orifício 12), que retorna à situação de repouso.
2. A comutação da válvula pneumática 1V3 (orifício 12), que retorna à situação de repouso.
3. O recuo do cilindro A.

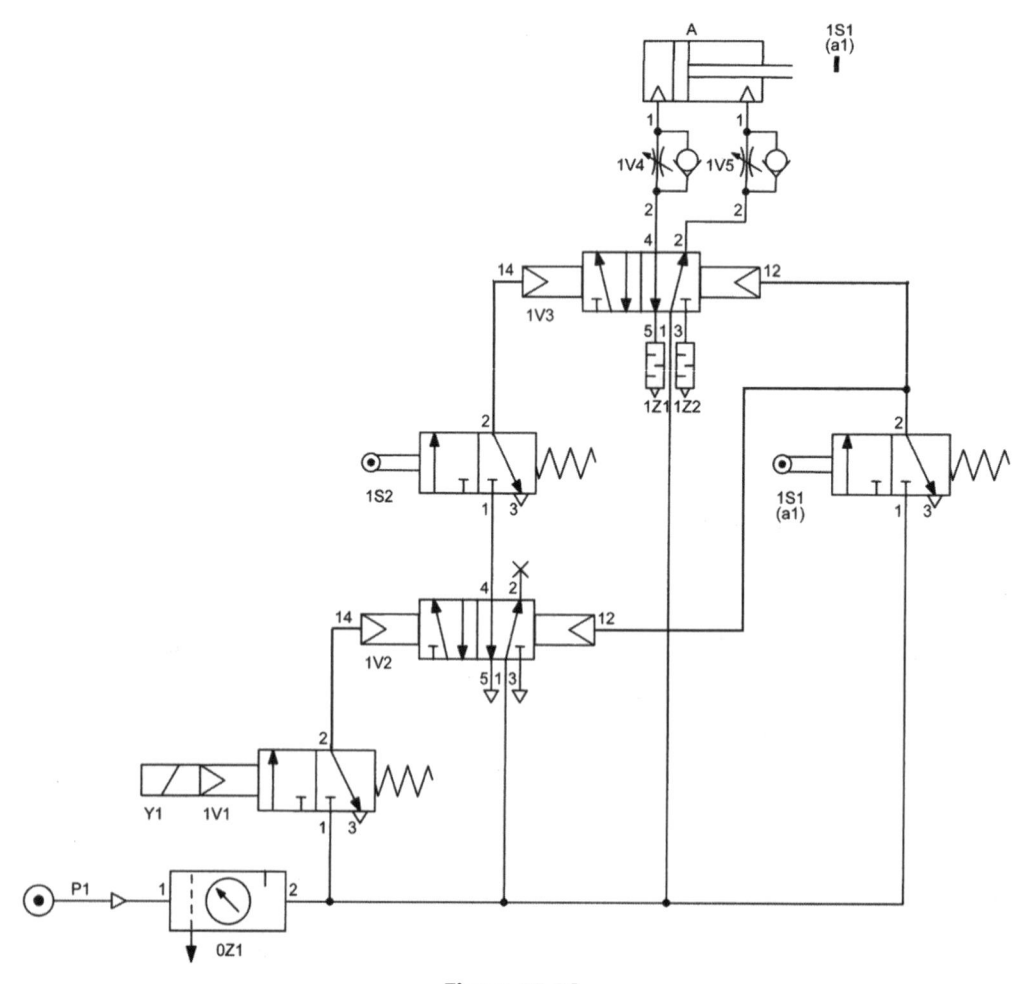

Figura 15.8A

Se o pacote de macarrão tem o peso correto, a válvula eletropneumática Y1 não se energiza e o ciclo pneumático descrito anteriormente não parte. O pacote de macarrão prossegue sem impedimento ao longo da esteira principal 1.

O circuito pneumático é composto de reguladores de fluxo unidirecional 1V4 e 1V5 que permitem a regulação da velocidade de saída e entrada do cilindro A.

A presença dos silenciadores 1Z1 e 1Z2 permite reduzir o barulho na fase de descarga do ar comprimido.

Na Figura 15.8B apresentamos o esquema de potência elétrica com os respectivos dispositivos de proteção.

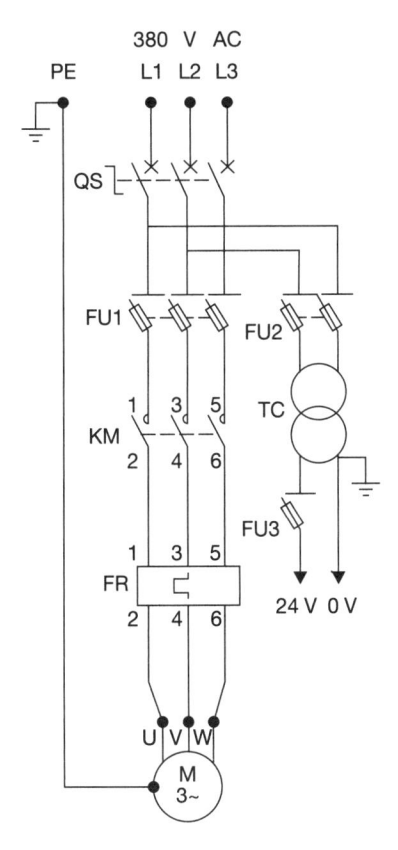

Figura 15.8B

Tabela 15.3 Tabela dos Símbolos

Símbolos	Endereço	Comentário
S1	I0.0	Botão de start esteira 1
S2	I0.1	Botão de stop esteira 1
FR	I0.2	Térmica motor 1
B1	I0.3	Fotocélula presença pacote de macarrão
1S1-a1	I0.4	Fim de curso saída cilindro
KM	Q0.0	Contator esteira 1

(continua)

Tabela 15.3 Tabela dos Símbolos (*Continuação*)

Símbolos	Endereço	Comentário
Y1	Q0.1	Eletroválvula monoestável expulsão
H0	Q0.2	Sinalização módulo analógico
H1	Q0.3	Sinalização start esteira 1
H2	Q0.4	Sinalização peso ok
H3	Q0.5	Sinalização fora peso
K1A	M0.0	Merker relé auxiliar
	AIW0	Word analógica entrada do módulo EM235

Esquema Ladder da Instalação Automatizada da Linha de Produção de Macarrão com Controle do Peso

A programação é subdividida em três subroutines para tornar a programação mais clara (Figuras 15.9A, 15.9B, 15.9C, 15.9D, 15.9E).

- **MAIN: Programa principal**

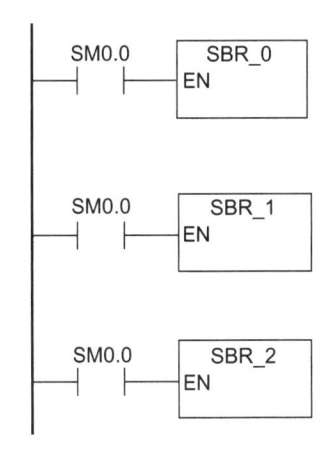

Figura 15.9A

- **SBR_0: Controle e configuração do módulo EM235**

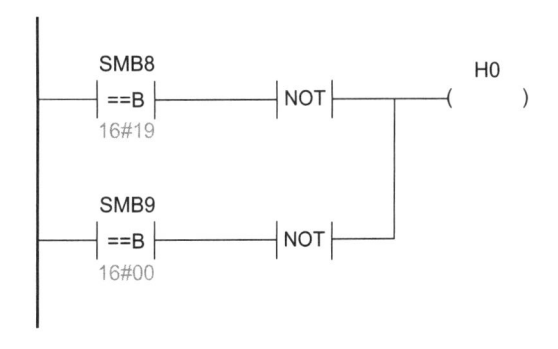

Figura 15.9B

- **SBR_1: Controle da balança analógica**

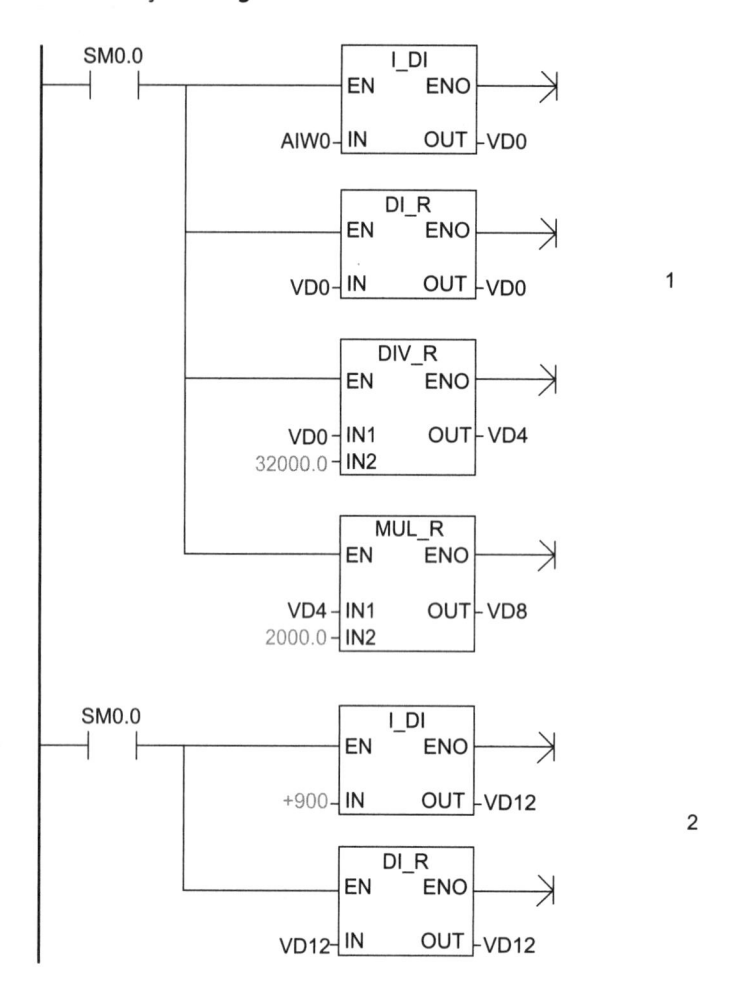

Figura 15.9C

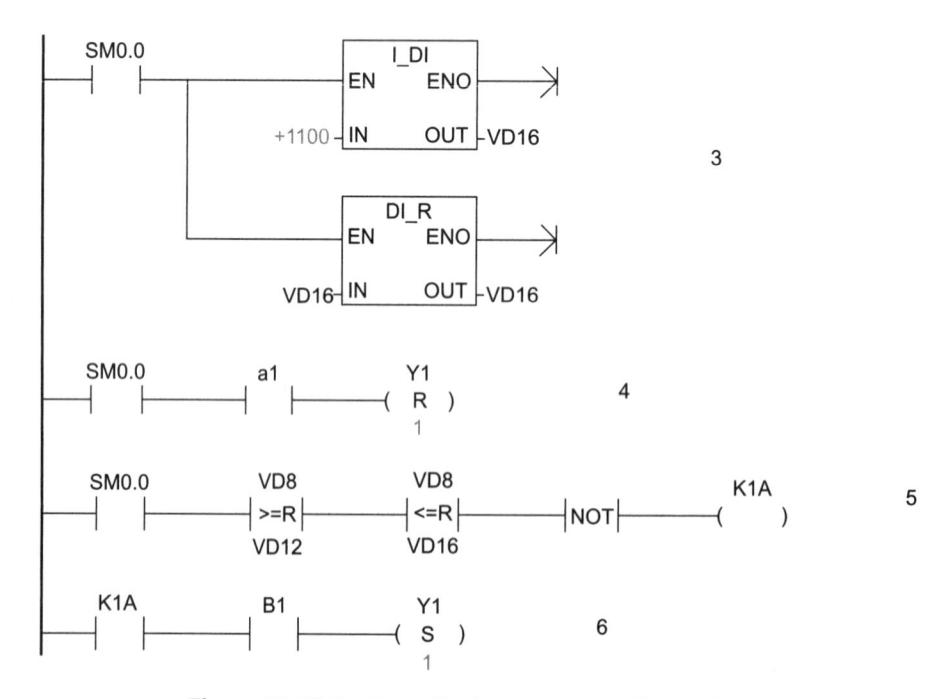

Figura 15.9C Continuação do esquema da Figura 15.9C.

• **SBR_2: Partida/parada de esteira e sinalização**

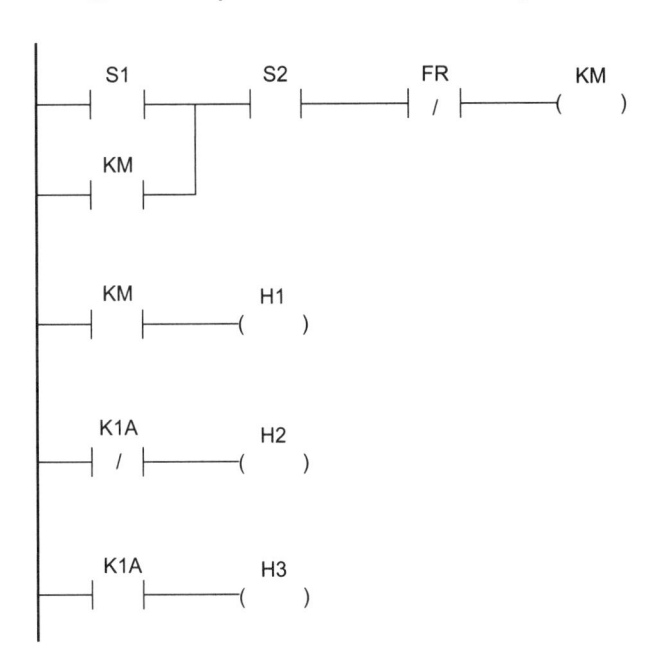

Figura 15.9E

• **SBR_0: Controle da configuração do módulo EM235**

A subroutine 0 é composta de uma só linha de programa. Serve para verificar se o módulo analógico EM235 está presente na configuração do controlador programável, se apresenta falha na configuração hardware ou se ultrapassou o campo numérico. Assinala também falha na alimentação elétrica do módulo.

Qualquer anomalia como essas indicadas anteriormente é sinalizada com a ligação da lâmpada de sinalização H0.

Aconselhamos a leitura do manual do sistema para aprofundamento dos bytes de sistemas SMB8 e SMB9.

• **SBR_1: Controle da balança eletrônica**

– Na primeira linha de programa temos a leitura do valor analógico AIW0 (Word 16 bits) que vem transformada em um valor em ponto flutuante com as instruções I_DI e DI_R e carregada na double Word VD0.

Aplicamos a equação da normalização, já explicada no Capítulo 14.

No nosso exemplo, o valor numérico entre 0 e 32.000 será transformado no valor peso (0-2000 g) carregado na double Word VD8.

– Na segunda linha de programa é inserido o peso mínimo de 900 g.

Esse valor é transformado em um valor em ponto flutuante com as instruções I_DI e DI_R e carregado na double Word VD12.

– Na terceira linha de programa é inserido o peso máximo de 1.100 g.

Esse valor é transformado em um valor em ponto flutuante com as instruções I_DI e DI_R e carregado na double Word VD16.

– Na quarta linha de programa a cada ativação da chave de fim de curso 1S1(a1), devido à saída do cilindro A, se reseta a bobina da eletroválvula Y1 de expulsão; temos assim o recuo da haste do cilindro.
– Na quinta e sexta linhas de programa temos a comparação do valor peso VD8 normalizado da balança e o valor VD12 (peso mínimo) e o valor VD16 (peso máximo).

Se o valor real da grandeza peso VD8 é incluído entre VD12 e VD16, a comparação é verdadeira. Em consequência, os dois contatos de comparação ligados em série serão fechados, mas a operação NOT a seguir inverte a lógica anterior. Temos, assim, um valor "0" lógico à direita da instrução NOT.

Nessa condição lógica, a bobina do Merker K1A é desenergizada e o pacote de macarrão, ao passar na frente da fotocélula B1 (veja linha 6), permanece com o seu contato auxiliar de K1A em condição de repouso, ou seja, aberto. Em consequência, a válvula eletropneumática Y1 permanece desenergizada e o pacote de macarrão passa sem impedimento ao longo da esteira 1.

Se, ao contrário, o valor peso VD8 não é incluído entre o valor mínimo VD12 e o valor máximo VD16, a comparação não é verdadeira, mas a operação NOT a seguir inverte a lógica anterior. Temos, então, um valor "1" lógico à direita da instrução NOT.

Nessa condição lógica, a bobina do Merker K1A é, dessa vez, energizada, e quando o pacote de macarrão passa na frente da fotocélula B1 (veja linha 6) ocorre a energização do seu contato auxiliar de K1A. Em consequência, a válvula eletropneumática Y1 é energizada, permitindo a saída do cilindro A e desviando, assim, o pacote ao longo da esteira 2.

• **SBR_2: Partida e parada de esteira com sinalização**

Na subroutine 2 temos a partida e parada da esteira 1 por meio do contator KM que aciona o motor M1.

O botão S1 permite a partida da esteira 1; o botão S2 para a esteira.

As lâmpadas de sinalização H1, H2, H3 têm significado como indicado na tabela dos símbolos.

Nas Figuras 15.10 e 15.11 apresentamos a cablagem da CPU 222 AC/DC/relé e o módulo de expansão analógico EM235 4AI/1AO da instalação automatizada da linha de produção de macarrão com o controle do peso.

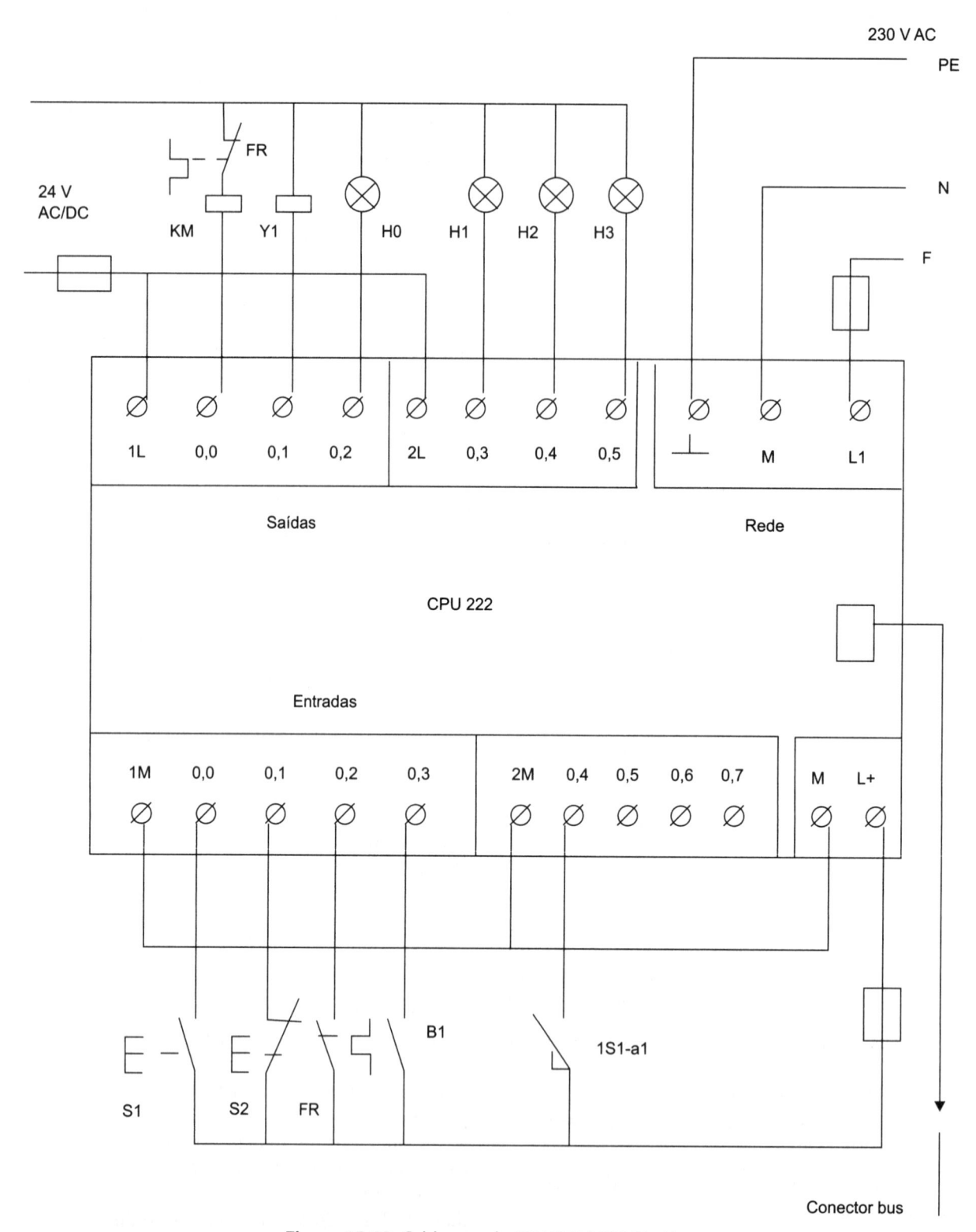

Figura 15.10 Cablagem da CPU 222 AC/DC/relé.

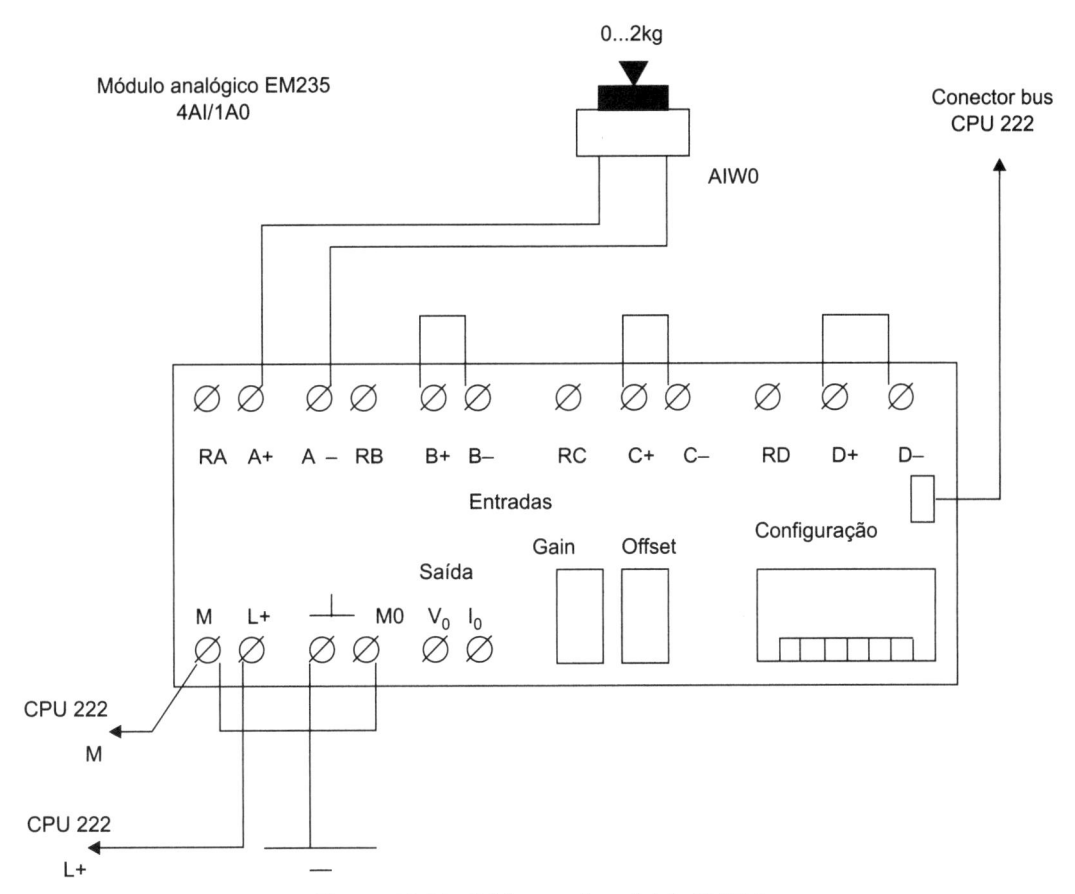

Figura 15.11 Cablagem do módulo EM235.

15.6 Aplicação: Controle de Velocidade de um Motor Elétrico do Tipo Trifásico com Inversor de Frequência e PLC S7-200

Essa aplicação prevê o controle da velocidade de um motor assíncrono trifásico com uso de um moderno inversor de frequência tipo ALTIVAR 18 da empresa Telemecanique (Grupo Schneider Electric) ligado a um controlador lógico programável tipo S7-200.

Lembramos que o mercado dos motores assíncronos trifásicos está aumentando de maneira exponencial. De fato, esses motores estão substituindo os motores em corrente contínua, que são mais delicados e caros, graças ao custo sempre mais competitivo dos inversores de frequência.

O traço característico dessas novas aplicações a velocidade variáveis é eliminar o clássico funcionamento de liga/desliga (ON-OFF) dos motores assíncronos tradicionais. Isso permite uma boa economia de energia.

Pensemos, por exemplo, no emprego dos inversores no condicionamento do ar: o compressor trabalha com continuidade, adequando, a cada momento, a velocidade à carga térmica presente no ambiente a condicionar. Lembramos, todavia, que os inversores são verdadeiros geradores de distúrbios eletromagnéticos. Os

fabricantes geralmente fornecem dispositivos eletrônicos tipo "filtro" junto aos inversores para reduzir esses distúrbios eletromagnéticos.

15.6.1 Breve introdução aos acionamentos em automação industrial

É notório, nos cursos de máquinas elétricas, que o motor assíncrono trifásico alimentado a uma frequência constante apresenta um número de rpm (rotações por minuto) decrescente em relação ao aumento da carga (binário resistente).

A um aumento do binário resistente Mr aplicado ao motor, a velocidade diminui de um valor igual a:

$$N = N0(1 - sn)$$

em que N = número de RPM (rotações por minuto)
N0 = rotação síncrona
sn = deslizamento variando de 3 a 6 %.

Com o deslizamento entre o valor sn = 0,03 a 0,06, o número de rpm nominal N é pouco inferior a N0.

Com um binário resistente, Mr constante e uma frequência de alimentação constante, o motor assíncrono trifásico roda a uma *velocidade constante*.

Nas últimas décadas, o progresso da eletrônica industrial tem permitido realizar, a um custo competitivo em relação ao mesmo acionamento de uma máquina em corrente contínua, um acionamento a velocidade variável com o uso do robusto motor assíncrono trifásico com o rotor em gaiola (em inglês, *squirrel cage*).

A teoria das máquinas elétricas diz que a velocidade de um motor assíncrono trifásico pode ser variada continuamente caso haja uma variação contínua da frequência da tensão de alimentação. Variando então continuamente a frequência F e a tensão V, de modo a manter constante a relação:

$$V/F = \text{constante},$$

é possível regular a velocidade de um motor trifásico.

A potência com frequência ajustável é gerada por um complexo circuito eletrônico chamado *inversor de frequência*.

Lembramos que por acionamento se entende a combinação do motor e do equipamento de controle.

15.6.2 Projeto completo hardware e software de um simples acionamento industrial

Nossa aplicação prevê um exemplo de controle da velocidade de um motor trifásico com um inversor de frequência segundo o diagrama "velocidade-tempo" representado na Figura 15.12.

Da Figura 15.12 observamos que na partida o motor não roda por 2 segundos (velocidade 0).

Depois, sobe uma rampa de aceleração e atinge em um certo tempo a velocidade n2 = 1.000 rpm. Essa velocidade é mantida por 10 s. Depois inicia uma nova rampa de aceleração que atinge a velocidade n1 = 2.000 rpm por 20 s. Inicia então uma nova rampa de desaceleração que atinge a velocidade zero (0 rpm) por 5 s, e reinicia uma nova rampa de aceleração que atinge de novo a velocidade de n2 = 1.000 rpm por 18 s e assim por diante.

Para a resolução da nossa aplicação, devemos definir os dados da velocidade n1 e n2 do nosso motor na memória do controlador programável. Imaginamos

que o nosso motor trifásico rode a uma velocidade de 3.000 rpm (motor de dois polos). Isso significa que o nosso módulo analógico deverá fornecer, na própria saída, uma tensão de 0 volt, por exemplo, quando haverá uma velocidade 0 (zero), motor parado e uma tensão de 10 volts na velocidade máxima de 3000 rpm. Veja Figura 15.13.

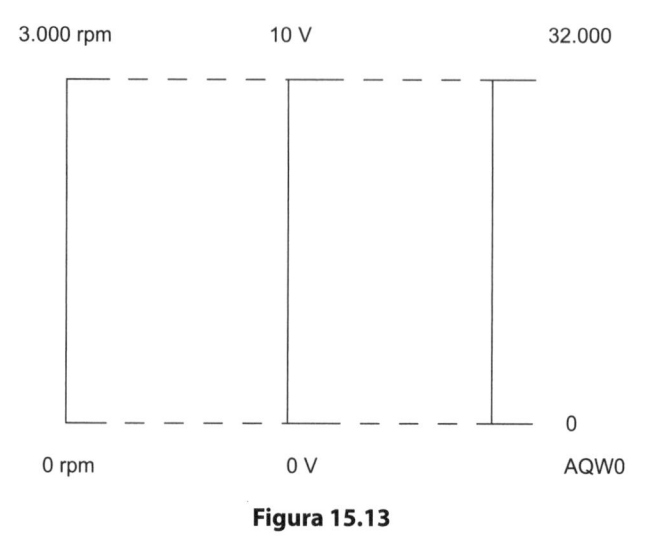

Figura 15.13

O nosso módulo analógico EM235 será, em consequência, configurado com os Dip-switches como se segue:

– campo de medida das entradas 0-10 V;
– formato unipolar.

Na base desses dados devemos normalizar os valores de velocidade n1 e n2. Exatamente:

AQW0 = 32000*2000/3000 = 21.333 para n1

AQW0 = 32000*1000/3000 = 10.666 para n2

Em poucas palavras, para se ter uma velocidade do motor de n1 = 2.000 rpm será necessário enviar na

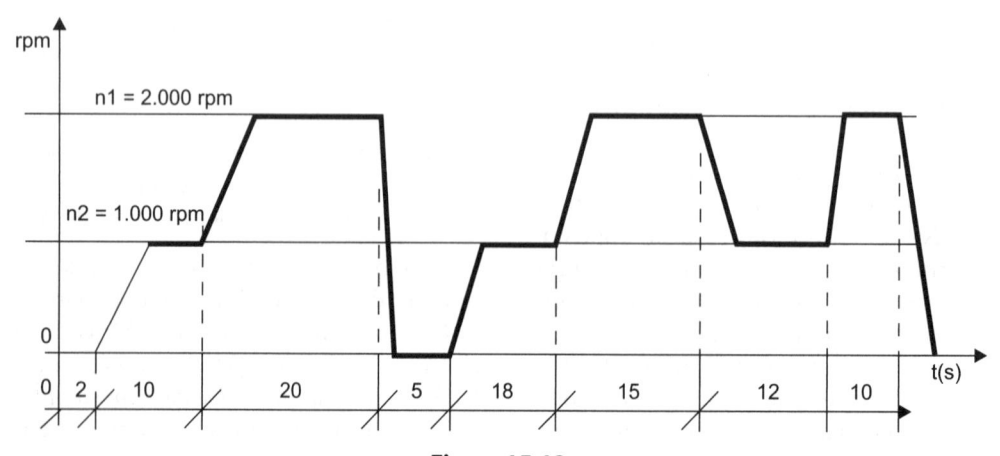

Figura 15.12

saída do módulo EM235 um valor numérico AQW0 de 21.333 igual a 6,6666 volts. Para se ter uma velocidade do motor de n2 = 1.000 rpm, será necessário enviar na saída do módulo EM235 um valor numérico AQW0 de 10.666 igual a 3,33333 volts. A saída do módulo EM235 é conectada diretamente à entrada de controle do inversor de frequência.

Para resolver o problema, será necessário enviar na saída analógica do modulo EM235, em momentos bem definidos, o valor numérico AQW0 calculado antes. Assim, temos um controle completo da velocidade do motor em função do tempo. Lembramos que o algoritmo para a resolução desse problema foi já explicado neste curso em capítulos anteriores, sobretudo na Seção 12.6, relativa ao controle de um manipulador programável (robô) com dois eixos com utilização das instruções tabelares – ciclo semiautomático. A aplicação permitia a construção de uma tabela bidimensional de tipo booleano com uma simulação de um sequenciador a tambor EDRUM em função do tempo. Agora imaginamos ter o mesmo sequenciador a tambor EDRUM em função do tempo com uma tabela bidimensional constituído de tabelas que armazenam os valores numéricos analógicos de AQW0 e aqueles dos tempos. Veja Tabela 15.4.

Tabela 15.4

Steps	Tempo (s)	AQW0
1º	2	0
2º	10	10.666
3º	20	21.333
4º	5	0
5º	18	10.666
6º	15	21.333
7º	12	10.666
8º	10	21.333
9º	0	0
10º	0	0

A Tabela 15.4 tem os valores como definido no diagrama velocidade-tempo da Figura 15.12.

15.6.3 Programação do editor de blocos de dados para as variáveis, saídas analógicas e preset dos timers

A seguir mostramos o conteúdo completo do editor de blocos de dados que deverá ser escrito no editor Data Block.

```
//DATA PAGE COMMENTS
//
//Press F1 for help and example data page
// COMENTARIO DOS BLOCOS DE DADOS
//registros dos estados analogicos de AQW0
VW10 0
VW12 10666
VW14 21333
VW16 0
VW18 10666
VW20 21333
VW22 10666
VW24 21333
VW26 0
VW28 0
//
//registros dos tempos
VW40 20
VW42 100
VW44 200
VW46 50
VW48 180
VW50 150
VW52 120
VW54 100
VW56 0
VW58 0
```

15.6.4 Programação com a linguagem Ladder do acionamento industrial

O esquema Ladder resolutivo é apresentado nas Figuras 15.14A, 15.14B, 15.14C, 15.14D, 15.14E e 15.14F.

Tabela 15.5 Tabela dos Símbolos

Símbolos	Endereço	Comentário
S5	I0.0	Botão de partida para a frente
S6	I0.1	Botão de partida para trás
S0	I0.2	Butão de start Início ciclo semiautomático
S7	I0.3	Botão de stop geral semiautomático
S1	I0.4	Botão de stop ciclo
K2A	Q0.0	Relé auxiliar hardware partida para a frente
K3A	Q0.1	Relé auxiliar hardware partida para trás
H0	Q0.2	Lâmpada sinalização módulo EM235
H1	Q0.3	Lâmpada sinalização partida para a frente
H2	Q0.4	Lâmpada sinalização partida para trás

(continua)

Tabela 15.5 Tabela dos Símbolos (*Continuação*)

Símbolos	Endereço	Comentário
H3	Q0.5	Lâmpada sinalização stop motor
	AQW0	Word analógica de saída módulo EM235
K1A	M0.0	Merker relé auxiliar
	VW10	Word data block
	VW12	Word data block
	VW14	Word data block
	VW16	Word data block
	VW18	Word data block
	VW20	Word data block
	VW22	Word data block
	VW24	Word data block
	VW26	Word data block
	VW28	Word data block
	VW40	Word data block
	VW42	Word data block
	VW44	Word data block
	VW46	Word data block
	VW48	Word data block
	VW50	Word data block
	VW52	Word data block
	VW54	Word data block
	VW56	Word data block
	VW58	Word data block
REGmax1	VW200	Word número máximo de registrações da velocidade
REGregist1	VW202	Word número efetivo de registrações da velocidade
REG0EST	VW204	Registração 1
REG1EST	VW206	Registração 2
REG2EST	VW208	Registração 3
REG3EST	VW210	Registração 4
REG4EST	VW212	Registração 5
REG5EST	VW214	Registração 6
REG6EST	VW216	Registração 7
REG7EST	VW218	Registração 8
REG8EST	VW220	Registração 9
REG9EST	VW222	Registração 10
REGmax2	VW300	Word número máximo de registrações tempos

(*continua*)

Tabela 15.5 Tabela dos Símbolos (*Continuação*)

Símbolos	Endereço	Comentário
REGregist2	VW302	Word número efetivo de registrações tempos
REG0TEMPOS	VW304	Registração 1
REG1TEMPOS	VW306	Registração 2
REG2TEMPOS	VW308	Registração 3
REG3TEMPOS	VW310	Registração 4
REG4TEMPOS	VW312	Registração 5
REG5TEMPOS	VW314	Registração 6
REG6TEMPOS	VW316	Registração 7
REG7TEMPOS	VW318	Registração 8
REG8TEMPOS	VW320	Registração 9
REG9TEMPOS	VW322	Registração 10
REGsaidatempos	VW400	Word saída tempo
REGsaidaestado	VW500	Word saída velocidade
K1T	T37	Timer
CNT	C0	contador

MAIN:

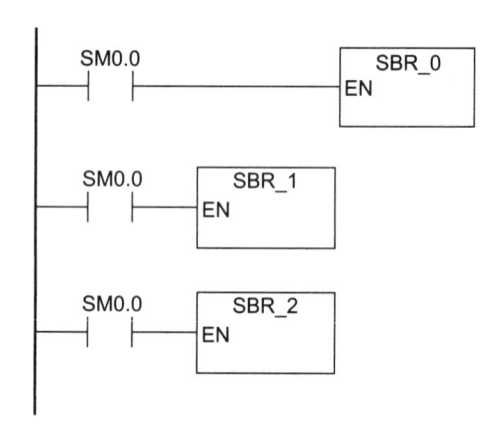

Figura 15.14A

- **SBR_0: Ciclo semiautomático, controle da velocidade**

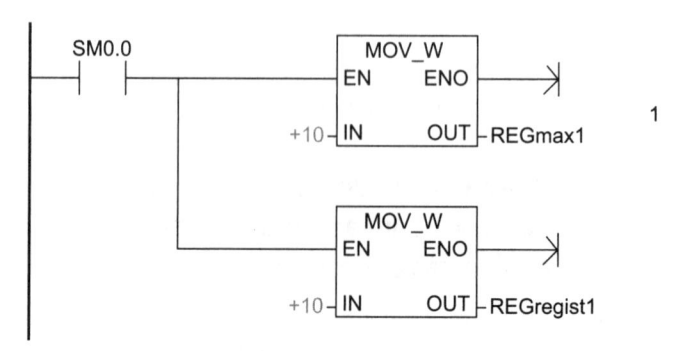

Figura 15.14B

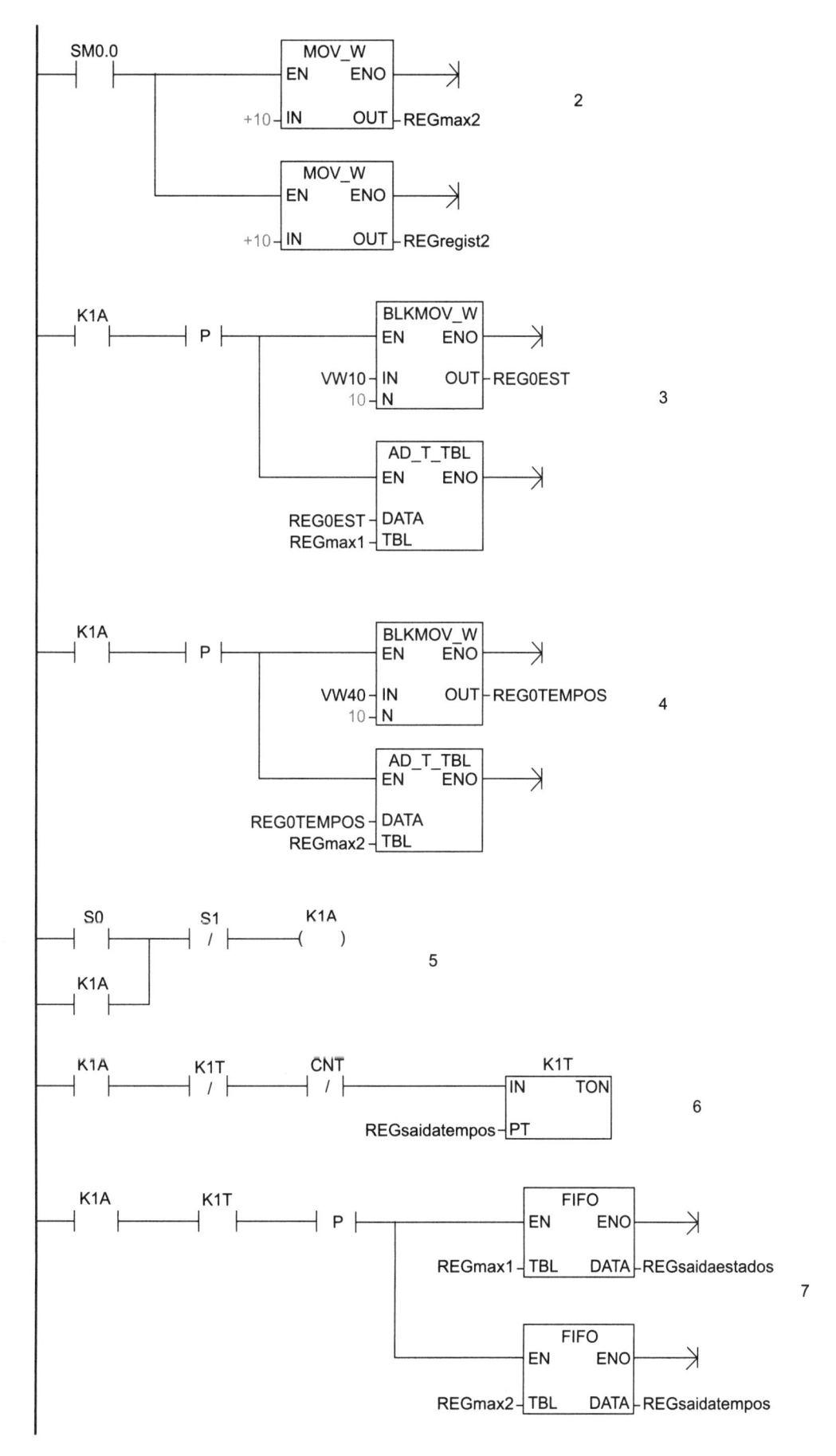

Figura 15.14C Continuação do esquema da Figura 15.14B.

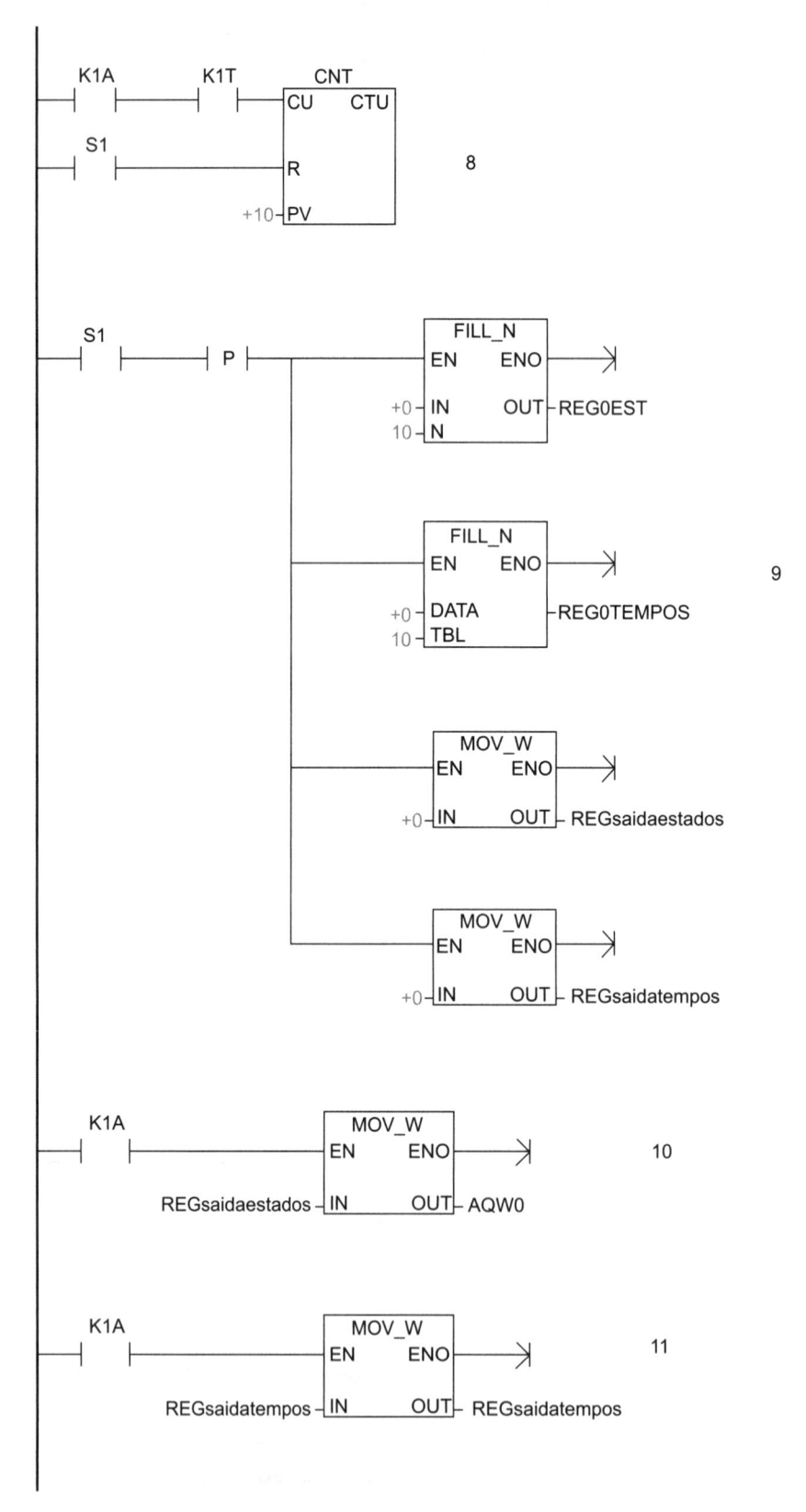

Figura 15.14D Continuação do esquema da Figura 15.14C.

- **SBR_1: Chave reversora para o motor trifásico**

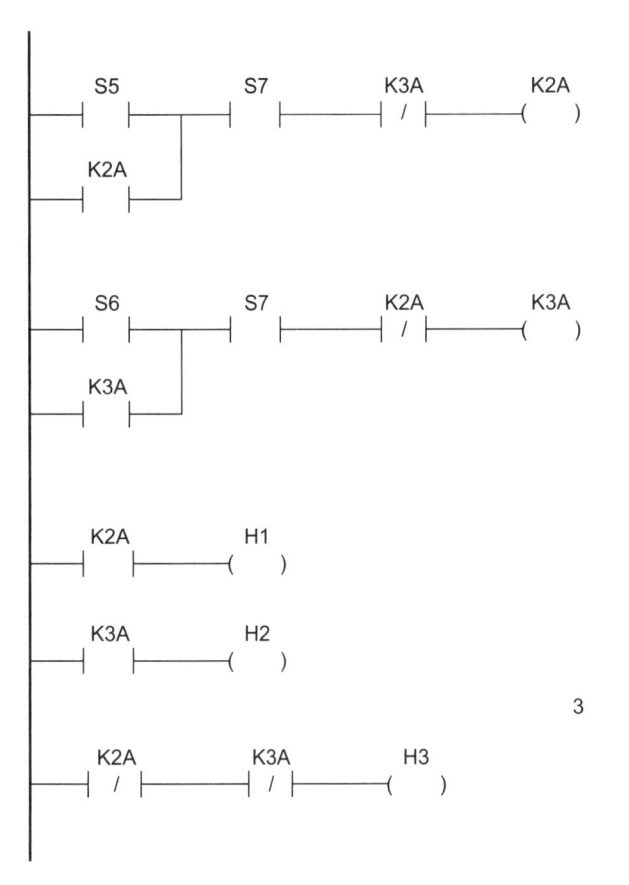

Figura 15.14E

- **SBR_2: Controle e configuração do módulo EM235**

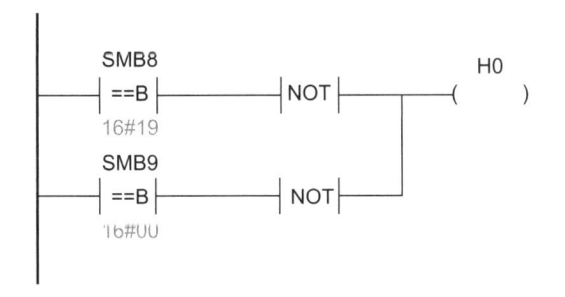

Figura 15.14F

- **SBR_0: Ciclo semiautomático controle da velocidade**

– A primeira linha de programa define o número máximo das registrações REGmax1 e o número efetivo das registrações REGregist1 relativos aos estados das velocidades.
– A segunda linha de programa define o número máximo das registrações REGmax2 e o número efetivo das registrações REGregist2 relativos aos tempos.
– Na terceira linha de programa com a instrução BLK-MOV_W transfere-se a tabela inteira dos estados das velocidades (veja Data Block) partindo do registro ini-

cial VW10 no registro de destino REG0EST (VW204), num total de 10 registros partindo de VW10.

Com a instrução AD_T_TBL criamos a nossa tabela dos estados partindo do registro REG0EST(VW204).

– Na quarta linha de programa com a instrução BLK-MOV_W se transfere a tabela inteira dos tempos (veja Data Block) partindo do registro inicial VW40 até o registro de destino REG0TEMPOS(VW304) por um total de 10 registros partindo de VW40.
– Na quinta linha de programa com o botão S0 parte o ciclo semiautomático. Com o botão S1 se para o ciclo em qualquer momento.
– Na sexta linha de programa temos o timer K1T, que funciona por impulso e se autorreseta sempre que o tempo de cada step é concluído.
– Na sétima linha de programa, sempre que o tempo de cada step é concluído, o timer K1T comuta, autorresetando-se e enviando um pulso por meio do seu contato auxiliar normalmente fechado K1T à instrução FIFO relativa aos estados das velocidades e tempos.

A cada pulso se extraem das tabelas tempos/estados os dados relativos aos estados da velocidade e aos tempos do nosso motor trifásico.

– Na oitava linha de programa temos o contador crescente CNT, que se incrementa de 1 unidade a cada pulso proveniente do timer K1T (valor de preset 10). Atingido o valor de preset, o seu contato auxiliar normalmente fechado CNT se abre e o ciclo termina (veja sexta linha de programa).
– Na nona linha de programa, com o botão S2 de stop se resetam todos os registros.
– Na décima e décima primeira linhas de programa todo o conteúdo dos registros das velocidades e tempos são transferidos na Word analógica AQW0 e no registro do tempo REGsaidatempos.

- **SBR_1: Chave reversora para o motor trifásico**

Na SBR_1 temos um simples programa de chave reversora do motor trifásico. De fato, nesse acionamento, a variação da velocidade pode acontecer tanto no sentido da rotação horária como no sentido da rotação anti-horária. Lembramos que para passagem da rotação horária a rotação anti-horária é preciso pressionar antes o botão de stop S7. Os relés utilizados K2A e K3A são do tipo auxiliares (para controle) e não contatores normais.

De fato a inversão do sentido de rotação do motor assíncrono trifásico é efetuada por circuitos internos do inversor de frequência ALTIVAR 18.

1. Na primeira linha de programa temos a partida para a frente do motor. Com o botão S5, o motor parte. Com o botão S7, o motor para.

2. Na segunda linha de programa temos a partida para trás do motor. Com o botão S6 o motor parte, com o botão S7 o motor para.

3. Na terceira linha de programa temos as sinalizações de partida para a frente, para trás e stop.

- **SBR_2: Controle e configuração do módulo EM235**

A subroutine 2 é composta de uma só linha de programa. Serve para verificar se o módulo analógico EM235, presente na configuração do controlador programável, apresenta falha na configuração hardware ou supera o campo numérico. Assinala também falha na alimentação elétrica do módulo.

Qualquer anomalia indicada anteriormente é assinalada com a ligação da lâmpada de sinalização H0.

Aconselha-se a leitura do manual de sistema para aprofundamento dos bytes dos sistemas SMB8 e SMB9.

15.6.5 Equipamento hardware do acionamento industrial

A seguir será descrito o equipamento de acionamento industrial da nossa aplicação (veja Figura 15.15), inversor, controlador programável, módulo analógico.

Na realidade, o único equipamento que de fato precisa de algumas explicações é o inversor de frequência ALTIVAR 18 da Telemecanique (Grupo Schneider Electric).

15.6.6 Introdução aos conceitos básicos de anel aberto e fechado

A Figura 15.15 pode ser representada com um esquema a blocos do tipo representado na Figura 15.16.

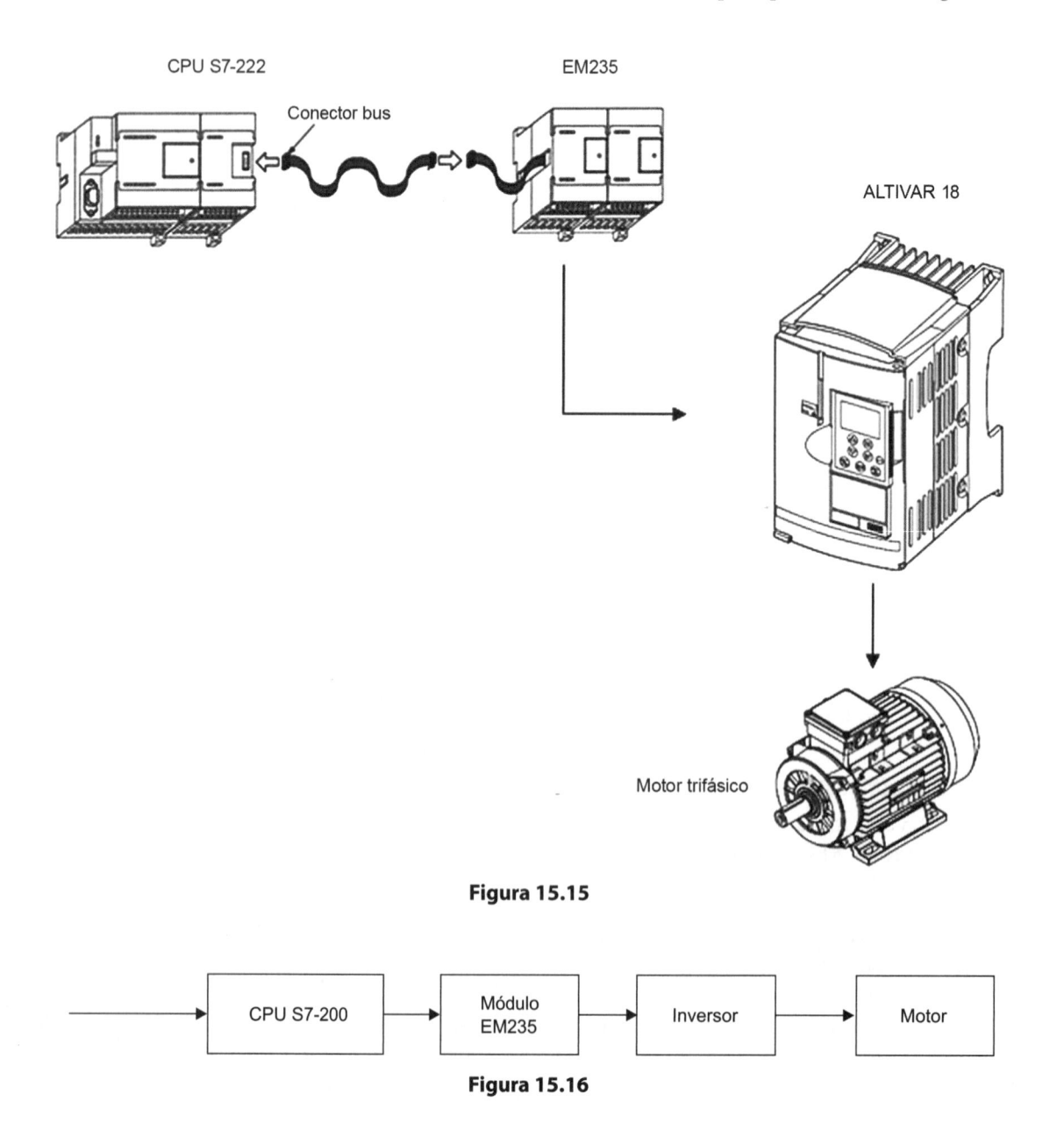

Figura 15.15

Figura 15.16

O fluxo de energia é unidirecional. Notamos nessa aplicação que, se a velocidade do motor aumentasse por um motivo qualquer em relação às duas velocidades previstas n1 e n2, não teríamos o controle sobre essa variação de velocidade.

A única possibilidade de corrigir essa variação seria variar manualmente os parâmetros do programa, ou então um controle manual do inversor. Tal tipo de regulação da velocidade é normalmente chamada de controle em *anel aberto (open loop)*. Se queremos aumentar o desempenho dessa aplicação, podemos, por exemplo, pensar em um controle da velocidade do motor usando um tacogerador D-C, que produz uma tensão de saída proporcional à velocidade angular do nosso motor.

Com uma comparação contínua do valor da tensão do tacogerador ligada na entrada analógica AIW0 do módulo EM235 e um valor fixo de tensão chamado de *set point* (que indica o valor de velocidade desejado) pego, por exemplo, de um potenciômetro ligado a outra entrada analógica tipo AIW2, podemos programar o nosso controlador programável para um controle completamente automático do acionamento. Esse tipo de regulação da velocidade é normalmente chamado de controle em *anel fechado (closed loop)*. Veja Figura 15.17.

Vemos na Figura 15.17 como o sinal analógico pego do tacogerador é reintroduzido (sinal de feedback) na entrada AIW0 do módulo EM235 e comparado com o set-point AIW2 fixo. O valor da correção da velocidade será:

$$\text{Correção rpm} = (AIW2-AIW0)*K$$

sendo,

K = constante proporcional de ajuste.

Deve-se ter uma inversão de sinal algébrico entre o sinal AIW0 e AIW2 para que o controle funcione.

15.6.7 Cabeamento elétrico completo do acionamento

Nas Figuras 15.18A e 15.18B temos o cabeamento elétrico completo do inversor de frequência.

O equipamento utilizado nessa instalação foi:

– Um seccionador-fusível tripolar geral QF1;
– Um contator de linha KL;
– Um inversor de frequência do tipo ALTIVAR 18;
– Um transformador monofásico T para a alimentação a baixa tensão do circuito de comando a 24 V;
– O circuito de comando com o botão S4 de start geral sistema e S3 de stop geral sistema;
– A resistência R1 de freio do motor depois do stop;
– Motor elétrico trifásico com rotor em gaiola (2 polos) com 3 terminais livres.

A instalação do inversor de frequência tem o seguinte funcionamento:

– Pressionando o botão S4 de start geral (veja Figura 15.18B), o sistema liga o contator de linha KL que alimenta o inversor de frequência com a linha trifásica a 400 V;
– Pressionando o botão S3 de stop geral, o sistema desliga o inversor em qualquer momento;
– O inversor fornece a tensão e a frequência variáveis para o controle do motor trifásico. O motor tem também a possibilidade de inverter o próprio sentido de rotação em qualquer momento. Os sinais para o controle são:

• **LI1:** Habilita a alimentação do motor para a partida para a frente (FW) quando o estado lógico de LI1 é alto (chave K2A fechada) e para o motor quando o estado lógico de LI1 é baixo (chave K2A aberta);
• **LI2:** Habilita a alimentação do motor para a partida para trás (RW) quando o estado lógico de LI2 é alto (chave K3A fechada) e para o motor quando o estado lógico de LI2 é baixo (chave K3A aberta);

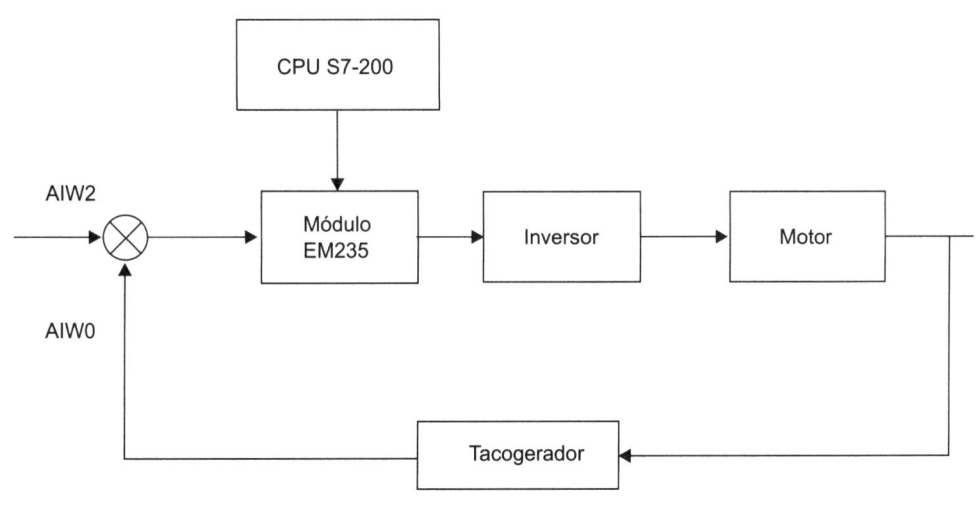

Figura 15.17

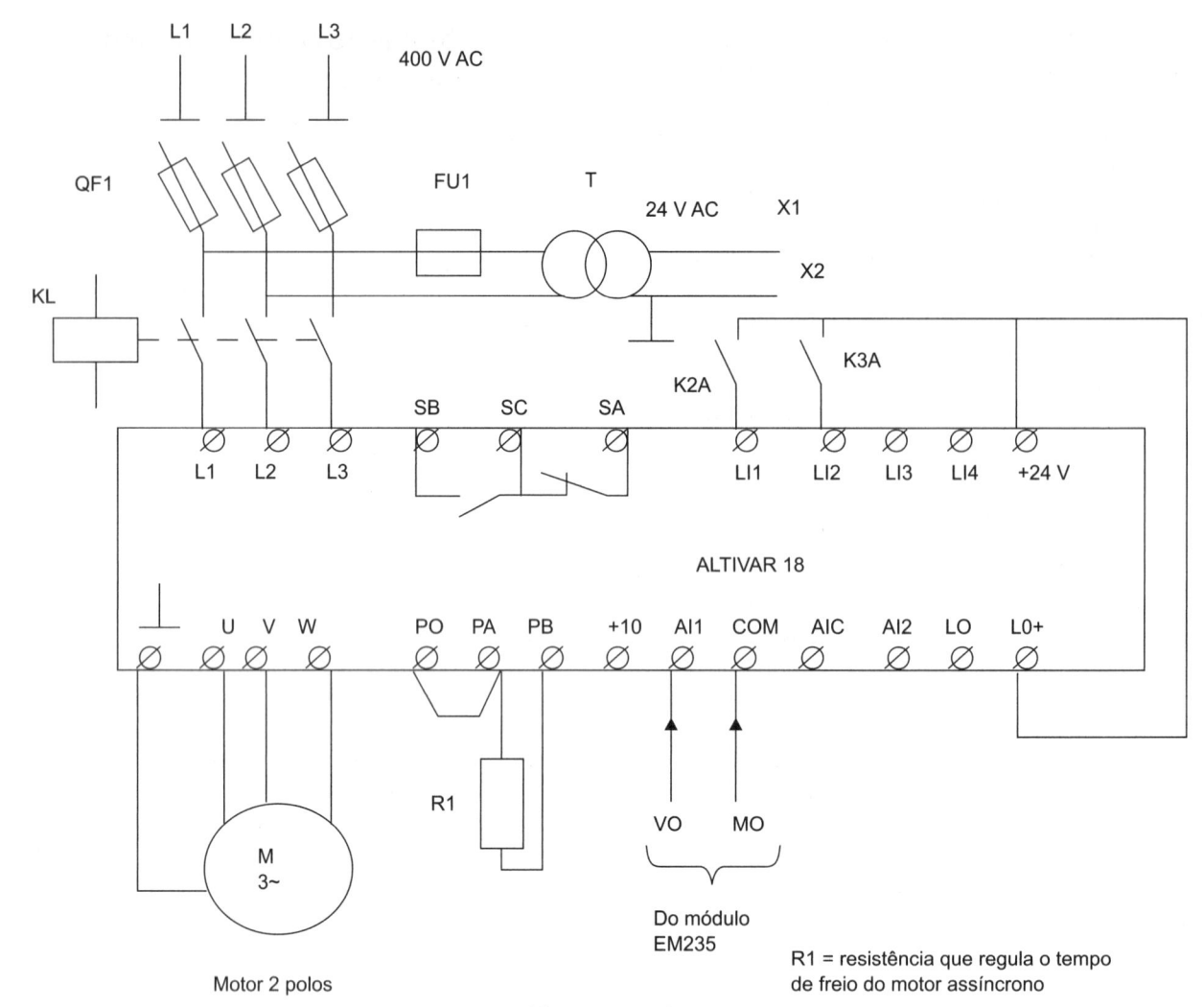

Motor 2 polos

Do módulo EM235

R1 = resistência que regula o tempo de freio do motor assíncrono

Figura 15.18A

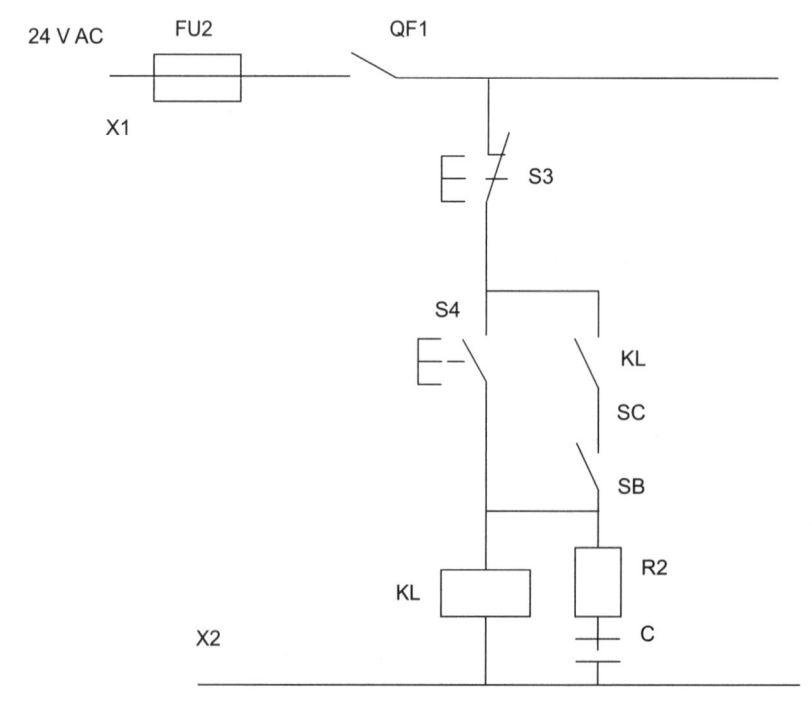

Figura 15.18B

- **AI1:** Uma tensão de controle no campo de 0-10V em DC fornecida a essa entrada permite a regulação do valor da velocidade de rotação do motor entre 0 (zero) e o valor máximo (10 V).

A tensão de controle é fornecida pela saída analógica AQW0 do módulo EM235;

- **COM:** Comum às entradas lógicas e analógicas e saídas lógicas;
- **L0+:** Fonte de alimentação da saída lógica;
- **+24 V:** Alimentação das entradas e saídas lógicas;
- **SC-SB:** Chave de segurança.

É possível parar o motor de vários modos:

1. desligando o contator de linha KL, temos a parada completa do motor mais o inversor;
2. com as entradas LI1 ou LI2 a nível baixo, temos uma parada controlada com o inversor sob tensão;

3. pondo a tensão de controle AI1 igual a zero, temos uma parada controlada com o inversor sob tensão.

A parada frequente com o modo 1 não é aconselhável para o construtor do inversor porque reduz a vida dos capacitores de filtragem do inversor.

A chave de segurança (parafuso SC e SB) fornece uma indicação de um eventual travamento do inversor. Essa chave, normalmente aberta, ao se fechar, indica que tudo está funcionando corretamente.

A instalação é protegida contra curtos-circuitos com os fusíveis do secionador QF1.

O ALTIVAR 18 tem internamente proteção contra a sobrecarga.

Nas Figuras 15.19A e 15.19B apresentamos a cablagem da CPU 222 AC/DC/relé e o módulo de expansão analógico EM235 4AI/1AO do controle de velocidade de um motor elétrico do tipo trifásico com inversor de frequência.

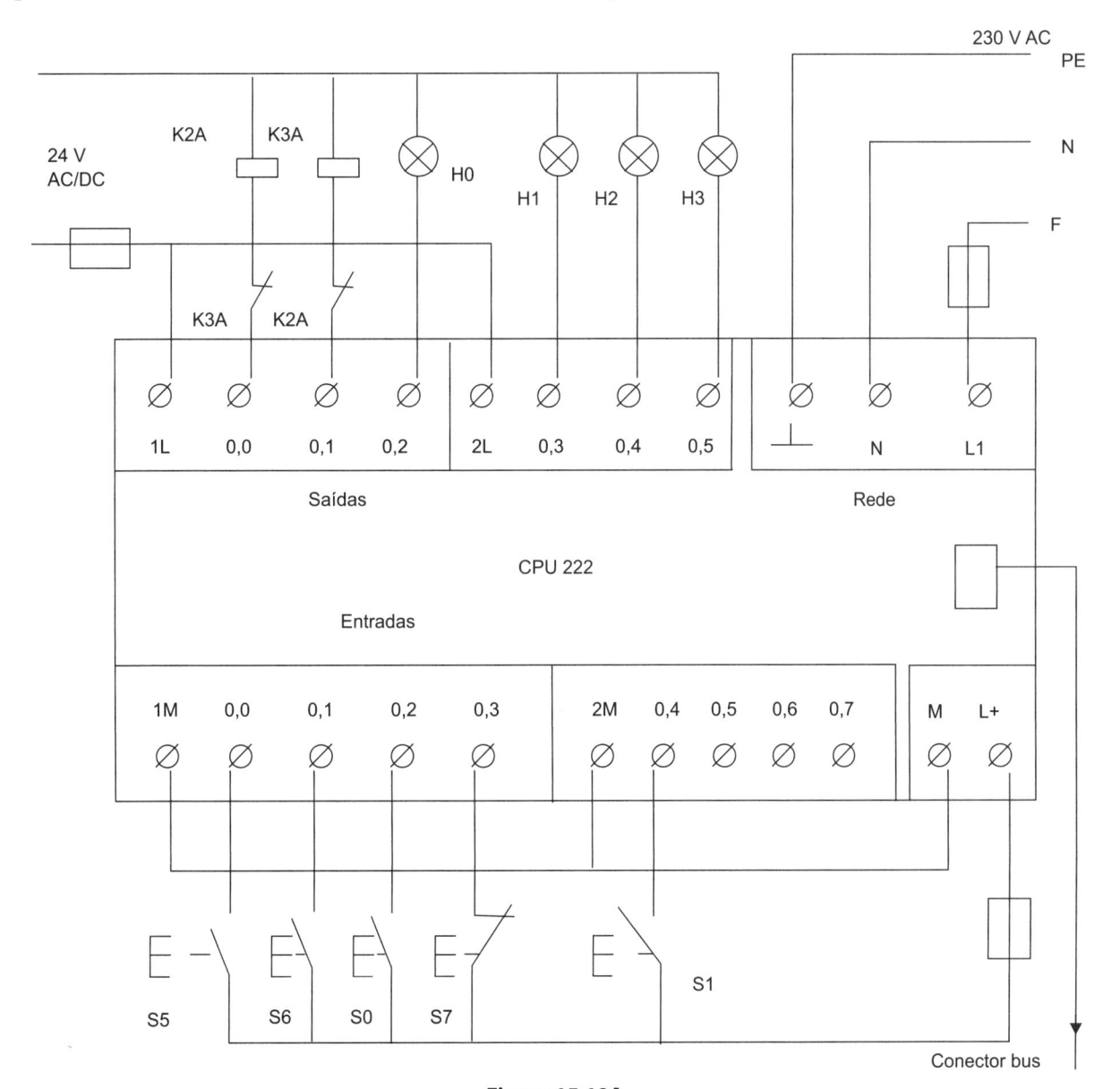

Figura 15.19A

Módulo analógico EM235
4AI/1A0

Conector bus
CPU 222

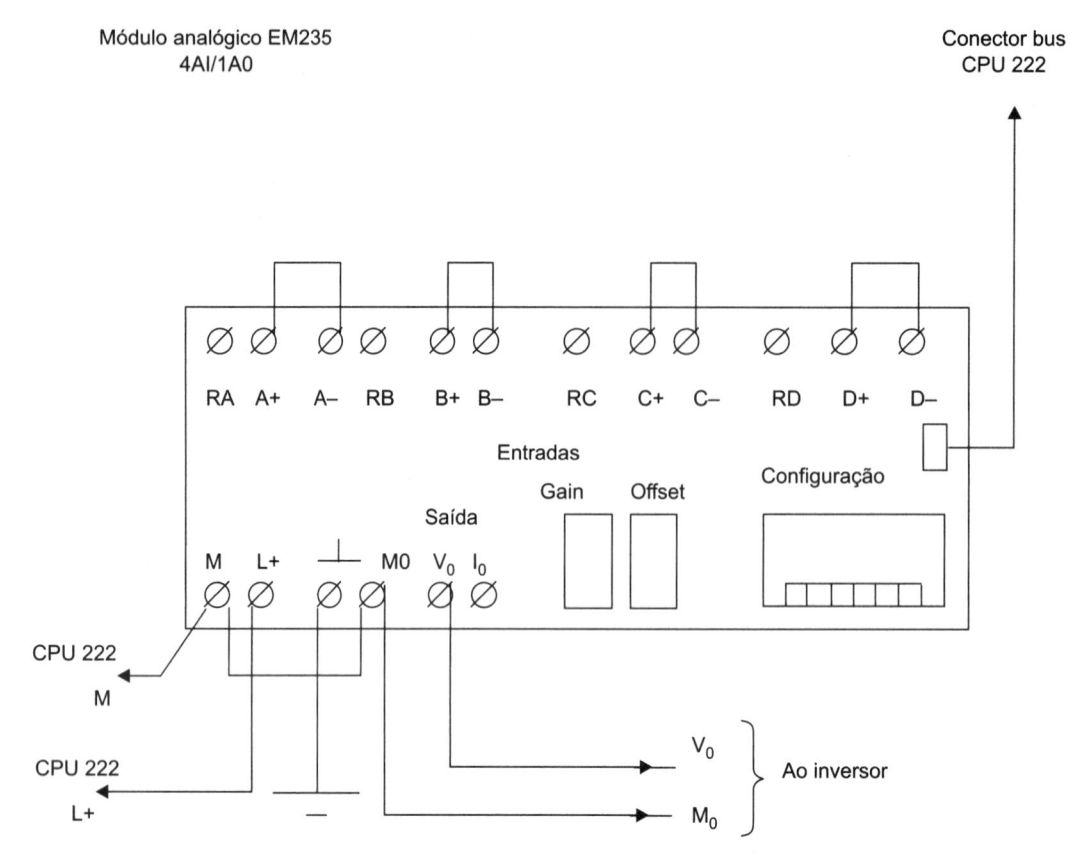

Figura 15.19B Cablagem do módulo EM235.

No esquema elétrico de cablagem do PLC da Figura 15.19A notamos dois contatos normalmente fechados K2A e K3A em série às respectivas bobinas. Os contatos K2A e K3A são contatos de segurança que evitam a energização simultânea das bobinas K2A e K3A relativas à inversão do sentido de rotação do motor trifásico. Assim, K2A e K3A, para serem contatos de segurança, devem ser eletromecânicos e estar externos ao PLC, conforme prevê a norma IEC 60204-1.

Questões práticas

1. Descreva brevemente as características técnicas dos módulos analógicos EM231 e EM235.
2. O campo numérico de conversão para os módulos analógicos EM231 e EM235 da saída AQW0 em tensão varia:

   a. de 0 a 1.000.
   b. de 0 a 32.000.
   c. de +32.000 a –32.000.
3. O campo de medida para os módulos analógicos EM231 e EM235 das entradas AIWx em corrente varia:

a. de 4 a 20 mA.
b. de 0 a 20 mA.
c. de 0 a 1 V.

4. O que significa, em automação industrial, controle em anel aberto?

   a. Trata-se de uma regulação contínua da grandeza física em modo automático de modo a mantê-la em um valor prefixado chamado set-point.
   b. Trata-se de uma regulação descontínua de grandeza física do tipo ON/OFF.
   c. Trata-se de uma regulação contínua de grandeza física de tipo manual, ou seja, com intervenção humana.

5. Um inversor de frequência permite:

   a. reduzir a corrente absorvida do motor trifásico na fase de partida.
   b. aumentar de maneira considerável o binário mecânico do motor trifásico.
   c. variar com continuidade a velocidade de rotação do motor trifásico.

16

Passagem do Controlador Programável S7-200 ao S7-1200

16.0 Generalidades

O controlador programável Simatic série S7-200 da Siemens, usado como referência nesta obra, vem sendo substituído gradualmente desde 2009 pelo novo controlador da série Simatic S7-1200.

Para uma introdução detalhada do hardware e suas principais interfaces de I/O, bem como das instruções básicas do software para a programação do novo controlador série Simatic S7-1200, aconselha-se a leitura da obra *PLC S7-1200: Teoria e Aplicações – Curso Introdutório, LTC, 2014,* do mesmo autor.

O foco deste capítulo consiste em introduzir as novidades do novo controlador com a plataforma de programação TIA Portal e, também, do sistema operacional Step 7 Basic/Professional, em particular no que se refere às mudanças nos sets de instruções.

16.1 Tipo de Bloco de Código

Lembramos que a estrutura hierárquica do Step 7-Micro/WIN do PLC S7-200 é estruturada em:

- Main (Routine principal)
- INT (Routine de interrupt)
- SBR (subroutines)
- Memória das variáveis V

Os argumentos são tratados nos Capítulos 4 e 13 deste livro.

A estrutura hierárquica do Step 7 Basic/Professional do PLC S7-1200 é estruturada nos seguintes tipos de blocos:

1. Organization Block (OB)
Os blocos de organização (OB) executam a estrutura do programa do usuário, sendo considerados as verdadeiras interfaces entre o sistema operacional da CPU e o programa aplicativo.

2. Function Block (FB)
Os blocos de função (FB) são blocos com "memória" programável do usuário.

3. Function (FC)
Os FC são blocos do tipo "subroutine".

4. Instance Data Block (DB)
Os blocos de dados (DB) são áreas de dados ligadas aos blocos FB. São gerados automaticamente no momento da criação do bloco FB.

5. Data Block (DB)
Os blocos de dados globais (DB) são áreas para o armazenamento dos dados do usuário, podendo ser utilizados em qualquer ponto do programa.

Em geral, nos blocos OB, FC e FB estão contidas partes do programa escrito nas linguagens Ladder, FBD, AWL, SCL. Cada CPU admite um número máximo de blocos OB, FC, FB, DB.

Na Figura 16.1 temos um resumo da estrutura hierárquica do PLC S7-200 e S7-1200.

	S7-200	S7-1200
Main		
Interrupt		
Subroutine		
Memória V		
Blocos OB		
Blocos FC		
Blocos FB		
Blocos DB		

Figura 16.1

A seguir, alguns exemplos de blocos de organização (OB) da CPU S7-1200:

- OB1 do ciclo básico de programa
- Série OB100 de partida programa
- Série OB200 de interrupt de atraso
- Série OB200 de interrupt a evento
- Série OB80 de falha temporal
- Série OB82 de falha no diagnóstico

No caso de falha não grave:

- a CPU S7-200, por default, continua em RUN;
- a CPU S7-1200, por default, passa em STOP; se o programa contém blocos OB80 e OB82, então continua em RUN.

Os blocos OB80 e OB82 podem ser vazios ou conter uma reação à alguma falha programada pelo usuário.

16.2 Programação Linear e Estruturada

O PLC S7-1200 permite efetuar dois tipos de programação:

- Linear
- Estruturada

Na programação *linear*, as instruções do programa são armazenadas em um único bloco e executadas da primeira até a última instrução. Na programação *estruturada*, subdivide-se o programa em blocos distintos e hierarquicamente conectados, no qual cada bloco constitui uma parte do processo (veja Figura 16.2).

Os blocos podem ser salvos de modo independente e sucessivamente unidos a fim de obter o programa principal. Compreende-se, portanto, como se pode intervir modificando apenas um bloco e mantendo inalterado o resto do programa. Na estrutura deve existir, pelo menos, um bloco principal (OB1), que pode ser subdividido em outros tantos blocos secundários (FC1, FB1, FB5, FC3), que executam determinadas funções e vão e retornam mediante um salto condicionado ou incondicionado do bloco principal aos blocos secundários.

Em geral, a programação estruturada tem as seguintes vantagens:

- os programas de grande dimensão podem ser programados de modo claro;
- uma particular e mais utilizada parte do programa pode ser padronizada;
- a organização do programa é simplificada;
- a modificação do programa é mais facilitada;
- o teste do programa é simplificado porque pode ser executado por seção.

A arquitetura do software do controlador S7-1200 é muito similar àquela dos controladores Siemens de faixa média e alta S7-300 e S7-400.

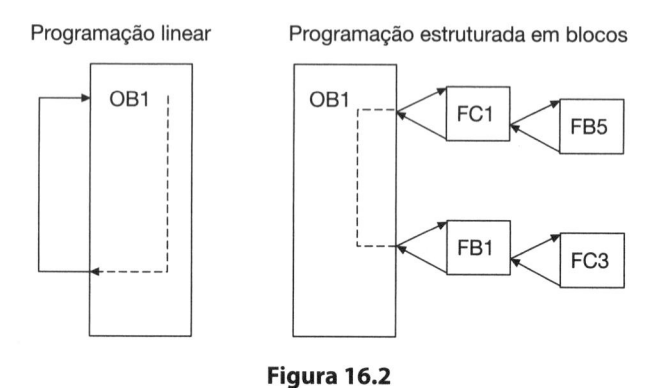

Figura 16.2

16.3 Exemplo de um DB Instance e DB Global

Lembramos que os DB global são áreas de dados para o armazenamento dos dados do usuário utilizáveis em qualquer ponto do programa. Em geral, nos blocos OB, FC, FB são contidas partes do programa escrito nas linguagens Ladder e FBD. Na Figura 16.3 vemos como os *DB global* tipo DB10 podem fornecer os dados a qualquer outro bloco, por exemplo, FC2, FC10, FB2; ou seja, cada bloco pode acessar os dados contidos no DB global DB10. Já o *DB instance* DB2, pode fornecer os dados somente ao bloco FB2, ou seja, o acesso ao DB2 é reservado somente ao bloco FB2. Portanto, no ato da criação do bloco DB temos que escolher se o bloco deve ser do tipo *global* ou *instance*.

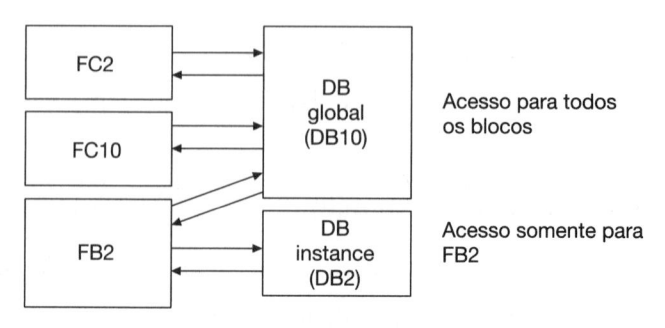

Figura 16.3

Na Figura 16.4 temos um exemplo geral de como usar dois blocos instance DB com o bloco FB1. A programação parte inicialmente do bloco OB1, que torna a chamar o bloco FB1 (chamado "Robô"), com a respectiva programação escrita em Ladder ou FBD. O bloco FB1 torna a chamar constantemente os blocos DB1 e DB2 para ter acesso aos dados relativos:

- aos tempos de cada fase de trabalho do robô;
- aos dados dos estados de cada fase de trabalho do robô.

A modalidade de trabalho em blocos, como indicado na Figura 16.4, simplifica muito a programação, sobretudo quando se precisa resolver tarefas muito pesadas. De fato, subdividir a nossa tarefa chamada "Robô" nas variáveis DB1 e DB2 armazenadas em blocos diferentes apresenta muitas vantagens. A principal é que se pode variar o comportamento do "Robô" sem interferir nas entrelinhas do programa escrito em Ladder ou FBD do bloco FB1, bastando simplesmente variar os parâmetros dos blocos DB1 e DB2. Com essa modalidade qualquer operador sem nenhuma experiência de programação em controladores programáveis pode modificar o comportamento do nosso robô em resposta a uma exigência específica do ciclo.

16.4 Tipos de Dados na CPU S7-1200

Os tipos de dados são específicos ao tamanho e à estrutura interna dos bits.

Nas Tabelas 16.1 e 16.2 temos um resumo de todos os tipos de dados das CPUs S7-1200, rigorosamente conforme a norma IEC 61131-3.

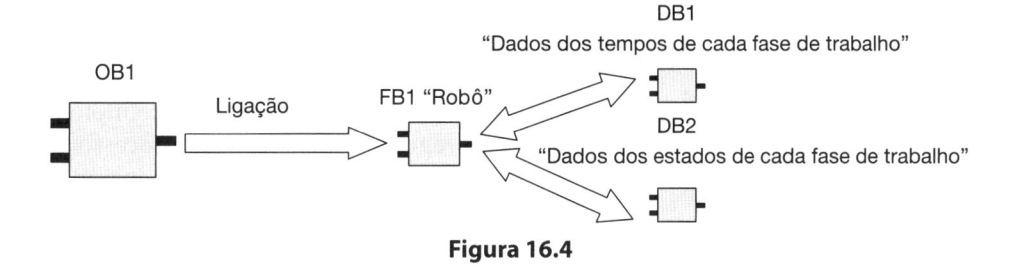

Figura 16.4

Tabela 16.1

Tipos de dados	Tamanho	Campo	Exemplo de constante
Bool	1 bit	De 0 a 1	TRUE, FALSE, 0, 1
Byte	8 bit (1 byte)	De 16#00 a 16#FF	16#12, 16#AB
Word	16 bit (2 byte)	De 16#0000 a 16#FFFF	16#ABCD, 16#0001
DWord	32 bit (4 byte)	De 16#00000000 a 16#FFFFFFFF	16#02468ACE
Char	8 bit (1 byte)	De 16#00 a 16#FF	'A', 't', '@'
SInt	8 bit (1 byte)	De −128 a 127	123, −123
USInt	8 bit (1 byte)	De 0 a 255	123
Int	16 bit (2 byte)	De −32.768 a 32.767	123, −123
UInt	16 bit (2 byte)	De 0 a 65.535	123
DInt	32 bit (4 byte)	De −2.147.483.648 a 2.147.483.647	123, −123
UDInt	32 bit (4 byte)	De 0 a 4.294.967.295	123

Tabela 16.2

Tipos de dados	Tamanho	Campo	Exemplo de constante
Real	32 bit (4 byte)	De $+/-1,18 \times 10^{-38}$ a $+/-3,40 \times 10^{38}$	123,456; −3,4; −1,2E+12
LReal	64 bit (8 byte)	De $+/-2,23 \times 10^{-308}$ a $+/-1,79 \times 10^{308}$	12345.123456789 −1,2E+40
Time	32 bit (4 byte)	T#−24d_20h_31m_23s648ms to T#24d_20h_31m_23s647ms Armazenado como: −2,147,483,648 ms to +2,147,483,647 ms	T#5m_30s 5#−2d T#1d_2h_15m_30x_45ms
String	Variável	De 0 a 254 Caracter em formato byte	'ABC'
DTL[1]	12 byte	Mínimo DTL#1970-01-01-00:00:00.0 Máximo DTL#2554-12-31-23:59:59.999 999 999	DTL#2008-12-16-20:30:20.250

16.5 Endereçamento dos Dados

A CPU S7-1200 armazena as informações em diferentes posições na memória, com endereço preestabelecido. O programador poderá acessar diretamente essa informação especificando a área da memória a qual quer ter acesso e o seu endereço.

A Figura 16.5 mostra o modo de acesso a um bit. Neste exemplo a área de memória e o endereço do byte (M = área Merker e 3 = byte 3) são seguidos de um ponto decimal ("."), que separa o endereço do bit (bit 4).

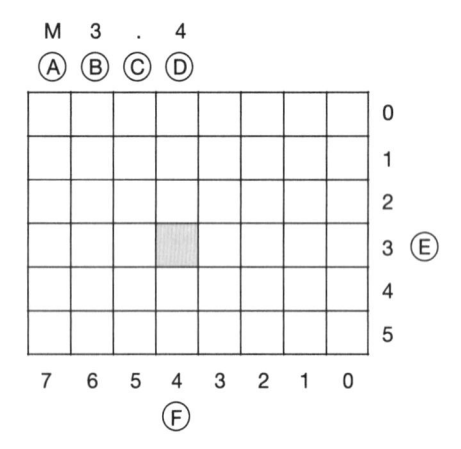

Figura 16.5

• **Identificador de área**

É constituído de uma letra que identifica os vários elementos do controlador programável (Tabela 16.3). Os controladores Siemens S7-1200 podem ser programados utilizando a sintaxe das instruções no idioma inglês e alemão. No entanto, para que o nosso programa esteja em conformidade com a norma IEC 61131-3, nesta obra vamos usar exclusivamente a sintaxe em inglês. A sintaxe em alemão é muito utilizada na Europa por não ser conforme com nenhuma norma internacional.

Tabela 16.3

Código elemento (em inglês)	Descrição
I	Registro de imagem do processo das entradas
Q	Registro de imagens do processo das saídas
M	Área de memória Merker ou relés internos
L	Área de memória temporária
DB	Data block

• **Identificador do modo de acesso**

É constituído de uma letra que especifica a modalidade com a qual se acessará a área dos dados (Tabela 16.4).

Tabela 16.4

Código modo	Descrição
B	Acesso a byte
W	Acesso a Word ou palavra (2 bytes consecutivos)
D	Acesso a Double Word (4 bytes consecutivos)

• **Endereço byte**

O endereço de vários elementos pode variar conforme a CPU utilizada e a configuração hardware adotada. Então, a consulta ao manual de sistema é indispensável.

Na Figura 16.6 temos um exemplo de endereço byte do registro de imagem do processo das entradas IB0, ou seja, o registro IB0 (8 bits), composto das entradas I0.0 até I0.7.

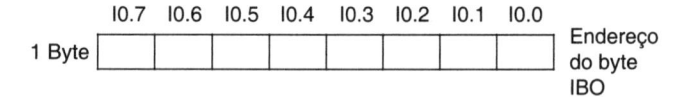

Figura 16.6

• **Endereço Word**

Na Figura 16.7 temos um exemplo de endereço Word do registro de imagem do processo das saídas QW0, ou seja, o registro QW0 (16 bits), composto dos bytes QB0 e QB1.

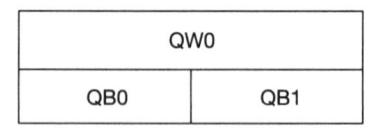

Figura 16.7

Na Figura 16.8 temos os bytes QB0 e QB1, com os relativos bits.

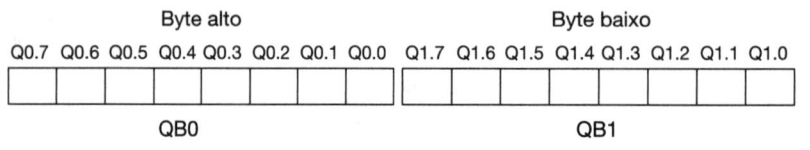

Figura 16.8

- **Endereço Double Word**

Na Figura 16.9 temos um exemplo de endereço double word do registro de imagem do processo das entradas ID0, ou seja, o registro ID0 (32 bits), composto da double word IW0 (16 bits) e IW2 (16 bits).

ID0			
IW0		IW2	
IB0	IB1	IB2	IB3

Figura 16.9

16.6 Configuração do Hardware

- **Configuração do hardware do PLC S7-200 (Figura 16.10)**

Lembramos brevemente do Capítulo 14 que, no Step 7 Micro/WIN 32 do PLC S7-200, os módulos de ampliação são detectados automaticamente uma vez ligados e alimentados.

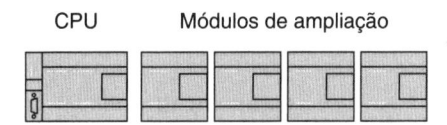

CPU   Módulos de ampliação

Figura 16.10

- A placa "Imposta interface PG/PC" do Step 7 Micro/WIN 32 configura automaticamente os drivers de comunicação.
- A placa "Comunicação" do Step 7 Micro/WIN 32 usa o driver selecionado para detectar e ligar cada CPU.
- A placa "Bloqueio de sistema" do Step 7 Micro/WIN 32 configura os parâmetros da CPU.

- **Configuração do hardware do PLC S7-1200**

O Step 7 Basic/Professional usa um sistema de configuração que permite criar um gráfico do hardware com as seguintes modalidades:

- Os módulos são selecionados da árvore do "catálogo hardware" e deslocados no trilho de montagem.
- Uma vez combinado o gráfico do hardware, podemos definir as "Propriedades" de configuração de cada módulo de ampliação com um simples click do mouse.
- Selecionar a porta PROFINET e definir as propriedades do endereço IP.
- Transferir a nova configuração do hardware na CPU de destino com o comando de carregamento na CPU.

A Figura 16.11 apresenta a tela de projeto do "catálogo hardware" do controlador S7-1200. Todo este procedimento é amplamente descrito no Capítulo 5 da obra *PLC S7-1200: Teoria e Aplicações – Curso Introdutório*, LTC, 2014, do mesmo autor.

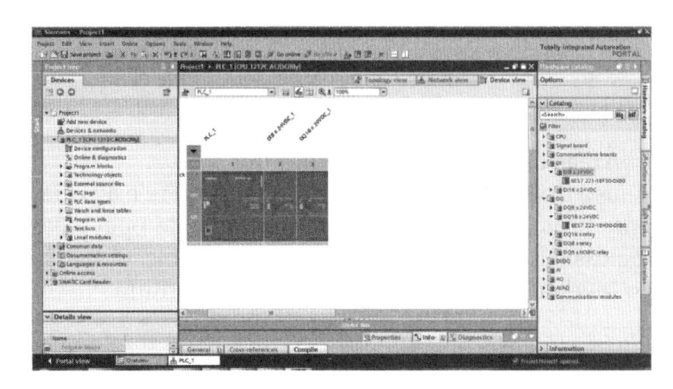

Figura 16.11

16.7 Modalidade de Endereçamento das Principais Áreas/Dados do PLC S7-1200

- **Registro das imagens dos processos de entradas (I) e de saídas (Q)**

É possível acrescentar na CPU outros pontos de I/O conectando as unidades de ampliação, de modo a formar uma sequência de entradas e saídas.

A placa analógica não influencia no endereçamento da placa digital e vice-versa.

A unidade de ampliação digital reserva sempre um espaço para adicionar de 8 em 8 bit (bytes).

No registro da imagem do processo de entradas são contidos os estados das entradas digitais. O acesso se dá somente em leitura:

Bit
Exemplo: I0.1, I3.5, I1.1
Byte, Word, Double Word
Exemplo: IB0, IW0, ID2

A cada fim do ciclo de scan da CPU, são copiados na saída física os valores armazenados no registro das imagens do processo de saídas. O acesso se dá tanto em leitura quanto em escritura.

Bit
Exemplo: Q1.1, Q0.7, Q2.0
Byte, Word, Double Word
Exemplo: QB0, QW1, QD0

- **Áreas de memória da variável (DB)**

A memória dos blocos de dados DB (Data Block) pode ser utilizada para armazenar os resultados intermediários de operações matemáticas executadas pelo programa ou para armazenar outros dados relativos ao processo:

Bit
Exemplo: DB10.DBX0.6, DB2.DBX0.2
Byte, Word, Double Word
Exemplo: DB20.DBB0, DB10.DBW12, DB12.DBD16

Para simplificar o endereçamento da memória DB, o Step 7 Basic/Professional usa o endereçamento simbólico.

• Áreas de memória do Merker (M)

A área do Merker pode ser utilizada como relé auxiliar para armazenar o estado intermediário de operações lógicas ou de outras informações de controle. O acesso ao Merker é tanto em leitura como em escritura.

Bit
Exemplo: M26.7, M2.0, M100.1
Byte, Word, Double Word
Exemplo: MB0, MW100, MD20

• Endereçamento das entradas analógicas (IW)

O conversor A/D da placa analógica converte um valor analógico de entrada de uma grandeza física (tensão, corrente) em um valor digital em formato Word (16 bits). Tais valores são acessados mediante o identificador de área (IW). Por exemplo, IW 64, IW 66.

• Endereçamento das saídas analógicas (QW)

O conversor D/A da placa analógica converte um valor digital de saída em formato Word (16 bits) em uma corrente ou tensão proporcional ao valor digital. Tais valores são acessados mediante o identificador de área (QW). Por exemplo, QW 96, QW 98.

• Endereçamento das unidades de ampliação I/O

No S7-200, os endereços de entrada e saída dos módulos de ampliação são detectados automaticamente pelo sistema operacional da CPU na base da posição de cada módulo.

No PLC S7-1200, os endereços de entrada e saída dos módulos de ampliação I/O podem ser modificados na propriedade de configuração do dispositivo.

16.8 Instruções de Lógicas a Bits

As instruções de lógicas a bits são praticamente iguais nos dois controladores, com uma sutil diferença nas instruções de set/reset e de detecção da borda de descida e subida.

• Instruções de set/reset

– Para o PLC S7-200: S (set) e R (reset).
– Para o PLC S7-1200: S (set) e R (reset) por cada bit; se queremos setar ou resetar um grupo de bits, temos SET_BF (seta grupo de bits) e RESET_BF (reseta grupo de bits).

Por exemplo, no diagrama Ladder da Figura 16.12, ao se fechar a chave I0.0, temos a setagem dos bits de saída Q0.0, Q0.1, Q0.2, Q0.3, ou seja, os primeiros 4 bits a partir de Q0.0. Simultaneamente, temos a resetagem dos bits de saída Q0.4, Q0.5, ou seja, os primeiros 2 bits a partir de Q0.4.

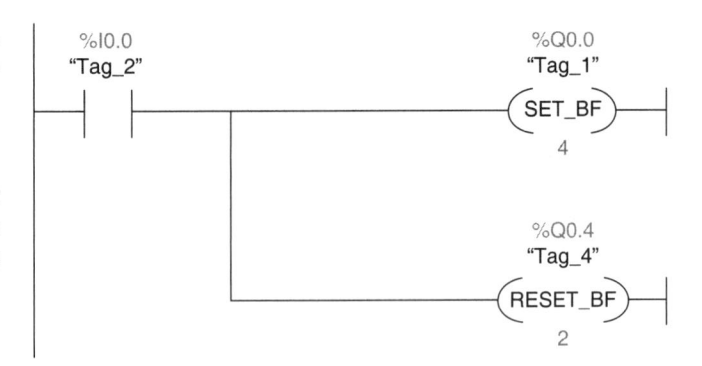

Figura 16.12

Na Figura 16.13 o mesmo diagrama Ladder da Figura 16.12 é apresentado para a CPU S7-200.

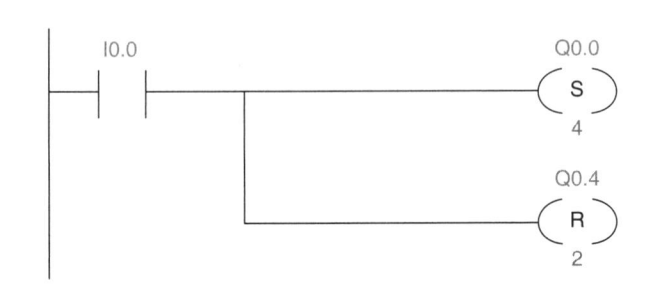

Figura 16.13

• Instruções de detecção da borda de descida e subida

Para o PLC S7-200, tem-se P (transição positiva) e N (transição negativa). Para aprofundamento, veja o Capítulo 6 deste livro.

Para o PLC S7-1200, tem-se P (transição positiva) e N (transição negativa). Para aprofundamento, veja o Capítulo 8 da obra *PLC S7-1200: Teoria e Aplicações – Curso Introdutório*, LTC, 2014, do mesmo autor.

16.9 Instruções de Temporização

Para o PLC S7-200, temos os timers TON, TOF, TONR. Para aprofundamento, veja o Capítulo 14 da obra *Automação industrial PLC – Teoria e Aplicações – Curso Básico*, 2ª edição, LTC, 2011, do mesmo autor.

No caso do PLC S7-1200, temos os timers TON, TOF, TONR, TP. Ressaltamos o acréscimo do timer de pulso TP, que gera um pulso de duração definida. Para aprofundamento, veja o Capítulo 9 da obra *PLC S7-1200: Teoria e Aplicações – Curso Introdutório*, LTC, 2014, do mesmo autor.

Mudanças

Para o PLC S7-200, o número do timer selecionado impõe uma resolução de 1 mS, 10 mS ou 100 mS, que é multiplicada pelo valor do tempo imposto (tempo imposto é armazenado em uma Word de 16 bits).

Para o PLC S7-200, o Step 7 Micro/WIN 32 permite usar os modos de programação Simatic e IEC. Em Simatic, a condição de fim da contagem e o valor atual do tempo transcorrido são indicados por meio do bit T e de um valor T correspondente ao número do timer (por exemplo, T37, T38 etc.). A operação de energização de uma saída Q0.0 após 5 segundos por meio do timer TON na CPU S7-200 é apresentada na Figura 16.14.

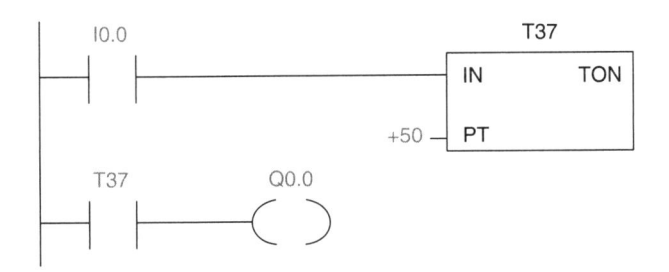

Figura 16.14

No PLC S7-1200, todos os timers possuem uma resolução única de 1 mS (o tempo imposto é armazenado em uma double word de 32 bits). Todos os timers são do tipo IEC, com um bit de saída do tipo Q da condição de fim da contagem e uma saída ET do valor atual do tempo transcorrido.

Na Figura 16.15 o mesmo diagrama Ladder da Figura 16.14 é apresentado para a CPU S7-1200. Uma solução alternativa ao diagrama da Figura 16.15 é usar um Merker de apoio (M0.0) para energizar a mesma saída Q0.0 (Figura 16.16).

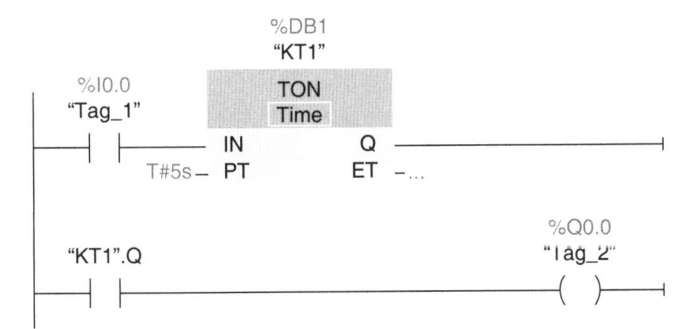

Figura 16.15

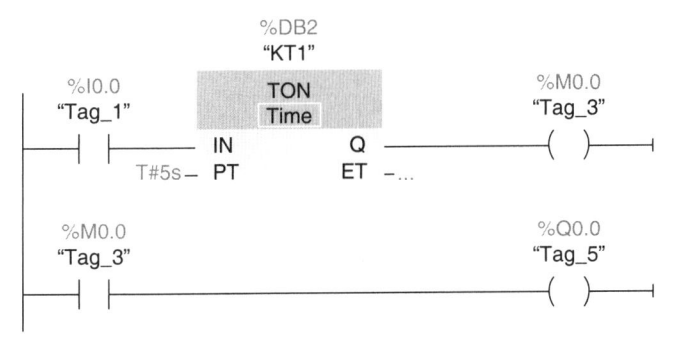

Figura 16.16

16.10 Instruções de Contagem

Para o PLC S7-200, temos os contadores CTU, CTD, CTUD. Para aprofundamento, veja o Capítulo 15 da obra *Automação industrial PLC – Teoria e Aplicações – Curso Básico*, 2ª edição, LTC, 2011, do mesmo autor.

Para o PLC S7-1200, temos os mesmos contadores CTU, CTD, CTUD. Para aprofundamento, veja o Capítulo 10 da obra *PLC S7-1200: Teoria e Aplicações – Curso Introdutório*, LTC, 2014, do mesmo autor.

Mudanças

- **Contagem normal**

Para o PLC S7-200, o Step 7 Micro/WIN 32 permite usar os modos de programação Simatic e IEC. Em Simatic, a condição de fim da contagem e o valor atual da contagem são indicados por meio do bit C e de um valor C correspondente ao número do contador (por exemplo, C0 , C1 etc.). A operação de energizar uma saída Q0.1 após 10 contagens com a CPU S7-200 é apresentada na Figura 16.17.

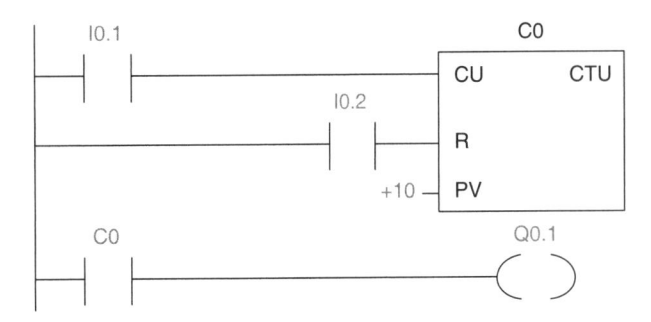

Figura 16.17

No PLC S7-1200, todos os contadores são do tipo IEC, com um bit de saída do tipo Q da condição de fim da contagem e uma saída CV do valor atual da contagem.

Na Figura 16.18 o mesmo diagrama Ladder da Figura 16.17 é apresentado para a CPU S7-1200. Uma solução alternativa ao diagrama da Figura 16.18 é usar um Merker de apoio (M0.1) para energizar a mesma saida Q0.1 (Figura 16.19).

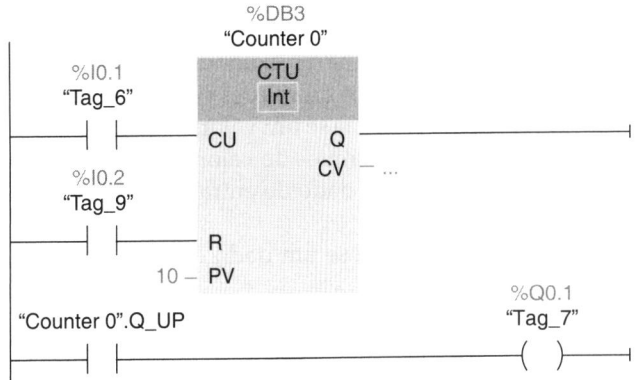

Figura 16.18

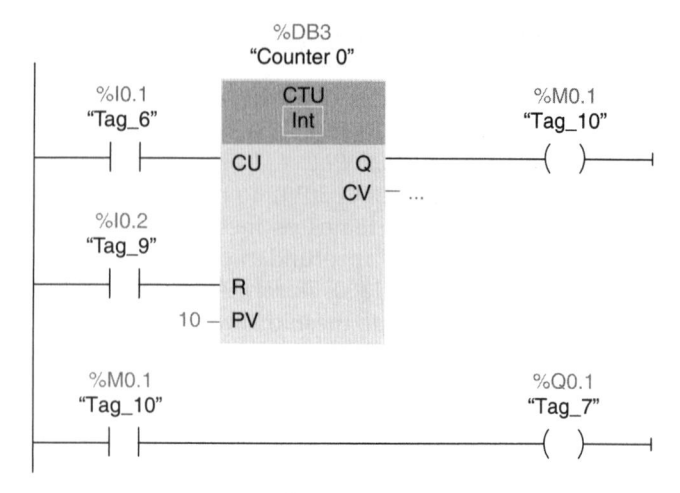

Figura 16.19

• Contagem rápida

No PLC S7-200, temos a instrução HDEF (define modos pela contagem rápida) e a instrução HSC (contador rápido). Para definir a configuração dos parâmetros operacionais dos contadores rápidos do controlador S7-200, são utilizados bits especiais do tipo SM.

No PLC S7-1200, temos a instrução CTRL_HSC. Para definir a configuração dos parâmetros operacionais dos contadores rápidos do controlador S7-1200, é preciso acessar a tela de projeto do "catálogo hardware" (veja Figura 16.11) na área de configuração de dispositivos da CPU. Os parâmetros operacionais são disponibilizados como entradas e saídas da instrução CTRL_HSC.

16.11 Instruções de Comparação

As instruções de comparação são amplamente relatadas no Capítulo 3, do ponto de vista geral e das aplicações usadas na CPU S7-200.

Novidades

Com o novo controlador S7-1200, as instruções de comparação podem comparar dados e números no formato LREAL de 64 bits (veja Tabela 16.2).

Ressalta-se somente os acréscimos de algumas instruções na CPU S7-1200 ausentes na CPU S7-200:

– IN_RANGE: controla se um valor de entrada é compreendido nos campos de valores especificados.
– OUT_RANGE: controla se um valor de entrada não é compreendido nos campos de valores especificados.
– I OK I: verifica se um dado de entrada é um número real.
– I NOT_OK I: verifica se um dado de entrada não é um número real.

Mudanças

Na CPU S7-200, *o tipo de instrução determina o tipo de dado*. Por exemplo, conforme descrito na Tabela 3.2 do

Capítulo 3, a instrução do PLC S7-200 da Figura 16.20 significa:

| NI ==I N2 | O contato para a "comparação de números inteiros iguais" é fechado se o valor de Word inteira com sinal, armazenado no endereço N1, é igual ao valor de Word inteira com sinal armazenado no endereço N2. |

Figura 16.20

De acordo com a Tabela 16.1, a Word inteira com sinal varia de –32768 a +32767, portanto, quando na CPU S7-200 se escolhe essa instrução, os campos de valores N1 e N2 a serem comparados já são determinados.

Na CPU S7-1200, *o tipo de dado é imposto quando inserimos a instrução*. Essa mudança introduz uma forma completamente diferente de introduzir qualquer instrução no novo controlador S7-1200 em relação à CPU anterior S7-200.

Por exemplo, na CPU S7-1200, é possível escolher a instrução da Figura 16.20 com três passagens (Figura 16.21):

1. Na primeira passagem, se escolhe o tipo de dado inteiro com sinal (Int).
2. Na segunda passagem, se escolhe o tipo de comparação (comparação de números inteiros iguais).
3. Na terceira passagem, temos a instrução completa.

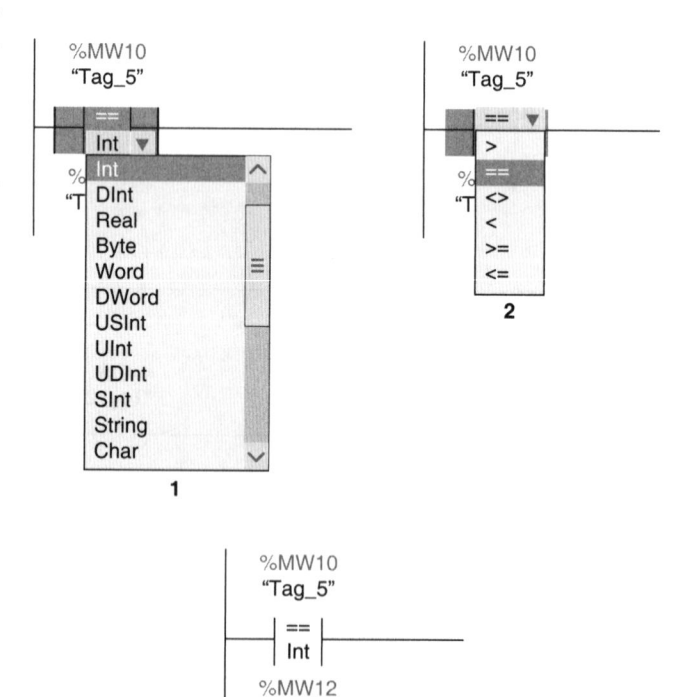

Figura 16.21

A Figura 16.22 apresenta a lista das instruções de comparação da CPU S7-1200.

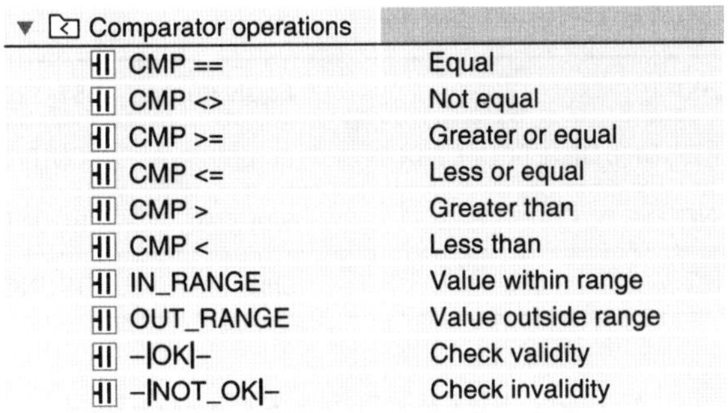

▼ ☒ Comparator operations	
⊞ CMP ==	Equal
⊞ CMP <>	Not equal
⊞ CMP >=	Greater or equal
⊞ CMP <=	Less or equal
⊞ CMP >	Greater than
⊞ CMP <	Less than
⊞ IN_RANGE	Value within range
⊞ OUT_RANGE	Value outside range
⊞ –|OK|–	Check validity
⊞ –|NOT_OK|–	Check invalidity

Figura 16.22

16.12 Instruções Matemáticas

As instruções matemáticas são amplamente relatadas no Capítulo 5 , do ponto de vista geral e das aplicações usadas na CPU S7-200.

Com o novo controlador S7-1200, as instruções matemáticas podem processar dados e números no formato LREAL de 64 bits (veja Tabela 16.2).

Mudanças

– CPU S7-200: *o tipo de instrução determina o tipo de dado.*
– CPU S7-1200: *o tipo de dado é imposto quando inserimos a instrução.*

O significado é exatamente igual ao já explicado nas instruções de comparação.

A Figura 16.23 apresenta a lista das instruções matemáticas da CPU S7-1200.

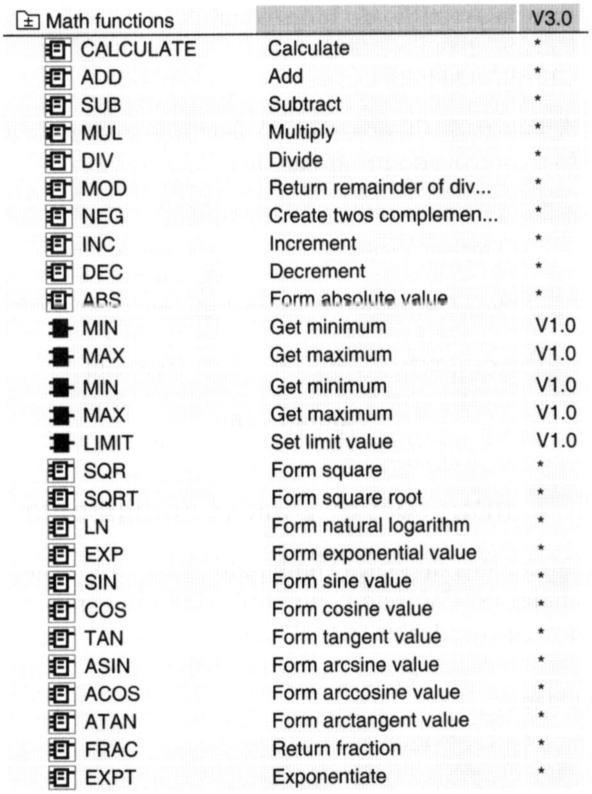

⊞ Math functions		V3.0
⊞ CALCULATE	Calculate	*
⊞ ADD	Add	*
⊞ SUB	Subtract	*
⊞ MUL	Multiply	*
⊞ DIV	Divide	*
⊞ MOD	Return remainder of div...	*
⊞ NEG	Create twos complemen...	*
⊞ INC	Increment	*
⊞ DEC	Decrement	*
⊞ ABS	Form absolute value	*
⊞ MIN	Get minimum	V1.0
⊞ MAX	Get maximum	V1.0
⊞ MIN	Get minimum	V1.0
⊞ MAX	Get maximum	V1.0
⊞ LIMIT	Set limit value	V1.0
⊞ SQR	Form square	*
⊞ SQRT	Form square root	*
⊞ LN	Form natural logarithm	*
⊞ EXP	Form exponential value	*
⊞ SIN	Form sine value	*
⊞ COS	Form cosine value	*
⊞ TAN	Form tangent value	*
⊞ ASIN	Form arcsine value	*
⊞ ACOS	Form arccosine value	*
⊞ ATAN	Form arctangent value	*
⊞ FRAC	Return fraction	*
⊞ EXPT	Exponentiate	*

Figura 16.23

Na Tabela 16.5 temos a equivalência de algumas das instruções matemáticas na CPU S7-200 e S7-1200.

Tabela 16.5

S7-200	Equivalente	S7-1200
ADD_I; ADD_DI; ADD_R	Sim	ADD
SUB_I; SUB_DI; SUB_R	Sim	SUB
MUL_I; MUL_DI; MUL_R	Sim	MUL
DIV_I; DIV_DI; DIV_R	Sim	DIV
MUL; DIV	Não	–

16.13 Instruções de Transferências dos Dados

As instruções de transferência dos dados são amplamente descritas no Capítulo 2 , do ponto de vista geral e das aplicações usadas na CPU S7-200.

Com o novo controlador S7-1200, as instruções de transferência dos dados podem processar dados e números no formato LREAL de 64 bits (veja Tabela 16.2).

Mudanças

– CPU S7-200: *o tipo de instrução determina o tipo de dado.*
– CPU S7-1200: *o tipo de dado é imposto quando inserimos a instrução.*

A Figura 16.24 apresenta a lista das instruções de transferência dos dados da CPU S7-1200.

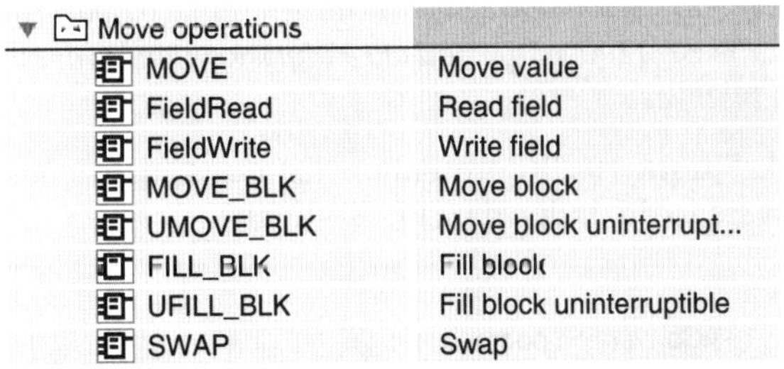

▼ ☒ Move operations	
⊞ MOVE	Move value
⊞ FieldRead	Read field
⊞ FieldWrite	Write field
⊞ MOVE_BLK	Move block
⊞ UMOVE_BLK	Move block uninterrupt...
⊞ FILL_BLK	Fill block
⊞ UFILL_BLK	Fill block uninterruptible
⊞ SWAP	Swap

Figura 16.24

Na Tabela 16.6 temos a equivalência das instruções de transferência dos dados na CPU S7-200 e S7-1200.

Tabela 16.6

S7-200	Equivalente	S7-1200
MOV_B; MOV_W; MOV_DW; MOV_R	Sim	MOVE
BLKMOV_B; BLKMOV_W; BLKMOV_D	Sim	MOVE_BLK
FILL_N	Sim	FILL_BLK

16.14 Instruções de Conversão

As instruções de conversão são amplamente relatadas no Capítulo 1, do ponto de vista geral e das aplicações usadas na CPU S7-200.

Com o novo controlador S7-1200, as instruções de conversão podem processar dados e números no formato LREAL de 64 bits (veja Tabela 16.2). As exceções são as instruções SCALE_X e NORM_X.

Mudanças

Ressalta-se somente os acréscimos de algumas instruções na CPU S7-1200 ausentes na CPU S7-200:

– CEIL: converte um número em ponto flutuante em um número inteiro superior.
– FLOOR: converte um número em ponto flutuante em um número inteiro inferior.
– SCALE_X: converte um valor, geralmente de uma medida analógica de entrada, em um valor numérico incluído entre um valor mínimo e um valor máximo.
– NORM_X: atua no procedimento de normatização, geralmente de valores analógicos.

As instruções CEIL e FLOOR são intuitivas, enquanto as instruções SCALE_X e NORM_X são usadas normalmente no processamento de valores analógicos.

Todo o procedimento de normalização de um sinal analógico explicado no Capítulo 14 é agora possível de ser implementado de forma extremamente simplificada com o uso das instruções SCALE_X e NORM_X .

Mudanças

– CPU S7-200: *o tipo de instrução determina o tipo de dado.*
– CPU S7-1200: *o tipo de dado é imposto quando inserimos a instrução*

A Figura 16.25 apresenta a lista das instruções de conversão de dados da CPU S7-1200.

▼ ⬚ Conversion operations	
⬚ CONVERT	Convert value
⬚ ROUND	Round numerical value
⬚ CEIL	Generate next higher in...
⬚ FLOOR	Generate next lower int...
⬚ TRUNC	Truncate numerical value
⬚ SCALE_X	Scale
⬚ NORM_X	Normalize

Figura 16.25

As instruções de conversão da CPU S7-200 do tipo ATH, HTA e SEG não são implementadas na CPU S7-1200.

Na Tabela 16.7 temos a equivalência das instruções de transferência de dados na CPU S7-200 e S7-1200.

Tabela 16.7

S7-200	Equivalente	S7-1200
B_I; I_DI; DI_I; DI_R; BCD_I; I_BCD	Sim	CONVERT
ROUND	Sim	ROUND
TRUNC	Sim	TRUNC

16.15 Instruções de Salto e Controle do Programa

As instruções de salto e controle do programa são amplamente relatadas no Capítulo 4, do ponto de vista geral e das aplicações usadas na CPU S7-200.

Novidades

Com a CPU S7-1200:

– Instruções JMPN: "salta", se não existe fluxo de corrente na entrada da bobina de JMP.
– GetError: detecta informações sobre as falhas na execução dos blocos de códigos.
– GetErrorID: detecta ID sobre uma falha em execução.

Mudanças

• **Instruções de controle do ciclo de scan**
– CPU S7-200: WDR reseta watchdog
– CPU S7-1200: RE_TRIG

• **Fim da execução do bloco atual**
– CPU S7-200: END/RET
– CPU S7-1200: RET

A Figura 16.26 apresenta a lista das instruções de salto e controle do programa da CPU S7-1200.

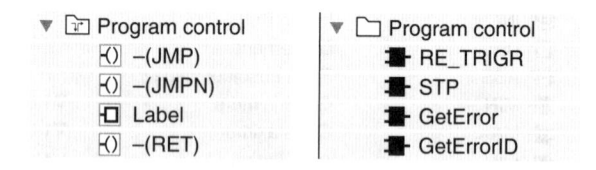

Figura 16.26

16.16 Instruções de Lógica Combinatória

As instruções de lógica combinatória são amplamente relatadas no Capítulo 8, do ponto de vista geral e das aplicações usadas na CPU S7-200.

Novidades

Com a CPU S7-1200:

– Instruções SEL: permite selecionar uma de duas entradas.

– Instruções MUX: atua na configuração do "multiplexador", permitindo selecionar um de diferentes valores fornecidos na entrada.

Mudanças

– CPU S7-200: *o tipo de instrução determina o tipo de dado.*
– CPU S7-1200: *o tipo de dado é imposto quando inserimos a instrução.*

A Figura 16.27 apresenta a lista das instruções de lógica combinatória da CPU S7-1200.

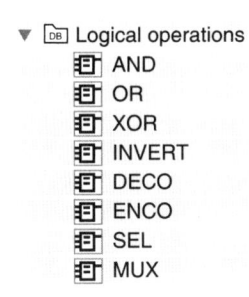

▼ ⌑ Logical operations
   ⧰ AND
   ⧰ OR
   ⧰ XOR
   ⧰ INVERT
   ⧰ DECO
   ⧰ ENCO
   ⧰ SEL
   ⧰ MUX

Figura 16.27

Na Tabela 16.8 temos a equivalência das instruções de lógica combinatória na CPU S7-200 e S7-1200.

Tabela 16.8

S7-200	Equivalente	S7-1200
WAND_B; WAND_W; WAND_DW	Sim	AND
WOR_B , WOR_W; WOR_DW	Sim	OR
WXOR_B; WXOR_W; WXOR_DW	Sim	XOR
INV_B, INV_W; INV_DW	Sim	INVERT

A instrução INVERT é equivalente à função "NOT" no campo da lógica combinatória.

16.17 Instruções de Deslocamento

As instruções de deslocamento são amplamente relatadas no Capítulo 7 deste livro, do ponto de vista geral e das aplicações usadas na CPU S7-200.

Mudanças

– CPU S7-200: *o tipo de instrução determina o tipo de dado.*
– CPU S7-1200: *o tipo de dado é imposto quando inserimos a instrução.*

A Figura 16.28 apresenta a lista das instruções de deslocamentos da CPU S7-1200.

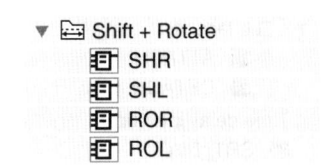

▼ ⌑ Shift + Rotate
   ⧰ SHR
   ⧰ SHL
   ⧰ ROR
   ⧰ ROL

Figura 16.28

Na Tabela 16.9 temos a equivalência das instruções de deslocamento na CPU S7- 00 e S7-1200.

Tabela 16.9

S7-200	Equivalente	S7-1200
SHR_B; SHR_W; SHR_DW	Sim	SHR
SHL_B; SHL_W; SHL_DW	Sim	SHL
ROR_B; ROR_W; ROR_DW	Sim	ROR
ROL_B; ROL_W; ROL_DW	Sim	ROL

16.18 Instruções de Interrupt (Alarme)

As instruções de interrupt são amplamente relatadas no Capítulo 13, do ponto de vista geral e das aplicações usadas na CPU S7-200.

Mudanças

• **Interrupt a evento I/Q (alarme)**
– CPU S7-200: ATCH (conecta interrupt) e DTCH (separa interrupt), número do evento de 0 a 7.
– CPU S7 1200: conforme já explicado na contagem rápida da Seção 16.10, para definir a configuração dos parâmetros operacionais de um alarme a evento I/Q do PLC S7-1200 é preciso acessar a tela de projeto do "catálogo hardware" (veja Figura 16.11) na área de configuração de dispositivos da CPU.

• **Alarme de atraso**
– CPU S7-200: ATCH (conecta interrupt) e DTCH (separa interrupt), número do evento de 21 e 22.
– CPU S7-1200: SRT_DINT e CAN_DINT

• **Controle assíncrono dos interrupts**
– CPU S7-200: ENI e DISI.
– CPU S7-1200: DIS_AIRT e EN_AIRT.

• **Fim da execução do bloco de interrupt atual**
– CPU S7-200: RETI.
– CPU S7-1200: RET.

A Figura 16.29 apresenta a lista das instruções de interrupt (alarme) da CPU S7-1200.

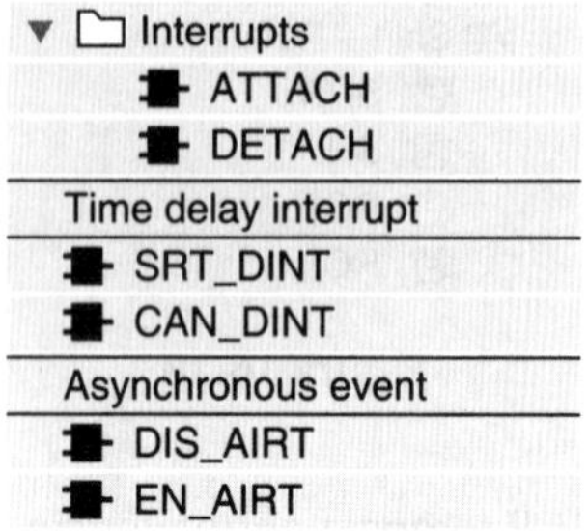

▼ 🗀 Interrupts
　　　 ■ ATTACH
　　　 ■ DETACH
Time delay interrupt
■ SRT_DINT
■ CAN_DINT
Asynchronous event
■ DIS_AIRT
■ EN_AIRT

Figura 16.29

Questões práticas

1. Descreva em detalhes os tipos de blocos de código da CPU S7-1200.
2. Ilustre brevemente a diferença entre a programação linear e a estruturada.
3. Explique a diferença entre variáveis do tipo DB Iinstance e DB global.
4. Explique a modalidade da configuração do hardware entre a CPU S7-200 e S7-1200.

Esquemas Elétricos das CPUs S7-200[1]

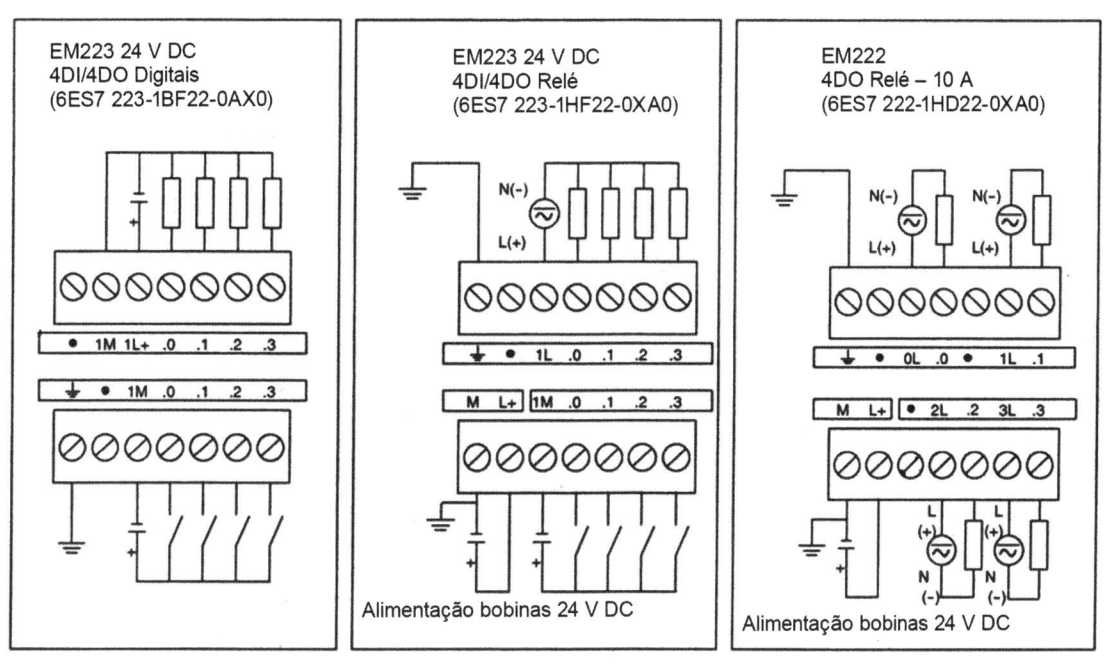

Figura A.1 Módulos de expansão das CPUs S7-200.

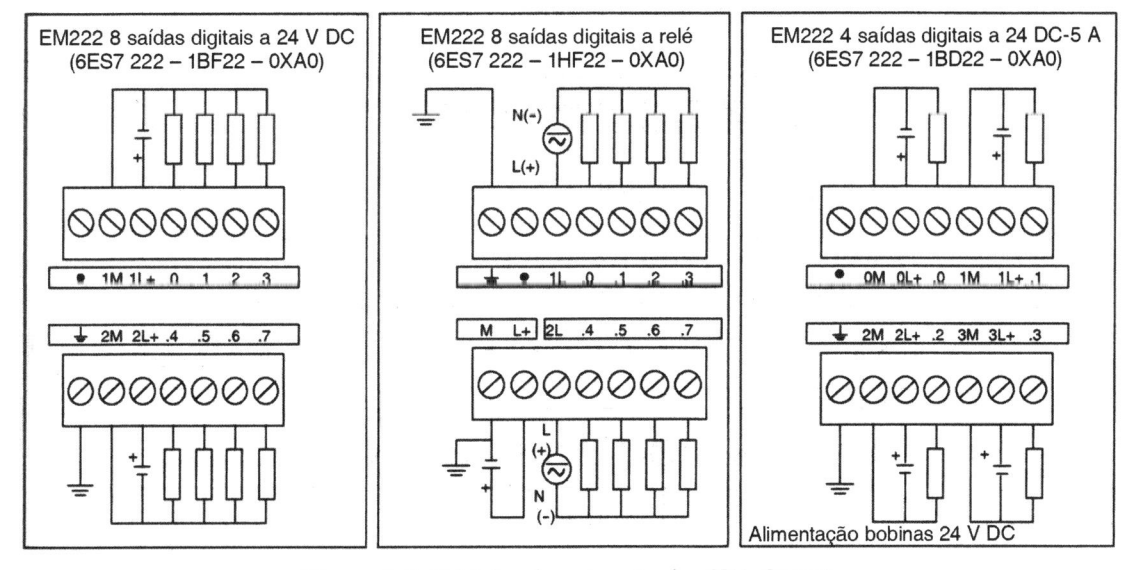

Figura A.2 Módulos de expansão das CPUs S7-200.

---

[1]Siemens, SIMATIC S7-200. Manuale di Sistema. 2004, Milano.

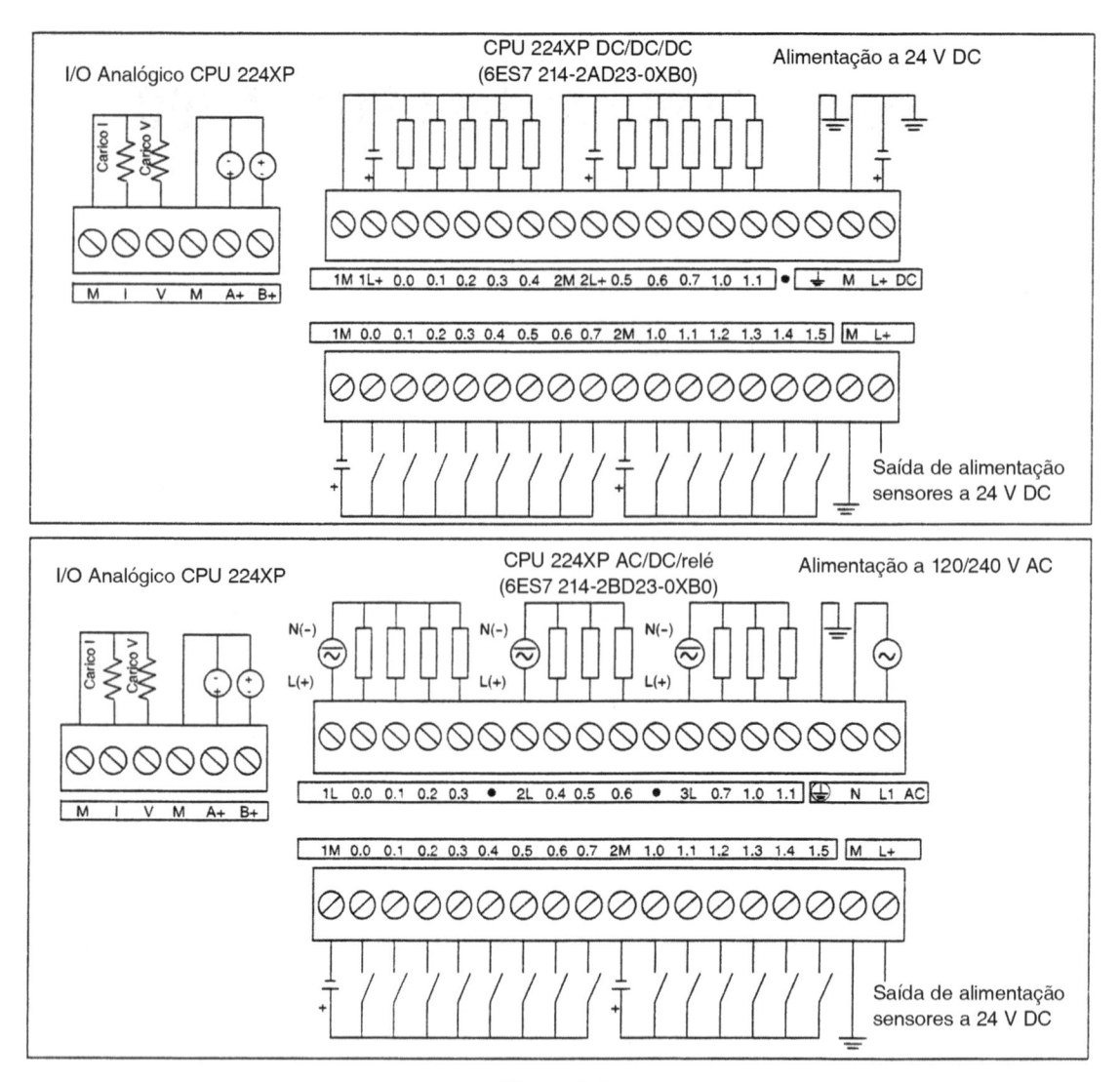

Figura A.3

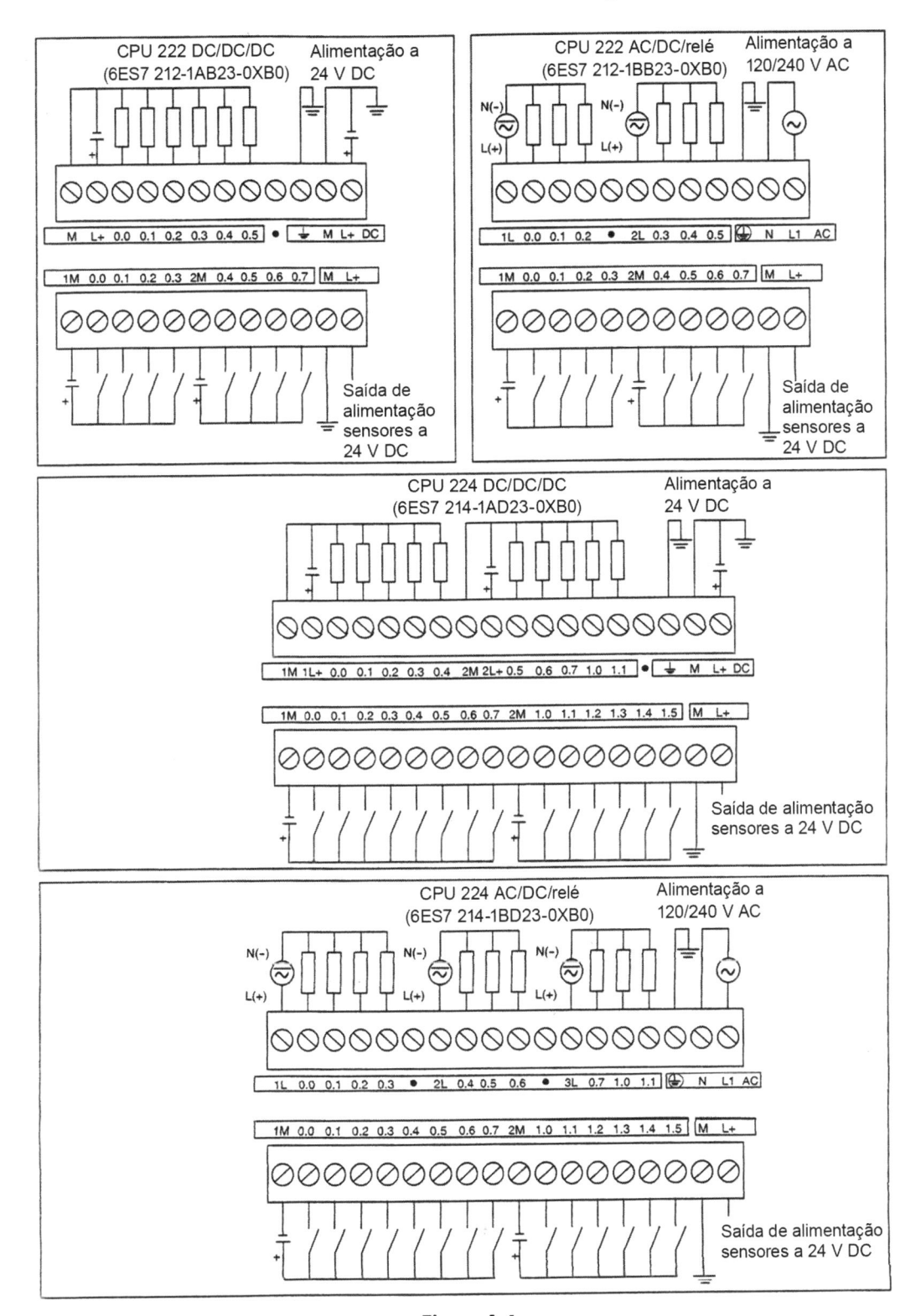

Figura A.4

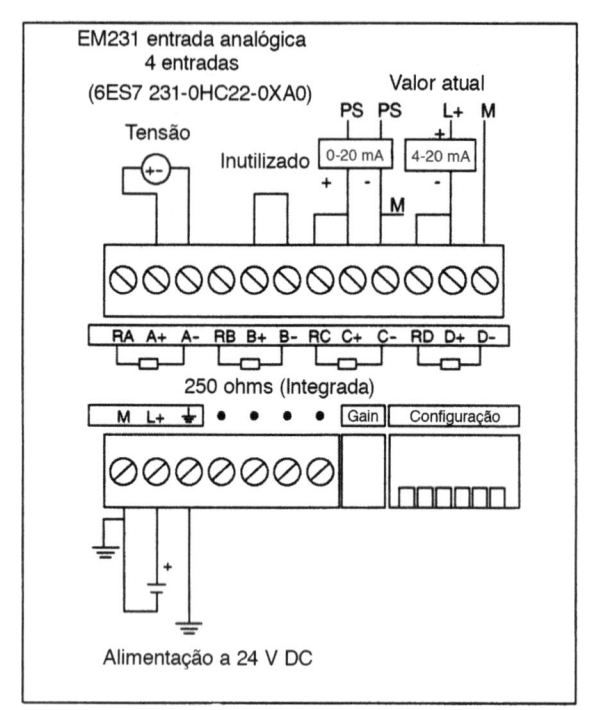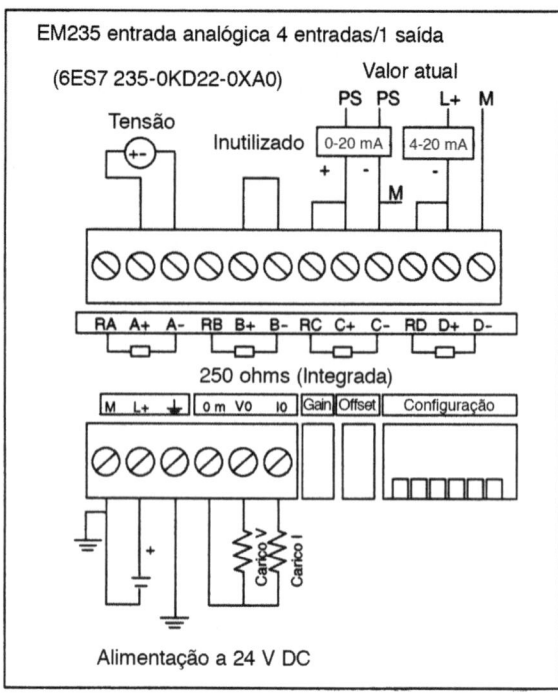

Figura A.5

B Características Principais das CPUs S7-200 e Módulos de Expansões[1]

Dados Técnicos Gerais dos Módulos Analógicos

Nome e descrição da unidade	Dimensão em (mm) (L × A × P)	Peso	Dissipação	Absorção em DC 5 V	12 V
Módulo EM231 4 entradas	71,2 × 80 × 52	183 g	2 W	20 mA	60 mA
Módulo EM232 2 saídas	46 × 80 × 62	148 g	2 W	20 mA	70 mA
Módulo EM235 4 entradas/1 saída	71,2 × 80 × 62	186 g	2 W	30 mA	60 mA

Dados Técnicos de Entrada dos Módulos Analógicos

Características gerais	Módulo EM231	Módulo EM235
Formato de Word dados	Veja Figura 15.1	Veja Figura 15.1
Bipolar Unipolar	de –32000 a +32.000 De 0 a 32.000	de –32.000 a +32.000 De 0 a 32.000
Tensão máxima de entrada	30 V DC	30 V DC
Corrente máxima de entrada	32 mA	32 mA
Resolução Bipolar Unipolar	11 bits + 1 bit de sinal 12 bits	11 bits + 1 bit de sinal 12 bits
Campo ou medida de entrada Tensão Corrente	Veja Tabela 15.1 De 0 a 20 mA	Veja Tabela 15.2 De 0 a 20 mA
Tempo de conversão de analógico a digital	<250 microssegundos	<250 microssegundos
Campo da fonte de alimentação a 24 V DC	De 20,4 a 28,8 V DC	De 20,4 a 28,8 V DC

[1]Siemens, SIMATIC S7-200. *Manuale di Sistema*. 2004, Milano.

Dados Técnicos de Saída dos Módulos Analógicos

Características gerais	Módulo EM232	Módulo EM235
Campo de saída		
Tensão	±10 V	±10 V
Corrente	De 0 a 20 mA	De 0 a 20 mA
Resolução		
Tensão	11 bits + 1 bit de sinal	11 bits + 1 bit de sinal
Corrente	11 bits	11 bits
Formato de Word dados		
Tensão	de −32.000 a + 32.000	de −32.000 a +32.000
Corrente	de 0 a 32.000	de 0 a 32.000
Carga máxima executada		
Tensão de saída	5.000 Ω mínimo	5.000 Ω mínimo
Corrente de saída	500 Ω máximo	500 Ω máximo
Campo da fonte de alimentação a 24 V DC	De 20,4 a 28,8 V DC	De 20,4 a 28,8 V DC

Características Principais das CPUs S7-222 e 224

Características	CPU 222	CPU 224
Tamanho (L × A × P)	90 × 80 × 62 mm	120 × 80 × 62 mm
Memória de programa	4 Kbytes	8 Kbytes
Memória dados	2 Kbytes	5 Kbytes
Módulo de memória externo	Sim	Sim
Backup das memórias	Si/50 hora típico	Si/190 hora típico
Tempo de elaboração das instruções binárias	0,37 microssegundo	0,37 microssegundo
Entradas e saídas digitais	8I/6O	14I/10O
Módulos de ampliação	2	7
Alimentação interna	180 mA, 24 DC	280 mA, 24 DC
Número de Merker	256	256
Número de contadores/temporizadores	256/256	256/256
Interrupt a tempo	2 (1-255 ms)	2 (1-255 ms)
Interrupt hardware	4	4
Contador veloz	4 (30 kHz)	6 (30 kHz)
Saída impulsiva	2/20 kHz (somente saídas em DC)	2/20 kHz (somente saídas em DC)
Potenciômetro analógico	1 (0-255)	2 (0-255)
Relógio hardware	Não	Sim
Proteção a password	Sim	Sim
Interface de comunicação	RS 485, 9,6 Kbits/s	RS 485, 9,6 Kbits/s
Software de programação	STEP 7-Micro/WIN	STEP 7-Micro/WIN
Temperatura de trabalho	0-55 °C	0-55 °C
Aprovação	UL, CSA	UL, CSA

Características Principais dos Inputs Digitais das CPUs S7-222 e 224

Características	CPU 222	CPU 224
Entradas DC	8	14
Tipo	Tipo 1 segundo norma IEC 61131-2	
Tensão valor nominal	DC 24 V, 4 mA típico	
Tempo de atraso máximo	12,8 ms	12,8 ms
Separação de potencial	Si (desacoplamento óptico)	

Características Principais dos Outputs Digitais Estático e a Relé das CPUs S7-222 e 224

Características	CPU 222	CPU 224
Saídas DC	6	10
Tipo	Mosfet	
Campo de tensão	DC 20,4 – 28,8 V	
Máximo corrente nominal 55°	0,75 A	0,75 A
Separação de potencial	Si (desacoplamento óptico)	
Saídas a relé	6	10
Tipo	A relé-	
Campo de tensão	DC 5-30 V/AC 250 V	
Máximo corrente nominal 55°	2 A	
Duração	10.000.000 manobras mecânicas sem carga	

Bibliografia

AGOSTI, A.; MORANDO, P.; NASTASIO, M. **Manuale di elettrotecnica, elettronica, automazione**. Torino: Lattes, 1992.

BAREZZI, M. **Comandi automatici**: sistemi pneumatici, elettropneumatici e PLC. Bergamo: San Marco, 2000.

BIONDO, G.; SACCHI, E. **Elettronica digitale**: analisi e progetto di circuiti logici. Milano: Hoepli, 2000.

BOLTON, W. **Programmable logic controllers**. 4. ed. Oxford: Newnes, 2006.

CREDER, H. **Instalações elétricas**. 14. ed. Rio de Janeiro: LTC, 2005.

FIGINI, G. **Eletrônica industrial**: servomecanismos teoria da regulagem automática. São Paulo: Hemus, 2002.

GRASSANI, E. **Automazione industriale**. Milano: Delfino, 1990.

_____. **L'equipaggiamento elettrico delle macchine**. Milano: Delfino, 1999.

NATALE, F. **Automação industrial**. 5. ed. São Paulo: Érica, 2003.

ORTOLANI, G.; VENTURI, E. **Automazione**. Milano: Hoepli, 1997.

PRUDENTE, F. **Automação industrial**: PLC – Teoria e aplicações – Curso básico. 2. ed. Rio de Janeiro: LTC, 2011.

PRUDENTE, F. **PLC S7-1200**: Teoria e aplicações – Curso introdutório. Rio de Janeiro: LTC, 2014.

WEBB, J. **Programmable logic controller**: principles and application. New York: Maxwell Macmillan I, 1992.

Manuais

Altivar 18. Variatore di velocita per motori asincroni. Guida all'impiego. Milano: Shneider Electric, 1999.

Simatic S5. Manuale CPU 100U. Milano: Siemens, 1998.

Simatic S7-1200. Getting started with Simatic S7-1200. Nuremberg: Siemens, 2009.

Simatic S7-1200. Programable logic controler, system manual. Nuremberg: Siemens, 2009.

Simatic S7-200. Esempli applicativi. "Tips and Tricks". Milano: Siemens, 1995.

Simatic S7-200. Manuale di sistema. Milano: Siemens, 2004.

Simatic S7-300/400. Configurazione hardware e progettazione. Milano: Siemens, 2000.

Simatic Software, AWL, KOP per Simatic S7-200. Programmazione di blocchi. Milano: Siemens, 1995.

Simatic Software di sistema per S7-300/400. Funzioni standard e di sistema. Milano: Siemens, 2000.

Revistas Mensais

Automazione OGGI. Milano: Fiera Milano.

Elettrificazione. Milano: Delfino.

TuttoNormel SPIN. Torino: TNE.

Marcas Registradas

Índice

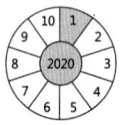